도해
군장 차량

Trivia Book No. 35

KB079066

노가미 아키토 | 지음

오광웅 | 옮김

AK TRIVIA BOOK

육상 병기의 꽃이라고 한다면, 누가 뭐라 하더라도 역시 「전차」일 것입니다. 전차를 중심으로 하는 전투 차량들이야말로 군용 차량의 중심이며, 당연히 많은 팬들이 존재하고 있지요. 하지만 유감스럽게도 전차 단독으로는 가진 능력을 충분히 발휘할 수 없습니다. 예를 들어, 전장 근처까지 전차를 실어 나를 「차량 운반 트레일러」나 「철도」가 없다면, 전차는 필요한 시기와 장소에 도착하기 어렵습니다. 제아무리 성능이 우수하다 하더라도, 전장에의 투입 수단을 갖추지 못한 병기는 전력으로써 아무런 가치를 지니지 못하는 법입니다. 또한 전차를 노리고 매복한 적 보병을 배제하기 위해 보전합동으로 작전을 수행할 보병을 운반하는 「병력 수송 장갑차」를 비롯하여, 전차가 소비하는 어마어마한 양의 탄약과 연료를 보급하기 위해 각종 「수송 차량」이 필요하게 되었습니다. 전차가 진격하기 위한 다리를 놓을 「교량 전차」, 지뢰를 제거할 「지뢰 제거 차량」, 전장에서 여러 가지 이유로 움직일 수 없게 된 전차를 회수하여 수리하기 위한 「구난 전차」 등, 전차가 지닌 전투력을 제대로 발휘하기 위해서는 이를 뒷받침해줄 여러 수송 차량과 공병 차량의 힘이 꼭 필요합니다.

일반적으로 이러한 지원 차량들에 대해서는 좀 심심하다 못해 시시하다는 인식이 강하고, 때문에 좀처럼 주목을 받지 못하는 경우가 많습니다. 하지만 에이스를 더욱 빛내기 위해 그늘 속에서 힘을 보태주는 조력자들. 이들의 눈물겨운 분투에 대한 필자의 애정이야말로 본 시리즈에 「군용 차량」을 추가하게 된 최대의 이유라 할 수 있을 것입니다. 또한 군용 차량에 대하여 논할 때 빠질 수 없는 각종 차량에 대한 기초지식도 독자 여러분이 체계적으로 이해하실 수 있도록, 아주 기본적인 사항부터 해설하고자 합니다.

독자 여러분들도 알고 계시겠지만, 이미 본 시리즈에는 오나미 아츠시 씨의 『도해 전차』(AK Trivia Book No.9)가 존재합니다. 때문에 본서에서 전차에 대해 어떻게 다룰 것인가에 대하여 많은 고민을 했습니다. 하지만 우선 전차 또한 군용 차량이라는 범주의 하나에 속한다고 하는 점, 궤도 차량의 발전에 대하여 논함에 있어 전차를 빼고서는 의미가 없다는 점, 마지막으로 「에이스=전차」가 있기에 비로소 '그늘 속 조력자'들의 노력이 빛을 발한다는 점 등을 생각해 보았을 때, 전차 또한 「전투 차량」이라는 카테고리의 일부로 보아, 페이지를 할당하여 수록하기로 했습니다. 본서를 집필함에 있어 『도해 전차』의 기술 또한 크게 참고했음을 미리 밝혀두며, 다시 한 번 오나미 아츠시 씨와 신기겐샤 F-Files 시리즈 편집부에 감사의 말씀 전하고자 합니다.

노가미 아키토

목차

제 1 장
군용 차량이란 무엇인가 ?

No.001

군용 차량이란?

군용 차량이란 군대에서 사용되는 차량의 총칭이다. 넓은 의미에서는 고대의 마차 등도 여기에 포함
되겠지만, 여기서는 군에서 사용되며 동력이 있어 자체적으로 주행 가능한 차량을 말한다.

● 기원전에 탄생한 군용 차량의 원형

바퀴가 발명된 것은 아득히 먼 옛날의 일로, 기원전 5000년경의 메소포타미아에서 그 원
형이 탄생한 것으로 알려져 있다. 이후 기원전 3500년경부터는 바퀴를 사용한 도구 가운데
하나로 수레가 쓰이기 시작했는데, 문명의 발전에 따라 군대에서도 수레를 사용하게 되었
으며, 군량을 운송하기 위해 사용된 짐수레나, 기원전 2500년경의 오리엔트의 여러 나라에
서 쓰인 전투용 마차(Chariot)는 군용 차량의 원형이라 할 수 있을 것이다.

이후 세월이 흘러, 18세기 중엽에 증기 기관이 발명되고 곧이어 엔진의 힘으로 움직이
는 자동차가 등장하면서, 군대에서도 다양한 종류의 자동차를 사용하기 시작했다. 현재 군
용 차량이라고 하는 단어는 근대 이후에 등장한, 내연 기관 등의 동력을 통해 스스로 움직
이는 군용 장비를 일컫는 말이 되었다.

● 군대에서 사용되는 것이 군용 차량의 정의

군용 차량은 영어로 직역했을 때, 「Military Motor Vehicle」이라고 한다. 차륜(바퀴)이나
궤도(캐터필러)를 갖추고, 동력을 통해 자주(自走, Self-propelled)되는 차량으로, 군대에
서 사용할 것을 목적으로 하는 것을 일반적으로 군용 차량이라 부른다. 또한 군의 **제식 장
비**로 채용된 것 뿐 아니라, **시제 차량**도 군용 차량으로 취급받는다.

군용 차량의 대부분은 특정 목적 전용으로 설계 및 개발되는데, 이것은 군에서 요구하는
사양이나 규격이 민간의 것과는 다르기 때문이다. 특히 전장에서처럼 극히 가혹한 환경에
서 사용할 것을 전제로 하여, 쉽게 망가지지 않는 견고한 구조는 군용 차량에 있어 필수 불
가결한 요소라 할 수 있다.

전투를 목적으로 무장과 장갑을 갖춘 차량은, 군용 차량의 왕도라 할 수 있다. 한편으
로 무장이나 장갑을 갖추지 않은 **범용 차량**이나 지원 차량도 대다수가 군용으로 개발된 것
이지만, 개중에는 민수 차량을 군장비로 추가 채용한 것도 존재하며, 반대로 군용 차량으
로 개발되었으면서도 무장이나 군용 장비를 제거하여 민수 시장용으로 내놓게 되는 경우
도 적지 않은 편이다.

고대의 군용 차량

바퀴가 발명된 것은 기원전 약 5000년경

바퀴는 인류역사상 가장 오래된 발명품 가운데 하나로, 기원전 5000년경의 메소포타미아가 그 발상지로 알려졌다. 또한 기원전 3500년경부터는 차량이 사용되고 있었다.

전차(Chariot)

고대 메소포타미아나 이집트, 그리스 등지에서 사용되었던 전투용 마차. 2륜 타입과 4륜타입이 존재했다. 고대 로마시대에 들어와서는 실제 전투용으로 쓰이기보다 경기용으로 사용되는 일이 많았다.

현대 군용 차량의 정의

군용 차량 = Military Motor Vehicle

정의 1 차륜(바퀴)나 궤도(캐터필러)를 갖췄을 것.

정의 2 동력(엔진 등)의 힘으로 스스로 주행 가능할 것.

정의 3 군에서 사용되거나, 군에서 사용할 목적으로 개발되었을 것.

군용 차량의 특징

- 무장이나 장갑처럼, 군대 특유의 장비를 갖추고 있다(단, 무장·장갑을 갖추지 못한 것도 존재함).
- 가혹한 환경에서도 버틸 수 있도록 튼튼한 구조를 갖췄다.
- 범용 차량이나 지원 차량의 경우, 민수차량에 군용장비를 추가하여 채용한 것도 존재한다.

용어 해설
- **제식 장비** → 군에서 정규 채용한 장비. 제식 등록되어 군적을 부여받는다.
- **시제 차량** → 무기 개발 시에는 다수의 시제품이 만들어지며, 시제품 단계로 끝나는 경우도 많다.
- **범용 차량** → 다목적으로 운용되는 차량. 미군의 「지프」로 대표되는 소형차량이나 트럭 등이 대표적.

군용 차량을 낳은 위대한 발명

근대의 군용 차량은 엔진을 탑재한 자동차의 발명으로 출발, 공기를 넣은 타이어와 궤도의 발명을
거쳐, 비로소 실용적인 무기로 사용되기 시작했다.

●엔진을 실은 최초의 자동차는 군용 차량이었다.

제임스 와트가 증기 기관을 발명하고 불과 4년 뒤인 1769년에 프랑스의 군인이자 기술
자인 니콜라스 조셉 퀴뇨가 만든 세계 최초의 자동차인 「퀴뇨의 포차」는 그 이름 그대로, "
대포를 견인하는 데 증기 기관의 힘을 사용할 수 없을까?" 라는 생각에서 발명된 것이다.
이것은 다시 말해, 동력을 탑재하여 자력 주행 가능한 「자동차」의 역사와 군용 차량의 시작
이 일치한다고 할 수 있는 것이었다.

초기의 증기 기관은 너무 크고 무거워서 실용성이 많이 떨어지는 편이었다. 하지만,
1876년에 니콜라스 오토가 소형이면서 실용적 **내연 기관**인 「가솔린 엔진」을 발명했으며,
1886년에는 카를 벤츠와 고틀리프 다임러가 가솔린 자동차를 개발했다. 여기에 1892년에
는 루돌프 디젤이 「디젤 엔진」을 발명, 1896년부터는 다임러가 짐칸을 부착한 **트럭**을 제
조하기 시작하면서, 마차를 대신할 화물 운송의 신병기로 군대에 받아들여지게 되었다.

●공기를 넣은 타이어와 궤도의 등장

자동차를 구성하는 또 한 가지의 요소인 바퀴에도 커다란 진화가 있었다. 바로 1888년에
스코틀랜드의 발명가인 존 보이드 던롭이 발명한, 공기를 넣은 자전거용 타이어였다. 주행
성능은 물론 승차감 또한 이전과는 비교할 수 없을 만큼 향상시킨 이 발명은, 20세기 초엽
에 들어오면서 자동차에도 채용되어 현재까지 이어져 오고 있다.

한편, 무한궤도, 즉 캐터필러는 18~19세기에 그 아이디어가 고안되었다. 이후, 1904
년에 미국에서 이를 장비한 부정지(不整地, 비포장도로)용 **트랙터**가 발매되면서 실용화되
었으며, 이후 군용 차량에서 널리 사용되기 시작한 것은 제1차 세계대전 중이던 1916년에
전차(Tank)가 등장, 성공적으로 자리를 잡으면서부터이다. 참고로 가장 익숙하게 쓰이는
「캐터필러(Caterpillar)」라고 하는 것은, 원래 영어로 애벌레를 뜻하는 단어였으나, 현재
도 건설용 중장비 메이커로 이름이 높은 미국의 캐터필러사(Caterpillar, Inc.)의 등록 상
표가 그대로 일반명사처럼 쓰이게 된 것으로, 영어권에서는 일반적으로 크롤러(Crawler)
라고도 불리고 있다.

세계 최초의 군용 차량

퀴뇨의 포차(2호차)

대포를 끄는 견인 차량으로 개발. 속도는 공차 상태에서 시속 약 9km/h, 5t짜리 대포를 끌 경우에는 약 3.5km/h였다.

1769년에 만들어진 1호차는 1/2 사이즈의 시험 차량이었으며, 1770년에 제작된 2호차가 전장 약 7m의 실물 사이즈였다.

선박의 키를 유용(流用)한 조향 장치. 응답성이 좋지 않아, 역사상 최초의 자동차 사고를 일으키는 원인이 되고 말았다.

증기로 움직이는 피스톤 엔진.

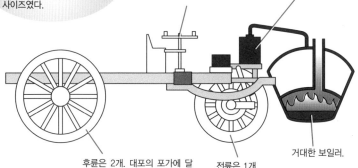

거대한 보일러.

후륜은 2개. 대포의 포가에 달려있던 바퀴를 유용한 것이다.

전륜은 1개.

군용 차량의 실용화에 기여한 세 가지 발명

내연 기관

1876년에 가솔린을 연료로 사용하는 가솔린 엔진, 그리고 1892년에는 경유나 중유를 연료로 사용하는 디젤 엔진이 발명되었다.

공기 튜브 타이어

1888년에 자전거용 타이어가 처음 발명되었으며, 이후 자동차용 타이어가 만들어지게 되었다.

무한궤도(캐터필러)

1904년에 미국에서 부정지용 트랙터에 이를 채용한 것이 최초.

용어 해설

- **내연 기관** → 연료를 내부에서 연소·폭발시켜 동력을 얻는 엔진. 증기 기관은 보일러와 터빈이 따로 분리되어 있어 외연 기관이라 부른다.
- **트럭** → 짐칸이 달린 화물 자동차의 총칭(No.071 참조).
- **트랙터** → 견인 차량. 19세기 후반에는 증기 기관을 사용한 트랙터도 있었다(No.047 참조).

군용 차량의 분류

「군용 차량」이라 뭉뚱그려 얘길 하지만, 크게 나눠서 보면 무장이 달려 있는 전투 차량, 폭넓게 사용되는 범용 차량, 그리고 전용 장비를 부착한 지원 차량으로 분류할 수 있다.

●군용 차량은 크게 세 가지의 범주로 나뉜다

군대는 군사력을 행사하는 것을 목적으로 하는 조직이지만, 그 임무의 범위는 우리 생각 이상으로 넓은 편이다. 특히 현대의 군에 주어진 임무는 단순히 전투를 수행하는 것 이외에도 여러 가지가 존재하며, 군에서 사용하는 군용 차량도 마찬가지로 다양한 종류가 존재한다. 이들 차량을 분류해보면 크게 세 가지 범주로 나눌 수 있다.

우선, 가장 대표적인 범주로, 전투 차량을 들 수 있을 것이다. 전투 차량이란 그 이름 그대로, 전투 행위를 목적으로 만들어진 차종으로, 전차나 장갑차처럼 무장과 장갑을 갖춘 것이 특징이다. 또한 각종 화포나 미사일을 탑재한 자주포라 불리는 차량들이나, 보병이 승차하여 전투를 수행하는 장갑 보병 전투차, 전장으로 보병을 운반하는 병력 수송 장갑차등도 이런 전투 차량의 범주에 속한다. 또한 지휘관이 사용하는 지휘 차량이나 정찰 차량 등도 같은 범주에 해당한다 할 수 있다.

두 번째는 그 어느 차종보다도 가장 널리 쓰이는 트럭이나 소형 4륜구동차량 등의 범용 차량이다. 이들 범용 차량은 다양한 임무를 수행함에 있어, 결코 빠질 수 없는 장비이며, 보병의 친구라 할 수 있는 존재이다. 평시에는 인원이나 물자의 이동과 운송에 사용되지만, 유사시에는 후방 지원은 물론, 최전선에도 투입되어 전투 차량들과 함께 활약하기도 한다. 특히 인명 손실에 대단히 민감해진 현대에 들어와서는 범용 차량에도 어느 정도의 장갑 방어력을 부여하게 되는 경우가 많으며, 반대로 범용 차량에 간이 무장을 탑재하여 자주포로 사용하기도 하는 등, 전투 차량의 임무를 겸하게 되는 일도 볼 수 있다.

마지막 세 번째는 일선의 군부대를 지원하는 후방 부대나 공병대에서 사용할 목적의 각종 장비를 탑재한 지원 차량들이다. 이를테면, 전차를 전장까지 운반하는 목적의 전차수송 차량이나, 포탄과 연료를 운반하는 전용 차량, 지뢰 제거 차량, 각종 공사에 투입되는 중장비 등이 바로 이 범주에 속하는 차량들이며, 여기에 더해 전장에서 부상병들을 후송하는 구급차량이나, 수술까지 실시할 수 있는 의료 지원 차량, 식사를 제공하는 야전 취사 차량등, 오직 군대에서만 운용하는 특수 차량도 다수 존재한다.

군용 차량의 대표적 종류

● 전투 차량 = 직접 전투에 투입할 목적으로 만들어진 차량

장갑차	장갑을 갖춘 차륜 차량. 공격용 화기를 탑재한 경우도 많다.
전차	강력한 장갑과 화력을 아울러 갖춘, 직접 전투를 목적으로 하는 차량.
자주포	화포나 미사일 등, 공격용 화기를 탑재한 차량. 자주 곡사포, 자주 박격포, 대전차 차량, 자주 대공포 등, 많은 종류가 있다.
병력 수송 장갑차	보병을 전장까지 안전하게 실어 나르는 차량. 일정 이상의 장갑과 방어용 소화기를 탑재한 경우가 많다.
장갑 보병 전투차	단순히 보병을 수용하는 것에 그치지 않고, 공격용 화기까지 갖춘 차량.
정찰 차량	전장에서의 정찰 임무에 사용되는 차량으로 기동성이 우수하다. 일정 이상의 장갑과 화기를 탑재한 것이 많다.
지휘 통신 차량	부대의 지휘관이 사용하는 차량으로 통신설비를 충실하게 갖추었다.
수륙양용 차량	엄밀하게 말한다면 병력 수송 장갑차나 장갑 보병 전투차, 전차나 자주포의 파생형. 상륙작전이나 도하작전에 사용되는 수상 항행 능력을 갖춘 전투 차량.

● 범용 차량 = 전투와 후방 지원 어느 쪽으로도 편리하게 사용되는 군용 차량

소형 범용 차량	4륜 소형 차량으로, 주파성을 높이기 위해 전륜구동방식을 채용한 것이 많다. 최근에는 경장갑을 갖춘 차량도 나타나고 있다.
트럭	짐칸을 갖추고 있는 수송 전용 차륜 차량. 다양한 방면으로 활약하는 군대의 사역마 같은 존재이다.
궤도식 범용 차량	도로가 없는 험지 등에서 사용할 수 있도록 궤도를 갖춘 소형 범용 차량.
군용 승용차	연락 업무나 고급 사관의 이동 등에 사용되는 승용차.
군용 이륜차	정찰이나 연락 임무에 사용되는 군용 오토바이. 사이드카를 부착하여 사용하기도 한다.

● 지원 차량 = 후방 지원이나 공병대에서 사용하는 차량으로 전용 장비를 갖춘 특수차량.

전용 수송차량	특정 장비나 물자를 운반하는데 사용되는 전용 차량. 전차수송차량이나 탄약수송차, 연료수송차 등이 존재한다.
구난 차량	고장이 난 차량을 견인하여 후방으로 회수하는 기능을 지닌 차량.
지뢰 제거 차량	지뢰를 제거하기 위한 전용 장비를 갖추고 있다.
군용 중장비	기본적으로는 토목 · 건설 공사 현장에서 사용되는 중장비와 거의 같다. 개중에는 전장에서도 사용할 수 있도록 장갑화된 것도 존재한다.
가교 차량	전장에서 임시로 다리를 가설할 수 있는 차량.
야전 구급차	부상당한 장병들을 후송하는 차량. 장갑화된 차량도 존재한다.
기타 지원 차량	조리설비나 세탁기 등 장병들의 생활에 필요한 여러 장비를 갖춘 전용차량.

단편 지식

● **장갑 열차도 군용 차량?** →제2차 세계대전까지는, 철도를 갖춘 다수의 국가에서 화차(貨車)에 장갑을 설치하고 기관총, 대전차포, 곡사포, 대공포 등을 장비, 철도 노선이나 수송 열차를 노린 적의 습격에 대비할 수 있는 장갑 열차를 운용했다.

차륜 차량과 궤도 차량은 어떻게 다를까?

군용 차량은 차륜 차량과 궤도가 달려 있는 궤도식 차량으로도 나눌 수 있는데, 군에서는 각각의 특성에 맞춰 장비나 목적, 노면에 따라 운용하고 있다.

● 차륜 차량과 궤도 차량의 장점과 단점

군용 차량은 구동부에 바퀴가 달린 차륜 차량과, 캐터필러가 달린 궤도 차량으로 크게 분류할 수 있다. 이 두 가지는 각각 다른 장점과 단점을 지니고 있기에, 장비나 목적, 노면의 특성에 따라 구분하여 사용하고 있다.

차륜 차량의 최대 장점이라면, 고무 타이어가 달린 바퀴 덕분에 포장도로처럼 정비된 노면에서 매우 높은 기동성을 발휘할 수 있다는 점이다. 심지어 도로 위에서라면 100km/h 이상의 높은 속도를 낼 수 있는 종류도 다수 존재할 정도이다. 또한 궤도 차량에 비해 항속거리도 훨씬 길어, 보다 먼 거리를 스스로 이동할 수 있다. 도로나 비교적 평탄한 장소에서 라면 사용 편의성도 높고, 이러한 이유 때문에 범용 차량의 대다수는 차륜 차량이 차지하고 있다. 다만, 도로가 없는 험지에서는 주행성능이 한정적이며, 차체 중량도 크게 늘리기가 어렵다는 단점이 있다.

반면에 험지에서의 기동성이라면 궤도 차량에 큰 점수를 줄 수밖에 없게 된다. 특히 진흙탕이나, 사막, 눈 위에서처럼 물컹거리는 노면에서, 차륜 차량은 바퀴가 헛돌아 기동불능에 빠지는 것과 달리, 궤도 차량은 압도적 능력을 발휘하기 때문이다. 전장에서는 언제나 제대로 닦인 도로를 이용할 수 있는 것이 아니며, 경우에 따라서는 길이라곤 없는 곳이라도 진군해 나아가 싸워야만 하는 일도 매우 흔하다. 궤도 차량은 진로 상의 장애물을 극복하는 능력이나 언덕을 오르는 등판 능력도 차륜 차량에 비해 훨씬 우수한 모습을 보여주고 있다.

궤도 차량의 또 한 가지 장점이라면 보다 무거운 중량에도 버틸 수 있다는 점일 것이다. 두터운 장갑을 갖춰 무게가 크게 늘어난 차량은 궤도식이 아니고서는 제대로 움직일 수 없기 때문이다. 또한 반동이 크고 위력이 강한 대구경 화포를 운용하는데 있어서도 안정성이 높은 궤도 차량 쪽이 훨씬 유리하다.

다만, 궤도 차량은 자력으로 장거리를 이동하기가 어렵다. 또한 무리를 하게 되면 고장을 일으키는 일도 잦다. 때문에 멀리 떨어진 전장에 투입해야 할 경우에는 전용 수송 트레일러나 열차에 실어 운반할 필요가 있다. 연비 또한 차륜 차량에 비해 훨씬 불리하기에 제대로 운용하기 위해서는 여러 가지 지원이 필요하다.

차륜 차량과 궤도 차량의 장점과 단점

	차륜 차량	궤도 차량
정비된 도로에서의 주행 성능	고속으로 이동 가능하며, 편의성도 우수하다. ○	달릴 수는 있지만, 그다지 높은 속력을 낼 수는 없다. △
비교적 평탄한 부정지에서의 주행 성능	노면 상태에 따라 사용 가능하다. △	문제없이 사용 가능하다. ○
무른 노면에서의 주행 성능	주행 불능에 빠지기 쉽다. ✕	궤도 특유의 성능이 발휘된다. ○
장거리 이동 능력	자력으로 장거리 이동이 가능. ○	장거리 이동을 위한 지원이 필요하다. ✕
등판 능력 (언덕을 오르는 능력)	그럭저럭 올라갈 수는 있다. △	상당히 가파른 곳도 올라갈 수 있다. ○
장애물 극복 능력	낮다. ✕	높다. ○
중량	그다지 무겁게 만들기 어려우며, 두터운 장갑도 무리. △	무겁게 만들 수 있어, 두터운 장갑이나 강력한 화기를 탑재 가능. ○
연비	좋다. ○	나쁘다 ✕
정비의 편의성	정비하기 쉬우며, 타이어 교환도 신속하게 할 수 있다. ○	궤도가 끊어지면 복구에 시간과 인력이 소모된다. ✕

단편 지식
● 전차가 궤도 차량인 이유 → 전차는 어떤 장소에서도 전투할 수 있어야 하기에, 부정지에서의 기동력이 매우 중시된다. 또한 전차의 중량에서 가장 많은 비중을 차지하는 것은 방어를 위한 장갑으로, 전차에 필요한 방어력을 얻기 위한 장갑의 중량은 궤도식으로만 감당할 수 있다는 것 또한 큰 이유라 할 수 있다. 다만, 최근 들어서는 장갑을 줄인 차륜형 전투 차량도 등장하고 있다.

차륜 차량의 기본구조

일반적 바퀴로 달리는 차륜 차량의 기본구조는 민수 차량과 그리 다르지 않은 편이지만, 험지에서의 주행을 위해 여러 가지 배려가 되어 있는 것이 특징이다.

●전륜 구동 방식이 군용 차량의 주류

차륜 차량의 경우 소형은 4륜이지만, 중형에서 대형으로 넘어가면 6륜이나 8륜을 갖춘 차량도 존재한다. 또한 대형 차량의 경우에는 더욱 많은 바퀴를 갖추고, 타이어를 이중으로 한 더블 타이어를 사용하기도 한다. 군용 차량은 거칠게 다루더라도 쉽게 망가지지 않도록 대단히 튼튼하게 만들어져 있지만, 기본적으로는 민수 시장의 차량들과 마찬가지로 탑재되어 있는 동력 기관(엔진)에서 **트랜스미션**과 **프로펠러샤프트**를 거쳐 **구동륜**에 동력을 전달하는 구조로 되어 있다.

일반적으로 민간 시장의 승용차의 경우, 엔진을 차량 앞에 배치하고 앞바퀴를 구동하는 전륜구동(FF)방식이나 뒷바퀴를 구동하는 후륜구동(FR)방식을 택하고 있지만, 현대의 군용 차량은 모든 바퀴에 동력을 전달하는 전륜 구동 방식이 주류를 차지하고 있다. 포장도로 이외의 험지를 주행할 일이 많기 때문에, 안정된 주행 성능을 얻기 위해서는 모든 바퀴에 구동력을 부여할 필요가 있기 때문이다. 다만, 포장도로나 평지를 달릴 일이 많은 수송용 트럭의 경우에는 민수 차량과 마찬가지로 후륜 구동 방식이 사용되고 있으며, 연비 향상을 위해 필요에 따라 전륜구동에서 후륜구동으로 변환 가능한 파트타임 방식의 차량도 존재한다. 흔히 「4×4(Four-by-four)」라고 표기하는 경우가 많은데, 이는 4륜차로 4륜 모두가 구동륜임을 의미하는 것이다. 마찬가지로 6륜구동 차량이면 「6×6」, 8륜구동 차량이라면 「8×8」이라 하며, 8륜차이면서 구동륜이 4개일 경우에는 「8×4」라고 표기하게 된다.

또한 차륜 차량의 경우, 전륜을 **조향륜**으로 만들어 사용하는 것이 기본인데, 개중에는 보다 회전 반경을 좁힐 수 있도록 저속일 경우에 한하여 후륜이 전륜과 반대방향으로 꺾이는 기능을 지닌 4륜조향(4WS) 방식을 채용한 차량도 존재한다. 8륜 장갑차의 경우 보다 조향이 편리하도록 차체 앞쪽의 4륜을 조향륜으로 사용하기도 한다. 특히 이러한 능력은 차륜 차량을 운용하는데 있어 중요한 수치 가운데 하나로, 차량의 제원표를 살펴보면 최소선회 반경이라는 항목에 이 수치가 표시되곤 한다.

구동계의 기본구조

8×8 차륜 차량의 구동계

엔진에서 발생한 동력은 트랜스미션에서 적당한 회전수로 조정된 뒤에 프로펠러샤프트와 횡축인 드라이브샤프트를 거쳐 각 구동륜에 전달된다.

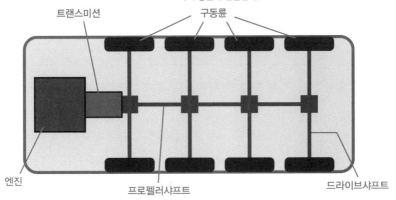

트랜스미션 / 구동륜 / 엔진 / 프로펠러샤프트 / 드라이브샤프트

조향방식

통상적인 4륜차

전륜을 조향륜으로 사용, 방향을 바꾼다.

4륜 조향차 (4WS)

저속 주행에 한하여, 후륜까지 조향륜으로 사용.

앞쪽 4륜으로 조향하는 8륜차

4축 8륜인 차량 가운데 앞쪽의 2축 4륜을 조향륜으로 사용, 방향을 바꾼다. 앞쪽 2륜만을 사용하는 것보다 훨씬 선회반경이 작다.

용어 해설
- **트랜스미션** → 흔히 말하는 변속기. 엔진의 회전을 적정한 회전으로 변속한다.
- **프로펠러샤프트** → 동력을 전달하는 회전축
- **구동륜** → 동력이 전달되어 움직이는 바퀴
- **조향륜** → 방향을 바꾸기 위해 움직이는 바퀴

No.006

다륜식 차륜 차량이 태어난 이유는?

중량이 나가는 장갑차 등은 6륜이나 8륜같이 다륜식인 것을 많이 볼 수 있는데, 이것은 험지에서의 기동성능을 확보하기 위한 노력의 결과이다.

● 보다 큰 중량을 지탱하고 험지에서의 기동력을 확보하기 위해 탄생!

중~대형으로 중량이 많이 나가는 차륜 차량, 특히 장갑을 갖춘 차륜형 장갑차의 경우 6~8개의 바퀴를 갖춘 경우가 많다. 이런 식으로 바퀴의 수를 늘리게 되면 구조가 복잡해지지만, 그 반대급부로 몇 가지 큰 이점을 얻을 수 있게 된다.

우선, 보다 무거운 중량을 지탱할 수 있다는 이점이 있다. 하나의 바퀴와 축으로 지탱할 수 있는 중량에는 물리적 한계가 있으며, 가능하다면 이를 줄이는 것이 높은 기동성의 유지에도 도움이 된다. 이를테면 12t 중량의 차량의 경우, 4륜차라면 바퀴 하나에 걸리는 중량은 3t이지만, 6륜차라면 2t, 8륜차라면 1.5t으로 줄일 수 있다. 대형 트럭이나 트레일러가 많은 수의 바퀴를 사용하는 것도 이와 같이 중량을 분산하는 것에 가장 큰 목적이 있다고 할 수 있다.

물론 바퀴를 늘리는 것은 그만큼 차체의 중량을 무겁게 하는 것으로 이어지며, 주행저항 또한 큰 문제가 되기 때문에 무작정 수를 늘린다고 좋은 것은 아니다. 현대의 차륜형 장갑차 중에는 30t대의 중량급 차량도 존재하는데, 8륜으로 분산하여 지탱하고 있음에도 바퀴 하나에 4t 전후의 중량이 걸리며, 이것이 거의 한계점에 가깝다고 간주되고 있다.

한편 차륜형 장갑차에는 정비된 노면 주행뿐 아니라 어느 정도의 험지 주파 능력과 기동성능 또한 요구된다. 모든 바퀴에 구동력을 부여하는 전륜 구동 방식에서는 구동력이 효율적으로 분산시킬 수 있어, 본격적인 궤도 차량만큼은 아니지만 일정 이상의 험지 주파능력을 확보 가능하다.

또한 장애물을 극복하는 능력 또한 다륜식 차량이 훨씬 우수하다. 예를 들어 구덩이나 참호를 돌파해야 하는 경우, 4륜 차량은 타이어 직경 이상을 극복하기 어렵지만 8륜이라면 이론적으로 앞부분 2축 4륜 분량의 폭이라면 넘어가는 것이 가능하다.

또한 언덕처럼 튀어나온 장애물을 타고 넘어야 하는 경우에도, 4륜 차량은 높게 튀어나온 지형에선 차량의 바닥 부분이 걸려 기동불능에 빠질 위험이 있다. 8륜 차량은 바퀴 사이의 간격이 좁아 바닥면이 기동에 방해가 되지 않는데다가, 가운데에 있는 4륜도 구동륜으로 기동하기 때문에 훨씬 매끄럽게 장애물을 타고 넘는 것이 가능하다.

차량의 중량과 바퀴 수의 관계

4륜차
바퀴 하나에 걸리는 하중 3t
중량 12t인 경우

6륜차
바퀴 하나에 걸리는 하중 2t
중량 12t인 경우

8륜차
바퀴 하나에 걸리는 하중 1.5t
중량 12t인 경우

바퀴에 걸리는 하중이 가벼울수록 부담도 줄어들며, 중량 때문에 발생하는 고장이나 파손 등의 문제도 적게 발생한다. 하지만 바퀴가 늘어난 만큼 차량 자체 무게와 주행 저항이 늘어나는 딜레마가 있어, 양자 사이의 균형을 맞출 필요가 있다.

요철이 있는 지형에 강한 다륜식 차량

구덩이나 참호 등을 건널 경우

바퀴가 구멍에 빠짐

4륜차

8륜차

4륜차의 경우, 타이어 직경보다 넓은 곳에서는 바퀴가 빠져 건널 수가 없지만, 8륜차는 바퀴 하나가 공중에 뜨더라도 나머지 바퀴로 차체를 지지하며, 바퀴 2개분의 폭까지 건널 수 있다.

장애물을 타고 넘는 경우

차체 바닥이 걸려 기동불능.

4륜차

8륜차

능선과 같은 지형이나 높이가 있는 장애물을 넘어야 하는 경우, 8륜차는 차체 중앙에도 구동륜이 있어 차체 바닥이 걸리는 일을 막을 수 있다.

단편 지식

● **바퀴가 지지할 수 있는 중량** → 제2차 세계대전 당시 활약했던 독일의 8륜 중장갑차 Sd.kfz.234/2 「푸마」는 중량 약 12t으로, 바퀴 하나당 1.5t의 하중을 지탱했다. 하지만 현대 독일군에서 채용한 차륜형 장갑차인 GTK 복서는 전투 중량이 무려 33t이나 되며, 바퀴 하나가 약 4t이 넘는 하중을 버티도록 되어 있는데, 이는 서스펜션과 타이어 관련 기술의 진보 덕분이다.

바퀴와 타이어에 녹아 있는 다양한 아이디어

차륜 차량의 바퀴에는 고무 타이어를 장착한다. 거친 전장에서 사용할 수 있도록 타이어에도 또한 여러 아이디어가 녹아들어 있다.

● 쉽게 펑크가 나지 않는 컴뱃 타이어

현재의 차륜 차량 대부분은 안에 공기를 넣은 고무 타이어를 사용하고 있다. 승차감은 물론, 접지력 향상이 바로 이 타이어의 역할인데, 그 역사는 200년이 채 되지 않는다. 오랜 세월 동안 나무나 쇠로 된 바퀴를 사용해왔던 인류가 고무를 바퀴에 부착하려는 궁리를 시작한 것은 19세기 중엽의 일이었다. 1888년에 스코틀랜드의 발명가인 던롭이 자전거용 공기주입 고무 타이어 발명에 성공했다. 자동차용으로는 1895년, 경주용 자동차에 이를 사용한 프랑스의 미쉐린 형제가 최초였다.

차륜형 군용 차량도 공기가 주입된 고무 타이어를 사용하고 있다. 기본 구조는 민수품과 거의 같으나, 가혹한 환경에서도 견딜 수 있도록 다양한 아이디어가 들어 있다. 특히 전투 차량 전용 타이어는 컴뱃 타이어라고도 불리며, 타이어 내부에 강철 와이어나 케블러, 아라미드 섬유처럼 강도가 높은 소재를 넣어, 예리한 물체나 총탄에 간단히 관통당하거나 찢겨나가지 않고, 펑크나 버스트가 쉽게 나지 않는 구조로 되어 있다.

또한, 최근 들어 주류를 차지하고 있는 것이, 이른바 런 플랫 타이어(Run-flat Tire)라는 것인데, 펑크로 인해 내부의 공기가 새어 나가더라도 타이어의 형태를 유지한 채 일정 거리를 달릴 수 있는 것이 특징이다. 보통은 타이어의 사이드월 부분의 구조를 강화하거나, 타이어 내부에 경금속 링을 삽입하여 내부에서 타이어를 지지하는 방식을 사용한다. 이러한 기술 덕분에 타이어의 공기가 새어나가더라도 쉽게 주행 불능에 빠지지 않으며, 생존성 또한 과거보다 상승했다.

이외에 군사용 타이어 관련 기술로 개발된 것이라면, 타이어의 공기압을 높이거나 낮출 수 있는 타이어 중앙 공기 공급 체계(Central Tire Inflation System)가 있다. 이 장치는 차량을 굳이 멈추지 않고도 노면 상태에 맞춰 타이어의 공기압을 조절할 수 있는데, 예를 들어 미끄러지기 쉬운 노면에서는 타이어의 공기압을 낮춰, 접지력을 높이는 효과를 얻을 수도 있다.

다만 어떤 타이어라도 험지에서의 주행 성능에는 한계가 있는 법으로, 특히 노면에 빙결이 발생하거나 눈이 쌓인 경우에는 일반 차량과 마찬가지로 타이어체인을 장착해야만 한다.

가혹한 전장에서 사용되는 컴뱃 타이어

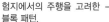

컴뱃 타이어의 기능과 특징

험지에서의 주행을 고려한 블록 패턴.

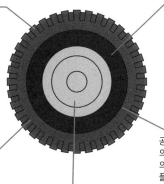

사이드 월 부분도 두껍게 보강되었으며, 위력이 약한 권총탄 정도에는 관통되지 않는다.

공기가 빠져나가더라도 타이어의 강도만으로 어느 정도 차량의 무게를 지탱할 수 있는 런플랫 구조를 갖춘 경우도 많다.

못 같은 것에 찔리더라도 관통되지 않는 철제 보강 벨트나 신소재를 사용한 구조재로 강화.

휠에 공기압 조절 기능이 붙어있는 차량은 노면 상태에 맞춰 쉽게 공기압을 낮추거나 높일 수 있다.

공기가 빠져나가더라도 주행 가능한 런 플랫 타이어

자기 지지식 런 플랫 타이어
(Self Supporting Run-flat tire)

CSR(Conti Support Ring) 방식
런 플랫 타이어

사이드월(타이어의 측면) 내부에 보강재를 넣어, 공기가 빠져나가더라도 쉽게 변형되지 않는 구조.

타이어 내부에 경금속 링과 같이 타이어를 지지해줄 이중 구조를 집어넣어 공기가 빠져나가더라도 일정 이상 변형되지 않도록 만들어져 있다.

단편 지식

● **공기를 넣을 필요가 없는 노 펑크 타이어** → 내부에 해면상의 고무를 채워 넣은 타이어라면 펑크를 걱정할 필요가 없다. 하지만 중량이 많이 나가는 데다, 승차감도 좋지 않고, 고속 주행도 어렵다는 단점이 있어 현재는 지게차와 같은 저속 작업 차량 등에만 쓰이고 있다.

궤도의 구조와 기능

전차가 등장한 이래, 궤도 차량은 군용 차량의 꽃으로 불리게 되었는데 그 최대의 이유는 바로 특유의 높은 험지 주파능력 때문이다.

●벨트 모양의 궤도로 중량을 분산, 험지에서의 주파 능력을 향상시키다.

궤도란 금속제 벨트를 구동시켜, 추진력을 얻는 장치다. 좀 더 정확하게는 무한궤도라 불리는데, 이는 강철 벨트를 철도의 레일(궤도)와 동일하게 보고, 무한히 이어지는 레일 위를 달린다고 하는 것과 같은 개념으로 이해했기 때문이다. 또한 일반적으로는 캐터필러(Caterpillar)라는 단어를 많이 사용하는데, 이는 궤도를 실용화했던 미국 기업의 등록 상표로(현재는 회사 상호이기도 함), 영어로는 일반적으로 「Crawler」나 「Track」, 「Crawler track」이라 불리고 있다.

궤도 자체는 여러 개의 판형 강철 블록을 핀으로 연결하여 벨트 모양으로 만든 구조로, 그 한쪽 끝에 구동력을 전달하는 기동륜, 반대쪽에는 벨트의 장력을 유지하는 유도륜이 있으며, 다수의 보기륜이 자체의 중량을 지탱·분산하도록 되어 있다. 또한 보기륜 위쪽에는 지지륜이 있어 궤도를 위에서 지지해주는 역할을 하고 있다. 제2차 세계대전 당시의 차량들은 기동륜이 차체 앞에 위치한 경우가 많았는데, 이것은 궤도가 쉽게 벗겨지지 않도록 하기 위해서는 앞쪽으로 구동력을 걸어주는 것이 훨씬 유리했기 때문이다. 하지만, 기술이 발전한 현재는 기동륜이 후방에 위치한 것이 주류를 차지하고 있다. 대다수의 전차가 차체 후방에 엔진을 싣고 있으며, 뒤쪽을 기동륜으로 사용하는 것이 훨씬 구조를 단순하게 만들 수 있기 때문이다.

궤도를 사용했을 때의 가장 큰 장점이라면, 험지에서의 높은 기동성일 것이다. 궤도는 접지 면적이 넓고, 노면과의 마찰력이 매우 크기 때문에 차량의 구동력을 확실하게 전달할 수 있다. 또한 차체의 중량을 궤도의 접지 면적 전체로 분산시킬 수 있어, 접지압을 낮출 수 있다. 때문에 진흙탕과 같은 연약 지반에서도 기동불능에 빠지지 않고 주파가 가능하다. 또한 접지압을 분산시킬 수 있다는 점은 차량의 중량을 더욱 무겁게 만들 수 있다는 것을 의미하기도 한다. 전차에 있어 두터운 장갑과 강력한 주포는 정체성과 존재 이유 그 자체로, 현용전차의 중량은 약 60t 전후이기에 차륜 방식으로는 도저히 이를 감당할 방법이 없다.

하지만 궤도 차량이라고 해서 결코 만능은 아니다. 잘 정비된 도로에서는 차륜 차량보다 기동성이 떨어지며, 연비도 좋지 않아 장거리 이동에는 적합하지 않다. 또한 정비가 까다롭고 고장도 결코 적지 않은 등, 운용에 여러모로 손이 많이 가는 것도 단점이다.

궤도 차량의 기본 구조

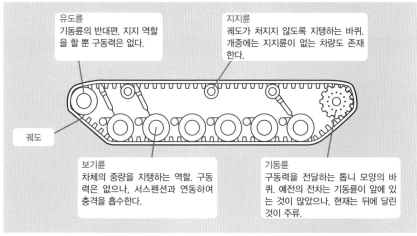

유도륜
기동륜의 반대편. 지지 역할을 할 뿐 구동력은 없다.

지지륜
궤도가 처지지 않도록 지탱하는 바퀴. 개중에는 지지륜이 없는 차량도 존재한다.

궤도

보기륜
차체의 중량을 지탱하는 역할. 구동력은 없으나, 서스펜션과 연동하여 충격을 흡수한다.

기동륜
구동력을 전달하는 톱니 모양의 바퀴. 예전의 전차는 기동륜이 앞에 있는 것이 많았으나, 현재는 뒤에 달린 것이 주류.

궤도의 구조(더블 핀 방식)

사각 블록의 양 끝에 2개의 핀이 있으며, 커넥터로 각 블록을 연결하는 방식이다.

특유의 낮은 접지압을 통해 높은 험지 주파 능력을 얻는다

궤도 차량의 접지압 = 낮다

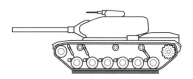

궤도는 접지 면적이 넓어, 그만큼 접지압이 낮아지는 효과가 있다. 전차의 경우, 0.8~1.2kgf/㎠ 정도로, 완전군장 상태의 보병과 비슷한 정도에 불과하다.

차륜 차량의 접지압 = 높다

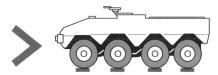

타이어의 접지 면적이 좁기 때문에 접지압이 높게 올라갈 수밖에 없다. 예를 들어, 4륜 장잡차가 2.5~5kgf/㎠이며, 중량급인 8륜 장갑차의 경우에는 6~7kgf/㎠까지 올라간다.

단편 지식

● **고무를 부착한 궤도** → 금속제 궤도의 또 다른 단점으로, 노면의 파손과 소음을 들 수 있다. 이런 문제 때문에 최근에는 고무로 코팅하거나 고무 블록이 부착된 궤도를 많이 사용하는데, 주행할 노면이나 상황에 맞춰 궤도를 철제 궤도에서 고무 패드가 달린 것으로 교체하기도 한다.

궤도 차량은 어떤 식으로 방향을 바꾸는 것일까?

방향이 고정된 2개의 궤도를 갖춘 궤도 차량은 좌우에 달린 궤도의 속도를 조절하는 방법으로 방향을 전환할 수 있다.

● 좌우 궤도의 속도를 제각기 다르게 제어하다

차륜 차량의 경우, 핸들(스티어링 휠)을 돌려 전륜에 각도(조향각)를 주는 방식으로 방향을 전환한다. 하지만 2개의 궤도(캐터필러)를 통해 주행하는 궤도 차량은 궤도를 좌우로 움직일 수 없다. 궤도를 지지하고 있는 기동륜과 유도륜, 보기륜 모두 방향이 고정되어 있기 때문이다. 그렇다면 과연 어떠한 방식으로 차체의 방향을 돌리는 것일까?

궤도 차량의 경우, 좌우에 달린 궤도의 속도를 제각기 다르게 조절할 수 있으며, 이를 통해 선회를 하게 된다. 예를 들어 주행 중에 왼쪽 궤도의 속도를 늦추게 되면, 왼쪽 방향으로 차체의 방향이 바뀌게 된다. 양쪽 궤도의 속도 차이를 크게 할수록 꺾이는 각도 또한 더욱 커지며, 한쪽 궤도가 완전히 정지한 상태라면 보다 급격하게 방향을 바꿀 수가 있다. 겨우 차체 너비 정도의 공간에서 정지한 쪽 궤도를 축으로 삼아 180도 회전하는 것도 가능한데, 이것을 보통 「신지선회(信地旋回)」라고 한다.

뿐만 아니라 아예 좌우의 궤도를 서로 반대방향으로 기동시켜 그 자리에 멈춘 채, 차체를 회전시키는 과격한 기술도 있는데 이는 「초신지선회(超信地旋回, Pivot turn)」이라고 하며 궤도 차량만이 할 수 있는 독특한 기동이다. 다만, 이러한 기동은 궤도에 큰 부담을 주기 때문에, 포장 도로 등에서 이를 자주 실시할 경우 궤도가 끊어지는 등, 고장의 원인이 될 수도 있다.

제1차 세계대전 중에 등장한 초기의 대형 전차는 좌우의 각 궤도를 조작하는 인원이 별도로 존재했으며, 구동력을 클러치로 온·오프하거나, 변속기로 좌우 궤도의 속도를 각기 다르게 조절하는 방식으로 차체의 방향을 전환했다.

하지만 이후, 궤도 차량의 조종계통 기술이 크게 발전하면서 1명의 조종수가 좌우 궤도를 제어하는 2개의 조종 레버를 각각 움직여 방향을 바꿀 수 있게 되었는데, 건설용 중장비의 경우에는 지금도 2개의 레버를 움직여 방향을 전환하는 방식이 사용되고 있다.

현대의 궤도 차량은 일반적인 자동차와 마찬가지로, 핸들식 조향장치가 설치되어 있다. 하지만 이는 핸들을 돌리는 정도에 따라 자동적으로 좌우 궤도의 속도를 조절하도록 되어 있는 것으로, 각 궤도의 속도 차이를 이용한다는 기본 원리는 변함없이 그대로이다.

궤도 차량의 방향전환

직진하는 경우

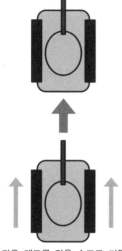

좌우 궤도를 같은 속도로 기동
하여 직진한다.

완만하게 선회하는 경우

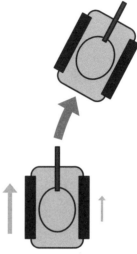

한쪽 궤도의 속도를 늦추면 그
쪽으로 방향을 틀게 된다.

신지선회

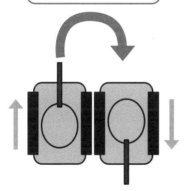

한쪽 궤도를 완전히 멈추면 차
체 폭 정도의 공간에서 선회 가
능하다.

초신지선회

양쪽 궤도를 서로 반대 방향으
로 등속 기동하면, 제자리에서
선회할 수 있다.

단편 지식

● **최초의 전차는 조종이 어려웠다** → 제1차 세계대전에 등장한 초기의 대형 전차는 조종에 4명이 필요했다. 브레이크 조
작을 겸하는 차장의 호령에 따라, 변속기와 액셀러레이터를 조작하는 조종수와 좌우 각각의 궤도에 연결된 2개의 변속
기를 조작하는 부조종수 2명이 호흡을 맞춰 조종해야 했기 때문이다.

양쪽의 장점(?)만을 취한 하프트랙

하프트랙이란, 트럭의 사용 편의성과, 궤도 차량 특유의 험지 주파 성능을 아울러 갖출 목적으로 개발되어, 2차 대전 중에 특히 활약했다.

● 전륜으로 방향을 전환하며, 차체 뒤에는 궤도를 갖춘 하이브리드 차량

하프트랙은 흔히 반장궤 또는 반궤도 차량이라고도 불리며, 차륜 차량과 궤도 차량의 특징을 아울러 지닌 차종이다. 전륜을 갖추고 있으면서 차체 뒤에는 궤도가 달려있는 독특한 형태를 하고 있는데, 이는 차륜 차량의 편의성을 그대로 살리면서 궤도 차량의 험지 주행 능력을 취하고자 하는 아이디어의 산물이다.

실용화된 하프트랙의 원조는 제1차 세계대전이 끝난 뒤에 개발된 프랑스의 「시트로엥 케그레스(Citroën Kégresse) type K1」이다. 당시 프랑스는 도로 사정이 좋지 않은 아프리카에 다수의 식민지를 보유하고 있어, 이러한 지역에서 사용할 수 있는 화물 운송 차량을 필요로 했다. 1920년대 후반에는 이를 베이스로, 장갑을 설치한 군용 반궤도 장갑차(type p16)가 등장하기도 했다.

이후, 험지에서의 실용성에 주목한 미국과 독일에서도 앞 다투어 군용 하프트랙 차량을 개발했다. 미국의 M2/M3 하프트랙과 흔히 하노마크(Hanomag)라 불렸던 독일의 Sd.kfz.250/251은 제2차 세계대전 기간 중에 병력 수송이나 화포의 견인, 더욱 나아가서는 전투 임무에 이르기까지 다방면에서 활약했으며, 이에 맞춰 수많은 파생 모델이 만들어지기도 했다.

위의 두 차종은 군용 하프트랙의 대표로 자주 비교되곤 했는데, 주행 체제는 각기 달랐다. 예를 들어 M2/M3의 경우에는 후방의 궤도는 물론 전륜에도 구동력이 전달되었으나, 조향 자체는 일반 트럭과 마찬가지로 전륜만을 가지고 실시했던 반면, Sd.kfz.250/251은 전륜에 구동력이 전달되지 않았다. 그 대신 완만하게 선회할 경우에는 전륜만으로 조향이 이루어졌으나, 15도 이상 급격하게 방향을 전환해야 할 때에는 전륜의 조향각과 연동하여 좌우 궤도의 회전속도를 조절, 일반적인 궤도 차량과 같은 원리로 방향 전환을 실시했다.

이외에 구 일본군에서도 반궤도식 견인 차량이나 장갑차를 개발했으며, 영국이나 러시아의 경우에는 「무기대여법(Lend-Lease)」을 통해 공여 받은 미국산 차량이 활약했다. 하지만 도로상에서는 트럭보다 기동성이 떨어지며, 험지 주파 능력 또한 궤도 차량에는 미치지 못하는 어중간한 성능 문제도 있어, 이후 새로 개발되는 일은 좀처럼 없었다.

하프트랙의 구조

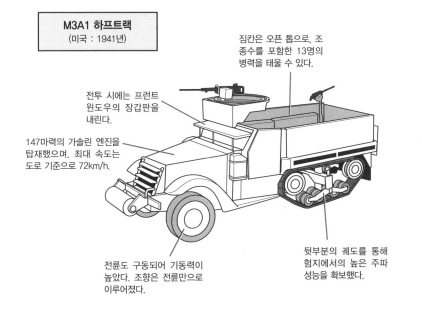

M3A1 하프트랙
(미국 : 1941년)

짐칸은 오픈 톱으로, 조종수를 포함한 13명의 병력을 태울 수 있다.

전투 시에는 프런트 윈도우의 장갑판을 내린다.

147마력의 가솔린 엔진을 탑재했으며, 최대 속도는 도로 기준으로 72km/h.

전륜도 구동되어 기동력이 높았다. 조향은 전륜만으로 이루어졌다.

뒷부분의 궤도를 통해 험지에서의 높은 주파 성능을 확보했다.

하프트랙은 왜 도태되었는가?

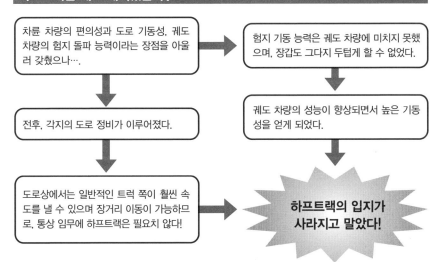

차륜 차량의 편의성과 도로 기동성, 궤도 차량의 험지 돌파 능력이라는 장점을 아울러 갖췄으나….

험지 기동 능력은 궤도 차량에 미치지 못했으며, 장갑도 그다지 두텁게 할 수 없었다.

전후, 각지의 도로 정비가 이루어졌다.

궤도 차량의 성능이 향상되면서 높은 기동성을 얻게 되었다.

도로상에서는 일반적인 트럭 쪽이 훨씬 속도를 낼 수 있으며 장거리 이동이 가능하므로, 통상 임무에 하프트랙은 필요치 않다!

하프트랙의 입지가 사라지고 말았다!

단편 지식

● **구 일본군의 하프트랙** → 제2차 세계대전 당시의 일본군도 미국산 하프트랙의 영향을 받아, 「98식 고사포 견인차」나 「1식 반장궤 장갑병차」라고 하는 반궤도 차량을 개발했다. 하지만 겨우 100대 남짓하게 만들어진 것이 전부여서, 일반적으로 그다지 알려지지는 못했다.

가솔린 엔진과 디젤 엔진

자동차용으로 많이 보급된 것은 역시 가솔린 엔진이지만, 화재 등의 위험이 있어, 군용 차량용 엔진으로는 디젤 엔진에 그 자리를 내주고 말았다.

●현재의 군용 차량은 디젤 엔진이 주류

제2차 세계대전 이전까지는 가솔린 엔진이 주로 사용되고 있었다. 콤팩트한 크기이면서도 높은 출력을 낼 수 있어 자동차 엔진으로 많이 보급되었으며, 전차나 장갑차 등의 군용 차량에도 널리 채용되어 있었다. 하지만 가솔린 엔진은 군용 차량에 맞지 않는 면도 있었다. 적의 공격을 받았을 경우에 치명적인 데미지를 입을 가능성이 높았기 때문이다. 물론 군용이 아닌 일반 차량이라면 그렇게까지 크게 고민했을 문제는 아니었을 것이다.

디젤 엔진은 가솔린보다 쉽게 인화하지 않는 경유를 연료로 사용한다. 하지만, 같은 배기량의 가솔린 엔진보다 토크가 강하기 때문에 구조적으로 훨씬 무겁고 튼튼해야 했다. 따라서 초기에는 소형화가 어려웠으며, 1930년대에 들어와 군용 차량용으로 실용화되었다. 제2차 세계대전 중에는 소련과 일본에서 주로 사용했으며, 미국 등에서도 일부 차량에 사용했는데, 그 중에서도 특히 소련의 걸작 전차인 T-34의 성공은 디젤 엔진의 가능성을 세계에 널리 알렸다.

가솔린 엔진과 디젤 엔진은 사용 연료와 연료의 착화 방식이 서로 다르지만, 그 이외의 기본 구조라는 측면에서 보자면 크게 다르지 않다. 실제로, 최초의 군용 디젤 엔진은 기존의 가솔린 엔진을 개조하여 개발한 것이기 때문이다. 각 엔진의 특성을 살펴보자면, 먼저 가솔린 엔진은 같은 크기의 디젤 엔진보다 고출력이고 RPM을 높게 잡을 수 있다. 반면에 디젤 엔진은 가속성능을 좌우하는 높은 토크를 낼 수 있어, 정차와 출발을 빈번하게 실시해야만 하는 군용 차량의 특성에도 어울린다.

또한 디젤 엔진은 가솔린 엔진에 비해 연비가 우수하며, 경유 이외에 일부 중유나 항공 연료로도 가동 가능한 다중 연료 엔진으로 만들기도 쉽고, 전장에서의 연료 보급에도 유리하다. 전후, 소형화와 고출력화의 진행과 함께 주류를 차지하기 시작, 현재는 대다수의 군용 차량이 디젤 엔진을 사용하고 있다. 가솔린 엔진을 사용하는 것은 이륜차나 일부 소형 차량 정도이다.

군용 차량에는 디젤 엔진 쪽이 훨씬 적합하다?

가솔린 엔진과 디젤 엔진의 특징

	가솔린 엔진	디젤 엔진
사용 연료	가솔린(인화점/-40℃, 상온에서 인화한다).	경유(인화점/45℃, 상온에서는 쉽게 인화되지 않는다). 이외에도 중유나 항공 연료 등.
구조적 특징	전기 스파크로 점화하므로, 높은 압력으로 압축할 필요가 없어, 콤팩트하고 가벼운 구조로 만들 수 있다.	실린더 내부에서 높은 압력을 가해 자연 착화하는 방식이므로 훨씬 튼튼한 구조가 필요하며, 무게도 많이 나간다.
성능적 특징	소형 엔진으로도 고출력(마력)을 내기 쉽고, 속도를 내기에 유리하다.	강력한 토크를 얻기 쉬우며, 가속성이 우수하여, 중량급 차량에 적합하다.
공격을 받았을 경우에는?	가솔린이 인화하여 폭발할 위험이 높다. 군용 차량에 있어 데미지는 큰 불안요소 가운데 하나이다.	경유는 인화하더라도 폭발의 위험성은 낮은 편이다. 따라서 그냥 불이 붙는 것으로 끝날 가능성이 높다. 일단 불만 끈다면 급한 문제는 해결될 수도?

현재의 군용 차량은 디젤 엔진이 주류!

디젤 엔진의 유용성을 입증한 T-34 전차

제2차 세계대전을 승리로 이끌었다고까지 일컬어지는 균형 잡힌 성능의 걸작 전차. 탑재된 디젤 엔진은 항공기용 가솔린 엔진을 개조하여 개발되었다. 연비가 우수했으며, 명중 당하더라도 연료인 경유는 쉽게 폭발하지 않았다.

 ### 출력(마력)과 토크

엔진의 성능을 표시할 경우, 보통은 「최대 출력」(Maximum output, 단위는 hp, PS 또는 kW를 사용)과 「최대 토크」(Maximum torque, 단위는 kg·m 또는 N·m을 사용)이라는 2가지의 수치가 사용된다. 양자의 차이를 간단한 개념으로 설명하자면, 우선 「최대 출력」은 자동차가 낼 수 있는 속도의 지표이며, 「최대 토크」는 정지 상태에서 발진할 때 발휘되는 힘(엔진의 회전력)이라 생각하는 것이 가장 이해하기 쉬울 것이다. 디젤 엔진은 엔진의 회전수가 비교적 낮은 상태에서 「최대 토크」를 발휘하기 때문에, 발진 시의 가속 성능이 우수하다는 특성이 있다.

단편 지식

● **일본 측이 선도했던 디젤 엔진** → 일본의 89식 전차는 세계적으로도 비교적 이른 시기인 1934년에 전차용 디젤 엔진을 탑재한 전차였다. 등장 당시 높은 평가를 받으면서 이는 일본의 전통이 되었고, 구 일본 육군은 물론 현재의 육상 자위대도 주요 군용 차량들에 디젤 엔진을 사용하고 있는 상태이다.

엔진을 냉각시키는 구조

엔진의 성능을 유지하기 위해서는, 효율적인 냉각 기구가 필수적이다. 엔진의 냉각 방식은 물을 사용하는 수냉식과 공기로 직접 식히는 공랭식의 2가지가 존재한다.

● 수냉식과 공랭식

엔진이라는 것은 실린더 내부에서 연료를 태워(폭발시켜) 동력을 얻기 때문에, 다른 명칭으로 내연 기관이라 불리고 있다. 연료를 태울 때에는 엄청난 열이 발생하게 되는데, 지나치게 온도가 올라가면 오버히트 현상을 일으켜 각종 오작동이 발생하는 등, 엔진 효율이 떨어지는 원인이 되며, 끝내는 엔진의 파손으로도 이어질 수 있다.

이러한 이유 때문에, 엔진을 효율적으로 계속 운전하기 위해서는 가열된 엔진을 적절하게 식혀줄 기구가 필요하다. 초기의 엔진에서는 단순히 물을 뜨거워진 엔진에 부어 증발할 때 발생하는 기화열로 엔진을 식혔으나, 이는 연료와 동시에 물을 보급해야만 했기에 실용성이 낮았다.

따라서 이를 개량하여 등장한 것이 라디에이터라고 불리는 장치를 장비한 「수냉(액랭)식 엔진」이다. 라디에이터에서 나온 물이 엔진 주위를 돌면서 냉각시키는 구조로, 뜨거워진 냉각수는 다시 라디에이터로 돌아가게 되며, 외부 공기와 접촉한 라디에이터 내부에서 다시 냉각수를 식힌 뒤, 온도가 내려간 냉각수가 다시 엔진 쪽으로 순환하는 것이 기본 원리이다.

한편 「공랭식 엔진」은 엔진 본체, 특히 실린더 주위에 냉각핀을 설치하여 열을 쉽게 방출할 수 있는 구조로 만들고 여기에 바람을 쐬어 공기로 냉각하는 방식이다. 이 방식은 엔진 본체에 직접 공기가 닿아야만 하기에, 공기가 잘 통할 수 있는 공간을 확보할 필요가 있으며, 공기를 보낼 강력한 팬을 갖춰야 하는 구조적 제약이 있으나, 엔진 그 자체의 구조가 단순하다는 특징이 있다. 또한 물을 필요로 하지 않는다는 장점도 있다. 냉각효율은 수냉식에 비해 떨어지지만, 전장에서 대량의 물을 확보할 필요가 없기 때문에 제2차 세계대전 무렵에는 공랭식 엔진이 많이 사용되었다.

전후에도 한동안은 각각의 특징을 살려 양쪽 모두 사용되고 있었으나, 엔진의 소형화와 고성능화가 진행되면서 현재는 냉각 효율이 훨씬 우수한 수냉식 엔진이 주류를 점하고 있다.

수냉식 엔진과 공랭식 엔진

수냉식 엔진

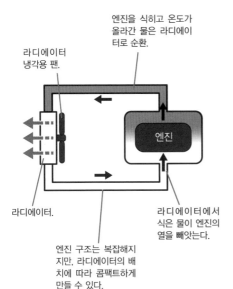

라디에이터 냉각용 팬.

엔진을 식히고 온도가 올라간 물은 라디에이터로 순환.

라디에이터.

라디에이터에서 식은 물이 엔진의 열을 빼앗는다.

엔진 구조는 복잡해지지만, 라디에이터의 배치에 따라 콤팩트하게 만들 수 있다.

공랭식 엔진

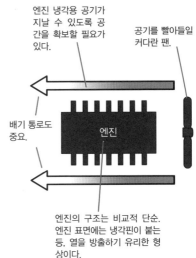

엔진 냉각용 공기가 지날 수 있도록 공간을 확보할 필요가 있다.

공기를 빨아들일 커다란 팬.

배기 통로도 중요.

엔진의 구조는 비교적 단순. 엔진 표면에는 냉각핀이 붙는 등, 열을 방출하기 유리한 형상이다.

수냉식과 공랭식의 ○ ✕

	수냉식 엔진	공랭식 엔진
냉각 효율	○	✕
시스템 전체의 콤팩트함	○	✕
엔진 배치의 자유도	○	✕
구조의 단순함	✕	○
정비 편의성	✕	○
냉각수의 보급	✕ (물이 반드시 필요)	○ (필요 없음)

단편 지식

●**이륜차의 냉각** → 차체 내부에 엔진이 수납되는 일반 군용 차량과는 달리, 엔진이 밖으로 노출된 군용 이륜차는 최근까지도 공랭식 엔진이 사용되었다. 하지만 고출력화의 물결 앞에서는 이륜차도 예외가 아니었고, 최신 모델 중에는 수냉식 엔진을 탑재한 기종도 도입되고 있다.

신세대 엔진

제트 엔진과 같은 원리인 가스터빈이나 발전기와 모터를 조합한 하이브리드 엔진은 이후의 발전이
기대되는 신세대 엔진이다.

●제트기의 엔진과 같은 원리인 가스터빈

가스터빈 엔진은 항공기에 사용되는 제트엔진과 원리가 같다. 다른 점이 있다면, 제트엔
진의 경우 연료를 연소하여 발생한 가스를 분출하여 그 반동으로 추진력을 얻는 반면, 가
스터빈의 경우에는 분출 가스로 터빈 블레이드를 회전시켜 이를 동력으로 전환하는 구조라
는 점이다. 비교적 단순한 구조에 쉽게 망가지지 않으며, 사이즈에 비해 높은 출력을 얻을
수 있어, 선박용 엔진으로도 사용되고 있다.

가스터빈 엔진은 전차용 엔진으로도 많은 이점을 지니고 있다. 고출력이면서 응답성도
우수하고, 급격한 가속이 가능하기 때문이다. 또한 사용 연료도 항공유(잘 정제된 등유)나
경유 외에 일부 중유까지 사용할 수 있는 등 다양한 연료에 대응할 수 있다. 다만 연비가 극
단적으로 좋지 않다는 것이 큰 단점으로, 특히 저속에서는 연료의 낭비가 매우 심하다. 물
론 최근에는 이러한 단점이 상당부분 개선되었다고는 하지만, 여전히 동급 출력의 디젤 엔
진의 1.5배 이상이라고 한다. 현재의 군용 차량 중에는 미군의 M1 에이브람스 전차와 러
시아(구소련)의 T-80 전차에 탑재되어 있는 정도로, 전장에서도 충분히 연료 보급 등의 병
참 지원이 가능한 국가 외에는 거의 실용화하기 어려운 상태이다.

●엔진으로 전기를 생산 , 모터로 주행하는 하이브리드 차량

현재는 승용차용으로 인기를 얻고 있는 하이브리드 엔진이지만, 사실 군용 차량 분야에
서는 제법 오래전에 나온 발상이다. 한때 사장된 방식이었으나, 민수 시장에서의 성공을 통
해, 군용 차량의 분야에서도 다시금 개발이 진행되고 있다.

이 방식의 이점을 들어보자면, 우선 연비가 매우 뛰어나다는 점을 들 수 있으며, 모터는
전압의 조절을 통해 자유로이 회전수를 바꿀 수 있기에, 크고 복잡한 변속 기구를 필요로
하지 않는다는 장점도 있다. 또한 발전용 엔진을 모터와 떨어진 곳에 설치할 수 있기 때문
에 차내 레이아웃의 자유도가 올라간다고 하는 것도 큰 장점이라 할 수 있다. 이러한 하이
브리드의 장점은 궤도와 차륜을 가리지 않기에, 장래에 보급이 기대되는 중이다.

가스터빈 엔진

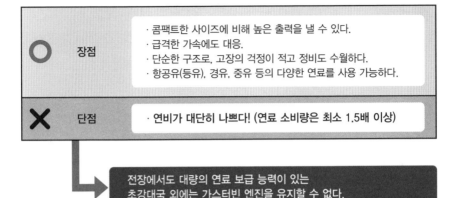

○ 장점	· 콤팩트한 사이즈에 비해 높은 출력을 낼 수 있다. · 급격한 가속에도 대응. · 단순한 구조로, 고장의 걱정이 적고 정비도 수월하다. · 항공유(등유), 경유, 중유 등의 다양한 연료를 사용 가능하다.
✕ 단점	· 연비가 대단히 나쁘다! (연료 소비량은 최소 1.5배 이상)

전장에서도 대량의 연료 보급 능력이 있는
초강대국 외에는 가스터빈 엔진을 유지할 수 없다.

하이브리드 엔진의 기본 개념

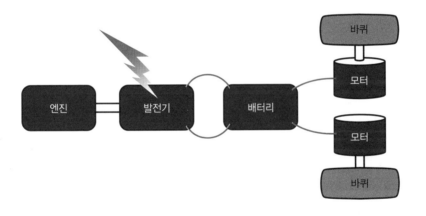

하이브리드 엔진의 장점

· 연비가 좋다.
· 모터의 회전수를 자유로이 변환할 수 있어 변속기가 필요없다.
· 엔진&발전기와 배터리, 모터를 분리하여 배치 가능하다.
· 단시간이라면 엔진을 돌리지 않고서도 주행할 수 있기에 정숙성도 우수하다.

단편 지식

● **하이브리드 전차의 선구자** → 1차 대전 당시 사용된 프랑스의 생샤몽(Saint-Chamond) 전차가 그 원조로, 2차 대전 중에는 소수이지만 미국의 T-23 전차와 독일의 엘레판트 구축전차가 실전에 투입된 예가 있다. 또한 독일이 제작한 중량 100t의 초중전차 마우스(Maus)에도 이 방식이 채용되었다.

속도를 바꾸는 데 쓰이는 변속기(트랜스미션)

엔진의 힘으로 주행하는 차량에는 엔진에서 발생한 구동력을 적절한 회전으로 변속시키는 변속기
(트랜스미션)이 반드시 달려있다.

● 현재는 자동 변속을 실시하는 오토매틱 트랜스미션이 표준

엔진에서 발생한 회전력을 구동륜에 전달하는 과정에서, 이를 적절한 회전속도로 변환하는 장치를 변속기(트랜스미션)이라 한다. 엔진을 싣고 있는 차량이라면 꼭 필요로 하게 되는 장치로, 기계식 변속기는 몇 개의 기어를 조합하는 방식으로 저속에서 고속으로 주행 속도를 바꿀 수 있다. 참고로 엔진의 구동력이 일정하다면, 기어비가 낮은(로우 기어) 상태에서는 속도가 잘 나오지 않는 반면, 바퀴에 강한 힘이 전달되며, 반대로 기어비가 높은(하이 기어) 상태에서는 그 반대 효과를 얻을 수 있다.

험지를 주행하거나 중량물을 운반해야 하는 일이 많은 군용 차량의 경우, 일반적인 자동차보다 기어비가 낮게 설정된 차량이 많으며, 개중에는 보조 변속기를 장비하고 변속 단수를 더욱 늘려, 험지 주파 성능을 더욱 향상시킨 차종도 존재한다.

이렇게 기어 비율을 바꿔 변속을 하는 과정에서, 이를 수동으로 실시하는 것이 바로 매뉴얼 트랜스미션(MT) 방식이다. MT로 변속을 실시할 때에는, 클러치라 불리는 온오프 장치로 구동력을 일시적으로 차단한 상태에서 기어를 변경하는 방법으로 변속을 하게 된다. 제2차 세계대전까지의 군용 차량은 이러한 MT 방식이 주류였는데, 클러치 조작과 변속 조작에 상당한 힘을 필요로 했으며, 조종수에게 큰 체력적 부담을 주는 문제가 있었다.

이와는 달리 클러치 조작이나 변속 작업을 자동적으로 실시하는 것이 오토매틱 트랜스미션(AT) 방식이다. 1940년대에 자동차 산업 대국인 미국에서 일반 차량용으로 개발되었으며, 2차 대전이후 세계 각국으로 퍼져나갔다. 토크 컨버터라 불리는, 클러치를 사용하지 않는 자동변속기의 도입은 파워 스티어링 기구와 함께 조종수의 부담을 큰 폭으로 경감시켰다. 현대의 군용 차량은 특수한 경우를 제외하고는 거의 대부분의 차량에 AT가 채용되어있다.

대출력 엔진을 탑재하고 있는 군용 차량들은 변속기의 고장이 제법 잦은 편이다. 때문에 전차 등과 같은 대형 차량의 경우, 파워팩이라 하여 아예 엔진과 변속기를 일체화한 것을 개발하여 탑재하고 있는데, 교환 시에는 파워팩을 통째로 교체하는 일이 많다.

기어비의 개념

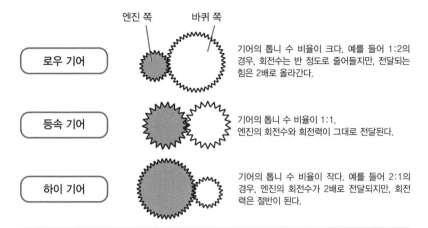

엔진 쪽   바퀴 쪽

로우 기어

기어의 톱니 수 비율이 크다. 예를 들어 1:2의 경우, 회전수는 반 정도로 줄어들지만, 전달되는 힘은 2배로 올라간다.

등속 기어

기어의 톱니 수 비율이 1:1. 엔진의 회전수와 회전력이 그대로 전달된다.

하이 기어

기어의 톱니 수 비율이 작다. 예를 들어 2:1의 경우, 엔진의 회전수가 2배로 전달되지만, 회전력은 절반이 된다.

기어의 조합(단수)가 많을수록 주행 상황에 맞춘 최적의 기어비를 선택할 수 있게 된다. 험지를 느리지만 확실하게 주행하거나 중량물을 운반해야 하는 군용 차량의 경우, 기어의 단수가 늘어나며, 특히 로우 기어에 해당하는 낮은 단수 쪽에 충실하다. 또한 기어비를 더욱 낮춘 슈퍼 로우 기어를 장비한 차량도 존재한다.

트랜스미션의 차이

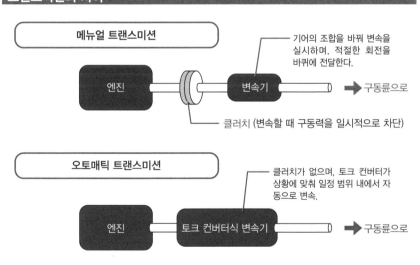

메뉴얼 트랜스미션

기어의 조합을 바꿔 변속을 실시하며, 적절한 회전을 바퀴에 전달한다.

엔진   변속기   ➡ 구동륜으로

클러치 (변속할 때 구동력을 일시적으로 차단)

오토매틱 트랜스미션

클러치가 없으며, 토크 컨버터가 상황에 맞춰 일정 범위 내에서 자동으로 변속.

엔진   토크 컨버터식 변속기   ➡ 구동륜으로

용어 해설
- **기어비** → 서로 조합되는 2장의 기어 톱니수의 비율
- **파워 스티어링** → 대부분의 차량은 스티어링 핸들로 조향을 실시할 때, 전륜의 방향을 바꾸는데 많은 힘을 필요로 한다. 파워 스티어링은 이러한 조향 장치에 어시스트 기구를 달아, 힘을 덜 들이고 조작할 수 있게 만든 것이다.

목적에 따라 달라지는 엔진 레이아웃

차량에 있어 엔진은 가장 중요한 부분으로, 많은 용적을 차지하는 장치이기도 하다. 군용 차량의 경우, 엔진을 배치하는 위치에도 각기 이유가 있다. 목적에 구조를 맞췄기 때문이다.

●군용 차량의 엔진은 차종의 사용 목적에 따라 레이아웃이 정해진다.

보통의 자동차라면 엔진이 차체 앞부분에 실려 있는 프런트엔진 방식인 경우가 많다. 뒷부분에 싣는 리어엔진이나 차체 중앙에 싣는 미드십엔진도 존재하지만 이는 극히 소수에 해당한다. 차체 후방에 짐이나 장비를 실을 수 있는 공간을 확보하기 위해서는, 용적은 물론 많은 중량을 차지하는 엔진을 차체 앞부분에 싣는 것이 가장 자연스럽기 때문이다. 또한 엔진의 냉각을 위해서도 프런트엔진 방식을 사용하는 것이 훨씬 외부 공기를 받아들이기 쉽다는 이점이 있기 때문이기도 하다.

하지만 전투를 목적으로 하며, 적과 정면으로 포화를 주고 받아야하는 전차의 경우에는 좀 사정이 달라질 수밖에 없다. 엔진의 냉각을 위한 공기흡입구는 적의 공격을 받게 되었을 때, 방어에 있어 큰 약점이 될 수밖에 없기 때문이다. 이러한 이유로 전차는 엔진을 차체 후방에 배치하여 정면에서 날아오는 적의 공격에 쉽게 격파되지 않도록 설계되어 있다.

또한 전차는 정면의 적 공격을 받아내기 위해, 차체와 포탑의 전면장갑이 매우 두텁다. 그러므로 이 전면장갑 바로 뒤에 엔진을 배치할 경우, 우선은 정비 자체가 매우 골치 아픈 일이 되고 말 것이다. 또한 차체의 중량 배분이라는 점에서 보더라도 무거운 엔진을 차체 뒤에 배치하는 것이 훨씬 유리하다.

그런데 마찬가지로 전투에 투입되는 것을 목적으로 하는 장갑차량 중에서도 병력 수송 장갑차나 장갑 보병 전투차의 경우에는 사정이 조금 다르다. 전장에서 보병을 태우고 내리기 위한 출입구는 보통 적의 공격을 쉽게 받지 않는 차체 뒷면에 배치되는데, 만약 커다란 엔진을 뒤에 배치하게 되면 보병의 출입이 곤란해지기 때문이다. 이러한 이유로 병력 수송 장갑차의 경우, 차체 전방에 엔진이 배치된 것이 일반적이다. 어디까지나 보병을 태우고 내리는 운용의 편의성을 우선시한 결과이다.

이와 같이 군용 차량은 각각의 사용 목적에 따라 엔진의 배치가 달라지는 것을 알 수 있다. 바로 임무에 맞춰 엔진의 레이아웃이 결정되는 것이다.

군용 차량의 엔진 배치

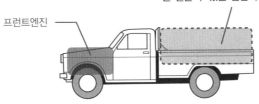

범용 차량(트럭)
화물 운송이 주 임무

차체 후방의 가장 큰 공간에는 화물을 실을 수 있는 짐칸이 있다.

프런트엔진

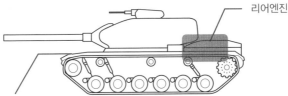

전차
적과 정면에서 싸우는 것이 주 임무

리어엔진

차체 전방에는 적의 공격을 튕겨낼 수 있도록 두터운 장갑이 설치되어 있다. 적의 공격에 취약한 엔진은 후방에 배치.

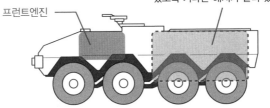

병력 수송 장갑차
전장으로 보병을 실어 나르는 것이 주 임무

차체 후방에는 보병을 수용할 수 있는 캐빈, 후면에는 병력이 드나들 수 있도록 커다란 해치가 달려 있다.

프런트엔진

단편 지식

● **프런트 엔진 방식의 전차** → 이스라엘이 개발한 메르카바 전차는 차체 전방에 엔진을 배치한 보기 드문 예에 해당한다. 이것은 엔진 또한 방어의 일부라는 발상에서 나온 것으로, 적 공격에 피격되었을 때에도 승무원의 안전이 제일이라는 설계사상의 산물이다. 때문에 차체 후방에는 여분의 공간이 있으며, 승무원 탈출용 해치도 달려 있다.

차체 구조의 차이

차대의 기본 구조에는 프레임을 골격으로 삼아 여기에 각종 부속을 올리는 프레임 구조와 외판 자체가 구조재로 기능하는 모노코크 구조가 있다.

● 프레임 구조와 모노코크 구조

차량의 차체는 **차대** 기본 구조의 차이에 따라 크게 2가지 종류로 나뉜다. 차체 안에 프레임(섀시, Chassis 라고도 한다)을 갖추고 이를 골격으로 삼는 프레임 구조와 차체 외판 자체가 구조재로 기능하는 모노코크 구조가 그것이다.

트럭이나 소형 차량에 널리 쓰이고 있는 것은 프레임 구조이다. 물론 프레임이라고 해도 여러 가지 형식이 있지만, 주류를 차지하고 있는 것은 사다리 모양의 래더 프레임이라는 타입이다. 앞뒤로 뻗은 2개의 메인 프레임 사이를 여러 개의 횡방향 크로스 프레임이 연결하고 있어 구조가 간단하면서도 높은 강성을 지닌 차대이다. 이 래더 프레임 위에 엔진과 서스펜션을 올리고, 보디를 씌우는 것이 기본구조이다.

한편 전차나 장갑차 등의 차체의 외판이 장갑을 겸하고 있어 강도가 높은 차량들의 경우에는, 장갑판들을 짜 맞추어 상자모양의 차대를 만드는 모노코크 구조로 되어 있다. 초기에는 프레임 구조 위에 장갑을 올리는 방식도 있었지만, 강도가 높은 장갑판을 사용하기 시작한 제2차 세계대전 무렵부터는 모노코크 구조가 주류를 차지하기 시작했고 이 흐름은 현대까지 이르고 있다.

각각의 장갑판을 짜 맞춰 모노코크 구조의 플랫폼을 만드는 방법에는 크게 나눠 3가지 공법으로 분류할 수 있다. 초기에는 리벳과 볼트로 장갑판을 짜 맞추는 리벳 접합이 주류였다. 하지만 리벳 분량만큼 중량이 늘어나는 데다, 적 공격에 피탄 당했을 때 충격으로 떨어져 나간 리벳 파편이 승무원에게 부상을 입히는 단점이 드러나고 말았다. 때문에 현재 주류를 차지하고 있는 것은 **전기 용접**을 통해 장갑판을 이어붙이는 용접 접합 방식이다. 초기에는 접합 강도가 높지 않았으나, 기술의 발전에 따라 널리 보급되기에 이르렀다. 차대를 만드는 또 하나의 방식으로는 **주조**를 통해 차체를 한 번에 찍어내는 주조 성형 방식도 있었다. 이 방식은 대량 생산에 적합했기 때문에 2차 대전 당시 많이 사용되었으나, 생산 정밀도가 낮고, 강도에도 한계가 있어, 결국 더 이상 쓰이지 않게 되었다.

래더 프레임 구조

래더 프레임은 쉽게 높은 강도를 확보할 수 있어, 많은 군용 차량에 사용되고 있다.

엔진 + 트랜스미션

메인 프레임

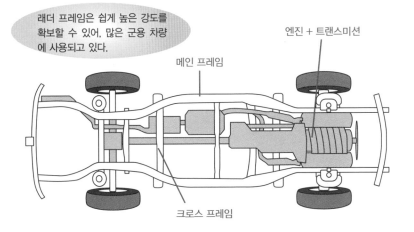

크로스 프레임

전차의 모노코크 구조

견고한 장갑을 지닌 차량은 외판을 구성하는 장갑판을 짜 맞춘 구조를 그대로 차대로써 사용하기도 한다. 별도의 프레임이 없는 만큼 중량 경감에 도움이 된다.

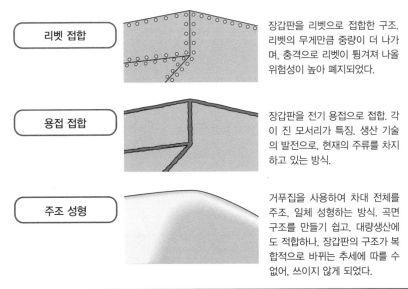

리벳 접합

장갑판을 리벳으로 접합한 구조. 리벳의 무게만큼 중량이 더 나가며, 충격으로 리벳이 튕겨져 나올 위험성이 높아 폐지되었다.

용접 접합

장갑판을 전기 용접으로 접합. 각이 진 모서리가 특징. 생산 기술의 발전으로, 현재의 주류를 차지하고 있는 방식.

주조 성형

거푸집을 사용하여 차대 전체를 주조, 일체 성형하는 방식. 곡면 구조를 만들기 쉽고, 대량생산에도 적합하나, 장갑판의 구조가 복합적으로 바뀌는 추세에 따를 수 없어, 쓰이지 않게 되었다.

용어 해설
- **차대** → 차량의 기본이 되는 구조체. 플랫폼이라고도 부른다.
- **전기 용접** → 방전 현상이 일어났을 때 발생하는 열을 이용하여 용접제와 장갑판을 고열로 녹여 접합하는 방법.
- **주조** → 금속을 고온으로 녹인 뒤, 주형(거푸집)에 흘려 넣는 공법.

바퀴와 궤도를 지지하는 서스펜션

바퀴의 기부(基部)면서 승차감을 좋게 해주는 장치인 서스펜션. 차량의 바퀴나 궤도가 노면에 확실히 접촉하기 위해 빼놓을 수 없는 구조이다.

●크게 나눠 3가지 타입으로 분류할 수 있다.

서스펜션(현가장치)는 바퀴의 기부에 설치되어 있으면서 바퀴를 가동시켜 노면의 요철을 흡수하는 완충 장치로, 바퀴를 노면에 밀착시켜 충분한 구동력이 전달되도록 하는 역할도 맡고 있다. 서스펜션의 기본 구조는 완충 기능이 있는 스프링과 스프링이 너무 많이 움직이지 않도록 가동 범위를 제한하는 쇼크 업소버라는 2개의 부속의 조합으로 이루어져 있다. 군용 차량에 사용되고 있는 것은 크게 3가지 타입으로 분류할 수 있다.

우선 첫 번째는 각각의 차축(좌우의 바퀴를 연결하는 축)마다 서스펜션을 장비한 차축 현가식 서스펜션(Rigid axle suspension)으로, 비교적 구조가 단순하며 높은 강도와 내구성을 얻을 수 있다는 것이 특징이다. 하지만 좌우의 바퀴 움직임이 서로 연동된다는 단점을 지니고 있기도 하다.

두 번째는 각 바퀴별로 별도의 서스펜션을 설치한 독립 현가식 서스펜션(Individual suspension)으로, 구조는 좀 복잡하지만 각 바퀴가 개별적으로 가동되며, 특히 험지를 주행해야할 때 큰 효과를 발휘한다. 프레임 구조(No.016 참조)로 이뤄진 현재의 차륜 차량은 독립 현가식을 주로 사용하고 있다.

마지막 세 번째는 전차와 같이 견고한 모노코크 구조의 차량에 사용되는 토션 바(Torsion bar) 방식이다. 이 방식은 강한 탄성을 지닌 금속봉의 한쪽 끝을 모노코크 차체의 안쪽에 고정하고, 반대편에는 바퀴와 이어져 있는 스윙 암이 연결되는 구조로, 토션 바가 비틀렸다가 다시 원래대로 돌아오는 힘을 이용한 서스펜션이다. 토션 바 서스펜션은 구조가 단순하여 고장의 위험성이 낮고, 공간을 적게 차지하는 등, 많은 이점을 지니고 있다. 튼튼한 모노코크 구조인 전차 등에서 차체의 중량을 버텨야 하는 보기륜에 사용되는 경우 외에 일부 차륜 장갑차에도 채용되어 있다.

이 외에도 소수파이지만, 차체의 자세 제어를 자유로이 할 수 있는 유기압식 액티브 서스펜션이 일본의 74, 90식 전차에 탑재되어 있다(대한민국의 K1, K2전차에도 탑재-역자 주). 다만 이 방식은 구조가 대단히 복잡하며, 고장의 우려가 많기에, 채용은 아직 한정적이다.

대표적인 서스펜션

차축 현가식 서스펜션

차축은 그대로 있으면서, 서스펜션이 가동되는 구조로, 좌우의 바퀴가 연동되어 움직인다. 기구가 간단하며 견고한 것이 특징. 트럭과 같은 상용 차량의 후륜 등에도 사용된다.

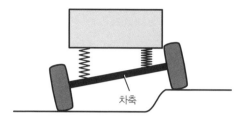

차축

독립 현가식 서스펜션

각각의 바퀴마다 서스펜션이 있어, 가동되는 구조. 기구는 복잡해졌지만, 노면 충격에 대한 완충 성능이 높고, 승차감은 물론 주행 성능도 향상되었다.

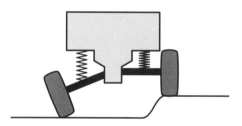

토션 바 서스펜션

스윙 암에 직결된 금속제 토션 바가 비틀렸다가 되돌아오는 힘을 이용한 서스펜션. 견고한 모노코크 구조의 차대를 사용하는 전차 등에 널리 쓰이고 있다.

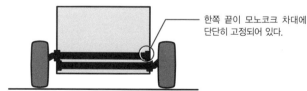

한쪽 끝이 모노코크 차대에 단단히 고정되어 있다.

단편 지식

●**마차에서 시작된 역사** → 서스펜션의 역사는 상당히 오래되었는데, 유럽에서는 마차의 승차감을 향상시킬 목적으로 사용되기 시작했다. 특히 18세기의 프랑스에서는 귀인들을 태운 호화 마차에 장비되었다. 현대의 차축 현가 서스펜션의 기본 구조는 이미 이 시기에 완성되어 있었다.

제원표를 통해 알아보는 군용 차량의 성능

군용 차량에 대하여 논할 경우, 공표된 제원표를 그 근거로 삼게 된다. 각각의 데이터가 의미하는 바를 통해 우리는 해당 차량의 모습을 읽을 수 있다.

●제원표의 성격을 통해 성능을 짐작할 수 있다

군용 차량에 대하여 알아볼 때, 가장 기본이 되는 것이 대외적으로 발표된 공식 제원표이다. 제원표에는 차체 크기나 중량, 무장 등의 기본 데이터부터, 엔진 출력이나 속도 등의 성능을 나타내는 수치 등이 공개되어 있다. 이 수치들을 읽고 이해하는 것을 통해 우리는 군용 차량의 여러 성능과 특징을 미루어 짐작할 수 있게 된다.

하지만 이 제원표를 읽고 이해하는 데 있어, 몇 가지 중요한 포인트에 대해 이해하고 넘어갈 필요가 있다. 예를 들어 차량의 크기를 알아보려 할 때, 「전장」이라고 하는 수치를 먼저 보게 되는 경우가 많은데, 긴 포신이 달려 있는 전차에 있어 「전장」이라는 것은 차체 밖으로 튀어나온 포신 끝부분까지를 포함한 길이를 의미한다. 때문에 실제 차체 크기를 알아봐야 할 경우에는 「차체 길이(Hull Length)」를 살펴봐야만 한다.

중량 또한 마찬가지 이유에서 조심할 필요가 있다. 최근에는 연료와 탑재된 탄약, 여기에 승무원들의 체중까지 합친 「전투 중량(Combat weight)」으로 표기하는 경우가 많지만, 연료와 탄약, 승무원의 무게를 제외한 「자중(Tare weight)」으로 표기하는 경우도 드물게 존재한다. 동일 차량임에도 자료에 따라 제원표의 표기가 다르게 게재되는 일이 있는데, 이 경우에는 어느 수치를 인용하고 있는 것인가 의심해볼 필요가 있다.

동력 계통의 성능을 살펴볼 때, 대개는 탑재된 엔진의 출력만 가지고 판단하는 경향이 있는데, 이때 반드시 같이 살펴봐야 할 것이 있다면 바로 「톤당 마력」이다. 이것은 엔진의 출력(마력)을 전투 중량으로 나누는 방법으로 간단히 도출할 수 있는데, 이 수치가 클수록 우리는 해당 차량의 기동 성능이 우수하다는 것을 알 수 있다. 예를 들어 일본 육상자위대의 주력 전차인 「10식」의 경우, 1200hp의 엔진으로 44t의 차체를 구동하는 반면, 미군의 주력 전차인 M1A2 에이브람스 전차는 전투 중량이 약 62t이나 나가지만 1500hp의 강력한 엔진을 사용한다. 출력중량비로 살펴보자면 「10식」이 27.27hp/t, M1A2가 24.19hp/t으로, 훨씬 무거운 M1A2쪽이 오히려 약 12%정도 기동 성능이 높다고 추측할 수 있다(같은 방식으로 K1A1과 미국의 M1A2를 비교하면 M1A2가 약 9%정도 기동 성능이 높다-역자 주).

이외에 「등판 능력」, 「수직 장애물 통과 높이」, 「참호 통과 너비」, 「도하 능력」 등의 수치는 험지 주파 능력에 크게 관여하는 것이므로 이 또한 주의 깊게 살펴볼 필요가 있다.

군용 차량 제원표의 예

※아래 수치는 가공의 차륜 장갑차 제원(16식 기동 전투차-역자 주)을 상정한 것으로, 발표되지 않은 수치도 존재한다.

항목	수치(예)/단위	읽고 이해하기 위한 힌트!
전장	8.45m	최대의 길이. 주포가 달려 있을 경우에는 주포의 끝부분까지의 길이를 포함한다.
차체 길이	7.40m	차체의 길이. 전장과 동일한 경우도 있다.
전폭	2.98m	차체의 최대폭.
전고	2.60m	차체의 높이.
자중	22.5t	연료와 탄약, 승무원을 제외한 본체만의 중량.
전투 중량	26.0t	연료, 탄약, 승무원을 포함한 기동 상태에서의 중량
최저 지상고	0.42m	차량의 가장 낮은 면에서 접지면까지의 높이.
차륜수/구동륜수	8×8 (8×4)	전체 바퀴의 숫자와 기동륜의 수. 차륜 차량에만 해당되는 수치로, 파트타임 방식의 전륜 구동 차량도 존재한다.
출력	570hp/2300rpm	최대 출력의 마력 표시와 최대 출력을 냈을 때의 엔진 회전수.
톤당 마력	21.9hp/t	엔진의 마력을 전투 중량으로 나눈 수치.
엔진 형식	수냉 4행정 4기통 터보 디젤	엔진의 형식. 어떤 형식의 엔진을 탑재하고 있는 가에 주목.
트랜스미션	오토매틱 전진5단, 후진 2단	오토매틱 트랜스미션인지의 여부를 표기하지 않는 경우도 많다.
현가 방식	독립 현가 방식	전륜과 후륜에 각기 다른 방식을 사용하는 경우도 있다.
최고 속도	105km/h	노상 속도와 야지 속도를 따로 표기하는 경우도 많다.
항속 거리	800km	무급유로 행동할 수 있는 거리.
등판 능력	60% (약 31도)	언덕을 오를 수 있는 한계 각도.
수직 장애물 통과 높이	0.5m	타고 넘을 수 있는 장애물의 최대 높이.
참호 통과 너비	2.0m	넘어갈 수 있는 참호의 폭
도섭 능력	1.5m	통상 장비 상태에서 건널 수 있는 수심.
선회 반경	9.0m	한번에 180도로 방향을 전환할 때, 필요한 반경. 이 수치가 작을수록 민첩하게 방향을 전환할 수 있다.
주무장	52구경장 105mm 강선포	구경장이란 구경(포신의 내경)의 배수를 뜻한다. 이 차량의 경우, 포신 길이는 105mm×52=5460mm가 된다.
부무장	7.62mm 기관총	기관총의 경우 그냥 구경으로 표기되는 경우도 있는데, 예를 들어 7.62MM은 약 0.30인치이므로 「Cal.30(30구경)」이라 불리기도 한다. 화포의 포신 길이를 나타내는 구경장과 혼동하지 않도록 주의하자.
승무원	4명	병력 수송 장갑차의 경우, 승무원과는 별도로 승차 가능한 병력의 수를 병기하여 「3+10명」이라는 식으로 표기한다.

단편 지식

● **자동차에서 사용되는 출력 중량비** → 자동차의 성능 평가에 사용되는 출력 중량비(Power weight ratio)는 차체 중량을 마력으로 나눈 「1마력당 차체 중량」을 의미(예를 들어 1000kg의 중량에 150hp의 출력이라면 약 6.67kg/hp)한다. 이 경우, 수치가 낮을수록 성능이 우수한 것으로 간주된다. 톤당 마력과 비슷하지만 정반대이므로 주의하도록 하자.

두 종류의 주행 기구를 지닌 아이디어 차량

군용 차량의 주행 방식에는 캐터필러를 사용하는 궤도식과 바퀴를 사용하는 차륜식이 있으며, 각기 다른 장단점을 지닌다. 때문에 양쪽의 이점을 살리기 위해, 궤도를 벗어내면 차륜식으로도 주행이 가능하도록 하는 방식이 고안되었으며, 실제로 사용되기도 했다. 미국의 발명가인 존 월터 크리스티(John Walter Christie, 1865 – 1944)가 1928년에 시험 제작한 「M1928 크리스티 전차」가 바로 그것으로, 이 전차는 가벼운 차체에 고출력 엔진과 독창적인 독립 현가장치를 결합한 고속전차로 개발되었다. 좌우 각 4개의 커다란 보기륜이 달려 있었는데, 이 가운데 가장 뒤에 달린 보기륜은 기동륜과 체인 구동으로 연결되었다. 때문에 궤도를 제거하면 후방 보기륜을 구동륜으로 사용, 정비된 노면에서라면 차륜 상태에서 111km/h의 최고 속도(궤도 상태에서는 65km/h)를 발휘할 수 있었다.

매우 독창적인 아이디어의 전차였지만, 정작 크리스티의 모국인 미국에서는 그다지 호평을 받지 못했으며, 「M1931」이라는 이름으로 겨우 7대의 시작 차량(이 가운데 4대는 기병부대에 테스트용으로 배치)이 제작된 것에 그치고 말았다. 하지만 영국과 소련에서는 높은 평가를 받았고, 이 시작 차량을 수입하여 연구 재료로 삼았다. 그 결과, 영국에서는 높은 기동성을 무기로 하는 순항전차의 설계에 큰 영향을 주었으며, 소련에서는 아예 크리스티의 전차를 바탕으로 「BT 전차」를 개발, 주력 전차로 배치했는데, 초기형인 「BT-2」부터 장갑을 강화한 「BT-7」까지 시리즈를 통틀어 약 7000대 가량이 생산되기도 했다.

궤도를 제거하면 차륜 차량으로 사용할 수 있다는 아이디어는 「BT 전차」에도 그대로 이어졌는데, 「BT-7」의 경우 최고 72km/h의 속도(궤도를 장착한 상태에서는 52km/h)를 낼 수 있었으며, 항속거리 또한 500km(궤도를 장착 상태에서는 350km)에 달했다. 이러한 성능을 살려, 전장까지는 차륜 상태로 일반 도로를 타고 이동했으며, 전장에서는 궤도를 장착하여 보통의 전차로 운용했다. 「BT-7」 전차는 1939년에 몽골과 만주 국경에서 벌어진 소련과 일본의 국경 분쟁이었던 할힌골 전투(일본 측 명칭 : 노몬한 사건)에도 투입되어 일본군과 맞서 싸웠다.

「BT 전차」는 고속 성능을 중시한 전차였으나, 그 반대급부로 장갑이나 무장은 빈약한 편이었기에, 제2차 세계대전 발발 무렵에는 이미 구식이 되고 말았다. 하지만 「크리스티식 현가장치」 등의 우수한 설계는 제2차 세계대전의 최고 걸작 전차로 꼽히는 「T-34」에 이어졌다(단, 차륜 차량으로도 운용 가능한 아이디어는 이어지지 못했다).

이외에도 철도와 도로 양쪽에서 사용할 수 있는 차량도 존재했다. 일본군이 1935년에 개발한 「95식 장갑 기동차」는 그냥 보기에 일반적인 궤도 장갑차였으나, 철도 레일에 대응할 수 있도록 그 안쪽에 철륜도 장비하고 있었다. 철도 노선을 따라 이동하다가, 필요에 따라서 노선을 이탈, 궤도 장갑차로 행동할 수 있었는데, 이 차량은 주로 중국 대륙에서 철도 노선의 순찰 임무 등에 투입되었다.

이후 일본군은 6륜 트럭을 베이스로 하여, 타이어와 철륜을 바꿔 끼우는 방식으로 선로 위에서도 달릴 수 있는 「98식 철도 견인차」를 개발, 화차를 견인하는 선두 차량으로 중국 대륙에서 사용했다. 또한 그 개량형인 「100식 철도 견인차」는 태평양 전쟁 당시 남방 전선 등지에서 사용되었는데, 그 중에서 종전까지 살아남은 일부 차량은 전후, 일본의 국철과 사철로 이관되어, 1960년대까지 선로 보수용 차량으로 사용되었다고 전해진다.

제 2 장
지상전의 주역, 전투 차량

장갑차의 여명기

장갑차의 역사는 전투용 마차의 시대까지 거슬러 올라갈 수 있다. 하지만 실용적인 장갑 자동차의 등장은 자동차가 발명된 이후인 20세기 초엽의 일이었다.

● 자동차에 장갑을 씌운 차체를 얹어 만들어진 장갑 자동차

차량에 장갑을 씌워 적의 공격으로부터 몸을 지킨다고 하는 발상은 이미 오래전부터 있어왔다. 그 원조라고 한다면 역시 고대 오리엔트나 중국 등의 문명에서 사용되었던 전투용 마차로, 여기에는 화살을 막을 방패가 설치되어 있었다. 이후 중세 유럽의 화가이자 발명가인 레오나르도 다빈치도 우산 모양의 원형 장갑을 두르고, 차체를 빙 둘러싸듯 대포가 설치된 전차의 스케치를 남긴 바가 있었다. 하지만 이 차량은 인력으로 움직이는 차량이었으며, 이동 포대에 더 가까웠다.

증기기관이 발명되고, 동력의 힘으로 움직이는 자동차가 등장하면서, 장갑을 두른 군용 차량이 고안되었다. 19세기 중반, 크림 전쟁 당시 까지는 기병이 지상전의 꽃이라 불렸다. 하지만 대포의 등장으로 전법이 조금씩 바뀌고 있었는데, 영국의 제임스 코원(James Cowan)이 흡사 다빈치의 전차를 연상시키는 헬멧 모양 차체에 포를 탑재한 증기 장갑차를 개발했으나, 실전에는 사용되지 못했다.

실용적인 장갑차가 등장한 것은 가솔린 엔진을 사용하는 자동차가 등장한 이후의 일이었다. 1900년대 초에는 당시의 자동차 선진국이었던 프랑스와 독일에서 군용 승용차에 간단한 장갑을 두르고 기관총을 거치한 장갑 자동차가 등장, 군에 실험적으로 배치되었다. 처음에는 엔진 부분만 장갑으로 보호되었고, 승무원은 그대로 노출된 상태였으나 이후 철제 장갑판으로 차체 전체를 덮은 본격적인 장갑 자동차가 탄생했다. 유럽 열강의 육군에서는 승무원을 적의 탄환으로부터 보호하는 장갑과, 기관총이 거치된 반구형 포탑, 그리고 기동력까지 갖춘 이 공격병기를 경쟁적으로 배치했다.

장갑 자동차는 제1차 세계대전 이전의 유럽 열강들과 미국에서 최신 장비로 배치되었으나, 험지에서의 주행 성능이 좋지 못했기에 광활한 평원에서 참호전이 이어졌던 유럽의 서부전선에서는 최전선에서의 활약이 불가능했다. 이들 차량이 주로 투입되었던 것은 후방에서의 경비나 호위, 도심지에서의 진압 임무 등이었으나, 중동 방면에서의 전장에서는 어느 정도 활약을 보였다고 한다.

레오나르도 다빈치가 고안한 전차

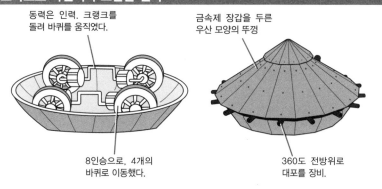

동력은 인력. 크랭크를
돌려 바퀴를 움직였다.

금속제 장갑을 두른
우산 모양의 뚜껑

8인승으로, 4개의
바퀴로 이동했다.

360도 전방위로
대포를 장비.

15~16세기 이탈리아의 화가이자 발명가로 이름 높았던 레오나르도 다빈치가 1500년 전후에 고안했다고 전해지는 여러 독창적인 무기의 스케치 중에 이동 포탑이라고도 할 수 있는 전차의 모습이 있었다. 이 차량은 장갑이 씌워져 있었으며, 전방위로 대포를 갖추고 있었다.

초기의 장갑 자동차

오스트로 다임러 장갑차
(오스트리아 : 1904년)

가솔린 자동차를 발명한 고틀리프 다임러의 아들인 파울이 제작한 장갑 자동차의 시작 모델.

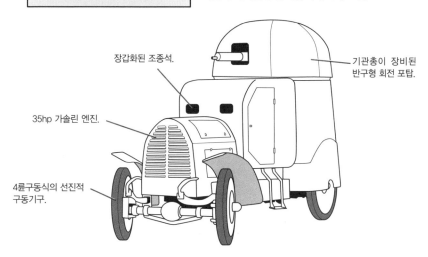

장갑화된 조종석.

기관총이 장비된
반구형 회전 포탑.

35hp 가솔린 엔진.

4륜구동식의 선진적
구동기구.

단편 지식

● **일본의 장갑 자동차** → 1919년에 영국제 「오스틴 장갑차」를 구입, 이듬해의 시베리아 출병 부대에 배치한 것이 최초. 이후 1928년에는 일본 국내에서 생산하던 영국의 울슬리(Wolseley) 트럭에 이시카와지마 조선소(현 IHI)에서 장갑을 씌우고 기관총을 거치한 「울슬리 장갑 자동차」를 개발하기도 했다.

차륜형 장갑차의 발달

전차의 발달로 한때 도태되었던 것처럼 보였던 차륜형 장갑차. 하지만 기동성을 요하는 임무에서 그 필요성이 재발견되면서, 현재도 세계 각국의 군에서 사용되고 있다.

●정찰이나 병력 수송 등, 기동성을 살릴 수 있는 임무에서 활약

제1차 세계 대전 중에 탄생한 궤도 차량인 전차의 성공(No.023 참조)으로 육군 장비의 꽃이라는 자리를 내줄 수밖에 없었던 차륜형 장갑차였으나, 도로망이 잘 발달된 유럽과 미국을 중심으로 그 유용성을 인정받고 개발이 계속되었다. 도로상에서의 높은 기동력이나 장거리를 자력으로 이동할 수 있는 편리성은 궤도 차량이 갖추지 못한 이점이었기 때문이다. 다만 그 구조상, 중량을 늘리는 데는 한계가 있었기에 전차만큼의 두터운 장갑이나 강한 위력의 화기를 탑재하는 것은 불가능했다. 이런 이유에서 장갑차는 소구경의 총탄을 막을 정도의 얇은 장갑과 기관총 등의 비교적 가벼운 무장을 갖추고 전차와 임무 영역을 달리하는 형태로 발전해나갔다.

제2차 세계대전 중에는 엔진과 차체 구조의 발달에 힘입어, 6륜이나 8륜식의 차륜형 장갑차도 개발되었는데, 이 차량들은 도로가 잘 정비된 유럽 전선뿐 아니라 중동이나 북아프리카처럼 도로 정비가 덜 된 지역에서도 기동력을 요하는 작전에 투입되어 활약했다.

차륜형 장갑차가 특히 위력을 발휘한 것은 정찰 임무에서였다. 그 기동성을 살려 전장을 누비며 적의 배치나 위력을 탐색하는 정찰은 차륜형 장갑차에 딱 맞는 임무였던 것이다. 또한 보병의 수송을 염두에 두고, 전장에서의 생존성을 높이기 위해 장갑을 강화한 장갑 병력 수송차나 지휘관이 사용하기 위해 통신 기능을 강화한 지휘 통신차 등도 전장에서의 전훈을 토대로 개발되었다. 또한 여기에 더하여 대전차포를 탑재하는 등의 개조를 받고 타격 임무의 일부를 맡기도 하는 등, 활약 무대를 넓히고 있었다.

제2차 세계대전 이후에도 차륜형 장갑차는 각국의 육군에서 빼놓을 수 없는 장비 가운데 하나로 여전히 폭넓게 사용되고 있다. 현재 세계 최강이라 할 수 있는 미 육군에서는 기동성을 살려 신속하게 전력을 전개할 목적으로 차륜형 장갑차를 대량으로 장비한 **스트라이커 BCT**(Brigade Combat Team, 여단 전투단)를 창설, 전 세계의 전장으로의 긴급 전개에 대비하고 있다.

차륜형 장갑차의 발전사

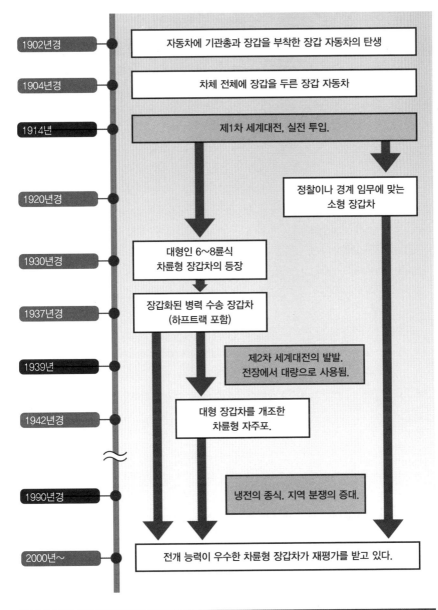

1902년경 — 자동차에 기관총과 장갑을 부착한 장갑 자동차의 탄생

1904년경 — 차체 전체에 장갑을 두른 장갑 자동차

1914년 — 제1차 세계대전, 실전 투입.

정찰이나 경계 임무에 맞는 소형 장갑차

1920년경

1930년경 — 대형인 6~8륜식 차륜형 장갑차의 등장

1937년경 — 장갑화된 병력 수송 장갑차 (하프트랙 포함)

제2차 세계대전의 발발. 전장에서 대량으로 사용됨.

1939년

1942년경 — 대형 장갑차를 개조한 차륜형 자주포.

냉전의 종식. 지역 분쟁의 증대.

1990년경

2000년~ — 전개 능력이 우수한 차륜형 장갑차가 재평가를 받고 있다.

용어 해설

●**스트라이커 BCT** → 냉전 종식이후, 세계 각지에서 빈발하고 있는 지역 분쟁에 신속하게 대응할 수 있도록 미 육군에서 창설한 긴급 대응 부대. 대형 수송기로 공수할 수 있는 「M1126 스트라이커 장갑차」를 중심으로, 스트라이커 장갑차의 베리에이션인 각종 화력 지원 자주포를 장비하고 해외 지역에의 신속한 전개를 목표로 하고 있다.

차륜형 장갑차의 차재 화기

근대의 장갑차는 자동차에 기관총을 얹는 것으로 시작되었다. 대개는 기관총이나 소구경포를 싣고 있었으나, 최근에는 미사일 등으로 화력 부족을 커버하고 있다.

● 중량이 나가는 기관총을 탑재하는 것으로 시작되었다.

20세기 초에 등장한 장갑 자동차는 당시 최신 기술의 산물인 자동차에, 마찬가지로 최신 무기라 할 수 있었던 **기관총**을 탑재하는 것으로 시작되었다. 19세기에 개발된 기관총은 대보병용 병기로 강력한 위력을 자랑하고 있었으나, 당시에는 중량이 많이 나갔던 탓에 보병이 도수 운반하기는 어려웠다. 세계 최초의 자동 기관총이라 할 수 있는「맥심 기관총」의 경우, 본체 중량만으로 약 30kg, 여기에 대량의 탄약까지 더하면, 운반에 여러 명의 인원이 필요했으며, 보통 1개 팀에 4명의 인원으로 운용되었다.

19세기 말부터 각국에서는 자동차에 기관총을 얹는 시도가 이루어졌으며, 1902년에는 프랑스의 페르난드 샤론이 반장갑 군용 승용차에 기관총을 얹어 실용화했다. 이 차량은 조종수와 기관총 사수, 부사수의 3명으로 운용할 수 있었던 데다, 보다 많은 탄약을 싣고 다닐 수 있었고 신속하게 이동할 수 있었기 때문에, 일약 주목을 받는 병기가 되었다.

초창기의 장갑 자동차는 대보병용 병기로 발달되었기에 탑재된 화기도 30구경(약 7.7mm)클래스의 기관총이 대부분이었다. 하지만, 이후 더욱 강력한 위력의 12.7mm 기관총이나 20mm 이상의 **기관포**를 장비하게 되었으며, 여기에 더하여 30~50mm정도의 소구경 화포까지 장비하게 되면서 **고폭탄**이나 **철갑탄** 등을 사용하여 보병의 지원이나 경장갑 차량에 대한 공격을 수행할 수 있게 되었다.

하지만 무게가 많이 나가며 발사 반동이 강한 대구경 화포는 차륜 차량에서의 운용이 어려웠다. 이 문제를 해결한 것은 제2차 세계대전 이후에 등장한 소형의 대전차 미사일(NO.053 참조)이었다. 그렇게 무게가 많이 나가지도 않으면서 발사 반동도 적고, 그 위력은 적 전차조차 격파 가능한 고위력 병기로 귀중한 대접을 받았다.

현재의 차륜형 장갑차에는 상당히 다채로운 화기가 탑재, 운용되고 있다. 보병과의 전투를 염두에 둔 소구경 기관총부터, 30mm 클래스의 기관포, 미사일 등이 주류이며, 기술의 발전을 통해 대형의 차륜형 장갑차에 75~105mm 클래스의 전차포를 탑재한 차륜형 전차(No.039 참조)도 등장했다.

위력을 더해가는 차륜형 장갑차의 탑재화기

> 대보병용 기관총 탑재
> **비커스 크로스레이 M23 장갑차**
> (영국 : 1923년)

7.7mm 기관총을 2정 탑재. 보병을
공격하기 위한 기관총이다.

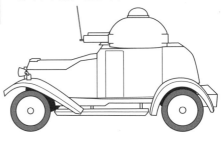

> 대경장갑차량용 기관포 탑재
> **87식 정찰 경계차**
> (일본 : 1987년)

25mm 기관포를 탑재. 얇은 장갑을 지
닌 장갑 차량이라면 격파 가능한 위력.
7.62mm 동축 기관총도 탑재되어 있다.

> 대전차용 미사일 탑재
> **TOW 탑재 M1114 장갑 험비**
> (미국 : 1998년)

범용 경장갑차에 대전차 미사일인
TOW 발사기를 탑재. 전차 등의 중장
갑 차량도 격파 가능하다.

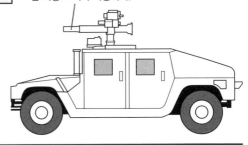

용어 해설

● **기관총 · 기관포** → 1분에 수백 발 이상의 연사가 가능한 총. 기준은 나라별로 조금씩 차이가 있으나 대체적으로 20mm
미만이라면 기관총, 그 이상은 기관포로 분류하는 경우가 많다.
● **고폭탄** → 화약(작약)이 들어 있어, 작렬하는 포탄.
● **철갑탄** → 금속 덩어리로, 상대의 장갑을 꿰뚫는 것을 목적으로 한 포탄.

차륜형 장갑차의 장갑은 어느 정도일까?

차륜형 장갑차의 장갑은 중량과 밸런스로 결정된다. 총탄 정도는 막을 수 있지만, 전차포 등의 대구경 화포의 직격에는 무력하다.

●총탄을 막을 수 있을 정도의 경장갑이 주류

차륜형 장갑차는 승무원을 적의 공격으로부터 보호하기 위해 자동차에 장갑을 두른 것으로부터 탄생했다. 하지만 바퀴로 중량을 지지하는 구조이기에 중량의 제한이 크며, 튼튼하고 두터운 장갑을 두르기가 어렵다. 방어력을 높이기 위해서라면 두터운 장갑을 두르는 것이 제일이겠지만, 이는 중량의 증가를 수반하는 것이기 때문이다.

따라서 차륜형 장갑차에는 전차처럼 적의 대구경 포탄을 튕겨낼 정도의 능력은 요구되지 않는다. 물론 장갑의 레벨에 따라 달라지지만, 최소한 보병이 휴대하고 있는 소총의 탄환을 막는 수준의 능력은 필요로 한다. 이 정도의 능력조차 없다면 보병에 대한 우위를 확보할 수 없기 때문이다.

또 하나 중요한 것이라면 작렬하는 포탄의 파편에 의한 피해이다. 물론 직격 당한다면 그냥 그것으로 끝장이겠지만, 작렬하여 마구 비산하는 파편을 방어하는 것만으로도 승무원의 생존률은 비약적으로 올라가기 때문이다.

현재도 장갑차의 장갑은 총탄의 직격과 포탄의 파편 방어를 기준으로 설계되어 있다. 어느 정도의 장갑을 갖출 것인가는 군사 기밀에 속하기 때문에 명확하게 밝혀지지 않은 것이 많다. 하지만 서방진영의 기준으로 **NATO(북대서양 조약기구)**가 정한 장갑차의 방어 규격이 있으며, 이것은 5단계로 나뉘어져 있어 하나의 판단 기준으로 삼을 수 있다.

초창기의 장갑차는 두께 10mm 이하의 철판을 장갑판으로 사용했다. 이후 표면에 열처리를 통해 표면을 경화시킨 특수강판을 사용하게 되는 등, 장갑판 그 자체도 시대에 따라 진화해왔다. 제2차 세계대전 이후 한때 가벼운 알루미늄 함금 등이 사용되었으나, 강도 부족 등의 문제로 현재는 그다지 쓰이지 않는다.

현재는 방어력의 강화를 위해, 필요에 따라 증가 장갑을 추가하는 식의 아이디어도 도입되고 있는 중이다. 또한 충격으로 장갑의 **파편이 박리**되어 차체 내부에서 비산하지 않도록 **케블러 섬유**등을 사용한 내장재(라이너) 등도 널리 사용되고 있다.

차륜형 장갑차의 딜레마

기동성을 확보하기 위해 중량을 그렇게 늘리고 싶진 않아!

방어력을 높이기 위해 장갑을 두텁게 하고 싶지만, 중량이 문제야!

소구경 총탄의 직격을 막을 수 있는 정도의 장갑으로 만족.

장갑의 방탄 능력 기준

경장갑차와 수송차량의 NATO 통일 방호 규격

		방탄능력의 기준	155mm포탄 파편에 대한 내성 기준
약함 ↕ 방어력 ↕ 강함	Level.1	거리 30m에서 발사된 7.62×51mm NATO 보통탄의 직격을 견딜 수 있을 것	착탄 거리 100m의 파편을 견딜 수 있을 것
	Level.2	거리 30m에서 발사된 7.62×39mm 소이철갑탄(※1)의 직격을 견딜 수 있을 것	착탄 거리 80m의 파편을 견딜 수 있을 것
	Level.3	거리 30m에서 발사된 7.62×51mm NATO 철갑탄의 직격을 견딜 수 있을 것	착탄 거리 60m의 파편을 견딜 수 있을 것
	Level.4	거리 200m에서 발사된 12.7×99mm(※2) 철갑탄, 14.5×114mm(※3) 소이철갑탄의 직격을 견딜 수 있을 것	착탄 거리 30m의 파편을 견딜 수 있을 것
	Level.5	거리 500m에서 발사된 25×137mm APDS-T 철갑탄(※4)의 직격을 견딜 수 있을 것	착탄 거리 25m의 파편을 견딜 수 있을 것

※ 1 구 소련에서 개발되어 전 세계적으로 사용되는 AK-47 돌격소총용 탄환.
※ 2 널리 사용되고 있는 중기관총용 탄환으로 흔히 Cal.50(50구경)탄이라고도 불린다.
※ 3 구 소련을 중심으로 한 동구권 등 옛 공산진영에서 사용되는 중기관총용 탄환.
※ 4 APDS(Armor Piercing Discarding Sabot, 이탈피 분리식 철갑탄). 탄심의 구경을 줄여 고속화된 탄환으로 관통력을 높인 철갑탄의 일종.

용어 해설
● **NATO(북대서양 조약기구)** → 제2차 세계대전 이후 냉전에 들어가면서 공산주의에 대항하기 위해 미국, 캐나다와 서유럽 국가들이 체결한 집단 안보보장 동맹.
● **파편의 박리** → 아주 강한 충격을 받았을 경우, 강판의 일부가 박리되어 내부에 비산, 피해를 주는 경우가 있다.
● **케블러 섬유** → 강도가 높은 합성 섬유로, 방탄조끼 등에도 사용되는 소재.

전차의 탄생

제1차 세계대전 당시, 교착상태에 빠진 전황을 타개하고자 영국군이 비밀리에 개발, 투입한 것이 궤도로 움직이는 세계 최초의 전차 「Mk. I 」이었다.

●참호를 건널 수 있는 육상 군함의 출현

전차가 처음으로 등장한 것은 제1차 세계 대전이 한창이던 1916년, 프랑스 솜(Somme) 전투에서였다. 영국과 프랑스 연합군과 독일군은 서로 참호와 철도망을 경쟁하듯 배치한 뒤, 대량의 기관총을 배치하여 견고한 방어력을 자랑하는 진지를 구축, 대치하고 있었다. 당연히 전선을 돌파하려는 보병의 진격은 기관총에 저지되었으며, 양측 모두 이를 타개할 만한 뾰족한 수단이 없는 채 교착 상태에 빠져 있었다.

1916년 9월 15일, 영국 해군(육군이 아님!)에서 비밀리에 개발한 「Mk. I 전차」가 독일 군 전선의 돌파를 시도했다. 전장 9.9m의 거대한 강철 덩어리가 차체 좌우의 궤도를 이용 하여 장애물을 밟고 넘어 서서히 전진, 반격하는 독일군의 기관총탄을 튕겨내며 참호를 건 너 독일군 진지를 돌파했다.

이 사상 최초의 작전에 투입된 「Mk. I 전차」는 약 30대로, 당초에는 60대의 전차가 준 비되었으나, 이 가운데 절반은 전장에 도착하기도 전에 고장으로 탈락했다. 또한 전장에서 도 차례차례 고장으로 주저앉고 말았으며, 적진지 돌파에 성공한 것은 10대가 채 되지 않 았다. 하지만 그 위용은 독일군 병사들 사이에 패닉을 일으키기에 충분했으며, 한정적이었 지만 전선의 교착 상태를 깨뜨리는 데 성공했다.

이 성공에 고무된 영국군은 더욱 개량된 「Mk. IV 전차」를 개발, 대량으로 투입했으며, 캉 브레 전투에서 큰 전과를 거뒀다. 이에 따라 프랑스도 「슈나이더」와 「생샤몽」을 개발했으며, 독일도 이에 대항하여 「A7V」를 개발했다.

이들 초창기 전차들은 시속 5~10km 이하의 속도로 기관총탄을 튕겨내며 전진하여, 탑 재된 포나 기관총으로 적의 진지를 부수고 참호를 돌파하는 것을 주목적으로 개발되었다. 그야말로 「육상 군함」 내지는 「이동식 토치카」같은 존재였던 것이다. 이들 전차의 성공은 장 갑을 씌운 군용 차량의 유용성과 궤도의 우수한 험지 돌파능력을 증명했으며, 이후 지상전 의 왕자로 전차가 우뚝 서는 계기가 되었다.

전차의 어머니 「Mk. I」 전차는 육상 군함이었다.

Mk. I
(영국 : 1916년)

전장 : 9.9m
중량 : 28t
승무원 : 8명

'육상 군함'으로 영국 해군에서 개발되었다.

조종은 차장과 정조종수, 그리고 부조종수 2명으로 4명이 연계하여 실시하는, 군함과 비슷한 방식이었다.

당시의 군함처럼 좌우의 돌출부(스폰슨)에 케이스메이트(포곽)형 포탑을 장비. 57mm포를 탑재한 '수컷(Male)'과 다수의 기관총을 탑재한 '암컷(Female)'의 두 종류가 있었다.

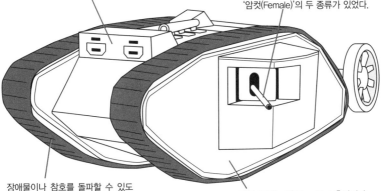

장애물이나 참호를 돌파할 수 있도록 대형 궤도를 채용. 105마력의 엔진을 통해 약 6km/h의 속도로 전진했다. 서스펜션이 없었기에 승차감은 그리 좋지 못했다.

장갑 두께는 약 8mm로 소총탄이나 보통의 기관총탄을 막을 수 있는 정도. 「Mk. IV」로 개량되면서 더욱 강화되었다.

군함과 같은 발상으로 고안되어 공·수·주를 두루 갖춘 참호 돌파 병기

공

적진지를 분쇄하기 위한 포를 탑재한 '수컷'과, 보병을 배제하기 위해 기관총을 장비한 '암컷'이 있었다.

수

적의 기관총을 튕겨내며 돌격할 수 있도록 차량 전체에 장갑을 씌움.

주

궤도를 통해 험지를 나아가며, 참호나 장애물을 넘기 위한 구조를 갖춤

전차의 탄생!

단편 지식

●**탱크라 불리게 된 이유는?** → 전차의 개발을 극비로 한 영국에서는 전장인 프랑스로 이를 운반할 때, 「러시아에 보낼 수조(탱크)」라는 식으로 기만 정보를 흘렸는데, 이후 이 이름이 그대로 정착되면서 현재도 전차를 「탱크(Tank)」라 부르고 있다.

55

전차의 기본형 확립

선회 포탑을 탑재한 프랑스의 「르노 FT-17」은 이후의 전차에 큰 영향을 주었다. 하지만 그 흐름을 이은 것은 다름 아닌 적국, 독일이었다.

●현대 전차의 기본이 된 「르노 FT-17」

제1차 세계대전 후기에 프랑스의 자동차 메이커인 르노에서 개발한 「르노 FT-17」은 이후 만들어지게 될 전차의 기본형을 확립한 걸작 전차였다. 전장 5m, 중량 6.5t의 경전차였지만, 주포나 기관총을 갖춘 선회 포탑을 장비하고 있어, 360도 전주위로 공격을 할 수 있었다. 또한 차체는 장갑판을 짜 맞춘 모노코크 구조(No.016 참조)로, 차체 앞부분에 조종수, 가운데의 포탑에는 전차장 겸 포수가 탑승하며, 차체 뒷부분은 격리된 엔진룸이 배치되는 레이아웃으로, 이는 현대 전차에도 이어져 내려오는 기본형이었다.

속도 또한 약 20km/h로 당시 기준으로는 대단히 경쾌한 것이었으며, 시리즈 전체를 통틀어 4000대 가까이 생산되었다. 이전까지의 주역이었던 기병을 대신하여 프랑스 육군의 주력이 된 것으로 그치지 않고, 여분의 차량이 일본을 포함한 전 세계로 수출되어, 이후 개발될 전차의 모범이 되었다.

●전차의 진가를 발견한 독일

이후 제2차 세계대전이 발발하기 전까지 약 20년 동안, 세계의 열강들은 각 국가의 사정에 맞춰 전차 개발 경쟁을 지속했다. 「르노 FT-17」을 모범으로 삼아 경쾌함을 무기로 삼은 경전차가 각국에서 태어났다. 한편에선, 기동력은 떨어지지만 중무장에 중장갑을 자랑하는 전차도 만들어졌다. 이 중에는 포탑을 여러 개 탑재한 **다포탑 전차**등이 개발되기도 하는 등, 여러 시행착오를 반복하는 시대이기도 했다.

하지만 「르노 FT-17」의 사상을 가장 깊이 이해하고 이어받은 것은, 아이러니하게도 적국인 독일이었다. 제1차 세계대전의 패전으로 한때는 군비를 상실한 독일이었으나, 소형이면서 쾌속인 「I호 전차」와 , 「II호 전차」를 개발, 여기에 더해 기동력과 무장, 장갑의 밸런스가 우수한 「III호 전차」와 「IV호 전차」를 탄생시키면서 제2차 세계대전 초기, 전차로 적국에 쇄도해 들어가는 「전격전」(No.092 참조)으로 연합국을 압도하기도 했다.

현대 전차의 기본형

르노 FT-17
(프랑스 : 1917년)

전장 : 5m
무장 : 37mm포 또는 기관총 1정
중량 : 6.5t

장갑 : 최대 16mm
속도 : 약 8km/h
승무원 : 2명

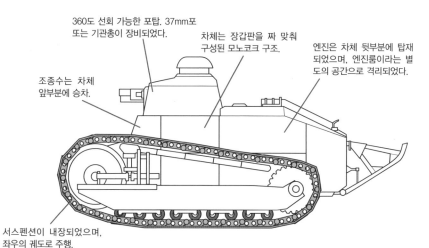

360도 선회 가능한 포탑. 37mm포 또는 기관총이 장비되었다.

차체는 장갑판을 짜 맞춰 구성된 모노코크 구조.

엔진은 차체 뒷부분에 탑재 되었으며, 엔진룸이라는 별 도의 공간으로 격리되었다.

조종수는 차체 앞부분에 승차.

서스펜션이 내장되었으며, 좌우의 궤도로 주행.

전차의 기본형이란?

주 무장이 탑재된 선회 포탑을 갖추고, 360도 어느 방향으로도 공격 가능.	장갑판으로 승무원과 엔진을 보호. 장갑판을 짜 맞춰 별도의 차대가 없는 모노코크 구조.	서스펜션이 달린 2개의 궤도를 갖추고 높은 험지 주파 능력을 확보.	승무원은 조종수가 전방, 차장과 포수가 포탑 내부에 탑승하며, 차체 후방에 엔진을 배치.

르노 FT-17이야말로 현대 전차의 시조!

단편 지식

● **다포탑 전차** → '육상 군함'이라는 사상을 이어받아, 소련에서는 포탑을 3개 갖춘 「T-28」과 5개를 갖춘 「T-35」를 개발 했다. 하지만 사각이 많아 중무장임에도 허점이 많았다. 또한 차체에 대구경 포, 포탑에는 소구경 포를 장비한 프랑스의 「B1bis」, 미국의 「M3」가 2차 대전 초기에 사용되기도 했다.

전차의 역할 분담 문제로 고민했던 영국군

전차의 모국이라 할 수 있는 영국. 제2차 세계대전 당시에는 보병전차와 순항전차로 역할을 나눠 운용했으나, 결국 독일에 추월당하고 말았다.

● 중장갑인 보병전차와 기동력이 높은 순항전차

전차의 모국인 영국에서는 제1차 세계대전 이후 전차의 운용법과 관련하여 많은 의견들이 교차하고 있었다. 그 결과 제2차 세계대전 개전 무렵에는 다양한 목적의 전차가 혼재된 상태였는데, 기관총만이 탑재된 경전차, 기동력은 떨어지지만 대형 차체에 장갑이 두터우며 중무장을 한 보병전차, 그리고 기동력이 높지만 장갑이 얇은 순항전차의 3종류를 운용했다.

이 가운데 경전차는 정찰 임무 등에서 활약했지만 적으로 등장한 독일군의 전차를 상대할 수는 없었다.

보병전차는 그 이름 그대로 보병의 지원을 목적으로 하는 전차로, 말하자면 1차 대전 당시의 '육상 군함'이라는 사상을 이어받은 것이었다. 예를 들어 「처칠 보병전차」는 최대 152mm나 되는 두터운 장갑을 자랑했으며, 기관총이나 소구경 화포로는 도저히 격파할 방법이 없었다. 하지만 장갑이 두터운 만큼 중량이 나갔기에 속도가 느렸고, 시대에 뒤쳐진 성능 탓에 탑재된 포도 커다란 차체에 비해서는 빈약한 편이었다. 중장갑이었기에 격파당하는 일은 적었지만, 떨어지는 기동력은 전차의 이점을 살리지 못하는 원인이 되었다.

순항전차는 50km/h 이상의 속도를 자랑했으나, 속도를 살리기 위해 장갑을 희생했다는 문제가 있었다. 또한 초기의 순항전차는 대전차 전투를 염두에 두고 철갑탄을 사용하는 전차포를 장비한 타입과, 보병이나 적진지를 공격하기 위한 유탄포를 장비한 타입이 개별적으로 만들어졌다. 이는 결국, 범용성의 저하로 일선에서 사용하기가 까다롭다는 문제를 드러내고 말았다.

제2차 세계대전 초기, 독일군의 전차에 압도되고 말았던 영국군은 **미국으로부터 공여받은 전차**로 간신히 싸움을 이어나갈 수 있었다. 이후 보병전차와 순항전차의 이점을 아울러 갖춘 전차의 개발에 착수, 1945년에는 「센추리온」을 탄생시켰다. 이 전차는 비록 유럽 전선에의 투입에는 시기를 맞추지 못했지만, 우수한 성능으로 전후 개발된 전차의 모범이 되었으며, 영국 이외에도 유럽을 비롯한 세계 각국에서 1990년대까지 장기간에 걸쳐 사용되었다.

영국군의 보병전차와 순항전차

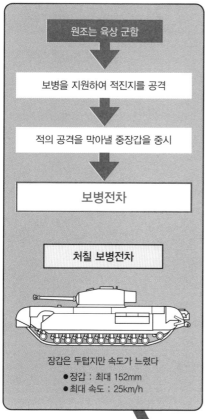

원조는 육상 군함

↓

보병을 지원하여 적진지를 공격

↓

적의 공격을 막아낼 중장갑을 중시

↓

보병전차

처칠 보병전차

장갑은 두껍지만 속도가 느렸다
- 장갑 : 최대 152mm
- 최대 속도 : 25km/h

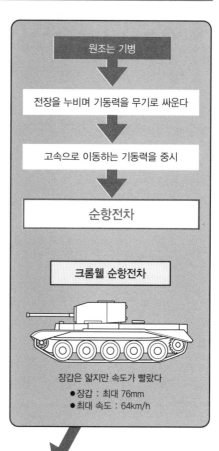

원조는 기병

↓

전장을 누비며 기동력을 무기로 싸운다

↓

고속으로 이동하는 기동력을 중시

↓

순항전차

크롬웰 순항전차

장갑은 얇지만 속도가 빨랐다
- 장갑 : 최대 76mm
- 최대 속도 : 64km/h

범용성이 떨어저 사용이 까다롭다

제2차 세계대전 후 통합

단편 지식

- **미국산 전차로 구원을 받은 영국군** → 제2차 세계대전 당시, 고전했던 북아프리카 전선에서 독일군을 밀어내는데 큰 공헌을 한 것이 미국에서 대량으로 공여 받은 「M3 리 중형 전차」였다. 또한 후기에는 「M4 셔먼 중형 전차」를 대량으로 공여 받아 독일군을 물량으로 압도했다.

중형 전차가 활약한 2차 대전

제2차 세계대전 초반에 압승을 거뒀던 독일군을 패퇴시키는 데에는, 미국과 소련이 개발한 2종의 걸작 중형 전차를 대량으로 투입한 것이 큰 몫을 했다.

●독일의 야망을 저지한 「T-34」와 「M4 셔먼」

제2차 세계대전 무렵, 전차는 그 크기를 기준으로 3가지의 범주로 분류되었다. 우선 20t 미만으로, 경장갑에 경무장을 한 경전차. 20~40t 정도의 무게로, 장갑과 무장, 기동력을 고루 갖춘 중형 전차. 그리고 40t이 넘는 중량에 중장갑과 중무장을 자랑하는 중전차가 그 것이었다.

개전 당초에는 50mm포를 갖춘 「Ⅲ호 전차」와 75mm포를 갖춘 「Ⅳ호 전차」의 활약으로 독일군은 유럽과 아프리카 전선에서 쾌속으로 진격을 거듭할 수 있었다. 하지만 얼마 안 있어 독일 전차의 기세에 제동을 걸 2종의 걸작 중형 전차가 등장했다.

동부 전선으로 진출 중이던 독일군을 저지하며 등장한 것은 소련의 「T-34 중형 전차」였다. 진흙탕 위에서도 경이로운 기동력을 보여준 광폭 궤도와 디젤 엔진을 갖추고, 포탄을 빗겨내기 쉬운(「피탄경시」라고 한다) 경사장갑을 둘렀으며, 강력한 76.2mm포(후기 모델은 85mm포)를 탑재, 항속거리 또한 매우 길었다. 2차 대전 최우수 전차라고까지 일컬어지는 강력한 전차의 출현에 독일군은 고전할 수밖에 없었다.

한편 미군이 투입한 「M4 셔먼 중형 전차」는 무장 · 장갑 · 기동력 모두가 평균 레벨로, 일개 차량의 성능은 그리 뛰어난 것이 아니었지만, 대량 생산에 맞는 구조 덕분에 1945년까지 무려 4만 9000대 이상이 생산되었으며, 전선에 대량으로 투입, 1대의 전차를 다수의 전차가 포위하여 격파하는 방식으로 독일군을 압도했다.

대전 후기에는 독일도 「T-34」를 연구, 75mm 장포신 포를 장비한 「Ⅴ호 중형 전차 판터」(75mm 장포신포 장비)나 대구경인 88mm 주포와 중장갑을 자랑하는 「Ⅵ호 중전차 B형 티거Ⅱ(쾨니히스 티거)」를 투입하여 기사회생을 노렸으나, 전황을 뒤집는 데는 실패했다. 대전 말기에는 독일의 「Ⅵ호 전차」에 대항하여 소련에서는 122mm 주포를 탑재한 「IS-3 스탈린 중전차」를, 그리고 미국에서도 90mm 주포를 장비한 「M26 퍼싱 중전차」를 투입했으며, 압도적 물량의 힘으로 독일 전차를 격파, 연합국의 승리를 이끌었다.

제2차 세계대전을 승리로 이끈 미국과 소련의 중형 전차

M4A3 셔먼
(미국 : 1942년)

차체길이 : 5.9m	주포 : 75mm
중량 : 31t	장갑 : 최대 76mm
속도 : 약 40km/h	생산 대수 : 약 4만9000대
항속거리 : 196km	

T-34 / T-34-85
(소련 : 1941년)

차체길이 : 6.3m	주포 : 76/85mm
중량 : 32t	장갑 : 최대 90mm
속도 : 약 55km/h	생산 대수 : 약 5만7000대
항속거리 : 약 360km	(1945년까지)

기사회생을 노린 독일의 중전차

VI호 전차 B형 쾨니히스 티거
(독일 : 1944년)

차체길이 : 7.38m	주포 : 88mm
중량 : 69.8t	장갑 : 최대 180mm
속도 : 약 38km/h	생산 대수 : 약 490대
항속거리 : 약 170km	(1945년까지)

용어 해설
● 미군 전차의 상대가 되지 못했던 일본의 전차 → 1920년대에 「르노 FT-17」을 수입하는 것으로 시작한 일본 육군은 제
2차 세계대전 무렵, 47mm포를 탑재한 「97식 중전차」를 장비하고 있었다. 하지만 장갑은 얇고 무장도 빈약해, 미군의
「M4 셔먼」에 도저히 상대가 되지 못했으며, 셔먼에 대항하기 위해 신형 전차를 개발했지만 이 역시 시기를 맞추지 못
했다.

61

전차의 3요소를 갖춘 MBT의 발전

대전 이후 현대에 이르기까지 지상전의 중심에는 MBT, 즉 「주력 전차」가 군림하고 있다. 현재는 3~3.5세대 전차가 세계 각국에 배치되고 있는 중이다.

●무장과 장갑, 기동력을 균형적으로 갖춘 전차

제2차 세계대전에서 활약한 중형 전차와 중(重)전차는 전차에 있어 필수라 할 수 있는 3요소를 명확히 했다. 즉, 적 전차를 확실히 격파할 수 있는 공격력과, 적의 공격에 대항할 수 있는 장갑을 갖춘 방어력, 충분한 기동력이 그것으로, 이 요소들을 치우침 없이 두루 갖추는 것이 중요했다. 그리고 이 3요소를 갖춘 전차는 이른바 「MBT(Main Battle Tank, 주력 전차)」라고 불리게 되었다.

전후의 MBT는 시대에 따라 4가지 단계로 분류된다. 우선 전후에서 1960년까지 개발된 제1세대로, 중량은 35~50t, 속도는 50~60km/h 였으며, 탑재된 주포의 구경은 **서방 진영**이 90mm, **공산 진영**에서는 100mm포를 사용했다. 또한 포탑은 곡면이 많아 피탄경시(No.031 참조)가 우수한 주조장갑구조(No.031 참조)에, 주포의 조준기는 광학조준기였으나, 주포를 안정시키기 위한 자이로 기구가 도입되었다.

제2세대 전차가 등장한 것은 1960~70년대의 일로, 중량은 40~50t, 속도는 60km/h 전후였다. 가장 큰 변화는 주포였는데, 서방 진영에서는 105mm L7 계열 강선포, 공산 진영에서는 115mm 활강포를 탑재하여 공격력이 크게 증강되었으나, 장갑은 제1세대의 연장선상에 그쳤다. 또한 조준기에는 아날로그 컴퓨터를 사용한 FCS(No.030 참조)가 사용되어 주행 중에 사격 조준하는 것이 가능하게 되었다.

1980년대 이후에 개발된 제3세대 전차는 50~60t으로 이전 세대보다 대형화되었으면서도 엔진 출력 또한 강화되어 기동성은 오히려 제2세대보다 우위에 있다. 주포는 서방 진영이 120mm 활강포, 공산 진영은 125mm 활강포로 진화했다. 장갑에는 평면적인 외견의 복합 장갑(No.032 참조)이 도입되어, 이전과는 비교하기 어려울 정도로 방어력이 향상되었다. 여기에 조준기도 디지털 컴퓨터 FCS로 발전하면서 더욱 사격 정밀도가 높아졌다.

2000년대 이후에는 제3세대의 발전형으로 이른바 3.5세대라 불리는 전차가 등장했는데, 이 전차들은 C4I(No.091 참조)를 받아들여, 네트워크화에 대응한 능력을 갖추고 있는 것이 특징이다. 그리고 현재 각국에서는 진정한 차세대 전차라 할 수 있는 제4세대 전차의 개발을 모색하고 있는 중이다.

전차에 꼭 필요한 3가지 요소

3요소를 균형적으로
갖추는 것이 중요

기동력

공격력

방어력

공격력을 올리기 위해서는 거기에 걸맞은 방어력과 중량 증가를 커버할 수 있는
엔진 출력 향상과 구동 계통의 개량이 필요하다.

세대별로 살펴보는 주요 국가의 주력 국산 MBT

	제1세대	제2세대	제3세대	제3.5세대
연대	1945~1960	1960~1975	1975~1990	1990년대~
속도	50~60km/h	60km/h	60~70km/h	60~70km/h
주포	90~100mm	105~120mm	120~125mm	120~125mm
장갑	주조장갑	주조장갑	복합 장갑	복합+증가장갑
미국	M48	M60	M1/M1A1	M1A2
영국	센추리온	치프틴	챌린저 I	챌린저 II
독일	—	레오파르트 I	레오파르트 II	레오파르트 II A6~
프랑스	—	AMX30	—	르클레르
이탈리아	—	—	C-1 아리에테	—
일본	61식	74식	90식	10식
소련/러시아	T54	T64/72	T80	T90
중국	59/69식	80/88식	85식	99식
이스라엘	—	메르카바 Mk.1/2	메르카바 Mk.3	메르카바 Mk.4
대한민국	—	—	K1/K1A1	K2

※세대별 조건은 대략적인 기준. 연대나 성능이 기준과 약간씩 다른 차종도 있음.

용어 해설
- **서방 진영(자유 진영)** → 미국과 서유럽 각국을 비롯한 NATO 가맹국을 중심으로 하는 진영. 냉전 체제가 무너진 뒤에
  도 유지되고 있는 진영으로, 대한민국과 일본도 여기에 속한다.
- **공산 진영** → 냉전 중에는 소련과 동유럽을 중심으로 한 WTO 가맹국 등 공산국가 진영을 일컫는 말. 냉전 구도가 무너
  지고 WTO와 소련이 해체된 이후, 현재는 진영으로서의 구속력이 거의 사라진 상태이다.

No.028

전차포란 어떤 대포인가?

적을 직접 공격하는데 쓰이는 전차포로는 탄도가 직선을 그리는 평사포가 사용되고 있다. 또한 강선
포와 활강포가 있는데, 현재는 120mm 클래스의 활강포가 주류이다.

●전차포로는 직사 가능한 평사포가 쓰이고 있다.

대포에는 포탄이 직선적인 탄도를 그리며 날아가는 「캐논포(평사포)」와 급격한 포물선을
그리며 날아가는 「곡사포」와 「박격포」가 있다. 보병의 지원을 목적으로 했던 초기의 전차들
은 유탄포라 불리는 곡사포를 탑재하기도 했으나, 현재의 전차는 평사포를 사용하고 있다.
평사포는 곡사포에 비해 포신이 길며, 보다 강한 압력에 견딜 수 있도록 튼튼하게 만들어진
것이 특징이다. 적을 직접적으로 조준하며, 가능한 최단거리에 가까운 탄도로 명중시킨다.
이러한 평사포는 다시 2종류로 분류할 수 있는데, 이 가운데 「강선포」는 포신 안쪽에 강선,
또는 라이플링(Rifling groove)이라 불리는 나선 모양의 홈이 파여 있는데, 발사된 포탄에
회전을 걸어, 일종의 자이로 효과로 탄도를 안정시키는 역할을 한다. 하지만, 장거리사격
시에는 회전에 따른 편차가 발생하여 착탄점이 빗나가는 단점도 있었다.

또 하나의 평사포인 「활강포」는 포신 안쪽이 매끄럽게 처리되어 있어, 영어로는 '스무스
보어(Smoothbore)'라고 불리고 있다. 활강포에서 발사된 포탄에는 안정익이 달려있어, 회
전을 하지 않으면서도 직진성을 유지할 수 있다. 강선포보다 대구경포를 만들기 쉬우며, 포
신의 수명도 훨씬 길다는 등의 장점을 지니고 있다. 또한 탄심이 가늘고 긴 철갑탄이나 성
형 작약탄(No.029 참조)과도 상성이 잘 맞아, 최근의 전차포는 활강포가 주력이다.

전차포의 위력을 알 수 있는 기준으로는 포신의 내경(포탄의 직경)을 나타내는 「구경」과
포신의 길이를 나타내는 「구경장」이라는 2가지 수치가 사용된다. 이 가운데 구경장이라는
것은 구경의 몇 배 길이인가를 나타내는 말로, 「구경」은 「○○mm」, 「구경장」은 「○○구경
장」이라 표기된다.

일반적으로는 포신(구경)이 굵고, 포신의 길이(구경장)가 길수록 포의 위력이 강해진다.
예를 들어 포신 길이가 같다고 하면 75mm포보다 90mm포가 훨씬 위력이 강하며, 같은
75mm포라고 하더라도 24구경장 75mm포보다는 훨씬 포신이 긴 70구경장 75mm포[※]가
훨씬 강한 위력을 발휘할 수 있다.

※ Ⅳ호 전차의 주포(7.5cm KwK37 L/24)와 Ⅴ호 전차의 주포(7.5cm KwK42 L/70).

강선포와 활강포

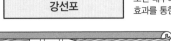

강선포

포신 내부에 새겨진 나선모양의 홈(강선)으로 포탄에 회전을 주어, 자이로 효과를 통한 탄도 안정 효과를 노린 방식. 소구경 포로도 만들 수 있다.

포신 내부에 강선이 파여 있다.

포탄이 회전하며 날아간다.

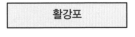

활강포

포신 내부가 매끈매끈한 구조로, 포탄에 달려 있는 안정익을 통해 안정된 직진 탄도를 그린다. 대구경 포에 적합.

매끈매끈한 포신 내부를 미끄러지듯 포탄이 나아간다.

포탄이 회전하지 않는다.

구경과 구경장

● 구경 = 포신의 내경
단위는 mm, cm, 인치 등을 사용.

● 구경장 = 포신의 길이
단위는 「○○구경(장)」이라는 식으로 구경의 배수로 표기된다.

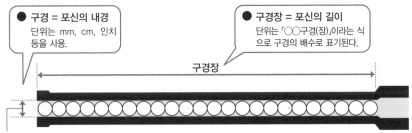

구경장

구경

※ 예를 들어 24구경장 75mm포라고 하면 포신의 내경이 75mm이며, 포신의 길이는 75× 24=1800mm가 된다. 참고로 현재의 전차포(서방 진영)는 44~55구경장 120mm포가 주류를 차지하고 있다.

❖ 어째서 포신이 긴 쪽이 위력이 강할까?

같은 포탄을 사용한 경우, 장포신인 쪽이 훨씬 화약(장약, 발사약)의 폭발(연소)로 발생한 가스의 힘으로 가속되는 시간이 길어지며, 그만큼 포탄의 속도도 고초속화(高初速化)되면서 포탄에 주어지는 (운동)에너지 양도 증대된다. 에너지양이 증대된 만큼 더 멀리 날아가는 것은 물론이다.

다만 포의 위력은 구경과 구경장에 더해 포탄 그 자체의 위력 차이도 존재하는데, 대전 당시와 현재를 비교해보더라도 포탄의 위력이 더욱 증가했으며, 동일 구경임에도 그 관통력은 배이상 차이가 난다고 한다.

● **대전 당시의 영국식 호칭** → 제2차 세계 대전까지만 해도 영국에서는 포의 위력을 포탄의 무게(파운드)로 구분하여 부르고 있었다. 예를 들어, 대전차포로 유명한 17파운드 포는 밀리미터로 환산했을 경우, 76.2mm포가 된다. 또한 인치 표시의 경우에는 1인치가 25.4mm로, 3인치 포는 76.2mm포에 해당했다.

목적에 따라 구분하여 사용되는 전차포탄

전차포에서 발사되는 포탄은, 적진지와 같은 비장갑 표적을 공격할 때와 적 전차와 같이 장갑화된 표적을 공격할 때, 각기 다른 종류의 포탄이 사용된다.

● 화학 에너지탄과 운동 에너지탄

전차포에 사용되는 포탄은 크게 나눠 2가지로 분류할 수 있다. 포탄 내부의 화약(작약)이 작렬할 때의 위력을 통해 목표를 파괴하는 화학 에너지탄과 금속 덩어리인 포탄이 충돌할 때의 에너지를 통해 장갑을 관통하는 운동 에너지탄이 바로 그것이다.

고폭탄(High Explosive)은 아주 오래전부터 사용되어온 대표적 화학 에너지탄이다. 작약의 폭발력과 비산하는 파편으로 넓은 범위에 피해를 주는 포탄으로, 적의 진지와 같이 장갑으로 보호받지 못하는 표적에 대한 공격에 널리 사용되고 있다. 또한 장갑 표적에 사용되는 화학 에너지탄으로는 명중했을 때 장갑 표면에 들러붙듯 작렬하여 장갑 내부의 박리를 노리는 점착 유탄이 존재한다.

장갑에 대하여 더욱 강한 위력을 보이는 것으로는 대전차 고폭탄(성형 작약탄)이 있다. 대전차 고폭탄은 내부의 공간에 깔때기 모양의 금속제 콘이 들어 있는 구조로, 포탄이 명중하여 내부의 작약이 작렬했을 때, 화약의 연소 에너지로 금속제 콘을 융해, 메탈 제트를 발생시켜 장갑판의 한 점에 고속으로 집속함으로써 관통하는 원리를 사용하고 있다.

한편 운동 에너지탄의 대표라면 텅스텐 카바이드와 같이 비중이 높은 금속으로 만들어진 철갑탄을 꼽을 수 있다. 발사했을 때 받은 운동 에너지로 장갑을 관통하여 격파하는 방식으로, 이런 효과를 더욱 높이기 위해 일부러 포탄 끝부분에 부드러운 금속제 캡을 씌운 피모 철갑탄도 존재한다.

또한 같은 위력으로 포탄을 사출할 경우에는 탄심을 가늘고 길게 만든 쪽이 더욱 높은 관통력을 발휘하기 때문에, 이탈피(sabot)라고 불리는 어태치먼트를 포탄 주위에 씌운 이탈피 분리식 철갑탄이 개발되었다. 이렇게 가늘고 길어진 탄심 뒤에 안정익을 붙여 직진 안정성을 높인 포탄이 바로, 현재의 대전차 전투에서 가장 강력한 위력을 발휘한다고 알려진 날개 안정 분리 철갑탄이다.

전차는 표적에 따라 이들 포탄을 구분하여 사용하는데, 활강포를 장비한 현대의 전차에는 주로 다목적 대전차 고폭탄과 날개 안정 분리 철갑탄이 적재되어 있다.

현재의 전차포(활강포)에서 사용되는 포탄

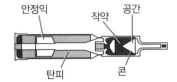

다목적 대전차 고폭탄 (HEAT-MP)

안정익 작약 공간

탄피 콘

콘이 융해되면서 메탈제트를 형성. 장갑을 관통한다.

날개 안정 분리 철갑탄 (APFSDS)

탄피 안정익 탄심

이탈피

이탈피는 포구를 나오자마자 바로 떨어져 나간다.

안정익

가늘고 긴 탄심은 비중이 큰 금속으로 만들어졌다.

대표적인 전차포탄

	명칭(약칭)	영어 명칭	특징과 사용되는 포
화학 에너지탄	고폭탄 (HE)	High Explosive	내부에 작약이 들어 있어, 파편을 흩뿌린다. 주로 강선포에서 사용.
	점착 유탄 (HESH)	High Explosive Squash Head	장갑 표면에 들러붙으면서 폭발하여 장갑을 파괴. 주로 강선포에서 사용.
	대전차 고폭탄 (HEAT)	High Explosive Anti Tank	메탈제트로 장갑을 관통하는 성형 작약탄. 강선포와 활강포 양쪽에서 사용됨.
	다목적 대전차 고폭탄 (HEAT-MP)	High Explosive Anti Tank Multi Purpose	비 장갑 표적에의 사용도 상정된 다목적 성형 작약탄. 주로 활강포에서 사용됨.
운동 에너지탄	철갑탄 (AP)	Armor Piercing	금속제 탄두의 속도로 장갑을 관통. 주로 강선포에서 사용.
	피모 철갑탄 (APC)	Armor Piercing Capped	철갑탄이 미끄러지지 않도록 부드러운 금속제 캡을 씌웠다. 주로 강선포에서 사용.
	이탈피 분리식 철갑탄 (APDS)	Armor Piercing Discarding Sabot	가늘고 긴 탄심에 이탈피를 씌워, 탄심만을 날린다. 주로 강선포에서 사용.
	날개 안정 분리 철갑탄 (APFSDS)	APDS-Fin Stabilized	APDS보다도 훨씬 가늘고 긴 탄심 뒤에 안정익을 붙였다. 활강포에서 사용.

단편 지식

● **고속 회전에 약한 성형 작약탄** → 고속 회전을 하게 되면 메탈제트가 확산되므로, 성형 작약탄이 위력이 떨어지게 된다. 때문에 포탄이 회전하지 않는 활강포에 더욱 적합하다 할 수 있다. 강선포에서 사용되는 성형 작약탄의 경우, 회전을 막기 위한 장치가 되어 있으며, 대전차 미사일의 탄두로도 성형 작약탄이 사용된다.

조준장치와 FCS의 발달

초기의 전차는 전차포의 조준을 포수의 기량 하나에 의지하고 있었다. 하지만 컴퓨터식 FCS가 등장하면서 보다 정확하게 원거리의 표적을 노릴 수 있게 되었다.

● 정확한 조준을 위해서는 여러 가지 조건이 필요하다

직선적인 탄도를 그리며 표적을 공격하는 평사포를 갖춘 전차의 경우, 주포의 조준을 위한 조준 시스템을 빼놓을 수 없으며, 시대의 변화에 따라 급격하게 진화해왔다.

육안으로 볼 수 있는 거리에서 공격을 실시했던 초기의 전차포에는 표적을 노리기 위한 광학식 조준기가 부착되어 있어, 포수가 이를 통해 표적을 포착했지만, 멀리 떨어져 있는 표적의 경우, **탄도의 하강에 따른 오차**를 눈대중으로 거리를 측정, 사수의 경험으로 보정하는 방법으로 사격을 실시했는데, 이후 제2차 세계대전 중에는 이전보다 포의 사거리가 더욱 길어지면서, 조준경을 통해 보이는 적 전차의 크기 등을 통해 대략적인 거리를 측정하는 장치가 도입되었으며, 주포 옆의 동축 기관총을 발사, 착탄점을 확인한 뒤에 주포를 발사하는 방법도 사용되었다.

전후에는 전차에도 정확한 거리를 알 수 있도록 거리 측정기가 탑재되기 시작했다. 제1세대 전차의 경우, 떨어져 있는 2개의 점에서 보이는 각도의 차이를 통해 거리를 측정하는 스테레오식 거리 측정기가 사용되었다. 1970년대부터는 레이저 광선의 반사를 통해 거리를 재는 레이저 거리 측정기가 도입되어 더욱 정확하게 적과의 거리를 알 수 있게 되었다.

하지만 더욱 정확한 조준을 위해서는 바람이나 온도 등의 환경 영향 또한 고려하여 보정을 실시할 필요가 있었다. 또한 자차나 표적이 이동 중일 경우에는 이러한 움직임 또한 고려하여 조준해야만 했다. 이 때문에 레이저 거리 측정기로 얻은 거리 정보에 더해, 환경 센서를 통한 정보와 이동 속도 등을 컴퓨터로 계산하는 FCS(Fire Control System, 사격 통제 장치)가 등장했다. 제2세대 전차에 탑재된 초기형 FCS는 아날로그식 컴퓨터로, 자신이나 상대편 어느 한쪽이 움직이고 있는 상황에서 사격할 수 있는, 제한적인 기동간 사격 능력을 갖추고 있었다.

디지털 컴퓨터를 이용한 FCS를 장비하고 있는 현대 전차는 쌍방이 모두 움직이고 있는 상태에서의 기동간 사격 시에도 조준을 맞출 수 있다. 움직이고 있는 상태에서도 주포의 조준을 계속 유지할 수 있는 주포 안정 장치(Stabilizer)가 장비되어 격렬하게 움직이고 있는 상태에서도 멀리 떨어진 적을 격파할 수 있게 되었다.

조준 시스템의 진화

2차 대전 이전

광학식 조준기
주포의 최대 유효 사거리/500m 이하
포수가 육안으로 직접 조준! 거리 보정은 경험으로

2차 대전 후기

광학 조준기 + 거리 보정 장치
주포의 최대 유효 사거리/500~1000m
표적의 크기를 통해 거리를 측정하는 스테디아 방식 거리 측정기를 채용

제1세대 전차

광학 조준기 + 스테레오식 거리 측정기
주포의 최대 유효 사거리/1500~2000m
거리 측정 정밀도의 향상으로, 거리에 따른 보정을 하여 사격!

제2세대 전차

아닐로그식 FCS + 레이저 거리 측정기
주포의 최대 유효 사거리/1500~3000m
자차나 상대편 가운데 한쪽이 움직이는 상태에서의
제한적인 기동간 사격이 가능

제3세대 전차

디지털 FCS + 레이저 거리 측정기
주포의 최대 유효 사거리/3000~5000m
바람이나 기온 등의 환경 데이터로 자동 보정
자차와 상대편 모두가 움직이는 상황에서도 기동간 사격이 가능!

제3.5세대 전차

디지털 FCS + 레이저 거리 측정기 + 링크 시스템
주포의 최대 유효 사거리/3000~5000m
아군 전차끼리 정보를 공유하여, 다른 차량의 정보를 사용해서 조준 가능!

단편 지식

● **복잡하기 그지없는 전차포탄의 탄도 계산** →전차포는 탄도가 직선에 가까운 평사포이지만, 거리가 멀어짐에 따라 지구 중력에 의한 탄도 하강이 발생한다. 또한 바람이나 기온, 습도의 변화, 발사하는 포탄의 특성 등의 다양한 요소가 작용하기 때문에 정확한 탄도를 얻기 위해서는 대단히 복잡한 계산을 필요로 하게 된다.

No.031

전차의 장갑은 부위에 따라 다르다?!

전차의 중요한 요소인 장갑. 하지만 적의 공격을 받기 쉬운 전면은 두터우며, 공격을 받는 빈도가 낮은 상면이나 후면은 얇게 되어 있는 등, 그 두께는 부위마다 다르다.

●제한된 중량 내에서 효율적 방어력을 얻기 위한 선택과 집중

전차에는 적의 공격을 막기 위해 차체 전체에 장갑이 씌워져 있으나, 그 두께는 부위마다 다르다. 가능하다면 차체의 장갑을 모두 두텁게 하는 것이 가장 완벽하겠지만, 이래서는 차체 중량이 지나치게 불어나면서 기동성을 잃는 원인이 된다. 따라서 적의 공격을 받기 쉬운 곳을 중점적으로 방어하는 구조로 만들어지게 된 것이다.

가장 장갑이 두터운 곳이라면, 포탑 정면일 것이다. 적과 정면으로 포격을 주고받을 경우, 제일 적의 포탄에 피격되기 쉬운 부위이기 때문이다. 또한 차체를 능선 또는 고지의 배사면에 엄폐·은폐한 채로 실시하는 **차폐 사격**처럼 매복한 상태에서 공격할 경우에도 포탑 정면은 적에게 노출된 상태이므로 단단하게 방어할 필요가 있다.

그 다음으로 두터운 곳이라면 차체 전면이며 포탑 측면과 차체 측면이 그 뒤를 잇는다. 반대로 장갑이 비교적 얇은 곳은 윗면과 바닥면이다. 특히 차체 후방에 엔진이 실려 있는 대다수의 전차는, 포탑 그늘에 가려진 차체 후방의 윗면에 엔진의 흡배기 기구가 배치되어 있는 관계로 장갑이 얇으며, 최대의 약점으로도 꼽히고 있다. 또한 예전의 전차는 바닥부분도 장갑이 얇았으나, 현대의 전차는 지뢰와 같이 바닥면을 공격하는 무기에 대한 대처가 이루어진 구조를 하고 있다.

또한 적 방향에 대하여 비스듬한 각도를 취할 수 있도록 장갑에 경사를 둔 「경사 장갑」을 도입한 전차도 많다. 비스듬하게 각도를 주어 적의 포탄을 튕겨내기 쉽도록 한 구조를 「피탄경시」라고 하는데, 이것이 잘 고려된 쪽의 생존율이 훨씬 높다. 또한 경사 장갑은 같은 두께의 장갑이라도 포탄에 대하여 훨씬 두터운 장갑과 같은 효과를 얻을 수 있는데, 예를 들어 30도 경사로 기울어진 장갑은 이론적으로 수직 장갑과 비교했을 때, 거의 2배 두께에 해당한다고 한다.

이러한 경사 장갑의 장점을 세상에 널리 알린 것이 바로, 제2차 세계대전 당시 소련의 「T-34 전차」였다. 차체 전면과 측면에 경사 장갑이 도입되었으며, 포탑은 주조 공법으로 제작, 곡면이 많은 밥그릇 모양으로 만들어졌는데, 이는 이후 제작된 전차의 견본이 되었으며, 1970년대의 제2세대 전차까지 이러한 경향이 주류를 차지하게 되었다.

70

전차 각 부위 장갑의 두께

VI호 전차 B형 티거II 중전차
(독일 : 1944년)

제2차 세계대전 말기에 등장, 중장갑과 중무장으로 연합군을 위협했던 중전차. 차체 중량은 무려 68t이나 되었다.

● 각 부위의 장갑 두께

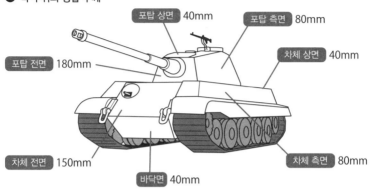

포탑 상면 40mm 포탑 측면 80mm
포탑 전면 180mm
차체 상면 40mm
차체 전면 150mm
바닥면 40mm
차체 측면 80mm

포탄을 튕겨내며 장갑을 두껍게 하는 효과가 있는 경사 장갑

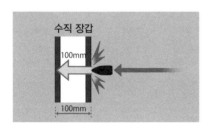

수직 장갑
100mm
100mm

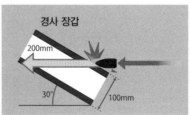

경사 장갑
200mm
30°
100mm

T-34-85
(소련 : 1943년)

차체에는 경사 장갑을 채용. 차체 전면의 두께는 45mm였지만, 급격한 경사를 준 덕분에 거의 배에 가까운 방어력을 발휘했다.

곡면이 많은 주조포탑은 포탄을 빗겨내는 피탄경시가 우수했다.

●**차폐 사격** → 능선과 같은 자연지형을 엄폐물로 삼아 차체를 두고, 포탑 정면만 노출하여 공격하는 방법. 적에게는 잘 발견되지 않으며, 거기에다 명중탄도 덜 받고, 맞아도 장갑이 두터운 부분에 맞는다. 전차의 차체가 쏙 가려지는 전차호를 파고 포탑만을 내어 공격하는 경우도 있다.

장갑재의 발달과 복합 장갑의 등장

보통의 철판에서 시작한 전차의 장갑. 하지만 방탄 강판이 발명된 이후, 현재는 다양한 소재를 겹쳐 쌓은 복합 장갑이 주류를 차지하고 있다.

●공격 무기의 위력 증대와 함께 발달해온 장갑 기술

전차의 장갑 재질은 전차를 공격하는 무기의 발달에 대응할 수 있도록 시대의 변화에 따라 점차 진화해왔다. 전차의 시조인 영국의 「Mk.Ⅰ 전차」는 6~12mm 두께의 일반적인 강판을 사용했는데, 이는 당시의 소총탄이나 기관총탄을 막을 수 있었다. 이윽고 탄심에 중금속을 사용한 철갑탄에는 관통된다는 사실이 드러나면서, 개량형인 「Mk.Ⅳ 전차」에 들어와서는 방탄 강판이 채용되었다.

방탄 강판이란 니켈이나 크롬, 망간 등이 포함된 강재를 압연 가공하여 제작한 것으로, 소재의 강도를 올린 것이다. 또한 표면에 탄소를 침투시키는 방식으로 경화 처리한 「침탄 강판」이나 고온으로 열처리를 하는 등의 가공이 더해지기도 했다. 그리고 장갑을 더욱 두껍게 하여 강도를 높였다.

하지만 장갑을 관통하기 위해 만들어진 전차 포탄의 발달로 인해, 그냥 방탄 강판만으로 이루어진 통상 장갑만으로는 공격을 막아내기가 어려워졌다. 그 중에서도 특히 메탈 제트로 장갑을 뚫는 성형 작약탄(HEAT)은 보병들이 휴대하는 대전차 로켓의 탄두에도 사용되기 시작하면서 큰 위협으로 떠올랐다.

여기에 대응하기 위해 만들어진 것 가운데 하나가 「공간 장갑(Spaced Armor)」으로, 장갑 사이에 일부러 빈 공간을 만들어 메탈 제트의 위력을 감쇄시키는 방식이었다. 그리고 여기서 한층 발전된 장갑 기술로, 복수의 소재를 중첩하여 만드는 「복합 장갑(Composite Armor)」이 개발되었다. 이것은 세라믹이나 티타늄 합금, 열화 우라늄 합금 등, 다양한 소재를 강판 사이에 샌드위치처럼 여러 층으로 겹쳐 넣은 것으로, 현대의 날개 안정 분리 철갑탄과 같은 운동 에너지탄에도 높은 효과를 발휘한다. 다만 세계 각국에서 이 복합 장갑과 관련된 기술을 중요한 군사 기밀로 취급하고 있기에, 내부의 구조나 재질에 대해서는 상세하게 알려져 있지 않다.

1980년대 이후 등장한 제3세대 전차는 복합 장갑을 표준으로 채용하고 있어 평면적인 외형이 특징이다. 최근에는 필요에 따라 장갑을 더욱 강화할 수 있으며, 파손된 부분만을 쉽게 교환할 수 있는 탈착식 「모듈 장갑(Module Armor)」도 등장했다.

신세대 복합 장갑

공간 장갑
(Spaced Armor)

바깥쪽 장갑과 안쪽 장갑 사이에 빈 공간을 두어, 성형 작약탄의 메탈 제트를 확산시키는 방식으로 위력을 흡수한다.

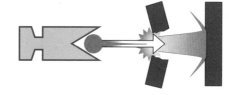

복합 장갑
(Composite Armor)

방탄 강판 사이에 세라믹이나 티타늄 합금, 열화 우라늄 합금 등의 다양한 소재를 샌드위치처럼 적층한 장갑. 그 구조는 각국의 중요 군사 기밀이다. 성형 작약탄 뿐만 아니라 운동 에너지 탄에도 높은 효과를 발휘한다.

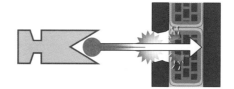

모듈 장갑을 도입한 최신 전차

10식 전차
(일본 : 2010년)

제3.5세대로 분류되는 일본 육상 자위대의 최신예 전차. 독자 개발된 경량 복합 장갑을 채용, 방어력을 유지하면서도 44t으로 경량화하는데 성공했다.

포탑과 차체의 전면 및 측면은 탈착 가능한 모듈 장갑 구조. 차량 수송 시에는 제거하여 무게를 줄일 수 있다.

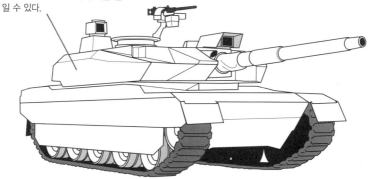

단편 지식

● **초밤 아머**(Chobahm Armor) → 미국의 「M1 에이브람스」나 영국의 「챌린저Ⅰ·Ⅱ」에 채용되어, 걸프 전쟁에서 그 우수성이 실증된 복합 장갑. 세라믹을 사용한 복합 장갑의 대명사이기도 하며, 그 이름의 유래는 영국의 전차 개발 연구소가 소재한 곳의 지명이다.

증가장갑으로 방어력 UP!

방어력을 높이기 위해 나중에 추가로 올린 장갑을 증가 장갑이라고 한다. 전장에서 급조하여 올린
것이 그 시작으로, 특히 성형 작약탄에 효과적이었다.

●성형 작약탄 방어에 특히 효과적인 증가 장갑

전차나 장갑차의 방어력을 높이기 위한 수단으로 자주 사용되는 것이 원래의 장갑 위
에 장갑을 추가로 부착하는 증가 장갑이다. 가장 간단한 증가 장갑은 방탄 강판을 볼트로
고정하는 방법으로, 제2차 세계대전 당시에는 구식 전차의 방어력을 올리기 위한 방법으
로 사용되었다. 또한 예비 궤도나 보기륜 등을 전면이나 측면 장갑 부위에 배치하는 방법
도 널리 사용되었다.

또한 보병이 사용하던 대전차 로켓 등에 대응하기 위해 제2차 세계대전 당시 독일군이
만들어낸 것이 바로 「쉬르첸(Schürzen)」이라 불리는 것으로, 차체 측면에 설치한 얇은 강
철제 방패이다. 이것은 차체와의 사이에 공간을 두고, 성형 작약탄을 쉬르첸 표면에서 작
렬시켜 전차 본체의 장갑에 주는 피해를 경감 시키는 구조였으며, 원리적으로는 공간 장
갑과 동일하다. 쉬르첸의 아이디어는 현대의 장갑 차량에 설치된 철망 형태의 증가 장갑
「슬랫 아머(Slat Armor)」로 이어져 오고 있다. 쉬르첸에는 이 밖에도 고폭탄 등의 파편으
로부터 보기륜이나 궤도를 보호하는 효과도 있었다.

1980년대에 등장한 획기적 증가 장갑으로는 「반응 장갑(Reactive Armor)」, 좀 더 정확
히는 「폭발 반응 장갑(ERA, Explosive Reactive Armour)」이 있다. 이것은 폭약이 삽입된
타일 모양의 장갑 블록으로 차체 장갑 위에 타일을 깔듯 장착된다. 성형 작약탄이 작렬하
게 되면 내부의 폭약이 폭발하면서 표면의 패널이 비산, 성형 작약탄의 메탈 제트를 차단,
약화시키는 원리를 사용하고 있다.

참고로 ERA의 내부에 들어있는 것은 차체 외부를 향하는 지향성 폭약으로, 차체에는 피
해를 주지 않는다. 하지만 폭발 시에 같이 작전을 수행하고 있는 아군 병력에게 피해를 줄
가능성이 있기에 일종의 '양날의 칼'이라고도 할 수 있다.

슬랫 아머와 ERA는 기본적으로 성형 작약탄에 대한 방어 대책으로, 최근의 ERA는 현
대 전차가 발사하는 운동 에너지탄에도 어느 정도의 방어 효과를 발휘하지만 슬랫 아머에
서는 그런 것을 기대하기 어렵다.

성형 작약탄에 높은 효과를 발휘하는 증가 장갑 「쉬르첸」

> 쉬르첸을 장비한 Ⅳ호 전차 H형
> (독일 : 1943년)

여기에 공간을 둔 것이 특징! 성형 작약탄의 메탈 제트 효과를 약화시키며, 현대의 슬랫 아머와 원리는 동일하다.

포탑 주위도 쉬르첸으로 커버.

원래는 소련의 대전차 소총에 대비하여 궤도를 보호하기 위해 설치된 증가 장갑이었다.

폭발하여 본체를 보호하는 ERA

폭발하면서 표면의 금속 커버를 비산시켜, 성형 작약탄에서 발생된 메탈 제트의 위력을 감쇄시킨다.

방어력을 올리고 싶은 부위에 타일을 깔듯 장착.

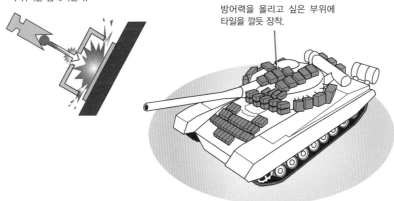

단편 지식

● **포탑링을 커버하는 체인 커튼** → 이스라엘의 메르카바 전차는 포탑 뒷부분에 마치 체인처럼 무게추가 달린 쇠사슬을 늘어뜨리고 있는데, 이 또한 증가 장갑의 일종으로, 전차의 약점 가운데 하나인 포탑링 부분을 성형 작약탄 공격에서 보호하기 위해 짜낸 아이디어라 할 수 있다.

진화하는 전차의 「눈」

전투 중에는 시계를 확보하는 것이 매우 중요한데, '강철 상자'라고 할 수 있는 전차 내부에서 외부 시야를 확보하기 위한 다양한 노력과 아이디어가 있었다.

●승무원을 적 공격으로부터 보호하기 위한 페리스코프

장갑으로 둘러싸인 전차와 장갑차에 있어 큰 문제 가운데 하나가 바깥을 내다볼 구멍을 어떻게 만들 것인가 하는 점이다. 초기의 전차와 장갑차는 이른바 슬릿(Slit)이라고 하여, 가늘고 긴 모양의 관측창을 설치, 이를 통해 외부 정보를 받아들였다. 하지만 좁은 틈을 통한 시계에는 한계가 있었고, 오히려 적의 저격수가 노리는 약점이 되어버리고 말았다. 이런 문제 때문에 방탄유리를 끼우는 방법이 고안되었지만, 더욱 강력한 저격 소총이나 포탄의 작렬 앞에서는 이 역시 무력했으며, 승무원들의 피해는 여전히 빈번하게 발생했다.

때문에 1930년대부터 전차에 장비된 것이 바로 2개의 프리즘이나 반사경을 조합한 「페리스코프(Periscope, 잠망경)」이었는데, 이를 통해 외부를 볼 수 있게 되면서 직격을 받더라도 승무원이 피해를 입지 않게 되었다. 조종수용 잠망경은 차체 앞부분에 설치되었으며, 전차장용은 포탑 위의 출입구를 겸하는 전차장 큐폴라(Cupola)에 주위 360도 시야를 확보할 수 있도록 다수의 잠망경이 설치되었다. 또한 포수 및 탄약수용 잠망경도 설치되어, 주위에 대한 감시 능력을 높인 전차도 많았다. 이후 기술 발전에 따라 망원 기능까지 갖춘 잠망경도 등장하게 되었다.

현대의 전차에도 잠망경은 필수 장비로 설치되어 있으나, 제3세대 이후 전차에는 여기에 추가하여 전자식 감시 장치인 CATV도 설치되어 있어, 승무원들이 내부에서 모니터를 통해 외부 상황을 파악할 수 있도록 되어 있다. 이 CATV에는 통상의 가시광 외에도 어두운 장소에서 빛을 증폭하는 저광량 영상장치나 적외선 영상을 사용하는 야간 투시 기능도 갖춰져 있다. 이로 인해 육안으로 모든 것을 파악해야 했던 종래의 잠망경으로 어려웠던 야간이나 악천후 상황에서의 시계 확보도 가능하게 되었다.

또한 이 CATV는 전차의 FCS(사격 통제 장치, No.030 참조)와도 연동되어 있어, 전차장이 발견한 공격 목표를 포수가 인계받아 공격하며, 그 사이에 전차장이 다른 목표를 탐색하는 「헌터 킬러」 기능을 갖춘 전차도 나와 있는 상태이다.

No.034

진화하는 전차의 「눈」

초창기
슬릿이라 불리는 가늘고 긴 모양의 관측창을 장비. 종종 저격의 표적이 되곤 했다.

~1930년대
관측창에 방탄 유리나 장갑 커버가 붙게 되었다. 하지만 강한 공격에는 무력했다.

1930~1940년대
페리스코프(잠망경)의 등장. 승무원 피해는 감소했으나 시야는 여전히 좁았다.

1950~1980년대
고성능화된 잠망경의 증장. 시야가 넓어졌으며 망원 기능도 더해져 감시 능력도 UP!

1990년대~
CATV의 등장. 야간 투시 장치나 FCS와의 연동 등 다양한 기능을 갖추고 있다. 하지만 전력이 떨어지면 사용할 수 없기에 광학식 잠망경도 설치되어 있다.

잠망경의 구조와 배치

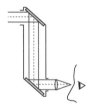

2개의 프리즘이나 반사경을 사용, 장갑 내부에서 간접적으로 외부를 볼 수 있다. 전차의 잠망경은 양 눈으로 보는 타입으로, 가능한 한 넓은 시야를 확보할 수 있도록 되어 있다.

현대 전차에 갖춰진 외부 감시 장치

360도 시야를 확보할 수 있는 잠망경이 설치된 전차장용 큐폴라

회전식 CATV 카메라

FCS(사격 통제 장치)와 연동된 포수용 조준경

조종수용 잠망경

단편 지식
● **폐지된 적외선 서치라이트** → 야간 시야를 확보하기 위해 처음에는 서치라이트가 설치되었으나, 제2세대 전차로 넘어오면서 육안으로는 보이지 않는 적외선 서치라이트가 채용되었다. 하지만 상대편이 적외선 야간 투시경을 갖고 있을 경우, 이쪽의 위치를 알려주는 꼴이 되기에 현재는 사용되지 않고 있다.

전차 승무원 구성의 변천

전차를 운용하는 인원의 수는 시대에 따라 달라져 왔는데, 자동 장전 장치가 설치되어 있는 일부 현대 전차 중에는 승무원을 3명까지로 줄인 차량도 등장한 상태이다.

● 시대와 장비에 따라 변천되어 온 전차의 승무원 수

초창기의 전차를 운용하기 위해서는 많은 수의 승무원을 필요로 했다. 예를 들어 영국의 「Mk I 」의 경우라면 8명, 독일의 「A7V」쯤 되면 무려 18명의 인원으로 운용되기도 했다. 전차장(초기에는 '함장'이라 불렸다)외에 복수의 조종수, 여기에 더해 차체 곳곳에 설치된 기관총과 포에도 이를 다룰 인원이 필요했기 때문이다. 하지만 한편으로는 프랑스의 「르노 FT-17」과 같이 단 2명으로 조작하는 소형 전차도 존재했다.

제2차 세계 대전을 전후로 한 시기에는 일부 예외를 제외하고는 5명의 인원으로 운용하는 것이 일반적이었다. 전차장, 조종수, 포수, 탄약수(주포에 탄약을 넣는 역할)이라는 4명에 더해, 차체 전면에 기관총이 달린 전차는 기총수까지 합쳐 5명인 경우가 많았다. 또한 당시의 무전기는 조작이 어려웠기에 기총수가 무전수를 겸하는 차량도 다수 있었다.

이러한 경향은 전후 제1세대 전차에도 이어졌다. 하지만 차체 전면 기관총이 그다지 효과가 없었으며, 오히려 방어 상의 큰 약점이 되었다는 것이 판명되면서, 제2세대에 들어와서는 전방 기총을 폐지, 승무원 수는 4명으로 줄어들었다.

1966년에는 새로운 기술이 등장했다. 바로 구 소련의 「T-64」와 일명 'S전차'라 불리는 스웨덴의「Strv.103」에 탑재된 자동 장전 장치가 그것이었는데, 신기술의 도입으로 승무원은 전차장, 포수, 조종수의 3명으로 줄어들었다. 이후 이 자동 장전 장치는 소련~러시아의 전차 외에 일본의 「90식」과 「10식」, 프랑스의 「르클레르」, 대한민국의 「K2」와 같은 제3~3.5세대 전차에도 채용되었다. 구경이 큰 120~125mm 사이즈의 포탄은 대단히 무거운 편으로, 인력으로 장전하는 데는 한계가 있기 때문이다.

하지만 한편으로 미국이나 영국, 독일 등의 국가에선 여전히 탄약수가 포함된 4인 체제를 고수하고 있는데, 일설에 따르면 이들 국가에선 아직도 자동 장전 장치의 신뢰성에 대한 의문이 불식되지 않았다고 하는 점이나 전차의 일상적 정비를 고려했을 때 3명만으로는 일손이 부족하다는 점 등이 크게 작용했다고 한다.

전차 승무원 배치의 변천

제1차 세계대전의 「Mk I」
승무원 8명

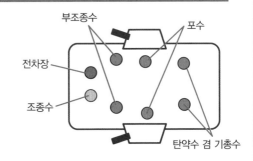

부조종수
포수
전차장
조종수
탄약수 겸 기총수

제2차 세계대전의 전차
승무원 5명

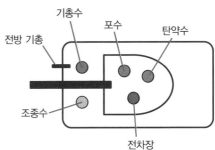

기총수
포수
탄약수
전방 기총
조종수
전차장

전후의 표준적 전차
승무원 4명

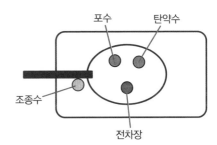

포수
탄약수
조종수
전차장

자동 장전 장치를 갖춘 전차
승무원 3명

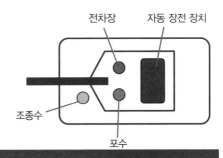

전차장
자동 장전 장치
조종수
포수

단편 지식

● **전차의 정비는 중노동!!** → 전차 운용 중에 가장 빈번한 트러블이 바로 궤도가 끊어지는 일이다. 때문에 예비 궤도를 싣고 다니지만, 이 작업에는 반드시 인력이 필요하다. 뿐만 아니라 일상적인 정비나 포탄의 보급 등과 같이 전차를 유지하는 정비에도 상당히 품이 많이 드는 편이다.

전차의 도섭 능력은 어느 정도인가?

험지 주파 능력이 높은 전차에게 수심 1m 정도는 별 무리 없이 지날 수 있는 깊이. 이에 그치지 않고 차체가 완전히 잠길 깊이에도 대응할 준비가 되어 있다.

● 단거리라면 하천 바닥을 주행하는 도섭이 가능하다.

여름철 집중 호우 시즌이면 물이 넘친 하천변의 승용차가 엔진 스톨로 꼼짝도 못하게 되는 광경을 종종 볼 수 있다. 하지만 그런 상황에서 행동 불능에 빠지는 전차가 있다면 그야말로 망신거리가 아닐 수 없을 것이다.

모노코크 구조로 되어 있는 전차는 그 특성상 기밀성이 매우 높은 구조이다. 제2차 세계대전 이전의 리벳 접합 방식의 차체라면 모르겠지만, 용접으로 짜여진 구조의 차체라면 높은 밀폐성을 확보할 수 있다. 때문에 2차 대전 당시의 전차라도 차체 후방의 엔진 그릴이나 배기관이 잠기지 않을 정도의 수심이라면 별 문제없이 건널 수 있었다. 전차라는 차량의 크기 덕분이기도 하겠지만, 대체로 1m 정도의 수심이라면 특별한 장비 없이도 건너는 것이 가능하며, 여기에 흡기 및 배기관을 수직 방향으로 연장하는 스노클(Snorkel)을 부착하면 연장된 길이만큼의 수심도 도섭할 수 있다.

또한 차체가 완전히 잠길 정도의 깊은 수심이라도 물 밑바닥을 주행할 수 있도록 여러 고안이 이루어졌는데, 제2차 세계대전 당시의 독일에서는 전차 곳곳의 빈틈을 완전히 밀봉한 뒤, 물에 뜨는 부이가 달린 고무호스를 흡기구에 연결, 10m 수심을 건너는 실험에 성공한 바가 있었다. 물론 바다 건너에 있는 영국 본토 침공이라는 본래의 목적을 수행하는 것은 무리였지만, 큰 강을 건너는 도하 작전에서 실제 사용되기도 했다.

또한 현대의 전차는 **NBC 병기**에 대한 방어를 고려하여, 차체 전체의 기밀성이 대단히 높은 구조로 되어 있다. 이 덕분에 현대 전차의 대다수는 간단한 장치를 부착하는 것만으로 바닥을 주행하여 수 m의 수심을 건널 수 있는 능력을 갖추고 있다. 이 장치는 커닝 타워(Conning tower) 또는 터릿 스노클(Turret snorkel)이라 하는데, 전차장용 큐폴라에 부착되며 스노클과 감시탑의 기능을 겸하도록 되어 있으며, 커닝 타워를 통해 흡기할 수 있는 장치와 배기가스를 수중으로 배출할 수 있는 관을 설치하는 것만으로 도섭 준비가 완료된다. 커닝 타워가 물 밖으로 나올 수 있는 정도의 깊이까지 도섭이 가능한데, 도섭 도중에는 시야를 확보할 수 없기에 전차장이 커닝 타워 위로 올라가 경계를 하며 심수 도섭을 실시하게 된다.

전차의 도섭 한계

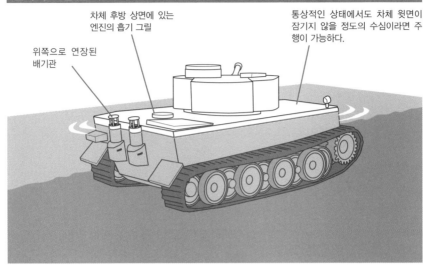

차체 후방 상면에 있는
엔진의 흡기 그릴

통상적인 상태에서도 차체 윗면이
잠기지 않을 정도의 수심이라면 주
행이 가능하다.

위쪽으로 연장된
배기관

물 밑바닥을 주행하는 전차

전차장이 커닝 타워 위로 올라가
육안으로 감시하며 주행 방향을
지시한다.

전차장 큐폴라에 커닝 타워를 부
착하며, 흡기용 스노클을 겸하도
록 되어 있다.

현대 전차는 NBC 병기에 대한 방어
대책으로 기밀성이 높으며, 차종에
따라서는 양압 장치까지 갖추고 있
어 차 안에 물이 들어오진 않는다.

배기관 쪽에는 수중 배기용으
로 특수한 관이 부착된다.

용어 해설

●NBC 병기 → N=Nuclear(핵무기), B=Biological(생물학 무기), C=Chemical(화학무기)의 약어로, 대량 살상 무기의 총칭.
현대의 전차는 NBC에 오염된 지역에서도 작전 수행이 가능하도록 높은 기밀성에 더하여 양압 장치로 외부 공기의 유
입을 차단하도록 되어 있으며, NBC 필터를 설치하는 등의 준비가 갖춰져 있다(NO,081참조).

경전차의 진화, 공수 전차

소형 경량인 경전차를 베이스로 공수부대와 함께 전장에 공중 투하 가능한 공수 전차는 중화기를 갖추지 못한 공수부대에 있어 든든한 아군이다.

●공수부대를 지원할 기갑 타격력으로 탄생한 공수 전차.

항공기의 발달과 함께 탄생한 새로운 병과 가운데 하나가, 하늘을 통해 적진 깊숙이 강하 침투하는 공수부대이다. 어느 국가를 막론하고 보병 가운데 최정예 부대로 간주되고 있는 이들의 가장 큰 고민은 기갑 타격력이 결여되었다고 하는 점이었다. 이 때문에 고안된 것이 바로 공수부대와 함께 전장에 투입되는 공수 전차였다.

제2차 세계대전 이전까지는 특유의 기동성으로 주목을 받았던 경전차였지만, 얇은 장갑이 화근이 되어, 정찰 등의 임무에서는 나름대로 활약했지만 점차 그 입지가 좁아지고 있었다. 하지만 영국군에서는 이렇게 잉여 장비가 되어버린 중량 7.6t의 「Mk Ⅶ 테트라크 경전차」를 대형 글라이더에 적재하여 공수 전차로 운용했다. 1944년의 노르망디 상륙작전 당시 영국 공수부대와 함께 독일군 후방에 강하하여 전차를 이용한 최초의 공수 작전을 실현하기도 했다.

전후에도 각국에서 소형 경량인 공수 전차가 만들어졌다. 그 가운데에서도 가장 큰 힘을 기울였던 것은 구소련이었다. 소련에서는 포탑 없이 차체 위에 대전차포를 얹은 「ASU-57」과 「ASU-85」를 만든 데 이어, 알루미늄 합금을 많이 쓴 「BMD」 시리즈를 개발, 수송기에서 직접 공중 투하도 가능하게 했다. 이러한 개발 및 운용 사상은 러시아 연방에서도 그대로 이어받았으며, 「BMD」 시리즈의 최신 버전으로 미사일 발사가 가능한 100mm 저압포와 30mm 기관포를 탑재한 「BMD-4」는 현재도 생산과 배치가 이루어지고 있다.

한편 미국에서는 1966년에 알루미늄 합금으로 제작, 중량 16t인 「M551 셰리든 공수 전차」를 개발했다. 미사일과 포탄 모두를 발사 가능한 152mm **건 런처**(Gun Launcher)를 장비하고 기동력이 높으며 밸런스가 좋은 경전차로 베트남 전쟁부터 실전에 투입되었다. 1991년의 걸프 전쟁 당시 긴급 전개 부대로 투입된 것을 마지막으로 현재는 퇴역한 상태이다. 또한 순수한 의미에서의 공수 전차는 아니지만 프랑스의 「AMX-13」이나 영국의 「스콜피온」 등의 경전차도 수송기나 대형 헬리콥터로 수송 가능할 것을 전제로 개발된 차량이며 이들 역시 해외 파병 등으로 활약했다.

수송기에서 직접 공중 투하되는 공수 전차

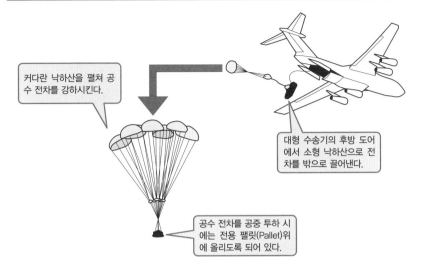

커다란 낙하산을 펼쳐 공수 전차를 강하시킨다.

대형 수송기의 후방 도어에서 소형 낙하산으로 전차를 밖으로 끌어낸다.

공수 전차를 공중 투하 시에는 전용 팰릿(Pallet)위에 올리도록 되어 있다.

공수 전차가 지닌 전력은?

M551 셰리든
(미국 : 1965년)

중량 약 16t으로, 수송기에 싣거나 대형 헬기에 매달아 공수 가능.

적 전차나 장갑 차량, 진지를 격파할 수 있는 위력의 건 런처를 탑재.

알루미늄 합금을 다용한 경장갑 차량. 방어력은 그리 높지 않으며, 적 주력 전차의 공격을 막을 수는 없다.

경쾌한 기동성을 지니고 있어 공수부대의 얼마 되지 않는 기동 전력으로 활약한다.

공격력과 기동력은 제법 높지만 방어력은 떨어진다.
즉, 아군의 주력이 도착하기 전까지의 응급 전력에 해당!

용어 해설

● **건 런처** → 통상의 포탄 외에 대전차 미사일도 발사 할 수 있는 구조의 포. 「M551 셰리든」의 152mm 건 런처는 성형 작약탄과 실레일러 대전차 미사일을 사용했는데, 연사 능력이 떨어졌기에 일반적인 기갑전보다는 대전차 매복 전투에서 위력을 발휘했다.

대전차 능력을 강화한 무포탑 전차

보병 지원용으로 독일이 개발한 무포탑 차량인 돌격포는 대전차 전투에서의 우수성을 평가받아, 주력 전차의 부족을 메꾸는 존재로 활약했다.

●대전차 전투에서 위력을 발휘한 무포탑 돌격포와 구축전차

제2차 세계대전 당시 독일군은 초기의 주력 전차였던「III호 전차」의 차체를 유용하여 차체 전면에 단포신 75mm포를 장비, 보병의 지원을 주 임무로 하는「III호 돌격포」를 투입했다. 이 차량은 포탑이 없어 포의 사각이 제한되었지만, 이러한 단점을 덮고도 남을 이점을 지니고 있었다. 첫째로 베이스가 된 차량보다 훨씬 구경이 큰 포를 장비할 수 있다. 두 번째로는 포탑이 없는 만큼 차고가 낮아지면서 적에게 발견될 가능성이 줄었다. 또한 구조가 훨씬 간단해지면서 생산성이 향상되어, 비교적 짧은 시간에 양산 가능하다는 이점도 있었다. 이러한 이유 때문에 수리가 필요한 전차를 돌격포로 개장하는 경우까지 있었다고 한다.

처음에는 보병을 지원하여 적의 진지를 공격하는 목적으로 사용되었으나, 이윽고 적 전차의 습격으로부터 보병을 보호하는 대전차 전투에도 사용되기 시작했다. 특히 주력 전차가 부족했던 대전 후기에는 대전차 전투를 목적으로 장포신 75mm포로 개장하고 차체 전면 장갑을 강화, 소련과의 혈투가 벌어졌던 동부 전선에서는 주력 전차와 동등한 활약을 보였다.

돌격포의 성공을 지켜본 독일군에서는 기존의 주력 전차를 베이스로, 대전차 전투를 목적으로 하는 구축전차(Jagdpanzer)를 차례차례 개발했다. 포탑이 없는 대신 원래보다 1~2랭크 더 강력한 대전차포와 보다 두터운 장갑으로 무장하고, 적 전차의 앞을 가로막았다.

독일의 돌격포와 구축전차의 위력을 접한 소련군에서는「T-34」를 베이스로 포탑을 제거하고 보다 강력한 주포를 장비한「SU-85/100 자주포」를 개발했다. 이와 달리 미국과 영국의 경우에는 전차의 운용 사상의 차이로, 무포탑 전차를 개발하지 않았다. 영국과 미국에서 운용한 구축전차(Tank Destroyer)는 회전 포탑을 갖췄으며, 강력한 대전차포를 탑재하고 있었는데, 그 대신 포탑의 천정을 생략하는 등 경량화된 것이 특징이었다.

전후에도 독일과 소련에서 대전차 전투를 목적으로 한 구축전차가 만들어졌다. 스웨덴에서는 포탑이 없으며 콤팩트한 차체를 특징으로 하는 독특한 모습의 제2세대 주력 전차「Strv.103」를 개발하기도 했다. 하지만 현재는 모두 퇴역한 상태로, 무포탑 전차의 계보는 대전차 미사일을 장비한 장갑 차량으로 이어지고 있다.

대전차 전투에서 위력을 발휘한 제2차 세계대전 당시의 무포탑 전차

III호 돌격포 G형
(독일 : 1942년)

대전차 전투에 특화된 G형에는 장포신인 48구경장 75mm포가 장비되었다.

전고는 기관총용 방패를 포함하더라도 겨우 2.16m에 지나지 않아 적에게 쉽게 발견되지 않았다.

전면 장갑은 적 전차에 대항할 수 있도록 최대 80mm로 강화.

주요 돌격포 및 구축 전차와 그 베이스가 된 전차의 주포 비교

	베이스가 된 전차 : 탑재 주포	돌격포/구축 전차/대전차 자주포 : 탑재 주포
독일	III호 전차 F형 : 46.5구경장 37mm포	III호 돌격포 B형 : 24구경장 75mm포
	III호 전차 G형 : 42구경장 50mm포	III호 돌격포 G형 : 48구경장 75mm포
	38(t) 전차 : 47.8구경장 37mm포	38(t) 구축전차 헤처 : 48구경장 75mm포
	IV호 전차 D형 : 24구경장 75mm포	IV호 돌격포 : 48구경장 75mm포
	IV호 전차 H형 : 48구경장 75mm포	IV호 구축전차 : 70구경장 75mm포
	V호 전차 판터 D형 : 70구경장 75mm포	V호 구축전차 야크트판터 : 71구경장 88mm포
	VI호 전차 티거II : 71구경장 88mm포	VI호 구축전차 야크트티거 : 55구경장 128mm포
소련	T-34/76 : 30.5구경장 76.2mm포	SU-85 대전차 자주포 : 51.6구경장 85mm포
	T-34/85 : 51.6구경장 85mm포	SU-100 대전차 자주포 : 53.5구경장 100mm포

독일과 소련 모두 베이스가 된 전차보다 1~2랭크 위인 전차포를 탑재하고 있다!

단편 지식

● **미국의 구축전차** → 제2차 세계대전 후기에는 미군에서도 「M4 셔먼」의 차체에 보다 강력한 대전차포를 얹은 구축전차 「M10」(76.2mm포)과 「M36」(90mm포)를 투입했다. 하지만 회전식 포탑에 집착하여, 천정이 없는 오픈 탑 구조였으며 중량을 억제한 탓에 방어력이 떨어졌다.

전개능력이 무기가 되는 차륜형 전차

차륜식 차량 특유의 기동력을 지닌 차륜형 전차는 제2차 세계대전 이래, 정찰이나 보조 타격 전력으로 사용되어 왔으며, 현재는 그 전개력이 재평가를 받고 있다.

● 노면에서의 기동력과 화력이 높지만 장갑이 얇은 차륜형 전차

노면 기동력이 우수한 차륜식 차량에 전차포 급의 강력한 무장을 탑재한다는 발상은 제2차 세계대전 때 나온 것이다. 당시 영국이나 독일에서는 전차포를 탑재한 대형의 차륜형 장갑차나 하프트랙을 개발, 기갑 전력을 보조하는 용도로 운용했다. 소련에서 개발한 쾌속 전차 「BT」 시리즈는 보기륜이 타이어로 되어 있어 궤도를 벗기면 일반 도로에서 시속 70km/h의 속도로 주행할 수 있었다.

차륜형 전차(Wheeled Tank)의 최대 이점은 도로에서의 기동력에 있다. 원래 궤도를 사용하는 일반적인 전차는 자력으로 장거리 이동하는 것이 어려우며, 무리를 할 경우 고장이 발생한다. 이 때문에 철도나 선박, 대형 트레일러로 전장 근처까지 운반하게 되는 것이 일반적이다. 반면, 차륜형 전차는 먼 거리라도 자력으로 도로 위를 주행, 전장까지 이동할 수가 있다. 멀리 떨어진 전장까지 신속하게 전차포 급의 타격 전력을 투입할 수 있다는 것은 상당히 큰 의미가 있는 일이다.

하지만 차륜식 차량이라는 태생의 한계 또한 극명하다. 우선, 험지에서의 주행 성능이 궤도식 차량과 비교했을 때 명백하게 떨어진다. 차체를 가볍게 만들기 위해서는 장갑 방어력을 희생할 수밖에 없다는 점 또한 약점이다. 또한 무장 자체도 주력 전차에 비해서는 약하기 때문에 전장의 주역이 될 수는 없었으며, 어디까지나 정찰(위력 수색)이나 보조 전력으로 사용되는 것이 일반적이었다.

영국이나 프랑스와 같이 해외 식민지나 보호령 등이 아직도 남아있어 해외 전개가 잦은 국가들은 전후에도 제법 구경이 큰 화포를 얹은 차륜형 전차(장갑차)를 운용해왔다. 상대가 게릴라처럼 기갑 전력을 갖추지 못한 조직인 경우, 충분한 타격력을 발휘할 수 있었기 때문이다. 또한 근년 들어 이탈리아에서 105mm 전차포를 탑재한 「첸타우로」를 개발했다. 미국에서도 차륜형 장갑차를 중심으로 하는 긴급 전개 편제 「스트라이커 BCT」의 화력 지원 차량으로 「스트라이커 M1128 MGS(Mobile Gun System)」을 도입했다. 이 뒤를 이어 일본에서는 8륜 장갑차에 105mm포를 장비한 「16식 기동전투차」를 개발, 2016년 연말부터 혼슈와 시코쿠에 배치할 예정이다. 일본 자위대에서는 **통합 기동 방어력**의 핵심으로, 일본의 발달된 도로망을 이용, 신속한 방어 전력의 전개를 기대하고 있다고 한다.

일본 자위대의 최신 차륜형 전차

16식 기동전투차
(일본 : 2016년 말부터 배치 예정)

105mm 저반동 강선포는 제3세대 전차의 전면 장갑을 제외한 대다수의 장갑 차량을 격파할 수 있다.

최신형 화기 관제 장치를 통해 기동간 사격이 가능하다.

차체 앞부분에 탑재된 터보 디젤 엔진은 570hp의 출력을 낼 수 있다.

포탑에는 모듈식 복합 장갑을 채용.

차체 장갑은 아직 명확히 공표되지 않았으나, 14.5mm 기관총탄을 막을 수 있는 정도로 추측되고 있다.

8륜 구동에 유압식 액티브 서스펜션을 갖춰, 도로 위를 100km/h의 속도로 주행 가능하다.

전장 8.45m, 전투중량 26t으로, 수송기로 공수 가능한 사이즈이다.

차륜형 전차의 장점과 단점

⭕ 차륜형 전차의 장점

· 도로 주행 성능이 높고, 고속 이동이 가능.
· 자력으로 장거리 이동할 수 있어, 신속한 전개가 가능. 이동 비용도 저렴하다.
· 제3세대 전차를 제외한 거의 모든 장갑 차량을 격파할 수 있는 화력의 주포를 갖추고 있다.
· 대형 수송기 등으로 공수할 수 있다.

❌ 차륜형 전차의 단점

· 궤도식 차량과 비교했을 때 험지 주행 능력, 특히 연약 지반의 주파 능력이 떨어진다.
· 차량의 경량화는 장갑 방어력의 저하라는 약점을 수반하는 것으로, 적의 전차포나 대전차 미사일에는 버틸 수가 없다.
· 차체가 가벼운 탓에 주포의 사격 반동을 완전히 흡수할 수 없으며(명중률 저하), 이 때문에 저반동 포라도 역시 120mm급의 대구경 화포의 탑재는 어려운 편이다.

정찰(위력 수색) 임무나 경장비만을 갖춘 적과의 전투 등, 적의 전차가 없는 전장에서 활약했다. 현재는 장거리 이동이나 항공기 수송이 필요한 긴급 전개 부대의 화력 지원용으로 기대를 받고 있는 중.

용어 해설

● **통합 기동 방어력** → 기동성이 우수한 장비를 갖추고, 이를 효율적으로 운용하고자 하는 일본 자위대의 새로운 방위 구상. 「90식」과 「10식」과 같은 주력 전차는 홋카이도와 규슈에 집중 배치하고, 혼슈와 시코쿠에는 구식인 「74식」의 후계로 8륜 장갑차인 「16식 기동전투차」를 배치, 긴급 상황에서의 전개 능력 향상을 목표로 하고 있다.

No.040

병력 수송 장갑차의 탄생

제2차 세계대전 장시 독일군에서는 보병에 기동력을 부여, 전격전으로 큰 전과를 올렸는데, 이를 계기로 보병을 수송하는 병력 수송차와 병력 수송 장갑차가 탄생하게 되었다.

●보병에 기동력을 부여한 병력 수송차

예로부터 보병은 도보로 이동하는 전력이었다. 로마 제국을 상징하던 군단병의 경우, 보통 하루에 25km, 강행군을 하더라도 하루 35km를 이동하는 정도였으며, 철도와 차량이 등장하기 전까지 보병의 이동 속도는 여기서 크게 달라지지 않았다.

제1차 세계대전 시기에는 각종 군용 자동차와 트럭의 실용화가 이루어졌다. 하지만 자동차는 아직 특별한 장비로, 물자 수송이 최우선이었는데, 당시의 프랑스군에서는 개전 초기 민간 차량을 징발하여 보병을 전선으로 수송한 일부 예외를 제외하고는 열차나 선박을 타고 전장으로 향한 뒤에는 여전히 도보로 이동했다.

보병에 이동 수단을 부여한 기계화 보병이 처음으로 실현된 것은 제2차 세계대전 당시 독일군에서였다. 1939년, 전차를 주축으로 한 전격전으로 폴란드에 노도와 같이 진격해 들어간 독일군은 새로운 보병 전술을 선보였다. 바로 6륜 군용 트럭에 보병을 태운 차량화 보병 사단을 투입하는 한편으로 전차를 중심으로 하는 기갑 사단에도 기계화 보병을 수반 시킨 것이었는데, 이것이 실전에 대량으로 투입된 병력 수송차의 시작이었다.

여기에 더하여 독일군에서는 포 견인차로 사용되던 하프트랙을 개량, 6인승(승무원 1명, 보병 5명) 차량인 「Sd.kfz.250」과 보다 대형으로 12인승(승무원 1명, 보병 11명)인 「Sd.kfz.251」 병력 수송용 장갑 하프트랙을 개발했는데, 여기에 탑승하는 기계화 보병은 일명 **장갑척탄병**이라고 불렸다.

같은 시기 미국에서도 10인승 하프트랙인 「M2」와 13인승 「M3」를 개발, 대량으로 전선에 투입했다. 이후 이러한 차량들은 현대의 병력 수송 장갑차(APC, Armoured Personal Carrier)의 시조가 되었다.

「Sd.kfz.250/251」과 「M2/3」와 같은 하프트랙 차량의 장갑은 가장 두터운 부분도 12~14mm에 지나지 않았지만, 소총탄이나 기관총탄, 고폭탄의 파편으로부터 탑승 병력을 보호하는 데에는 큰 효과를 발휘했다. 또한 각 차량에는 기관총이 거치되어 있어, 하차하여 전투에 돌입하는 보병들의 화력 지원이나, 승차한 상태에서의 전투를 수행하기도 했다.

88

보병의 기동성 발달사

기원전~18세기
육상에서 보병은 언제나 도보로 이동했다. 행군 속도는 강행군을 하더라도 1일 35km 정도.

19세기
철도의 등장 덕분에 전장 부근까지는 열차로 이동할 수 있었다. 하지만 전장에서는 여전히 도보로 이동했다.

제1차 세계대전
징발된 자동차 등을 이용하여 보병을 수송한 예가 있으나, 대부분의 보병은 여전히 도보로 이동했다.

제2차 세계대전 (1939년)
폴란드를 침공한 독일군은 트럭을 타고 이동하는 차량화 보병을 투입했다

제2차 세계대전(1941년경)
험지에서도 이동 가능하며, 승차 인원을 보호할 수 있는 장갑 하프트랙이 출현했다.

병력 수송 장갑차(APC, Armoured Personal Carrier)의 탄생!

하프트랙 방식의 병력 수송 장갑차

Sd.kfz.251 (독일 : 1941년)

2정의 기관총이 거치되어 있어, 승차 전투도 수행했다.

조종수를 포함, 12명의 인원이 승차.

전면 장갑은 14.5mm, 측면과 후면 장갑은 8mm였다.

100hp의 가솔린 엔진이 탑재되었으며, 도로 위에서라면 52km/h의 속력을 낼 수 있었다. 항속 거리는 약 300km.

후방은 궤도식으로, 험지에서도 상당한 기동성을 발휘했다.

용어 해설
● **장갑척탄병** → 원래는 수류탄 투척을 전문으로 하던 18~19세기경의 정예병을 척탄병(Grenadiere)이라 불렸던 것이 그 유래로, 2차 대전 당시의 독일군에서는 국민들과 장병들의 사기고양을 위해, 장갑 하프트랙에 탑승하는 기계화 보병에 특별히 장갑척탄병(Panzergrenadiere)라는 이름을 붙이고, 장갑척탄병 사단을 창설했다.

전차와 함께 행동하는 궤도식 병력 수송 장갑차

보병의 경계 지원 없이 단독 행동하는 전차는 적 보병의 근접 공격에 당할 수밖에 없다. 때문에 험지에서도 전차와 행동을 함께 할 수 있는 궤도식 병력 수송 장갑차가 등장했다.

●적 보병으로부터 전차를 보호하는 보전 협동의 등장

지상전에서 절대적인 위력을 자랑하는 전차에도 약점은 존재한다. 적 보병의 근접 공격이 바로 그것으로, 태생적으로 시야가 좁은 전차는 매복해 있던 적 보병의 공격에 매우 취약하다. 때문에 전차와 함께 행동하며 적 보병을 발견하여 배제하는 등, 서로 연계하여 작전을 수행할 보병이 반드시 필요하다. 하지만 보병은 기동성이 낮다는 문제가 있어 2차 대전 당시의 미국과 독일에서는 전차 부대와 함께 작전을 수행할 수 있도록 장갑 하프 트랙을 투입했다.

한편 소련이나 일본은 따로 전용 수송 차량을 두지 않았으며, 트럭의 수도 부족한 편이었는데, 그나마 있는 트럭도 험지 주파 능력이 낮았기에 전차에 수반하여 행동을 같이 하는 것은 불가능했다. 때문에 택한 전술이 전차의 차체 뒷부분에 보병을 태우고 함께 이동하는 탱크 데산트(Танковый десант, Tank desant)라는 것이었는데, 전차에 타고 있는 보병들은 적의 공격에 극히 취약했고 사상률도 대단히 높다는 문제가 있었다.

●베스트셀러가 된 미국의「M113」시리즈

전후, 세계 각국에서는 전차와 함께 험지를 주파할 수 있는 궤도식 병력 수송 장갑차(APC)를 개발했다. 2차 대전 당시 하프트랙이 같은 임무에서 활약하긴 했지만, 여전히 험지 주파 능력이 부족했기 때문이다.

이렇게 개발된 궤도식 병력 수송 장갑차 가운데 대표 격이라 할 수 있는 것이, 1960년에 미군이 채용한「M113 병력 수송 장갑차」시리즈였다.「전장의 택시」라는 별명을 지니고 있으며, 누계 8만 대 이상이 제조되어, 미국을 비롯한 세계 각국에서 사용되면서 베스트셀러로 자리를 잡은 이 장갑차는 알루미늄 합금으로 제작된 상자 모양 차체 안에 승무원 2명과 11명의 보병을 수용할 수 있었는데, 전차와 함께 행동하는 외에도 다양한 국면에서 보병을 태우고 전장에 투입되었다.

하지만 전투중량이 12t밖에 되지 않았으며 장갑 또한 최대 38mm에 불과해 방어 능력이 충분하다고는 할 수 없었다. 이후 각국에서 비슷한 콘셉트의 차량이 다수 개발되었는데, 현재는 전차를 개조하여 두터운 장갑을 갖춘 50t급의 병력 수송 장갑차도 등장한 상태이다.

승차한 보병의 사상률이 매우 높았던 탱크 데산트

탱크 데산트
(Tank desant)

제2차 세계대전 당시의 소련군을 대표하는 전법이지만, 일본을 비롯한 다른 국가에서도 사용된 바가 있다. 승차 보병은 적 보병의 감시와 배제를 담당했다.

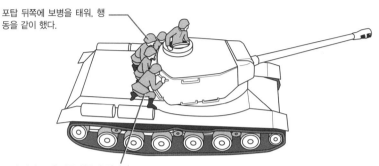

포탑 뒤쪽에 보병을 태워, 행동을 같이 했다.

포탑 회전 등에 잘못 휘둘려 떨어질 위험이 있었으며, 적의 사격에도 취약했기에 승차 보병들의 사상률은 일반 보병보다 훨씬 높았다.

주력 전차에 수반하여 행동할 수 있었던 궤도식 병력 수송 장갑차

M113
(미국 : 1960년)

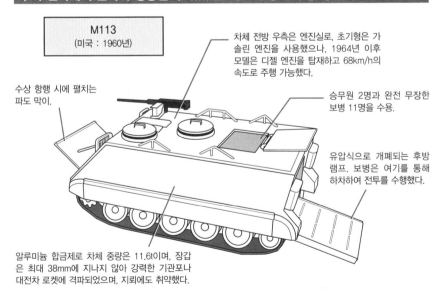

차체 전방 우측은 엔진실로, 초기형은 가솔린 엔진을 사용했으나, 1964년 이후 모델은 디젤 엔진을 탑재하고 68km/h의 속도로 주행 가능했다.

수상 항행 시에 펼치는 파도 막이.

승무원 2명과 완전 무장한 보병 11명을 수용.

유압식으로 개폐되는 후방 램프. 보병은 여기를 통해 하차하여 전투를 수행했다.

알루미늄 합금제로 차체 중량은 11.6t이며, 장갑은 최대 38mm에 지나지 않아 강력한 기관포나 대전차 로켓에 격파되었으며, 지뢰에도 취약했다.

단편 지식

●궤도식 병력 수송 장갑차의 원조 → 제1차 세계대전 말기, 「Mk Ⅰ 전차」를 만들었던 영국이 개발한 「Mk Ⅸ」은 차체 양 측면에 4개의 승·하차용 해치를 갖추고 내부에 30~50명의 보병을 선 상태로 수용할 수 있었다. 하지만 종전 시점까지 겨우 3대가 생산되는 데 그쳐, 실전에는 투입되지 못했다.

전장까지 보병을 실어 나르는 차륜형 병력 수송 장갑차

보병을 전장까지 수송하는 수단으로, 전후에 더욱 발전한 차륜형 병력 수송 장갑차는 수송 도중에 적 공격을 받더라도 보병을 안전하게 지켜주는 믿음직한 말이다.

● 코스트 퍼포먼스가 우수하며, 전개 능력도 뛰어났다

제2차 세계대전 당시 활약했던 미군의 병력 수송 차량 하프트랙은 전후 세계 각국의 군대에 공여되어 사용되었으나, 1950년대에 들어서면서 퇴역이 진행되었고, 그 후계 장비로 차륜형 병력 수송 장갑차의 개발이 시작되었다. 이 중에서도 가장 개발에 힘을 기울였던 것은 구 소련이었는데, 1950년대에 4륜 트럭을 바탕으로 한 「BTR-40」과 6륜 트럭을 베이스로 한 「BTR-152」를 개발했으며, 1959년에 들어서는 본격적인 8륜 병력 수송 장갑차인 「BTR-60」을 배치하기에 이르렀다. 수상 항행 능력까지 갖추고 있는 이 장갑차는 공산 진영의 베스트셀러로 널리 사용되었다.

한편 서방 진영에서는 1950년대를 전후하여 프랑스의 「파나르 EBR-ETT」나 영국의 「사라센」과 같이 정찰용 장갑차를 베이스로, 무장 병력이 탑승할 수 있는 공간을 설치한 차량들이 등장했는데, 아프리카의 식민지 등에 파견되는 용도로 많이 사용되었다.

차륜형 병력 수송 장갑차는 궤도식 차량만큼의 험지 주행 능력을 지니지 못했기에 전차와 동행하거나 야전에 투입하여 직접적인 전투 참가 능력은 한정적이었다. 하지만 도로를 이용하는 범위 내에서는 높은 기동력을 발휘했으며, 굳이 전용 트레일러를 사용할 필요 없이 자력으로 이동, 전개할 수 있었기 때문에 치안 유지를 목적으로 하는 해외 파병 임무 등에서 요긴하게 사용되었다. 또한 궤도식 차량보다 조달 비용이 저렴하고 항공기로 수송 가능하다는 이점도 있었다.

동서 냉전이 종식된 1990년대 이후, PKO파견 등과 같이 분쟁 지역의 치안 유지나 전후 복구 지원 임무에 파병되는 일이 잦아지면서, 차륜형 병력 수송 장갑차의 수요는 점점 늘어나기 시작했다. 때문에 일본의 육상자위대도 8륜 장갑차인 「96식 장갑차」를 배치하여, PKO 임무에 파견하고 있으며, 미국의 경우에는 「스트라이커 장갑차」를 중심으로 하는 긴급 전개 편제인 스트라이커 BCT(여단 전투단)을 편성, 유사시에 대비하고 있다.

차륜형 병력 수송 장갑차의 장점과 단점

 차륜형 병력 수송 장갑차의 장점

· 도로에서의 기동력이 높으며, 자력으로 장거리 전개가 가능하다.
· 소총탄이나 포탄의 파편 등, 어느 정도의 공격에서 보병을 보호할 수 있다.
· 대형 수송기에 적재 가능하므로, 해외 긴급 전개 상황에 대응하기 유리하다.
· 취득 비용이 비교적 저렴하기 때문에, 적절한 수량을 갖출 수 있다.

 차륜형 병력 수송 장갑차의 단점

· 험지 기동 능력이 그렇게 높지 않기 때문에 도로가 없는 지역에서의 운용은 한정적이다.
· 궤도식 차량에 비해 참호나 수직 장애물 등을 극복하는 능력이 떨어진다.
· 태생적으로 장갑 방어력을 높이기 어렵기 때문에 중화기의 직접 공격에 취약하다.
· 어디까지나 병력 수송이 주 임무로, 승차한 상태에서의 전투 능력은 낮은 편이다.

미군 긴급 전개 부대의 주축이 되는 차륜형 병력 수송 장갑차

M1126 스트라이커
(미국 : 2002년)

「LAV-25」를 개발한 MOWAG사에서 「피라냐Ⅲ」를 미군 사양으로 개수한 차륜형 병력 수송 장갑차.

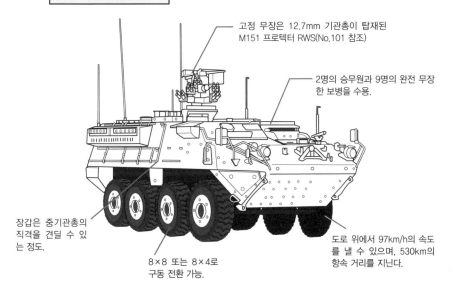

고정 무장은 12.7mm 기관총이 탑재된 M151 프로텍터 RWS(No.101 참조)

2명의 승무원과 9명의 완전 무장한 보병을 수용.

장갑은 중기관총의 직격을 견딜 수 있는 정도.

8×8 또는 8×4로 구동 전환 가능.

도로 위에서 97km/h의 속도를 낼 수 있으며, 530km의 항속 거리를 지닌다.

용어 해설

●PKO → UN 평화 유지 활동(United Nations Peacekeeping Operations)의 약어로, 국제 연합의 결정에 따라 분쟁 지역에 파견되어, 평화 유지 활동과 감시 활동을 수행한다. 파견되는 부대는 UN 평화 유지군(PKF, Peacekeeping Force)라 불린다.

병력 수송 장갑차의 수상 항행 능력

제2차 세계대전 이후, 특별한 장비 없이 도하 작전이 가능하도록 병력 수송 장갑차에 수상 항행 능력을 부여하게 되었다.

● 하천을 건너기 위한 수상 항행 능력을 갖춘 병력 수송 장갑차

예로부터 큰 하천이나 운하, 호수는 천연 장애물로, 여기에 방어선을 구축하는 일이 많았다. 때문에 얕은 여울이 아니더라도 도하가 가능하도록 2차 대전 이후에 개발된 전투 차량은 도하 성능을 필수적으로 갖추게 되었다.

중무장에 중장갑 차량인 전차의 경우, 수면에 띄우는 것이 곤란했다. 하지만, 병력 수송 장갑차라면 그렇게 무거운 편이 아니었으며, 보병을 수용하는 공간까지 있었기에 충분한 부력을 얻을 수 있는 구조였다. 차체의 기밀성을 높이고 수상에서의 추진력을 얻기 위한 장치를 갖춰 수상 항행 능력을 갖춘 병력 수송 장갑차가 등장한 것은 이러한 이유 덕분이었다.

차량을 물 위에 띄우기 위해, 초기에는 차체 주위에 부항 스크린을 설치하거나, 플로트를 추가하여 부력을 얻는 방법이 고안되었으나, 현재는 별도의 부가 장비 없이 부력을 확보하는 것이 기본이다.

또한 수상 항행을 위한 추진력을 얻는 방식으로는 궤도나 타이어를 회전시키는 힘만으로 나아가는 것이 가장 간단하지만, 이 방식으로는 낮은 속도밖에는 낼 수 없었다. 때문에 수상 항행 능력을 중시한 차종의 경우에는 차체 뒷부분에 스크류나 워터 제트와 같은 전용 추진기를 설치, 10~15km/h의 속도로 항행이 가능하다.

미국의 경우, 1950년대에 실용적인 궤도식 병력 수송 장갑차로 개발된 「M59」에 항행 성능을 부여했으며, 그 후계 차량으로 세계적 베스트셀러가 되기도 한 「M113」에도 이 기능이 이어졌으나, 수상에서의 추진력이 궤도의 회전뿐이었기에 그 기능은 한정적이었다. 한편 소련에서는 타국보다 이른 시기에 워터 제트를 갖춘 궤도식 차량 「BTR-50」과 차륜형인 「BTR-60」을 등장시켰는데, 이는 2차 대전 당시 자국 내에 있는 여러 하천에서의 도하 작전을 경험한 소련만의 용병 사상이 낳은 산물이라고도 할 수 있다.

하지만 이러한 병력 수송 장갑차의 수상 항행 능력은 간이적인 것이어서, 파도가 치는 바다에서의 운용에는 한계가 있었는데, 최근 등장한 중국의 「05식 보병 전투차(ZBD-05)」는 바다에서의 사용을 전제로 훨씬 강화된 워터 제트를 갖추고, 30km/h의 속도로 항행 가능하다고 한다.

병력 수송 장갑차에 수상 항행 능력을 부여하기 위해서는?

1 물 위에 뜰 수 있는 가벼운 구조 ➡ 차체를 알루미늄 합금 등으로 제작하여 경량화를 꾀하는 외에도, 병력 탑승 공간을 크게 만들어 부력을 얻을 수 있는 구조로 만드는 방법이 있다.

2 물이 들어오지 않는 특수 구조 ➡ 기밀성이 높은 구조로 차체를 만들어 물이 들어오는 것을 막는 것에서 그치지 않고, 수상 항행 시에 파도 막이나 방수 스커트를 전개하는 차종도 존재한다.

3 항행을 위한 추진 장치를 부착한다. ➡ 수상 항행 시의 추진력은 일단 궤도를 회전 시키는 것만으로도 얻을 수 있으나, 차체 후방에 스크루나 워터제트를 설치하는 쪽이 보다 높은 항행 속도를 낼 수 있다.

병력 수송 장갑차의 수상 항행 장치

궤도 회전식

회전하는 궤도로 물을 휘저어 전진한다. 구조는 간단하지만 항행 속도는 느리다.

항행 시에는 사이드 스커트를 전개하여 효율을 높인다.

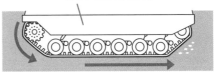

스크루식

차체 후방에 설치한 스크루를 통해 항행하는데, 이 스크루는 항행 시에만 구동력을 얻도록 되어 있다.

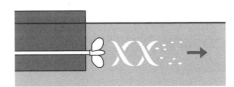

워터제트식

내부에 프로펠러(임펠러)가 있어, 빨아들인 물을 분출하는 반동으로 전진한다.

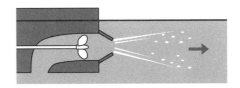

단편 지식
● **수상 항해 능력과 중장갑은 양립되기 어렵다** → 장갑 차량에 수상 항행 능력을 부여하는 데 있어 가장 큰 걸림돌은 바로 차량의 중량 문제이다. 장갑을 두껍게 만들기가 어렵고, 이는 방어력의 희생으로 이어졌다. 수상 항행 능력과 중장갑의 양립은 정말 어려운 일인 것이다.

병력 수송 장갑차에서 진화한 장갑 보병 전투차

장갑화된 차체로 보병을 수송함은 물론, 중무장을 갖추고 높은 공격력을 자랑하는 장갑 보병 전투차는 베트남 전쟁 등에서 얻은 전훈을 바탕으로 탄생했다.

● 전차와 연계하여 엄호 및 지원 임무를 수행

1960년대에 있었던 베트남 전쟁 당시, 미군은 알루미늄 합금제 장갑을 갖춘 「M113 병력 수송 장갑차」를 대량으로 투입했는데, 이때 얻은 전훈을 통해, 보다 장갑이 두터우며 강력한 무장을 갖춘 전투 차량의 필요성에 눈을 뜨게 되었다. 이 와중에 1966년에 소련에서는 높은 기동성을 지닌 궤도식 병력 수송 장갑차의 차체 73mm 저압포와 대전차 미사일, 그리고 기관총이 조합된 중무장 포탑이 장비된 「BMP-1」을 내놓았는데, 서방 진영에 있어 이 차량의 등장은 충격 그 자체로, 이른바 「BMP 쇼크」라고까지 일컬어질 정도였다.

여기에 대응하고자, 각 서방 국가에서는 중무장을 갖추고 승차 전투 능력을 향상시킨 새로운 전투 차량의 개발을 시작했는데, 그 결과 강력한 기관포를 탑재한 프랑스의 「AMX-10P」와 서독의 「마르더」가 탄생했고, 미국도 1980년, 기관포와 대전차 미사일을 탑재한 「M2 브래들리」를 등장시켰다. 또한 1989년에는 일본도 「89식 장갑 전투차」를 채용하게 되었다.

이들 전투 차량은 종래의 병력 수송 장갑차(APC)와 달리, 단순히 보병을 태운 채 전차에 수반하여 움직이는 것에 그치지 않고, 차량에 탑재된 자체 화력으로 직접 전투에 참가가 가능했기에 장갑 보병 전투차(IFV, Infantry Fighting Vehicle)이라 불리게 되었다.

장갑 보병 전투차의 역할은 주력 전차와 함께 행동하며, 태우고 있던 보병을 하차 후 전개시켜 매복해 있던 적 보병 등을 소탕, 전차를 엄호하면서, 제압한 지역을 확보하는 것이 기본이며, 탑재되어 있는 화기를 이용하여 적 보병이나 (주력 전차를 제외한) 장갑 차량을 공격하는 등, 전차포에 의존하지 않고 격파 가능한 목표에 대한 적극적 공격 참가 또한 중요한 임무 가운데 하나라 할 수 있다. 여기에 더하여 대전차 미사일을 장비하고 있을 경우에는 전차포보다 훨씬 긴 사거리를 살려, 원거리에서의 대전차 전투를 수행하는 등, 기동전에 반드시 필요한 전차를 보완하는 장비로 운용되고 있다.

장갑 보병 전투차는 원래 주력 전차와 연계했을 때 특히 큰 위력을 발휘하지만, 범용성이 높기에 그 이외의 임무에서도 활약하고 있다.

보병을 운반하는 동시에 중무장을 갖추고 있는 장갑 보병 전투차

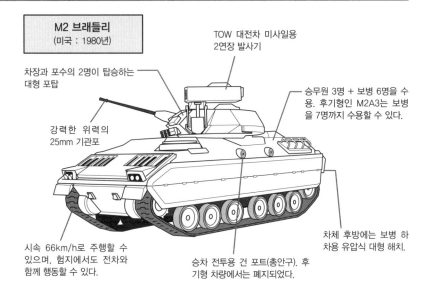

M2 브래들리
(미국 : 1980년)

TOW 대전차 미사일용 2연장 발사기

차장과 포수의 2명이 탑승하는 대형 포탑

승무원 3명 + 보병 6명을 수용. 후기형인 M2A3는 보병을 7명까지 수용할 수 있다.

강력한 위력의 25mm 기관포

차체 후방에는 보병 하차용 유압식 대형 해치.

시속 66km/h로 주행할 수 있으며, 험지에서도 전차와 함께 행동할 수 있다.

승차 전투용 건 포트(총안구). 후기형 차량에서는 폐지되었다.

전차와 역할을 분담, 연계하는 장갑 보병 전투차

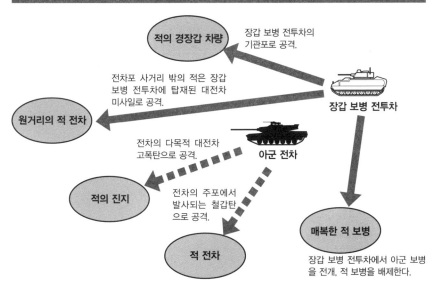

적의 경장갑 차량

장갑 보병 전투차의 기관포로 공격.

전차포 사거리 밖의 적은 장갑 보병 전투차에 탑재된 대전차 미사일로 공격.

원거리의 적 전차

장갑 보병 전투차

전차의 다목적 대전차 고폭탄으로 공격.

아군 전차

적의 진지

전차의 주포에서 발사되는 철갑탄으로 공격.

적 전차

매복한 적 보병

장갑 보병 전투차에서 아군 보병을 전개, 적 보병을 배제한다.

단편 지식

● **건 포트** → 1980년대의 장갑 보병 전투차에는 보병들을 승차시킨 상태에서도 각자의 소총을 내밀어 외부를 공격할 수 있도록 건 포트라고 하는 기구가 캐빈 내부에 설치되어 있었다. 하지만 장갑에 구멍을 낸 것인 만큼, 방어력 저하의 우려가 있었기에, 폐지되는 추세에 있다.

장갑 보병 전투차의 무장과 장갑

가혹하기 그지없는 전장에서 전차와 함께 행동해야 하는 장갑 보병 전투차는 중무장을 하는 것이 기본 경향이었다. 하지만 최근에는 보다 중장갑을 갖춘 차량이 등장하기도 했다.

●해를 거듭할수록 무장과 장갑이 강화되고 있는 장갑 보병 전투차

1970년대에 등장한 서방 진영의 장갑 보병 전투차는 원래 20mm급의 기관포를 주무장으로 탑재하고 있었다. 하지만 이윽고 위력 부족이라는 판단이 서게 되었고, 1980년에 등장한 미국의 「M2 브래들리」는 25mm 기관포를, 1986년에 등장한 영국의 「FV510 워리어」에는 30mm 기관포가 탑재되었으며, 1989년에 등장한 일본의 「89식 장갑 전투차」에는 35mm가, 그리고 1993년에 개발된 스웨덴의 「CV90」에 이르러서는 무려 40mm 기관포를 장비하게 되는 등, 해가 갈수록 강력한 무장을 장비하게 되었다. 또한 기관포에 더하여 대전차 미사일을 장비한 차량도 늘어났다. 기회가 된다면 매복 전법이나 전차포의 사거리 밖에서의 아웃레인지 전법으로 적 전차를 공격, 격파할 것까지 상정하게 된 것이다.

등장 당시, 중무장으로 세계를 놀라게 하며, 장갑 보병 전투차의 선구 차량으로 자리 잡았던 구 소련의 「BMP-1」은 73mm 저압포와 대전차 미사일을 장비하고 있었다. 이후 후계 차량으로 등장한 「BMP-2」는 기관포 + 대전차 미사일을 장비했으며, 최신 차량인 「BMP-3」의 경우에는 30mm 기관포와 미사일 발사도 가능한 100mm 저압포 콤비라는 중무장을 갖추고 있다.

한편, 무장의 강화와 동시에 장갑 방어력 또한 증강되고 있는 추세이다. 원래 장갑 보병 전투차는 전차포의 직격에 버틸 수 있을 정도의 장갑은 갖추고 있지 않았다. 걸프 전쟁을 시작으로 각지의 분쟁에 투입되어, 적의 기관포나 보병의 대전차 미사일에 입은 피해를 교훈으로 삼아, 증가 장갑을 부착, 장갑 방어력을 강화하는 케이스가 부쩍 늘어난 상태이다. 또한 이스라엘에서는 생존성을 높이기 위해 포탑을 제거한 전차의 차체를 유용한 방식의 새로운 타입의 병력 수송 장갑차를 개발, 실전 배치하고 있는 중이다. 이 중에서도 최신 차량인 「나메르」는 「메르카바 Ⅳ」를 베이스로 하여 전투 중량이 60t이나 나가며, 전장에서의 높은 생존성을 자랑으로 삼고 있다. 이러한 추세 때문에 새로 개발 중인 차세대 장갑 보병 전투차는 더욱 방어력 강화를 꾀하고 있다. 독일의 최신예 장갑 보병 전투차인 「푸마」는 처음부터 증가 장갑의 장착을 고려한 설계로, 최대 중량이 43t이나 나가는 등, 앞으로의 장갑 보병 전투차는 중장갑으로 중량이 더욱 무거워질 것으로 보인다.

중무장화된 장갑 보병 전투차

BMP-1
(구 소련 : 1966년)

1인용 소형 포탑에 중무장을 탑재하여 세계를 놀라게 한 차량으로, 장갑 보병 전투차의 선구자라 할 수 있다.

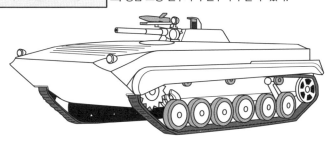

점점 중무장을 갖추게 된 BMP 시리즈

BMP-1	주 무장/73mm 저압포 + 대전차 미사일 1기 부 무장/7.62mm 기관총 1정
BMP-2 **(초기형)**	주 무장/30mm 기관포 + 대전차 미사일 1기 부 무장/7.62mm 기관총 1정
BMP-2 **(후기형)**	주 무장/30mm 기관포 + 대전차 미사일 4기 부 무장/7.62mm 기관총 1정, 5.45mm 기관총 1정
BMP-3	주 무장/100mm 저압 활강포 (고폭탄 및 대전차 미사일 발사 가능. 탑재 미사일은 6발) + 30mm 기관포 부 무장/7.62mm 기관총 3정

전차의 차체를 베이스로 제작된 중장갑 보병 전투차

나메르
(이스라엘 : 2008년)

「메르카바 전차」의 차체를 이용, 현재 가장 강력한 방어력을 지닌 장갑 보병 전투차이며 전투 중량은 60에 달한다. 이 아이디어는 원래 「메르카바 전차」가 프런트 엔진 방식이며, 후방에 캐빈을 갖춘 구조였기에 가능했다.

단편 지식

● **천적인 대전차 헬기에 대한 대책** → 보병 전투차에 탑재된 기관포는 발사 속도가 매우 빠르며, 지상 목표 이외에 속도가 느린 헬기를 노릴 수도 있어, 장갑 차량의 천적이라 일컬어지는 대전차 헬기에도 반격할 수 있게 되었다.

병력 수송 장갑차에 탑승하는 보병의 장비와 편성

보병을 태우는 전투 차량은 보병을 하차시켜 싸운다. 보병의 기본 단위인 분대의 편성은 각 국가, 그리고 시대별로 차이가 있는데, 현재의 미 육군은 9명 편성이다.

● 승무원을 포함, 40명으로 구성되는 현대 미 육군의 보병 소대

병력 수송 장갑차나 장갑 보병 전투차는 전장으로 보병을 실어 나르는 것이 주 임무인 차량이다. 기계화가 이루어진 현대전에서도 보병은 육군의 가장 중핵이 되는 존재다. 아무리 전차가 강력한 전투력을 지니고 있으며 적을 격파하고 전선을 돌파할 수 있다 하더라도 그 지역을 확보하는 것은 불가능하며, 결국 최종적으로 지역을 확보하는 것은 보병의 힘으로만 가능하기 때문이다.

보병의 편성은 각 국가는 물론 시대에 따라서도 달라졌는데, 여기서는 현대 미 육군의 편성을 기본으로 소개하고자 한다. 먼저 보병 편제의 가장 기본 단위는 분대라 불리며, 미 육군에서는 9명의 보병으로 편성된다. 인원 구성은 분대장 1명, 팀 리더 2명, 소총수 2명, 분대 지원 화기 사수 2명, 유탄 발사기 사수 2명으로 되어 있으며, 1개 분대의 보병이 휴대하는 화기는 **돌격 소총** 7정(**유탄 발사기** 2정 포함), **분대 지원 화기** 2정이다. 또한 보병이 휴대할 수 있는 대전차 미사일이나 대전차 로켓을 1기 휴대하는 경우도 있는데, 이때는 소총수 중 한 명이 이를 담당하게 된다.

현재 미 육군에서 사용되고 있는 차륜형 병력 수송 장갑차인 「스트라이커」는 2명의 승무원과 9명의 보병을 수용할 수 있는데, 이것은 다시 말해 보병 1개 분대가 차량 1대에 전부 수용된다는 것을 의미한다. 분대보다 한 단계 위의 제대 구성인 소대에는 4대의 「스트라이커」가 배치되며, 3개 분대(각 9명) + 소대 본부(소대장 포함 5명) + 승무원 8명(각 2명×4대)를 합쳐 모두 40명으로 구성된다.

한편 궤도식 장갑 보병 전투차인 「M2 브래들리」를 장비한 부대의 경우에는 편성이 조금 복잡하게 되어 있다. 「M2 브래들리」는 승무원이 3명에 보병은 7명밖에 수용할 수 없기 때문이다. 브래들리 초기형(보병 6명 수용)이 활약했던 1980년대에는 6명이라는 특별 편성으로 기계화 보병 분대가 구성되었다. 하지만 이 인원으로는 시가지 등에서의 전투에 지장이 있다는 것이 판명되면서 후기형에서는 7명을 태울 수 있도록 개장되었고, 현재는 4대의 차량에 3개 분대 27명의 보병을 분산 수용하고, 여기에 소대장 1명과 차량 승무원 12명을 합쳐 40명의 인원으로 소대가 편성되어 있다.

미 육군 보병 소대의 구성

현재 미 육군의 분대는 9명 편성.
1개 소대는 3개 분대 + α의 40명 편성이 기본이다.

● 승무원 2명 + 보병 9명이 수용되는 「스트라이커」의 경우

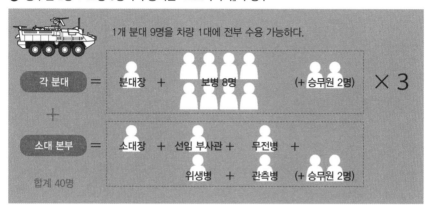

● 승무원 3명 + 보병 7명밖에 수용할 수 없는 「M2 브래들리」의 경우

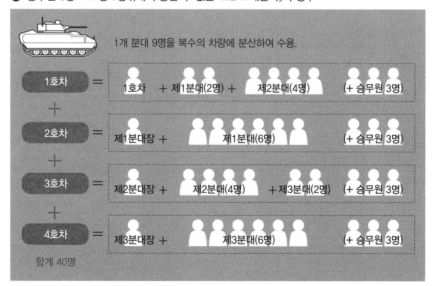

용어 해설
● **돌격 소총** → 흔히 어설트 라이플이라고도 부른다. 연사도 가능한 보병용 소총.
● **유탄 발사기** → 작렬하는 유탄을 발사한다. 미군의 M203은 소총에 부착되는 언더 배럴 방식.
● **분대 지원 화기** → 돌격 소총과 같은 탄약을 사용하는 경기관총.

대포를 견인하는 포 견인차

중량이 많이 나가는 야포를 견인하기 위해, 19세기에는 말의 힘을 사용했다. 하지만 자동차가 실용화 되면서, 포와 포병을 나르는 포 견인차가 등장했다.

●자동차의 역사는 포 견인차에서 시작되었다

화약으로 포탄을 날리는 대포는 중세 시대에 발명되어, 높은 위력의 비밀 병기로 사용되어 왔다. 하지만 중량이 많이 나가는 무기였기에 이동이 대단히 어려웠으며, 보통은 포가에 바퀴를 붙여 인력이나 말의 힘으로 견인했다. 이와 같이 견인하여 야외에서 사용되는 대포를 야전포, 또는 줄여서 야포(Field gun)이라 불렀는데, 1769년에 등장한 최초의 자동차는 바로 이 야포를 견인하기 위해 고안된 「퀴뇨의 포차」였다. 군용 차량의 역사는 대포를 견인하는 것에서 시작된 것이다.

제1차 세계대전 당시의 유럽 서부 전선에서, 영국과 프랑스, 그리고 미국으로 구성된 연합국은 무거운 야포의 견인에, 농업용으로 많이 사용되던 트랙터나 화물 운반용 트럭을 이용했다. 또한 대전이 끝난 뒤에는 궤도식 차량으로 포를 견인하는 시도가 이루어졌으며, 이윽고 야포를 견인하기 위한 포 견인차가 개발되었다.

야포를 운용하기 위해서는 비교적 가벼운 **곡사포**나 **산포**라고 해도 6명, 중량급 **평사포**의 경우에는 10명 이상의 인원이 필요했다. 때문에 이를 운용할 인원도 함께 태우고 이동할 능력이 요구되었으며, 포 자체뿐 아니라 포탄도 같이 운반할 필요가 있었다. 그래서 포 견인차에 포탄을 실은 트레일러와 야포 본체를 같이 연결하여 견인하는 경우가 많았다. 제2차 세계대전에서는 견인하는 포의 크기나 운용 방법에 맞춰, 트럭을 개조한 차량, 하프트랙, 그리고 궤도식 차량 등, 다양한 포 견인차가 사용되었다. 이전 시대보다 군의 진격 속도가 빨라지면서 포병도 기동력을 갖춰야만 했기에, 포 견인차는 반드시 필요한 차종이 되었던 것이다.

현재는 야포가 대폭 경량화되었다. 동시에 트럭을 비롯한 범용 차량의 성능도 크게 향상되면서 전용 견인 차량보다는 이들 범용 차량을 사용하는 것이 일반적이다.

초기의 포 견인차

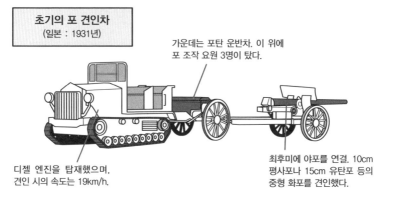

초기의 포 견인차
(일본 : 1931년)

가운데는 포탄 운반차. 이 위에
포 조작 요원 3명이 탔다.

디젤 엔진을 탑재했으며,
견인 시의 속도는 19km/h.

최후미에 야포를 연결. 10cm
평사포나 15cm 유탄포 등의
중형 화포를 견인했다.

현대의 포 견인차

중포 견인차
(일본 : 1983년)

육상 자위대에서 사용되고 있는 155mm FH70 곡사포의 견인차
량으로, 7t 트럭을 베이스로 개발되었다. 포탄을 싣고 내리기 위
한 크레인을 장비.

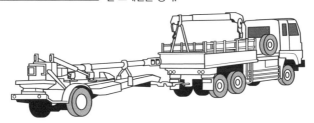

❖ 자위대에서 견인포가 사라진다?

일본 육상 자위대가 1983년부터 사용 중인 155mm FH70 곡사포의 후계로 현재 개발이 진
행되고 있는 것이 바로 「화력 전투차」라고 불리는 차륜형 자주포이다. 대형 트럭을 베이스로
한 차체에 155mm 곡사포를 탑재하여 자주포로 만드는 계획인데, 이것이 실현되면, 자위대의
장비 편제에서 견인포가 대폭적으로 사라지게 될 것으로 전망된다.

용어 해설
- ●**곡사포** → 산 모양의 비교적 높은 탄도로 작렬하는 포탄을 발사하는 대포.
- ●**산포** → 75mm급의 소구경 곡사포로, 분해하여 산악 지대에서 도수 운반 가능하도록 설계된 것이 특징이다.
- ●**평사포** → 포신이 길고, 직선에 가까운 낮은 탄도로 포탄을 날리는 대포. 대공포나 대전차포도 평사포의 일종이다.

포병에 기동력을 부여한 자주포의 탄생

전차나 하프트랙의 차체에 야포 등을 얹어 기동력을 부여한 자주포는 그 신속한 전개 능력으로 포병 전술에 새로운 변화를 주었다.

● 기동전을 지원하는 포병에도 기동력이 필요했다

자주포란, 차량에 화포를 탑재하여 기동력을 부여한 것이다. 탑재되는 화포의 종류에 따라 자주 곡사포, 자주 박격포, 대전차 자주포, 자주 대공포 등, 여러 종류가 있으나, 그냥 자주포라고 하면 자주 곡사포를 지칭하는 경우가 대부분이다.

최초의 자주포는 제1차 세계대전 중이던 1917년, 「Mk I 전차」의 차체를 개조한 「건 캐리어 Mk I」이었다. 원래는 주로 부정지가 많았던 전선에 야포와 포탄을 운반하기 위해 사용된 차량이었으나, 포를 차체에 실은 채로 사격하는 것도 가능했다고 한다.

이후 제2차 세계대전에 들어서면서, 전차 부대나 기계화 보병이 활약하게 되었다. 이에 따라 화력 지원을 임무로 하는 포병대도 기갑 부대와 함께 움직일 수 있는 기동력을 필요로 하게 되었다. 이에 따라 각국에서는 부정지에서도 행동할 수 있는 차체에 야포 등을 탑재한 자주포를 다수 등장시켰다.

특히 기동전을 특기로 했던 독일의 경우, 구식이 된 전차나 노획 차량의 차체를 베이스로, 다양한 종류의 자주포를 등장시켰는데, 주요 차량만 열거해 보더라도, 105mm 곡사포를 탑재한 「베스페」, 150mm 곡사포를 탑재한 「후멜」, 75mm 대전차포를 탑재한 「마르더」 등이 있었으며, 이외에도 380mm 로켓 박격포를 티거 I 전차의 차체에 얹은 「슈투름 티거」나 하프트랙에 75mm 포를 얹은 「Sd.kfz.251/9」 등, 수많은 차량이 등장했다. 여기에 대항하는 미군이나 영국군에서도 전차나 하프트랙을 베이스로 한 자주포를 제작, 전선에 투입했다.

이러한 자주포의 최대 이점은 신속하게 전개할 수 있다는 점에 있다. 기존의 견인포와 비교하더라도 포격 진지에 도착, 방열을 마치기까지의 시간이 크게 단축되었다. 전차나 보병이 진격할 방향에 있는 적진에 포격 지원을 실시하고, 아군이 공격점에 도달하면 포격을 중지한 뒤, 신속히 전진, 다시 새로운 지점에 진출하여 재차 포격을 실시하는 식의 기동력을 살린 운용이 가능하게 되었다.

제2차 세계대전에서 크게 발전한 자주포

경량 자주 야전 곡사포 베스페
(독일 : 1943년)

105mm 곡사포를 탑재. 좌우 각도 변화는 한정적으로, 차체 방향을 틀어줘야만 했다.

천장이 없는 오픈 톱 방식으로, 얇은 장갑으로 둘러싸인 고정식 포탑. 승무원은 5명이다.

구식이 되어버린 「II호 전차」의 차체를 유용. 676대가 생산되어 주로 동부 전선에서 활약했다.

차내에 적재되는 포탄은 32발. 탄약 운반차와 콤비로 운용되었다.

자주포의 장점과 단점

 자주포의 장점

①기동력
스스로 움직이는 궤도식, 또는 하프트랙 차체에 탑재되어 있어, 야지에서도 기동력이 높다. 또한 전차나 병력 수송 장갑차를 중심으로 하는 기갑 부대와도 보조를 맞출 수 있다.

②포격 준비가 신속하다.
포격 위치에 도착 후, 별도의 진지를 만들 필요가 없으며, 포의 발사 준비가 빠르다.

③운용 요원수가 적더라도 OK
같은 등급의 견인포와 비교해 절반 정도의 인원으로 조작할 수 있다.

④방어력이 높다
한정적이긴 하지만 장갑을 갖추고 있어, 적의 공격으로부터 운용 인원을 어느 정도 보호할 수 있다.

 자주포의 단점

①비싼 가격
견인포 + 포 견인차 조합보다 가격이 비싸다.

②차체가 무거워진다
차량과 결합했기에 상당한 무게가 나가며, 이로 인해 철도나 선박을 이용한 장거리 수송이 쉽지 않다.

철도

 수송이 어려워!

선박

● **독일의 초중량급 자주 구포 카를** →「카를」은 2차 대전 초기, 독일군이 요새 공략을 위해 만들어낸 자주 구포로, 구포란 사정거리가 짧은 대신 거대한 포탄을 발사할 수 있는 화포의 일종으로, 「카를」에는 무려 7구경장 600mm 포가 탑재되어 있었다. 차체 중량은 124t이었으며, 모두 합쳐 6대가 제작되었다.

현대의 자주 곡사포

현재의 자주 곡사포는, 험지에서도 이동 가능한 기동성과 장갑으로 보호받는 회전 포탑을 갖추고 있으며, 포격 준비와 철수를 신속하게 실시할 수 있도록 만들어졌다.

● 신속하게 이동, 짧은 시간 안에 먼 거리의 표적을 향해 강철의 비를 퍼붓는다

포병은 원거리의 적을 포격하지만, 포격을 하는 과정에서 자신의 위치를 노출하게 되어, 적 포병의 반격에 당하기도 한다. 때문에 포격을 마친 뒤에는 신속하게 철수하여 다음 공격위치로 이동하는 것이 정석이며, 이를 위해 자주 곡사포가 지닌 기동성은 필수라고 할 수 있다.

이러한 포격전에 대응하기 위해, 현대의 자주 곡사포에는 공통적으로 요구되는 하는 조건이 있다. 우선, 험지에서도 신속하게 움직일 수 있는 궤도식 차량이어야 하며, 다음으로 적의 공격을 받더라도 직격이 아닌 이상은 전투력을 유지할 수 있도록 일정 이상의 장갑 방어력을 지녀야 한다. 또한 포격 위치에 도착하여 신속하게 포격 준비를 할 수 있도록 360도로 방향을 돌릴 수 있는 회전 포탑을 탑재하고 있어야 한다는 점도 중요하다.

참고로 차량으로 견인되는 견인포의 경우, 도착부터 초탄 발사까지 약 3분 이상의 시간이 소요된다고 알려져 있는데, 최신 자주 곡사포의 경우에는 도착부터 초탄 발사에 1분이채 걸리지 않으며, 포격을 마친 뒤 철수에도 시간이 얼마 걸리지 않는다.

탑재되는 포는 155mm 곡사포(러시아나 옛 공산 진영은 152mm)가 표준이며, 1970년대까지는 사거리 20km의 39구경장이 대부분이었다. 하지만 현재는 포신의 길이를 늘려(52구경장) 30km 이상의 사거리를 확보한 쪽이 주류이며, 여기에 로켓으로 보조 추진을 얻는 RAP탄 등을 사용하면 무려 50km까지 사거리를 연장할 수도 있다. 또한 최신형 자주포에는 자동 장전 장치가 갖춰져 있어, 최대 1분에 6~8발까지 사격이 가능한데, 대개의 경우 4~5문을 장비한 중대(포대) 단위로 공격을 실시하므로, 1분에 30발이나 되는 강철의 비를 적진에 퍼부어줄 수 있는 셈이 된다.

다만 장갑에 자동 장전 장치까지 장비하고 있는 탓에 차체가 대형화되었으며, 전투 중량도 40t 이상으로 증가했기 때문에, 보다 간략화된 포 시스템을 대형 트럭의 짐칸에 얹은 경량 차륜형 자주 곡사포도 등장했다. 장갑을 최소화했기에 방어력은 떨어지지만, 대형 수송기로 공수 가능하기에 긴급 전개 부대에는 안성맞춤인 장비라 할 수 있다.

현대의 자주 곡사포

99식 자주 155mm 유탄포
(일본 : 1999년)

52구경장 155mm 곡사포. 장포
신으로, 통상탄으로도 30km의
사거리를 지닌다.

승무원은 불과 4명. 견인포에서
필요로 하는 인원의 절반으로 충
분하다.

자동 장전 장치가 장비되
어, 분당 6발로 18발까지
연속으로 사격 가능.

장갑으로 보호되는 회전 포탑을
장비. 신속한 조준이 가능하다.

험지에서의 기동과 포격 시의 반
동 흡수를 위해, 궤도식 차량을
베이스로 개발.

자주 곡사포의 포격 과정

①포격 위치에 도착, 신속히
포진하여 포격 준비를 실시.

②사격지휘소로부터 적의
위치 정보를 받아 조준을
실시한다.

③우선 시험 삼아 1발을 발
사. 착탄에 문제는 없는지
관측반이 확인하여 연락
한다.

④포격 개시. 사격 속도는 자동 장전 장치가
갖춰진 경우에는 1분에 최대 6~8발이며 수
동으로 장전하는 경우에는 절반 정도의 속
도. 짧은 시간 안에 포격을 집중하는 것이
기본이다.

⑤포격을 마친 뒤에는 반격을 받기 전에 즉각
철수, 다음 포격 위치로 이동한다. 포격 위
치에서 사격 후 이동하기까지는 불과 몇 분
정도가 소요된다.

단편 지식

● **도태되어버린 105mm 자주 곡사포** → 제2차 세계대전 이후, 오랜 기간 동안 곡사포의 주력은 105mm포였지만, 현대에
들어와서는 위력과 사거리 모두 우월한 155mm로 교체되었다. 한때는 105mm포를 탑재한 자주포도 존재했으나, 현재
는 일부 견인포가 남아있을 뿐으로, 자주포로서는 대부분 도태되었다.

포병대를 지원하는 차량

포병 부대에는 자주포나 견인포 이외에도 다양한 역할을 지닌 차량이 소속되어 있으며, 이들의 연계를 통해 포격을 실시하게 된다.

●자주포만으로는 제구실을 할 수 없는 포병 부대

포병이 지닌 능력을 충분히 발휘하기 위해서는 대포 이외에도 포격을 지원하기 위한 여러 장비가 필요하다. 때문에 기갑화가 이뤄진 현대의 포병대에는 다양한 차량이 수반되어 지원 임무를 수행하고 있다.

우선 가장 먼저 들 수 있는 것이, 예비 탄약을 운반하는 탄약 수송 차량으로, 원래 자주포는 차내에 즉응탄 + α의 탄약을 적재하고 다니지만, 공간의 제약이 있기 때문에 고작해야 몇 차례의 포격으로 탄을 전부 소모하고 만다. 때문에 전용인 탄약 보급차가 수반되어 소모한 탄약의 보급을 실시하게 된다. 예를 들어 일본 자위대가 현재 운용 중인 「99식 자주 155mm 유탄포」의 전용 수반 차량으로는 「99식 탄약 급탄차」라는 궤도식 차량이 있는데, 예비 탄약 90발을 싣고, 정지 상태에서 컨베이어 벨트로 신속하게 탄약의 보급을 실시한다. 현재 자위대의 **특과 중대**는 5대의 자주포로 구성되며, 1개 중대에 1대씩의 「99식 탄약 급탄차」가 배속된다. 1문에 18발의 예비탄이 있는 셈이다.

또한 현대의 포격전에는 포격을 통제하는 관제 시스템도 중요하다. 적의 위치뿐만 아니라 날씨나 풍향 등의 조건까지 계산하여 전선의 포대에 공격 지시를 내리는 것을 임무로 하는데, 자위대의 경우에는 「야전 특과 사격 지휘 장치」를 대형 트럭의 짐칸에 올리는 방식으로 자주화하여, **특과 대대**(2개 특과 중대, 합계 10문)마다 1기씩 배치하고 있다. 이 사격 지휘장치의 지령에 따라 1개 특과 중대 5대 단위로 연동, 포격을 실시한다.

또한, 적 포격의 궤도를 포착하여 사격 위치를 산출하는 「대포병 레이더」라는 장비가 있어, 이 역시 대형 트럭에 탑재하여 운용된다. 자위대의 대포병 레이더는 약 40km 거리에서 발사된 적 포탄을 포착, 적 포병의 위치를 파악하도록 되어 있으며, 이 정보를 바탕으로, 「야전 특과 사격 지휘 장치」가 각 중대에 반격 명령을 내려, 정밀한 포격이 가능하도록 짜여 있다.

이 밖에도 지휘관이 승차하는 지휘 차량(자위대에서는 「82식 지휘 통신차」를 사용) 등이 있으며, 각각의 차량의 연계를 통해 비로소 효과적인 포격이 가능하다.

포병대를 지원하는 자위대의 특수 차량

「99식 자주 155mm 유탄포」에 탄약을 보급하는 「99식 탄약 급탄차」

정지 상태에서 차체 뒷부분을 맞대고, 벨트 컨베이어로 급탄을 실시.

탄약 급탄차에는 90발의 예비탄이 적재된다.

포병대를 지원하는 자위대의 특수 차량

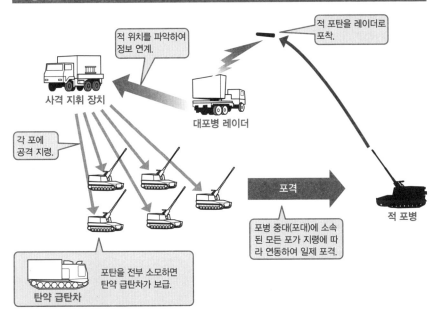

적 위치를 파악하여 정보 연계.

적 포탄을 레이더로 포착.

사격 지휘 장치

대포병 레이더

각 포에 공격 지령.

포격

적 포병

포병 중대(포대)에 소속된 모든 포가 지령에 따라 연동하여 일제 포격.

포탄을 전부 소모하면 탄약 급탄차가 보급.

탄약 급탄차

용어 해설

● **특과** → 일본의 자위대에서는 포병을 「특과(特科)」라고 부른다. 특과 중대(포대)는 5대의 자주포, 또는 견인포로 구성되며, 2~3개 중대에 지휘를 담당하는 본부 관리 중대를 모아 1개 특과 대대를 형성한다. 또한 이외에도 기상 상황을 수집하는 정보 중대가 배속되기도 한다.

보병의 든든한 아군, 자주 박격포

현재의 주류인 120mm 박격포는 가벼우면서 위력이 있는 지원 화기로 세계 각국에서 사용되고 있는데, 이를 자주화하여 기동력을 부여한 것이 바로 자주 박격포이다.

● 든든한 지원화력인 박격포를 자주화

박격포란 45도 이상의 고각으로 포탄을 발사, 산 모양의 탄도를 그리는 화포로, 포구로부터 포탄을 떨어뜨리듯 장전, 지면에 사격 반동을 흡수시키기 때문에 별도의 포신 후퇴 기구가 없으며, 가볍고 구조가 간단하다는 것이 특징이다. 소구경 박격포는 분해하여 보병이 도수 운반할 수 있을 정도의 중량이며, 명중률은 다른 화포에 비해 조금 떨어져도 면적을 제압하는데 큰 힘을 발휘하기에 보병이 다룰 수 있는 지원 화기로 매우 요긴하게 쓰이고 있다.

근래 들어서는 각국의 군대에서 120mm급 중박격포를 널리 사용하고 있는데, 이전까지 사용하던 105mm 곡사포에 비해 사거리는 짧지만, 훨씬 위력이 강력하고 연사 성능도 훨씬 뛰어나다는 장점이 이를 커버할 수 있었기 때문이다. 하지만 가볍다고 하는 것은 어디까지나 곡사포와 비교했을 때의 이야기로, 이 정도 체급의 박격포는 인력으로 운반하는 것이 불가능하다. 때문에 대부분 차량으로 견인하여 사용하고 있으며, 기동력을 더욱 높이기 위해 아예 차량에 탑재한 것이 바로 자주 박격포다.

1950년대 이후 각국에서 궤도식 자주 박격포가 개발되었는데, 일본의 육상 자위대에서는 1960년에 궤도 차량인 「60식 장갑차」의 차체에 81mm 또는 4.2인치(107mm)의 중구경 박격포를 탑재한 「60식 자주 박격포」를 장비했으며, 1996년부터는 궤도 차량에 120mm 중박격포를 얹은 「96식 자주 120mm 박격포」를 도입했다.

또한 최근에는 차륜형 병력 수송 장갑차가 늘어나면서, 이를 따라다닐 수 있도록 차륜형 자주 박격포도 등장했는데, 미국에서는 8륜 장갑차인 「스트라이커」에 120mm 박격포를 탑재한 계열 차량을 개발, 기동화된 보병과 함께 행동할 수 있는 지원 화력으로 활용하고 있다. 이러한 경향은 다른 국가에서도 많이 찾아볼 수 있으며, 일본에서도 차기 차륜형 장갑차를 베이스로 한 자주 박격포를 구상하고 있다고 전해진다.

또한 러시아나 핀란드 등에서는 차륜형 장갑차에 포탑식 박격포를 탑재한 자주 박격포를 개발했다. 후장식 박격포를 채용, 포탄 장전 시에 조작 요원이 차 밖으로 노출되지 않으며, 방어력이 높아 신세대 자주 박격포라 할 수 있다.

자주 박격포가 태어난 이유

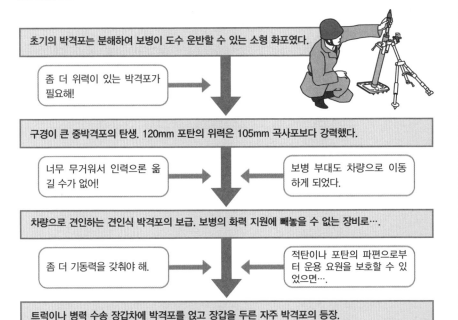

초기의 박격포는 분해하여 보병이 도수 운반할 수 있는 소형 화포였다.

좀 더 위력이 있는 박격포가 필요해!

구경이 큰 중박격포의 탄생. 120mm 포탄의 위력은 105mm 곡사포보다 강력했다.

너무 무거워서 인력으론 옮길 수가 없어!

보병 부대도 차량으로 이동하게 되었다.

차량으로 견인하는 견인식 박격포의 보급. 보병의 화력 지원에 빼놓을 수 없는 장비로….

좀 더 기동력을 갖춰야 해.

적탄이나 포탄의 파편으로부터 운용 요원을 보호할 수 있었으면….

트럭이나 병력 수송 장갑차에 박격포를 얹고 장갑을 두른 자주 박격포의 등장.

궤도식 자주 박격포

96식 120mm 자주 박격포
(일본 : 1996년)

포탄의 장전은 수동이며, 포구 쪽으로 포탄을 넣어 발사한다.

차내에 50발의 박격포탄을 적재한다.

120mm 박격포는 후방 전투실에 탑재. 최대 사거리는 통상 포탄의 경우 약 8.1km.

험지에서의 기동력을 중시한 궤도식 차량.

단편 지식

● **점차 사라지고 있는 105mm 곡사포** → 제2차 세계대전 이후 세계 각국에서 주력 화포로 사용된 105mm 곡사포. 하지만 120mm 중박격포가 보급되면서 점차 모습을 감추고 있는데, 이는 120mm 중박격포 쪽이 무게는 1/3에 불과하면서도 포탄의 위력이 더 강력하기 때문이다. 사거리가 짧다는 단점 이상으로 가볍고 편리하다는 장점이 평가를 받은 결과라 할 수 있겠다.

전차 격파를 위해 진화한 대전차포

전차 격파를 위해 만들어진 대전차포를 차량에 얹어 기동력을 부여한 것이 바로 대전차 자주포이다. 현대에는 대전차 미사일 탑재 차량이 그 역할을 대신하고 있다.

●전차의 발달에 대응하여 강화되어 온 대전차 자주포

제1차 세계대전 때 탄생한 전차는 곧바로 지상전의 주역 자리에 올랐는데, 대전차포는 바로 이 전차를 격파하기 위한 무기로 태어났다. 초기의 대전차포는 20~50mm 구경의 고초속포로, 철갑탄을 발사하여 전차의 장갑을 관통했다. 제2차 세계대전에 들어오면서 트럭의 짐칸이나 구식 전차의 차체에 대전차포를 얹어 기동력을 부여하게 되었는데, 이것이 바로 자주 대전차포의 시작이었다. 하지만 이러한 차량들은 장갑이 얇아 적 공격에 취약했으므로, 적 전차의 이동 경로 상에 매복하는 방식으로 운용됐다.

전차의 장갑이 점차 두터워지면서 종래의 소구경 대전차포로 격파할 수 없게 되자, 대전 중반 이후부터는 75~90mm급의 장포신 평사포를 대전차포로 사용하기 시작했다. 하지만 이러한 화포들은 무거운데다 중량이 많이 나갔기 때문에, 트럭과 같은 차륜형 차량에 올리는 것은 도저히 무리였다. 그래서 등장한 것이 바로 전차의 차체를 베이스로, 보다 강력한 대전차포를 탑재한 자주 대전차포였다.

이후 독일군의 경우, 고정식 포탑에 강력한 대전차포를 얹은 구축전차(Jagdpanzer)라는 형태로 발전한 반면, 미군에서는 당시 주력 전차였던 「M4 셔먼」의 차체에 강력한 대전차포를 올리는 대신, 천정이 없는 오픈 톱 구조의 회전 포탑이 탑재된 구축전차(Tank Destroyer)를 개발하여 대전차 전투에 투입했는데, 이들 차량은 나름대로의 장갑 방어력을 갖췄으며, 적 전차와 정면으로 맞서는 전투를 수행하는 일도 적지 않았다.

전후에는 메탈제트를 이용하여 장갑을 관통하는 방식의 성형 작약탄이 널리 쓰이게 되었는데, 성형 작약탄의 효과는 포탄의 속도와 별다른 연관이 없었기에, 강력한 평사포가 아닌, 포신이 얇고 가벼운 저반동포나 **무반동포**(대한민국 육군에서는 「무반동총」이라 부른다 – 역자 주), 대전차 미사일의 탄두로도 사용되기 시작했다. 이에 따라 1950년대에는 6문의 무반동포를 장비한 미국의 「온토스」 자주 대전차포가 등장했으며, 그 뒤를 이어 일본 육상 자위대가 첫 궤도 차량으로 개발한 「60식 무반동 자주포」에는 2문의 106mm 무반동포가 탑재되었다. 하지만 대전차 미사일이 보급되면서 자주 대전차포는 거의 모습을 감춘 상태이다.

궤도식 자주 박격포

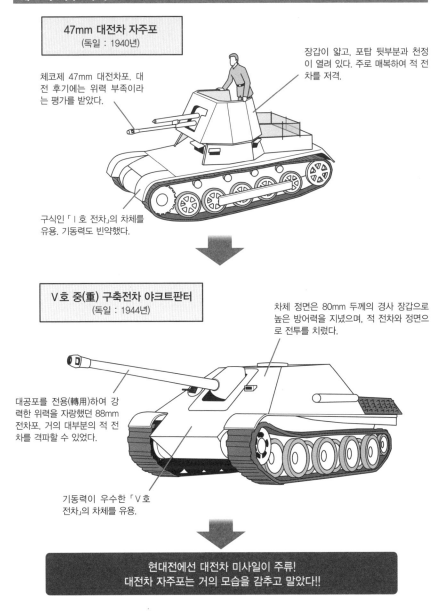

47mm 대전차 자주포
(독일 : 1940년)

체코제 47mm 대전차포. 대전 후기에는 위력 부족이라는 평가를 받았다.

장갑이 얇고, 포탑 뒷부분과 천정이 열려 있다. 주로 매복하여 적 전차를 저격.

구식인 「Ⅰ호 전차」의 차체를 유용. 기동력도 빈약했다.

Ⅴ호 중(重) 구축전차 야크트판터
(독일 : 1944년)

차체 정면은 80mm 두께의 경사 장갑으로 높은 방어력을 지녔으며, 적 전차와 정면으로 전투를 치렀다.

대공포를 전용(轉用)하여 강력한 위력을 자랑했던 88mm 전차포. 거의 대부분의 적 전차를 격파할 수 있었다.

기동력이 우수한 「Ⅴ호 전차」의 차체를 유용.

현대전에선 대전차 미사일이 주류!
대전차 자주포는 거의 모습을 감추고 말았다!!

용어 해설

● **무반동포** → 포미에서 발사 가스를 분출하여 반동을 상쇄시키는 방식의 직사포. 포신에 걸리는 압력이 비교적 낮아 경량으로 만들 수 있다. 성형 작약탄을 사용하는 대전차포로 이용되었으나, 현재는 대전차 로켓이나 미사일에 밀려 입지가 많이 좁아진 상태이다.

미사일로 적을 격파하는 현대의 대전차 차량

대전차 미사일은 현대의 대전차 차량이 사용하는 주요 무장으로, 현재 대전차 미사일을 장비한 장갑차 및 소형 범용 차량이 세계 각지에서 활약 중이다.

● 대전차포의 자리를 빼앗은 대전차 미사일

전차가 지상전의 주력이 된 제2차 세계대전 중, 두터운 장갑을 갖춘 전차에 대항하기 위한 보병용 화기로, 성형 작약 탄두가 달린 **로켓탄**을 발사하는 대전차 로켓이 개발되었다. 하지만 이 당시의 로켓탄에는 유도 능력이 없었기에 지근거리가 아니면 전차에 명중시키기 어려웠다.

2차 대전 중에 독일군은 로켓탄의 유도 기술을 연구하여 **미사일(유도탄)**을 탄생시켰다. 전후 각국에서 이 기술의 실용화에 성공했는데, 이 가운데 특히 대전차 전투용으로 개발된 것을 대전차 미사일(ATM, Anti Tank Missile)이라 부르고 있다. 최초로 실용화된 대전차 미사일은 1955년에 프랑스에서 개발한 「SS-10」으로, 최대 사거리는 약 1600m, 와이어를 이용한 유선 유도 방식이었다. 1956년에 발발한 제2차 중동전쟁 당시, 이집트군 전차를 향해 이스라엘군이 발사한 것이 첫 실전 사용례라고 알려져 있다.

이후 서방 각국은 물론, 소련, 일본 등에서 대전차 미사일의 개발이 진행되었다. 현재 가장 널리 보급되어 있는 미국의 「TOW」는 사거리가 무려 3750m에 달해, 종래의 대전차포를 대체하는 대전차 무기로 자리를 잡았다.

대전차 미사일은 비교적 소형으로 보병이 휴대할 수 있는 타입과, 좀 더 덩치를 키워 사거리가 길고 위력도 강한 타입으로 나뉘어 발전했다. 후자는 런처(발사기)를 지상에 설치하거나 차량에 탑재하는 방식으로 운용되고 있다.

초기의 대전차 미사일 차량은 기존의 대전차 자주포에서 포를 제거하고 그 자리에 미사일을 탑재하는 방식이었다. 그 뒤, 소형 범용 차량이나 궤도식 장갑차에 발사기를 설치, 간편하게 다수의 대전차 차량을 확보하는 쪽으로 나아가게 되었으며, 여기에 더해 보병 전투 차량의 부무장으로 대전차 미사일을 탑재, 보병 전투 차량에도 대전차 전투 능력을 부여했다. 이외에도 대전차 헬기에도 탑재되어 군용 차량의 강력한 천적(No.096 참조)으로 등장하기도 했다.

대전차 미사일의 능력

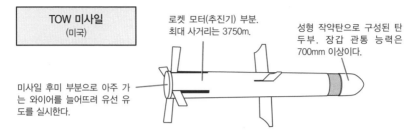

TOW 미사일
(미국)

로켓 모터(추진기) 부분.
최대 사거리는 3750m.

성형 작약탄으로 구성된 탄
두부. 장갑 관통 능력은
700mm 이상이다.

미사일 후미 부분으로 아주 가
는 와이어를 늘어뜨려 유선 유
도를 실시한다.

 대전차 미사일의 장점

· 전차의 정면 장갑 이외라면 격파 가능한 위
  력.
· 사정거리가 길고, 정확한 유도 장치를 통해
  멀리서도 공격 가능.
· 발사기가 가벼운 편이기에, 소형 차량에도
  탑재 가능하다.

 대전차 미사일의 단점

· 비행 속도가 포탄보다 느리기 때문에 발견
  될 경우, 적이 공격을 회피하기도 한다.
· 미사일 유도 중에는 적 반격에 취약해진다.
· 화포와는 달리 연사를 할 수 없기 때문에
  빗나간 경우 재공격이 어렵다.

현대의 대전차 미사일 차량

중거리 다목적 유도탄
(일본 : 2012년)

적외선과 레이저를 조합한 무선
유도식 미사일. 사거리는 공표되지
않았다.

발사 시에 위로 올리
는 6연장 발사기.

고기동차(자위대의 범용 차
량)을 베이스로, 후방의 짐
칸에 탑재.

용어 해설
● **로켓탄과 미사일의 차이** → 로켓탄이란 추진제를 분사하는 로켓 엔진이 달린 탄체를 뜻하며, 이 로켓탄에 유도 장치를
부착, 비행 궤도를 바꿀 수 있는 유도탄을 가리켜 미사일이라 구분하여 부르는 것이 일반적이다. 하지만 국가에 따라서
는 혼용하여 부르는 경우도 있다고 한다.

넓은 지역을 제압하는 다연장 로켓

로켓탄을 대량으로 퍼붓는 다연장 로켓은 제2차 세계대전부터 사용되기 시작했는데, 현대의 MLRS는 그 강력한 위력으로 포병대의 주력이 되었다.

● 떨어지는 명중률을 역으로 이용, 동시 공격으로 광역 제압을 실시한다.

로켓탄의 역사는 대단히 오래되었는데, 13세기의 중국에서 사용된 화전(화살에 로켓 화약을 결합한 것)이 그 원형이라 할 수 있다. 이후 대포의 발달로 한때 전장에서 모습을 감춘 적도 있었으나 제2차 세계대전에 들어오면서 다시 쓰이게 되었다.

로켓탄의 이점이라면 대포와 비교해 훨씬 큰 포탄을 간단한 발사대에서 날릴 수 있다는 점일 것이다. 때문에 많은 양의 작약을 담은 대구경 로켓탄이 등장했고, 한편으로는 소형의 로켓탄을 동시에 다수 발사하여 넓은 면적을 제압하는 다연장 로켓도 쓰이게 되었다.

다연장 로켓은 로켓탄이 지닌 위력을 확실하게 증명했다. 미사일과 달리 유도 장치가 없어 한 번 쏘면 그것으로 끝인 로켓탄은 원래 명중률이 낮은 편으로, 제대로 조준을 해도 탄착군은 일반적인 대포보다 훨씬 넓은 범위에 분포하는 것이 일반적이지만, 오히려 이러한 특성을 역으로 이용, 동시에 다수의 로켓을 발사하여, 일정 범위에 탄두를 마구 뿌려 제압하는 방식으로 운용된 것이다. 여러 다연장 로켓 중에서도 가장 눈부신 활약을 보인 것은 소련군의 「BM-13」, 일명 「카츄샤」라 불린 다연장 로켓이었다. 이것은 16~32발의 로켓을 차례차례 발사하여 광역 제압을 하던 무기로, 당시 독일군에서는 이를 「스탈린의 오르간」(로켓의 독특한 발사음이 오르간 소리와 비슷했다.)이라 부르며 두려워했다.

전후에도 세계 각국에서 다연장 로켓이 사용되었으나, 그 개념을 획기적으로 바꾼 무기가 등장했다. 바로 1982년, 미국이 개발한 「M270 MLRS(Multiple Rocket Launch System)」였다. 「M270 MLRS」의 발사기에는 최대 12발의 M26 로켓탄이 적재되었는데, 이 M26 로켓탄은 32km의 사거리를 지니는 무유도 로켓탄으로 정밀도가 높다. 탄체 내부에 내장되어 있는 644개의 작은 폭탄을 적의 머리 위에 흩뿌리는 **클러스터탄**인데, 이 로켓탄 하나로 약 200㎡의 면적을 제압할 수 있다. 또한 사거리 165km(최신 개량형은 400km)의 대형 탄도 미사일인 ATACMS를 2발 적재하는 것도 가능한데, 이쪽은 약 500㎡의 면적을 제압하는 위력을 지니고 있다. 종래의 다연장 로켓이 포병대를 보조하는 역할을 했다면 M270 MLRS는 아예 포병대의 주력으로 군림하게 되었다고 할 수 있다.

넓은 범위를 제압하는 다연장 로켓이란?

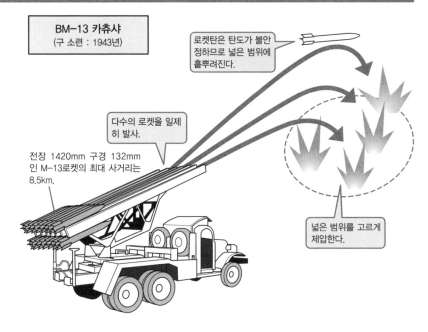

BM-13 카츄샤
(구 소련 : 1943년)

로켓탄은 탄도가 불안정하므로 넓은 범위에 흩뿌려진다.

다수의 로켓을 일제히 발사.

전장 1420mm 구경 132mm인 M-13로켓의 최대 사거리는 8.5km.

넓은 범위를 고르게 제압한다.

넓은 범위를 고르게 제압한다.

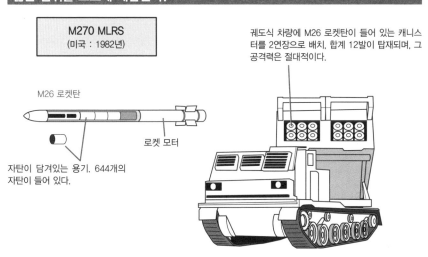

M270 MLRS
(미국 : 1982년)

궤도식 차량에 M26 로켓탄이 들어 있는 캐니스터를 2연장으로 배치, 합계 12발이 탑재되며, 그 공격력은 절대적이다.

M26 로켓탄

로켓 모터

자탄이 담겨있는 용기. 644개의 자탄이 들어 있다.

용어 해설
●**클러스터탄** → 다수의 소형 폭탄이 내장된 포탄으로 집속탄, 또는 확산탄이라고도 한다. 1발로 넓은 면적을 제압할 수 있지만, 불발된 자탄이 원인이 된 사고가 빈발하면서, 지난 2008년에 집속탄 사용 금지 조약이 체결되었다. 하지만 미국과 러시아, 중국, 대한민국, 북한에서는 비준하지 않은 상태이다.

탄도 미사일의 플랫폼

궁극의 공격 병기라 할 수 있는 탄도 미사일 중에는 이동하는 차량에 실려 있다가 발사되는 타입도 존재하는데, 공격을 받는 입장에서는 대단히 골치 아픈 존재라 할 수 있다.

● 탄도 미사일을 탑재하고 수직 발사하는 TEL

수 백km에서 수 천km의 사거리를 지니고, 원거리에서 적을 공격하는 **탄도 미사일**은 고공에서 급격한 각도로 재돌입해 들어오기 때문에 방어하는 쪽에서는 이를 요격하기가 대단히 어렵다. 탄도 미사일에는 사일로(Silo, 미사일 지하 격납고)에서 발사되는 고정식 외에, 항공기나 잠수함에서 발사되는 타입, 그리고 이동식 발사 차량에서 발사되는 차량 운반식이 존재한다.

가장 대표적인 것으로는 구 소련이 1950년대에 개발한 단거리 탄도 미사일인 「스커드」 시리즈가 있는데, 이 미사일은 옛 공산 진영 국가들을 중심으로 널리 사용되었으며, 북한의 경우 「스커드」 시리즈 외에 이를 발전시킨 사거리 연장 모델 「노동」 시리즈를 배치한 상태이며, 이 외에 중국이나 인도, 파키스탄, 이란 등에서도 「스커드」의 기술을 베이스로 개발한 차량 운반식 탄도 미사일을 배치하고 있다. 이들 미사일의 대부분은 통상 탄두를 장착하고 있으나 일부는 핵탄두를 장비하고 있는 것으로 알려져 있다.

이러한 지상 발사형 탄도 미사일을 운반, 발사대가 되는 전용 차량을 TEL(Transporter Erector Launcher)이라고 부르는데, 직역하면 이동 조립(기립) 발사기가 된다. 대형 미사일을 싣고 다녀야 하기 때문에 다수의 바퀴가 달린 대형 차량을 베이스로 하는데, 스커드 시리즈용 TEL은 8륜 차량이지만, 미사일이 대형화되면 더욱 큰 차량을 필요로 하게 되며, 북한의 「노동」 시리즈는 10륜, 2012년 4월 열병식에서 모습을 드러낸 신형(KN-08)의 경우에는 무려 16륜 차량에 실려 있었다. 이밖에 이란의 「샤하브」 미사일은 트레일러식 발사기를 견인하는 방식으로 운용되고 있다.

탄도 미사일을 탑재한 TEL은 평소에 지하호나 **벙커** 등에 발사를 위해 이동할 때에만 모습을 드러내기 때문에, 이를 상대하는 입장에서는 사전에 포착하기가 매우 어려우며, 대형 차량임에도 도로 위라면 60km/h의 속도로 주행할 수도 있다. 발사 시에는 차체를 고정하고 탄도 미사일을 차체 뒤에서 수직으로 세우는데, 「스커드」의 경우 액체 연료 로켓을 사용하는 관계로, 수직으로 세운 채 연료를 주입하며(TEL에는 연료 주입 장치도 갖춰져 있다), 발사 준비에는 약 1시간 정도가 걸린다고 한다.

탄도 미사일 운반 차량

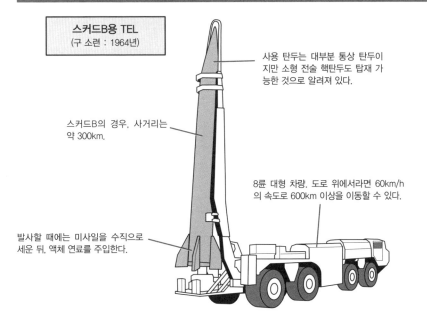

스커드B용 TEL
(구 소련 : 1964년)

사용 탄두는 대부분 통상 탄두이
지만 소형 전술 핵탄두도 탑재 가
능한 것으로 알려져 있다.

스커드B의 경우, 사거리는
약 300km.

8륜 대형 차량. 도로 위에서라면 60km/h
의 속도로 600km 이상을 이동할 수 있다.

발사할 때에는 미사일을 수직으로
세운 뒤, 액체 연료를 주입한다.

적에게 쉽게 포착되지 않는 TEL식 스커드

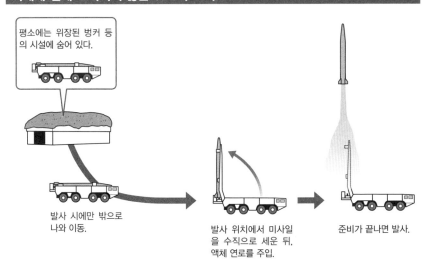

평소에는 위장된 벙커 등
의 시설에 숨어 있다.

발사 시에만 밖으로
나와 이동.

발사 위치에서 미사일
을 수직으로 세운 뒤,
액체 연료를 주입.

준비가 끝나면 발사.

용어 해설

● **탄도 미사일** → 수십km에서 100km 상공까지 쏘아 올려진 뒤, 다시 대기권으로 돌입하여 지상 목표를 타격하는 대형
미사일. 사거리가 수백km인 단거리 탄도탄부터, 6000km 이상의 사거리를 지닌 대륙간 탄도탄(ICBM)까지 존재한다.
● **벙커** → 항공기 등을 적의 공격으로부터 보호하는 콘크리트제 엄폐호.

천적인 항공기에 대항하는 자주 대공포

하늘 위에서 습격해오는 적 공격기에 대항하기 위해 개발된 것이, 바로 자주 대공포로, 험지 주행 능력이 우수한 전차의 차체에 고초속인 기관포를 탑재하고 있다.

● 전차의 차체에 대공 기관포를 탑재

군용 차량의 천적 가운데 하나가 하늘 위에서 습격해오는 적 공격기이다. 아무리 튼튼한 장갑을 두른 전차 등의 기갑 차량이라 해도, 상면 장갑은 얇기 때문에 항공 폭탄은 물론 기관포에도 간단히 격파당하며, 실제로도 제2차 세계대전 이후 수많은 전차나 기타 군용 차량들이 공격기의 먹이가 되어 왔다(No.096 참조).

내습해오는 적기에 대항하기 위한 수단으로 사용된 것이 기관총과 기관포였는데, 대부분의 차량에 대공 기관총을 거치하게 되어, 이윽고 대공 전투를 전문으로 하는 대공 자주포로 발전했다.

가장 먼저 자주 대공포를 실전 배치한 것은, 대전 초기 급강하 폭격기의 습격으로 골머리를 앓았던 영국군이었다. 「Mk.Ⅴ 경전차」의 차체에 4정의 7.92mm 베사 기관총을 탑재한 대공 차량을 1942년에 개발하여, 북아프리카 전선에서 사용했다. 미국의 경우에는 「M3 하프트랙」의 짐칸에 37mm 기관포 또는 12.7mm 기관총을 얹은 「M15A1」을 1943년에 투입했으며, 비슷한 시기에 독일에서도 하프트랙 탑재 자주 대공포를 등장시켰다. 또한 여기서 더 나아가 험지 주파 능력이 높은 「Ⅳ호 전차」의 차체에 20~37mm 기관포를 탑재한 대공 자주포를 개발했는데, 미국과 영국에서도 전차의 차체를 유용한 자주 대공포를 차례차례 투입했다.

자주 대공포는 전후에도 계속 사용되었는데, 1965년에 획기적인 진화를 이룬 차량이 등장했다. 육안으로 목표를 찾고 조준했던 방식에서 벗어나 레이더를 장비하고 사격 통제 장치를 통해 4문의 23mm 기관포로 적기를 추적하는 구소련의 「ZSU-23-4 실카」가 바로 그것이었다. 이 차량의 등장으로 큰 자극을 받은 서방 진영에서도 레이더 추적식 자주대공포를 개발, 사거리 3500m인 35mm 기관포 2문을 탑재한 독일의 「게파르트」 등의 차량이 배치되어 저공으로 침입해온 적 공격기나 헬기를 상대로 분투했다.

하지만 공격기가 공대지 미사일이나 유도 폭탄을 사용하여 기관포의 사거리 밖에서 공격하게 되면서 대공 자주포의 가치가 조금씩 떨어지게 되었으며, 현재의 대공 전투는 자주 대공 미사일이 주역을 차지한 상태이다.

독일 자주 대공포의 진화

비르벨빈트
(독일 : 1944년)

16mm 장갑판으로 둘러싸인 포탑에는 천장이 없었다.

20mm 기관포 4문을 장비, 1분에 720발의 포탄을 발사할 수 있었으며, 유효 사거리는 2200m로, 저공으로 침입한 적기에 효과적이었다. 연합군 조종사들 사이에선 「악마의 4연장」이라며 두려움의 대상이 되었다.

조준은 육안으로, 포탑선회나 앙각(仰角)을 맞추는 것은 수동으로 실시했다.

차체는 손상되어 후방에 입고된 「Ⅳ호 전차」의 차체를 재활용, 전차 부대와 동행할 수 있는 기동력을 지녔다. 참고로 「비르벨빈트(Wirbelwind)」는 독일어로 「회오리바람」이라는 뜻이다.

M113
(미국 : 1960년)

장포신 35mm 기관포의 유효사거리는 3500m나 되며, 2문으로 1분에 1100발을 쏠 수 있다. 조준은 레이더와 광학 조준기가 연동된 사격 통제 장치를 통해 컴퓨터가 자동으로 실시한다.

수색 레이더. 사용하지 않을 때는 후방에 접어 둔다.

포탑은 완전히 장갑으로 보호되며, 포탑의 선회와 기관포의 상하 가동은 전동식.

추적 레이더.

대표적인 제2세대 주력 전차 「레오파르트 Ⅰ」의 차체를 사용. 참고로 「레오파르트(Leopard)」는 「표범」, 「게파르트(Gepard)」는 「치타」를 뜻한다.

단편 지식

● **일본의 자주 대공포** → 구 일본 육군에서는 1938년부터 연구를 시작, 태평양 전쟁 개전을 얼마 앞두지 않은 1941년에야 겨우 궤도 차량에 20mm 대공 기관포 2문을 장비한 시험 차량을 완성했지만 결국 양산되지는 못한 채 종전을 맞게 되었다. 현재의 육상 자위대는 35mm 기관포 2문을 장비한 「87식 자주 고사 기관포」를 장비하고 있다.

항공기 요격을 위한 화살, 자주 대공 미사일

제2차 세계대전 이후 급격한 발전을 이룬 유도 미사일은 대공 전투의 양상을 크게 바꿨다. 차량에 탑재된 대공 미사일이 대공 전투의 주역이 되었다.

●기관포보다 정밀도가 높은 지대공 미사일 시스템

항공기가 대두된 제2차 세계대전 이후, 세계 각국에서 새로운 방공 시스템의 개발이 시작되면서, 대전 중에 독일이 낳은 유도 미사일 기술이 주목을 받게 되었다. 특히 고고도로 침입해 들어오는 미국의 전략 폭격기에 대항해야만 했던 구 소련에서는 비교적 이른 시기부터 고도 10000m 이상까지 닿는 지대공 미사일의 개발에 열을 올렸다.

1960년대에 들어서면서 다양한 지대공 미사일이 등장했는데, 이들 미사일은 고고도 요격이 가능한「중·고고도 지대공 미사일」과, **유효 사거리** 5000~10000m에 **유효 고도** 3000~6000m인「단거리 지대공 미사일」, 그리고 보병이 운반하는「근거리 지대공 미사일」(「휴대용 방공 무기 시스템」이라고도 하며 유효 사거리 5000m 전후, 유효 고도는 4000m 전후)이라는 3가지 범주로 크게 분류할 수 있었다. 유도 방식은 근거리 지대공 비사일의 경우에는 적외선 유도, 그리고 나머지는 레이더 유도나 적외선과 레이더의 혼합 방식이 사용되었다.

1970년대부터는 기관포를 탑재한 자주 대공포가 중심이었던 이동식 방공 시스템에 지대공 미사일의 도입이 시작되었다. 단거리 지대공 미사일을 전차나 장갑차의 차체에 탑재, 기관포 사거리 밖의 적 항공기에 대처할 수 있게 되었다.

여기에 더하여 1980년대 이후에는 근거리 지대공 미사일을 사용한 방공 시스템이 등장, 이때까지 자주 대공포가 담당했던 범위까지 커버하기에 이르렀다. 4~8발 정도를 묶은 발사기는 소형 범용 차량에도 탑재가 가능했기에 간편하게 쓸 수 있는 방공 시스템으로 요긴하게 사용되었다.

한편 중·고고도 지대공 미사일은 미사일 자체의 성능이 크게 향상되면서 유도 장치와 수색 장치도 더욱 복잡하게 만들어졌다. 이 때문에 각각의 시스템과 발사기를 따로 분리하여 다수의 트럭이나 트레일러에 탑재했으며, 복수의 차량을 하나의 유닛으로 묶어, 주로 거점 방위용으로 운용 중이다.

자주 지대공 미사일

롤랑/롤란트(Roland) Ⅱ 대공 미사일 시스템
(프랑스/서독 : 1977년)

유효 사거리 6300m, 유효 고도 5000m
인 단거리 지대공 미사일. 레이더 유도
방식이다.

차체는, 서독의 경우 일러스트와 같
이 「마르더 장갑 보병 전투차」를 베
이스로 하고 있고, 프랑스에서는
「AMX30 전차」를 베이스로 했으나, 대
형 트럭에 탑재한 것도 존재했다.

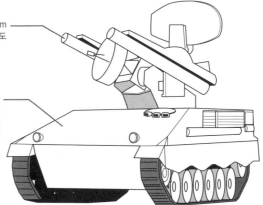

방공 시스템이 커버하는 구역의 대략적 기준

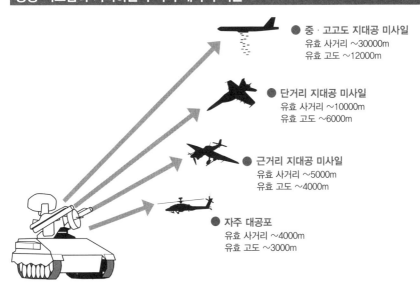

● 중 · 고고도 지대공 미사일
유효 사거리 ~30000m
유효 고도 ~12000m

● 단거리 지대공 미사일
유효 사거리 ~10000m
유효 고도 ~6000m

● 근거리 지대공 미사일
유효 사거리 ~5000m
유효 고도 ~4000m

● 자주 대공포
유효 사거리 ~4000m
유효 고도 ~3000m

용어 해설
● **유효 사거리** → 높은 명중률(평균 50%)을 기대할 수 있는 거리. 능력 한계치에 해당하는 최대 사거리에서는 명중률이
극단적으로 떨어진다.
● **유효 고도** → 높은 명중률을 기대할 수 있는 고도. 중력에 저항하며 날아가야 하는 만큼, 고도는 낮아지며, 6~7할 정도
가 보통이다.

정찰 차량이 중무장을 한 이유는?

적이 배치되어 있을 것으로 예상되는 구역에 소규모 공세를 가해, 적의 위치와 전력을 파악하는 위력 수색. 이 임무에는 경전차나 전용 장갑차가 이용된다.

● 위력 수색을 위한 무장과 장갑을 갖춘 차량

보통 '정찰'이라고 하면 은밀하게 움직이며 적의 위치나 지형 등을 살핀다고 하는 이미지가 강하다. 하지만 반드시 은밀하게 이뤄지는 것은 아니며, 군사 작전 중에 자주 실시되는 것 가운데 하나가 바로 「위력 수색(Reconnaissance in Force)」이다. 위력 정찰, 또는 강행 정찰이라고도 불리는데, 이것은 적이 있을 것을 전제로 하여, 일정 지역에 소규모 공세를 펼치는 것으로, 적의 반응을 통해 적의 위치나 규모 등을 파악하는 정찰 활동이다. 당연한 얘기겠지만 위력 수색 중에는 적의 반격을 받을 수밖에 없으며, 격파될 위험도 존재한다.

예전에는 오랜 세월에 걸쳐 기병이 위력 수색 임무를 맡았으나, 제2차 세계대전에 들어서면서 경쾌한 기동성과 적당한 수준의 무장 및 장갑을 갖춘 경전차나 장갑차를 사용하게 되었다. 미국의 경전차 「M3 스튜어트」나 「M24 채피」, 독일의 8륜 장갑차인 「Sd.kfz.234 푸마」가 그 대표 격이며, 정찰 임무 등에서 활약했다. 전후에도 이러한 경향은 계속 이어졌으며, 87km/h의 고속으로 주행 가능한 영국의 경전차 「스콜피온」이나 구 소련의 수륙양용 경전차 「PT-76」 등이 정찰 임무에 초점을 맞추고 개발된 차량에 해당했다.

전후에는 정찰 전용 차륜형 장갑차도 다수 개발되었다. 서독의 「SpPz 룩스(Luchs)」나 스페인의 「VEC」, 일본의 「87식 정찰 경계차」 등이 여기에 해당되는데, 이들 차량은 경쾌한 기동성과 일정 이상의 험지 주파 능력까지 고려된 차체, 20~25mm급 기관포를 탑재한 제법 강력한 무장과 기관총탄을 방어할 수 있을 정도의 장갑 방어력을 갖추고 있으며, 주변의 정보를 수집하기 위한 센서를 탑재, 위력 수색에서 능력을 발휘하는 사양으로 완성되었다. 이외에 보다 강력한 무장을 탑재한 차륜형 전차(No.039 참조)가 위력 수색 임무에 투입되기도 한다.

하지만 21세기에 들어와서는 UAV(무인 정찰기) 등의 도입으로, 정찰 차량의 방향성에 대해 재정립이 이뤄지고 있는 중이다. 인명 손실에 매우 민감해진 현재, 격파될 위험이 높은 위력 정찰 임무에는 중장갑인 주력 전차 등을 투입하는 사례가 늘고 있으며, 이에 따라 앞으로 배치될 정찰 차량으로는 차륜형 장갑차에 **정찰용 센서**와 고감도 통신장치를 추가, 정보 수집에 중점을 둔 차량이 주류를 차지할 것으로 전망되고 있다.

현대의 정찰 차량

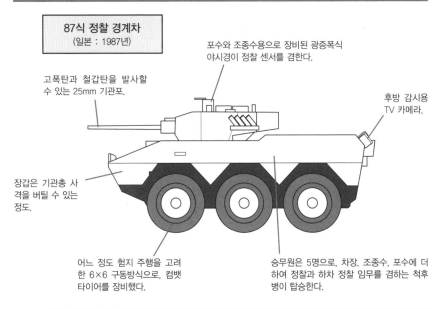

87식 정찰 경계차
(일본 : 1987년)

포수와 조종수용으로 장비된 광증폭식 야시경이 정찰 센서를 겸한다.

고폭탄과 철갑탄을 발사할 수 있는 25mm 기관포.

후방 감시용 TV 카메라.

장갑은 기관총 사격을 버틸 수 있는 정도.

어느 정도 험지 주행을 고려한 6×6 구동방식으로, 컴뱃 타이어를 장비했다.

승무원은 5명으로, 차장, 조종수, 포수에 더하여 정찰과 하차 정찰 임무를 겸하는 척후병이 탑승한다.

위력 수색이란 무엇인가?

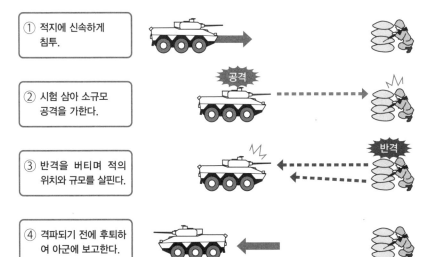

① 적지에 신속하게 침투.

② 시험 삼아 소규모 공격을 가한다.

공격

③ 반격을 버티며 적의 위치와 규모를 살핀다.

반격

④ 격파되기 전에 후퇴하여 아군에 보고한다.

단편 지식

● **정찰용 센서** → 가시광과 적외선 양쪽 모두에 대응 가능한 화상 감시 장치나 빛이 아주 적은 상황에서 이를 증폭하는 야시장치, 레이저 거리 측정기 등의 광학 센서가 복합된 장치. 여기에 더하여 대지상 레이더 등이 조합되어 적의 위치와 규모를 파악하게 된다.

부대 지휘관이 사용하는 지휘 통신 차량

부대 지휘관의 유효적절한 지휘를 위해서는 강력한 통신 수단이 반드시 필요하다. 또한 작전 구상을 위해 여유 있는 공간의 확보도 중요한 법이다.

●지휘를 위해 통신 기능을 강화시킨 차량.

부대를 전투에서 승리로 이끌기 위해서는 우수한 지휘관의 유효적절한 작전 지휘가 필요하다. 또한 작전 지휘에는 정보 수집이나 명령의 전달이 매우 중요하기 때문에 통신 수단도 빼놓을 수 없다. 전장에서의 통신 수단으로 무선 통신이 널리 보급된 제2차 세계대전부터는 무선 통신 기능을 강화시켜, 이동 사령부 기능을 갖춘 지휘 통신 차량이 등장, 전선의 부대 지휘관이 이를 사용했다.

영국군의 「AEC 장갑 지휘차」는 상자 모양의 4륜구동 차량으로, 허리를 세우고 걸어 다닐 수 있을 정도의 넓고 쾌적한 공간을 갖추고 있다는 점 때문에 런던의 고급 호텔인 「도체스터」라는 애칭으로 많은 사랑을 받았는데, 굳이 말한다면 이 차량은 이동 사령부에 해당했다.

반면에 전투 부대와 함께 이동하는 맹장 타입의 지휘관은, 부대 이동을 따라갈 수 있으면서도 통신 기능이 강화된 차량을 사용했는데, 그 중에서도 특히 유명했던 것이 독일 아프리카 군단을 지휘했던 에르빈 로멜이 애용했던 「Sd.kfz.250/3」이었다. 이것은 원래 장갑 정찰차로 개발된 하프트랙에 강력한 통신 기능을 부여한 무선 지휘차로, 로멜이 차량 밖으로 상반신을 내민 채 지휘하고 있는 사진이 특히 유명하다. 로멜은 이 차량으로 부대를 따라가며 작전을 지휘했는데, 로멜의 애차에는 특히 그가 좋아했던 「그라이프」라는 애칭이 붙어있었다.

또한 전차 부대의 지휘관들은 그 자신도 전투에 참가하면서 지휘까지 맡게 되는 경우가 많았는데, 이 때문에 부대에서 지휘에 사용되는 전차에 통신 기능을 강화한 것이 지휘 차량으로 사용되기도 했으며, 현재도 부대와 동행할 수 있는 병력 수송 장갑차나 보병 전투 차량, 전차 등의 차량이 지휘 차량의 베이스로 사용되고 있다.

이런 차량들 중에서 좀 이색적인 존재로는 1982년부터 일본 육상 자위대에 배치된 「82식 지휘 통신차」가 있다. 이 차량은 처음부터 지휘 통신차로 설계된 6륜구동차로, 각종 통신 장치가 설치되어 있다. 차체 뒷부분에는 6명의 지휘 통신 요원들이 활동하기 편리하도록 1단 더 높게 천장을 올린 캐빈이 만들어져 있는 것이 특징으로, 231대가 생산되어 현재도 쓰이고 있다.

사막의 여우, 로멜 장군이 애용한 무선 지휘차

Sd.kfz.250/3
(독일 : 1942년)

독일 아프리카 군단장으로 연합군을 고전시킨 에르빈 로멜. 당시는 상급 대장으로 최종 계급은 원수였다.

6인승 정찰용 하프트랙을 베이스로, 통신 기능을 강화한 무선 지휘차.

GREIF+

로멜의 애차에는 차체 양 옆에 「그라이프(GREIF)」라는 애칭이 마킹되어 있었는데, 사실 이것은 정식 명칭은 아니었다. 참고로 그라이프라는 것은 그리스 신화에 나오는 상상 속의 동물로 영어로는 그리핀(Griffin)이라 부른다.

지휘 전용으로 만들어진 자위대의 차량

82식 지휘 통신차
(일본 1982년)

지휘 통신 전용으로 개발된 6륜 장갑차. 「87식 정찰 경계차」와 차체의 기본 설계를 공유한다.

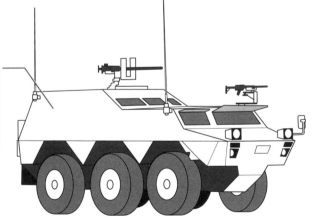

후방 캐빈은 천장이 높아, 성인 남성이 허리를 세우고 걸을 수 있는 공간이 확보되어 있다. 승무원은 8명이며, 이 가운데 6명의 지휘 통신 요원들이 후방 캐빈에서 작전 지휘를 맡는다. 통신 설비도 충실하게 갖춰져 있다.

단편 지식

● **미군의 전투 지휘 시스템** → 2차 대전 이후, 미군에서도 「M113」의 후방 천장을 높게 만든 「M577 지휘 장갑차」를 개발했으며, 1995년에는 차량뿐 아니라 보병 부대도 커버할 수 있는 전투 지휘 시스템을 개발, 콤팩트한 단말기에 담아 범용 차량과 차륜형 장갑차에 설치하여 지휘 차량으로 사용하고 있다.

상륙 작전에 사용되는 미 해병대의 상륙 차량

태평양 전쟁 당시, 미군에서는 도서 지역에서의 상륙 작전을 위해 전용 차량을 개발했다. 전후 그 후계 차량들이 미 해병대의 주력으로 활약하고 있다.

● 태평양의 도서 지역에서 활약한 미국의 LVT

제2차 세계대전 당시 태평양과 대서양이라고 하는 2개의 대양 건너편에서 전쟁을 치른 미군은 일찍부터 상륙 작전에 대하여 연구하면서 수륙양용 차량을 개발, 1940년에 「LVT-1 앨리게이터」를 배치했다.

「LVT」는 차량에 차량에 수상 항행 능력을 부여한 것이라기보다는 해군의 소형 상륙정에 궤도를 장비한 것에 더 가까운 기본 구조를 하고 있어, 해안 근처의 얕은 바다에서도 행동 불능에 빠지는 일 없이 해변으로 직접 상륙이 가능했으며, 상륙 후에도 지상을 주행할 수 있었다. 원래부터 상륙정의 구조를 기본으로 하고 있었기 때문에 파도가 치는 바다에서도 사용이 가능했는데, 물갈퀴 모양의 돌기가 붙어있는 궤도를 회전시키는 방식으로 수상에서의 추진력을 얻어 약 10km/h의 속도로 항행 가능했으며, 지상에서는 약 19km/h의 속도로 주행할 수 있었다. 또한 적재량은 최대 2t으로, 승무원 2명 외에 18명의 병력이 탑승 가능했다.

이 LVT 시리즈는 주로 태평양의 도서 지역에서 실시된 상륙 작전에 투입되었는데, 1942년의 과달카날이 첫 데뷔 무대였다. 이후 적재량을 늘리고 육상에서의 주행 성능을 향상시키는 등의 개량이 이루어지면서 남태평양이나 알류샨 열도, 그리고 오키나와를 비롯한 태평양의 격전지에서 활약, 일명 「암 트랙」이라 불리며, 미 해병대의 든든한 아군이 되었다. 또한 이 「암 트랙」에 보병 지원용 화포를 탑재한 「암 탱크」도 만들어졌다.

전후에는 한층 대형화되면서 육상에서의 주행 성능도 충실하게 갖춘 「LVTP-5」가 개발되어 베트남전에 투입되기도 했다. 이후, 1970년에는 후계 모델인 「LVTP-7」이 등장했는데, 기존의 차량과의 가장 큰 차이는 수상 항행 시의 추진 방식으로 워터 제트를 채용했다고 하는 점이었다. 덕분에 수상에서의 속도가 13km/h로 올라갔다.

또한 육상에서의 주행 성능도 70km/h로 향상되었으며, 승무원 3명과 보병 25명 또는 4.5t의 화물을 운반할 수 있는 대형 병력 수송 장갑차로 사용되고 있다. 1985년에는 이를 소폭 개량하면서 「AAV-7」으로 이름을 변경, 현재도 미 해병대의 주력으로 사용되고 있는데, 미군 이외에도 대한민국을 비롯한 8개국에서 운용 중이며, 최근에는 일본 자위대에서도 시험 차량을 소수 도입한 것으로 알려져 있다.

상륙 작전에 사용되는 상륙 돌격 장갑차.

AAV-7(LVTP-7)
(미국 : 1985년)

승무원 3명과 25명의 보병을 수용. 육상
에서는 74km/h의 속도로 주행.

소형 포탑에는 기관총과 고속
유탄 발사기가 탑재되어 있다.

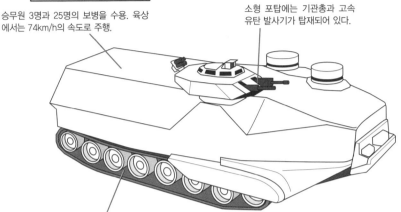

수상 항행 시에는 워터 제트로
13km/h의 속도를 내며 72km의
항속 거리를 지닌다.

현대 미 해병대의 상륙 작전에 사용되는 수송 수단

선발대가 대형 헬기로 침공. 또한 경차
량이나 화포 등의 장비도 수송한다.

강습 상륙함 1척에는 1개 해병 원
정대(병력 1900명 + 장비)가 수용
되어 있다.

전차 등의 대형 장비는 LCAC(상륙용
공기 부양정)에 적재하여 상륙.

주력이 되는 병력은 상륙 돌격 장갑차
(AAV-7)로 직접 상륙

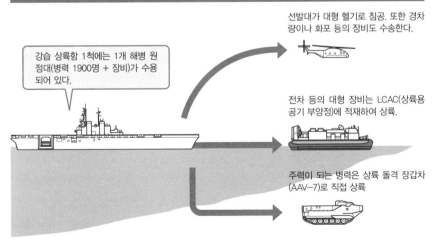

단편 지식

● **D-day에서는 활약하지 못한 LVT** → 제2차 세계대전 당시 가장 큰 규모의 상륙 작전이었던 노르망디에서는 LVT가 그
다지 활약을 보여주지 못했는데, 이는 노르망디의 해안이 얕은 여울이어서 상륙정을 직접 댈 수 있었기 때문이며, 암초
나 산호초가 많았던 태평양 도서 지역에 LVT가 우선적으로 투입되었던 것도 큰 이유였다.

No.061

좀 특이한 모습의 수륙양용 차량

수륙양용 차량의 개발을 위해 여러 아이디어가 고안되었는데, 여기서는 전차를 물에 띄우기 위한 장비와 기뢰 설치 차량이라는 독특한 예를 소개하고자 한다.

●전차를 물에 띄운다는 아이디어

상륙작전에서 전차처럼 강력한 포를 장비한 차량을 투입하여 보병을 지원할 수 있다면 그보다 좋은 일은 없을 것이다. 하지만 전차는 중량이 많이 나가는 차량이기에 운반이 어려운 편이다. 때문에 영국군은 공여 받은 미국의 「M4 셔먼 중형 전차」에 접이식 방수 스크린을 부착, 이를 전개하여 부력을 얻는 방식의 「셔먼 DD」를 개발했는데, 여기서 DD란 Duplex Drive(이중 구동)의 약어로, 궤도를 회전에 연동되어 있는 스크루 2기를 이용, 해상을 약 7km/h의 속도로 항행할 수 있었다.

1944년 6월의 노르망디 상륙 작전에서는 다수의 셔먼 DD를 비롯한 DD 전차들이 투입되었는데, 상당수의 차량들이 해안 수백 m의 거리에서 발진, 무사히 상륙에 성공하여 활약했다. 가장 격전이 벌어진 오마하 해변의 경우, 해안에서 무려 5km나 떨어진 거리에서 전차를 발진시켰으며, 설상가상으로 2m의 높은 파도(원래 DD전차는 30cm의 파도를 상정하고 있었다)가 치고 있었기 때문에 대다수가 도중에 파도에 휩쓸려 가라앉고 말았다.

이후에도 소규모 상륙 작전이나 라인강 도하 작전 등에 투입되었으나, 전후에는 전차의 중량화 추세로 더 이상 사용되지 않게 되었다.

●해안선에 기뢰를 설치하는 특수 차량

현재 일본의 자위대가 장비하고 있는 「94식 기뢰 부설 장치」는 세계적으로도 그 유례를 찾아보기 어려운 독특한 차량이다. 선박 모양의 차체에 4개의 타이어가 달려 있으며, 트럭과 상륙정의 이종 교배로 태어난 듯한 외견에 차체 뒷부분에는 기뢰 투하기가 설치되어 있는 것이 특징이다. 2기의 스크루를 통해 해상을 11Km/h의 속도로 항행할 수 있다.

이 차량은 해안선을 따라 항행하면서 뒷부분에 실린 기뢰를 차례차례 투하하는 방식으로 운용되며, 해안선을 따라 약 5km의 구역에 기뢰를 설치할 수 있어, 문자 그대로 육상을 달릴 수 있는 기뢰 부설함과 같은 존재이다. 적의 상륙 저지를 중시하는 일본 자위대만의 독특한 산물이라 할 수 있겠다.

스크린을 전개하여 물 위에 뜨는 전차

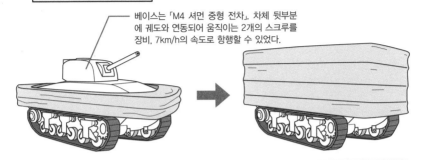

셔먼 DD
(미국/영국 : 1944년)

베이스는 「M4 셔먼 중형 전차」. 차체 뒷부분
에 궤도와 연동되어 움직이는 2개의 스크루를
장비, 7km/h의 속도로 항행할 수 있었다.

헝가리 출신의 영국인 니콜라스 스트라우슬러(Nicholas Straussler)가 고안한, 방수포를 전개하는
방식의 스트라우슬러식 방수 스크린. 압축 공기를 사용하여 15분 만에 전개할 수 있었다. 하지만
35t의 중량이 나가는 「셔먼」을 간신히 띄울 수 있을 정도의 부력이었기에 파도가 높은 곳에서는
물 속에 가라앉기 일쑤였다.

해안을 따라 기뢰를 설치하는 특수 차량

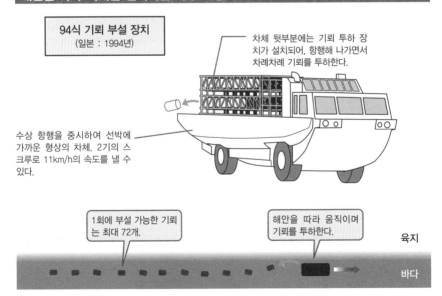

94식 기뢰 부설 장치
(일본 : 1994년)

차체 뒷부분에는 기뢰 투하 장
치가 설치되어, 항행해 나가면서
차례차례 기뢰를 투하한다.

수상 항행을 중시하여 선박에
가까운 형상의 차체. 2기의 스
크루로 11km/h의 속도를 낼 수
있다.

1회에 부설 가능한 기뢰
는 최대 72개.

해안을 따라 움직이며
기뢰를 투하한다.

육지

바다

단편 지식
●**구 일본군의 수륙양용 차량** → 구 일본군도 독자적인 수륙양용 차량을 제작했다. 37mm 포를 장비한 「95식 경전차」를
베이스로 차체 앞뒤에 탈착 가능한 플로트를 부착한 「특2식 내화정」과 미군의 LVT와 비슷한 선박 모양의 궤도 차량으
로 40명의 병력을 태울 수 있던 「특4식 내화정」을 개발, 소수이지만 상륙전에 투입했다고 한다.

열차포와 장갑 열차

철도는 19세기 초, 영국에서 상업 노선이 개통된 것을 시작으로, 유럽 대륙과 북아메리카, 그리고 아시아에 급속한 속도로 퍼져나갔다. 19세기는 그야말로 철도의 시대라 할 수 있으며, 군대의 전개에 있어서도 철도는 빠질 수 없는 교통수단이었다. 철도 노선은 중요한 보급로가 되었으며, 전쟁의 승패를 좌우하는 중요 전략 시설이었다.

열차 그 자체에 대형 화포를 실어 이동식 포대로 사용하는 열차포가 개발된 것은 1864년에 발발한 남북 전쟁(American Civil War) 때의 일로, 남군의 피터버그 요새를 공격하기 위해 북군이 화차에 13인치(330mm) 구경의 구포(Mortar)를 설치한 열차포를 투입한 것이 그 시작이었다.

그 이전까지의 대구경 화포라고 하면, 요새에 설치하거나, 군함에 싣는 것이 일반적으로, 이 참신한 발상을 본 서양의 열강 각국은 경쟁을 벌이듯 개발에 착수, 제1차 세계대전 때에는 모든 열강이 열차포를 보유하고 있었다. 이 중에서도 독일은 210mm 구경에 무려 28m 길이의 포신을 장비한 「파리 대포」를 보유하고 있었는데, 120km의 사거리를 지닌 이 열차포로 파리 시내를 포격, 안전한 후방에 있던 파리 시민들을 공포에 빠뜨리기도 했다.

열차포는 제2차 세계대전에서도 여전히 독일군과 소련군에서 운용되고 있었다. 특히 「도라」와 「구스타프」라는 이름의 2문의 독일제 열차포는 80cm 구경으로, 사상 최대의 평사포로 알려져 있었는데, 포신 길이 32.5m, 중량은 1350t이나 나갔으며, 화차 4대분의 거대한 대차에 실려 있었다. 또한 2개의 전용 선로를 필요로 했기 때문에 이동 시에는 아예 전용 선로를 부설하면서 움직여야만 했다.

한편 중요한 전략 시설인 철도 노선은 적의 공격 목표가 되는 일이 잦았고, 선로와 수송 열차가 적이 공격을 받아 파괴되는 일도 많았다. 여기에 대항하기 위해 개발된 것이 바로 화차에 무장과 장갑을 설치한 장갑 열차였다. 처음에는 화차에 기관총을 탑재한 총좌와 사수를 보호하기 위한 경장갑을 설치한 정도였지만 점차 중무장을 갖추게 되면서 1차 대전에서 2차 대전 기간에 걸친 기간 중에는 아예 장갑 열차 전용 차량까지 개발되어, 20개국 이상에서 사용되었다. 대개는 수송 열차에 장갑 열차를 접속하여 직접 호위하는 경우가 많았으나, 개중에는 엔진을 탑재하고 선로 위를 단독으로 주행 가능한 장갑 열차도 존재했으며, 이러한 차량들은 주로 철도 노선의 순찰 임무에 투입되었다. 또한 독일이나 소련, 일본군의 경우, 여러 타입의 장갑 열차를 연결하여 장갑 열차로만 편성된 차량으로 노선 주변의 적을 적극적으로 소탕하는 식으로 운용하기도 했다.

예를 들어 2차 대전 당시 독일의 장갑 열차에는 전차의 포탑을 화차에 설치한 전차 구축 차량과, 곡사포를 설치한 포차, 대공 기관포를 장비한 대공 차량이 연결되었는데, 여기에 더하여 경전차를 적재하고 필요에 따라 전차를 내려 전개할 수 있는 전차 수송차, 지휘차와 장갑 기관차까지 연결, 주로 동부 전선에서 선로의 파괴를 시도하던 소련군에 대항했다.

하지만 결국 포장 도로망의 발달로 철도가 육상 교통의 주역이던 시대는 끝을 고했으며, 거대한 열차포와 웅장하기까지 하던 장갑 열차 또한, 제2차 세계대전을 끝으로 모습을 감추고 말았다.

제 3 장
군대 운용을
뒷받침하는 차량들

2차 대전 당시 크게 활약한 소형 범용 차량

제2차 세계 대전 당시, 독일군과 미군 장병들의 발이 되었던 것은 양 측의 사정에 맞춰 만들어진 2종의 소형 범용 차량들로, 두 차량 모두 역사에 남을 명차였다.

●퀴벨바겐과 지프

제1차 세계 대전을 전후하여 각국의 군에서는 소형 자동차를 연락용으로 사용하기 시작했다. 초기에는 후방에서의 연락 임무 등으로 용도가 한정되어 있었다. 하지만 제2차 세계 대전에 들어오면서 다소 험한 지형에서도 주행이 가능한 성능에, 견고한 구조를 갖춘 소형 범용 차량이 등장하면서 그 편리함 때문에 급격하게 보급이 이루어졌다.

이 가운데에서도 선두주자라 할 수 있는 것은 바로 독일의 「퀴벨바겐」이었는데, 전쟁 발발 이전에 히틀러가 제창했던 국민차 구상으로 1938년에 태어난 「폴크스바겐Typ1(폭스바겐 비틀의 원형)」을 베이스로 하여, 1939년에 시제 차량이 등장했고, 그 이듬해부터 개량 모델이 양산되기 시작했다. 차대와 엔진은 비틀의 원형을 계승하면서도 험지에서의 주행 성능을 향상시키기 위해 엔진 성능이 향상되었으며, 최저 지상고를 높이는 등의 개량이 이루어졌다. 또한 생산성을 높이기 위해 곡선 위주의 디자인이었던 원형과 달리 철저하게 직선적이며 투박한 디자인의 차체로 만들어졌다. 리어 엔진 방식의 후륜 구동 차량이었지만, 경쾌한 주행 성능을 보이며 전장의 발처럼 활약, 전쟁이 끝날 때까지 약 5만대 가량이 생산되었다.

이 「퀴벨바겐」의 성공에 자극받아 탄생한 것이 미국의 「지프(Jeep)」였다. 지프는 사다리 모양의 차대를 사용, 견고한 구조와 험지 주행 성능이 높은 4륜구동 기구를 처음부터 갖췄으며, 간단한 공구만으로 고장에 대처할 수 있을 정도의 우수한 정비성이 특징이었다. 지프의 원형은 1940년에 아메리칸 밴텀의 시제 차량으로, 1941년부터 여기에 윌리스와 포드까지 생산에 가세, 약 8600대의 차량이 생산되었다. 이후 그 성능이 높이 평가되면서, 약간의 개량을 거친 「윌리스 MB/포드 GPW」, 즉 우리가 알고 있는 지프가 종전까지 약 64만대나 생산되었다. 참고로 두 차종은 제조 메이커가 다를 뿐 기본 구조는 거의 동일했는데, 이는 미국식 합리주의의 산물이라고도 할 수 있을 것이다. 「지프」라는 이름은 당시 장병들이 붙인 일종의 애칭이었으나, 전후에는 AMC(현재는 크라이슬러 산하)의 등록 상표명이 되었다. 하지만 지프라는 이름은 소형 4륜구동 차량을 가리키는 세계적 대명사로 오늘날까지 이어져 오고 있다.

소형 군용 범용 차량의 탄생

● 제1차 세계대전 당시의 소형 자동차
  험지에서의 주행이 고려되어 있지 않아, 쉽게 망가졌다. → 후방 임무에 사용.

| 군에서의 사용에 버티는 **견고함** | 험지에서도 주행 가능한 **주행 성능** | 다양한 장비를 적재 가능한 **편의성** |

전장을 누비며 다양한 임무에서 장병들의 발이 되다!
소형 범용 차량의 탄생!

제2차 세계대전 당시 활약한 소형 범용 차량의 양대 스타

퀴벨바겐 Typ82
(독일 : 1940년)

히틀러의 국민차 구상인 「폴크스바겐Typ1」이 베이스. 4인용 좌석이 갖춰져 있었으나, 뒷자리에는 그냥 짐을 싣는 경우도 많았다.

생산성이 높고 견고한 직선적 디자인의 차체.

리어 엔진 + 후륜 구동 구조인 관계로 프로펠러 샤프트가 없어 바닥을 좀 더 높게 만들 수 있었고, 바닥이 걸리는 일이 없어 험지에서의 주행 성능에 좋은 영향을 주었다.

지프(윌리스 MB/포드 GPW)
(미국 : 1942년)

프런트 엔진으로 2륜구동과 4륜구동을 선택 가능한 파트타임 4륜구동 방식.

소형 트럭 같은 구조로, 좌석 후방의 짐칸에는 다양한 장비를 실을 수 있었다.

견고한 래더 프레임 채용, 정비성도 우수했다.

단편 지식
● **한발 먼저 등장한 일본의 소형 범용 차량** → 2차 대전 이전에는 자동차 산업의 후진국으로 인식되었던 일본이었지만, 놀랍게도 1936년에 이미 25마력 엔진의 2인승 소형 4륜구동 차량인 「95식 소형 승용차」를 개발했다. 전령이나 정찰 임무에 활용했으나, 생산 수량은 4775대에 불과했다.

소형 범용 차량을 베이스로 한 수륙양용 차량

독일과 미국은 각기 성공작이라 할 수 있는 소형 범용 차량을 베이스로 수륙양용 차량을 개발했으나. 설계 사상의 차이로 인해 평가의 명암이 엇갈리고 말았다.

●「슈빔바겐」과 「포드 GPA」

제2차 세계대전 당시, 새로운 소형 범용 차량을 만들어 대량으로 활용했던 독일과 미국은 각자의 모델을 베이스로 하는 수륙양용 소형 범용 차량을 개발했다. 하지만 내륙 지역의 하천이나 호수 등을 도하 가능한 만능 차량을 목표로 했던 독일과, 해안으로의 상륙 작전을 염두에 둔 미국의 설계 사상 차이는, 두 차량의 형태와 성격으로 극명하게 드러났다.

독일의 「슈빔바겐」은 「퀴벨바겐」을 베이스로 개발된 차량으로, 1940년에 시제 차량이 완성, 1942년부터 그 개량 모델이 양산되었다. 「슈빔바겐」의 가장 큰 특징이라면 욕조처럼 둥그스름한 느낌의 모노코크 차체를 채용했다는 점일 것이다. 또한 원래 후륜구동 방식이던 「퀴벨바겐」과는 달리, 처음부터 4륜구동 기구가 채용되었으며, 엔진 배기량도 크게 늘면서, 약간이지만 출력도 상승된 결과, 험지에서의 주행 성능이 크게 향상되었다. 수상에서의 항행은 차체 뒤에 설치된 스크루를 통해 10km/h의 속도를 낼 수 있었는데, 기본적으로 파도가 없는 하천이나 호수에서의 사용을 전제로 하고 있었다. 기본 주행 성능의 우수함도 있어, 정찰 임무 등에 요긴하게 사용되었으며, 4륜구동인 덕분에 우수한 견인 능력까지 갖춰, 장병들의 평가가 매우 높아, 종전까지 약 14300대가 생산되었다.

한편 「포드 GPA」는 「윌리스 MB/포드 GPW」를 베이스로 1942년에 탄생했는데, 소형 상륙정에 타이어를 붙인 형상의 모노코크 구조로, 수상 항행 시에는 상륙정과 마찬가지로 차체 뒤에 달린 스크루와 키를 사용했다. 가능한 한 지프와 공통화 할 것이 요구되면서 엔진과 구동 계통은 지프의 것이 그대로 사용되었는데, 문제는 차체 중량이 지프의 2배인 2t이었다는 점이었다. 때문에 육상에서의 주행 성능이 상당히 떨어졌으며, 소형 차량이었기에 파도를 헤치고 나아가는 능력도 그다지 좋은 편이 아니었다. 결국, 보다 대형 차량인 수륙양용 트럭 「DUKW」(No.073 참조)가 보급되기 시작하면서 상륙 작전의 일선에서 모습을 감추게 되었고, 생산량도 13000대 정도에 그쳤다.

독일과 미국의 수륙양용 차량 개발 사상의 차이

독일군의 개발 의도	미군의 개발 의도
내륙의 하천이나 호수의 도하 능력을 얻고 싶어!	해안 상륙 작전에 쓸 수 있었으면!
퀴벨바겐을 4륜구동으로 만들고 욕조 형상의 차체, 스크루를 장비.	윌리스 MB/포드 GPW를 베이스로 보트 모양의 차체와 스크루를 장비.
슈빔바겐의 탄생!	**포드 GPA의 탄생!**
4륜구동으로 바뀌면서 기동력과 견인능력이 향상되어, 장병들 사이에서 만능 범용 차량으로 호평!	차체 중량의 증가로 주행 성능이 저하되어, 평가가 좋지 못했다!

성능적으로는 큰 차이가 없었으나, 개발 의도와 사용법의 차이로 인해, 병기로서의 평가가 크게 갈리고 말았다!

장병들의 호평을 받은 독일의 슈빔바겐

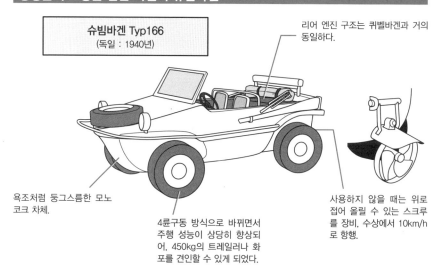

슈빔바겐 Typ166
(독일 : 1940년)

리어 엔진 구조는 퀴벨바겐과 거의 동일하다.

욕조처럼 둥그스름한 모노 코크 차체.

4륜구동 방식으로 바뀌면서 주행 성능이 상당히 향상되어, 450kg의 트레일러나 화포를 견인할 수 있게 되었다.

사용하지 않을 때는 위로 접어 올릴 수 있는 스크루를 장비, 수상에서 10km/h로 항행.

단편 지식

● **전후의 수륙양용 차량** → 제2차 세계대전까지는 소형 수륙양용 차량이 활약했으나, 전후에는 일부 경장갑차 정도로, 소수파에 해당하며, 그보다는 대형 병력 수송 차량에 부항 능력이 부여된 경우가 많다. 한편으로는 수륙양용 기능을 지닌 소형 6~8륜 버기가 재해 발생 지역에서의 구조 등에서 활약하고 있기도 하다.

현대의 범용 차량

「지프」의 성공을 통해, 다용도로 사용하기 편리한 범용 차량은 군에 있어, 없어서는 안 될 장비로 자리잡았다. 현재는 미국의 「험비」 등이 활약 중이다.

●좀 더 대형화된 신세대 범용 차량

제2차 세계대전에서, 그 편리함이 실증된 「지프」는 전후에도 계속 개량되면서 1980년 대까지 계속해서 널리 사용되었다. 특히 그 개량 모델인 미국의 「M151」은 서방 진영 국가를 비롯한 여러 국가에서 군용으로 채용했으며, 이러한 「지프」의 성공은 세계 각국의 4륜 구동 범용 차량의 개발 붐을 일으키기도 했다. 이렇게 탄생한 차량들 가운데 가장 대표적이라 할 수 있는 것이 1948년에 탄생한 영국의 「랜드로버」 시리즈였다. 이 시리즈는 특유의 견고함으로 군과 민수 시장을 포함 100개국 이상에서 사용되고 있는 베스트셀러의 자리에 올랐다. 또한 소련을 중심으로 한 공산 진영에서도 「GAZ-69」나 「UAZ-469B」등의 차량이 널리 사용되었다.

장병들의 발이 되어, 다양한 임무에서 널리 사용되던 소형 범용 차량이었으나, 1980년대에 들어오면서 큰 변화를 겪게 되었다. 탑재되는 무기가 점차 무거워지면서 종래의 소형 범용 차량은 물론 소형 트럭의 역할까지 겸할 것이 요구되었기 때문이다. 이러한 요구에 응하기 위해, 미군이 1982년에 「지프」의 후계차량으로 제식 채용한 것이 바로 「HMMWV(High Mobility multi purpose Wheeled Vehicle = 차륜형 고기동 범용 차량)」이었다. 장병들 사이에서 「험비」라는 애칭으로 불리게 된 이 차량은, 전장 4840mm에 폭 2160mm의 크기에, 차체 중량은 무려 2340kg으로, 기존에 사용하던 「지프」의 거의 2배였다. 하지만 엔진의 출력도 150hp로 배 이상 올라갔으며, 가장 중요한 능력인 적재 능력은 1134kg로 거의 4배 정도의 능력을 지니게 되었다. 또한 주행 성능도 크게 향상되었고, 이후 현재에 이르기까지 여러 개량형과 베리에이션이 등장, 미국을 비롯한 70개국 가까이에서 사용되고 있다.

「험비」이외에도 자동차 산업이 발달한 여러 국가에서 고성능 범용 차량을 개발하여 사용 중인데, 영국의 「랜드로버 디펜더」, 독일과 프랑스의 「G바겐(Geländewagen)/푸조 P4(G 바겐을 프랑스 푸조에서 면허 생산한 차량 – 역자주)」 등이 대표적이며 일본은 1993년에 「고기동차」를 도입했다.(대한민국은 2016년부터 「K151 소형 전술 차량」의 배치를 시작 – 역자주)

현대 범용 차량에 요구되는 성능

높은 기동 성능

험지에서의 주파성이 높은 4륜구동에 더해, 노면의 상태에 맞춰 공기압의 조절이 가능한 타이어와 장거리 이동도 가능할 정도의 충분한 항속 거리를 필요로 한다.

견고함

여러 종류의 전장에서 군대 특유의 거친 운용에도 견딜 수 있을 정도의 튼튼한 차체 구조가 필수. 전복되더라도 다시 세우면 달릴 수 있는 터프함은 기본이다.

높은 적재능력

종래의 소형 트럭과 동급인 약 1t 정도의 적재 능력을 필요로 한다. 보병이라면 통상 4명, 최대 6~10명 승차 가능.

힘 좋고 안정성이 우수한 엔진

차체 중량 2t, 전비 중량 3t 이상의 무게이면서도 충분한 기동성을 발휘할 수 있을 출력의 엔진이 필수. 현재는 디젤 터보 엔진이 주류이다.

충분한 견인 성능

예전에는 전용 견인 차량을 사용했으나, 현재는 범용 차량이 견인 차량을 겸한다. 짐을 실은 트레일러나 박격포 등을 견인할 수 있는 능력이 요구된다.

공수 가능한 크기

범용 차량은 항공 수송을 통한 전개 능력도 중요하다. 때문에 전술 수송기나 대형 헬기의 화물칸에 수납 가능한 크기로 설계되어 있다.

미군의 범용 차량

HMMWV(험비) M998
(미국 : 1982년)

최대 1t의 화물 적재가 가능. 정원은 4명이지만, 짐칸까지 포함하면 최대 10명까지 탑승 가능하다.

초기형은 150hp의 디젤 엔진. 후기형은 190hp으로 출력이 올라갔다.

4륜구동으로 최대 등판 각도는 60%

최저 지상고는 0.3m로 높은 편이다.

공기압 조절이 가능한 런플랫 타이어

단편 지식

● **시판된 군용 범용 차량** → 견고한 만듦새와 높은 주파능력으로, 많은 군용 범용 차량은 안전비품 등을 추가해 시판되어 폭넓은 인기를 얻고 있다. 미국의 「GM험머」나 독일의 「메르세데스 벤츠 G바겐」 등으로, 일본의 「고기동차」도 「도요타 메가크루저」라는 이름으로 판매되었다.

범용 차량의 다양한 사용법

범용 차량은 다양한 용도로 사용된다. 여기서는 일본 육상 자위대에서 사용하고 있는 「고기동차」의 예를 통해 범용 차량의 운용 방법에 대해 소개하고자 한다.

● 크기에 비해 높은 적재 능력을 지닌 일본의 「고기동차」

현재 일본 육상 자위대에서 사용하고 있는 「고기동차」는 중량 2.5t의 중형 비장갑 범용 차량이다. 자위대에서는 시판 차량인 「파제로」를 베이스로 개발된 「1/2t 트럭」도 사용해왔는데, 사실 「지프」의 직계 후계 차량은 이쪽이다. 「고기동차」는 중형 트럭의 임무까지 겸할 수 있는 범용 차량으로 개발되었다.

적재량은 2t이 조금 넘으며, 앞좌석 2명에 뒷좌석과 짐칸에 8명으로 모두 10명의 인원을 태울 수 있다. 이것은 자위대 보통과(보병) 1개 소총반(미국의 분대에 해당하는 편제)을 전부 수용할 수 있는 크기이다. 여기에 더해 동급 범용 차량 중에서도 톱클래스에 해당하는 기동력과 험지 주파 능력을 지니고 있다. 가속 성능이 뛰어난 엔진에 더해, 4륜 조향(No.005 참조)으로 선회 반경이 작아, 좁은 곳에서도 쉽게 방향을 틀 수 있는 등, 그 편리함 때문에 다양한 임무에 사용되고 있다.

또한 「고기동차」의 차체 크기는 자위대에서 사용하고 있는 수송기나 대형 수송 헬기의 화물칸 사이즈를 고려하여 설계되었기에, 「CH-47J」 대형 헬기의 기내에 수납되며, 1개 소총반을 차량과 함께 공수하는 것도 가능하다.

「고기동차」의 개발 당시에 중요시했던 것 가운데 하나가 바로 견인 능력이었다. 실제로 「고기동차」는 자위대 보통과에서 운용하고 있는 지원용 화기인 120mm 박격포를 견인 임무도 맡고 있다. 해당 임무에 사용되는 「고기동차」의 짐칸에는 박격포탄 탄약 상자를 고정하는 잠금 고리가 있으며, 포와 탄약, 그리고 조작 요원을 1대에 전부 운반할 수 있도록 되어 있다.

이 외에도 적재 능력과 우수한 기동력을 살려, 후방의 짐칸에 다양한 장비를 설치한 차량이 제작되었다. 대공 미사일을 탑재한 「93식 근거리 지대공 유도탄」이나 대전차 미사일을 탑재한 「중거리 다목적 유도탄」 등의 미사일 플랫폼을 비롯하여, 레이더 탑재 차량, 전장에서의 무선 통신 유닛 탑재 차량이 있다. 그리고 헬기 등에 전원을 공급하는 「항공 전원차」와 같은 이색적인 차량까지 포함, 15종 이상의 베리에이션이 존재한다.

자위대가 자랑하는 범용 차량 「고기동차」

고기동차
(일본 : 1993년)

미군의 「험비」와 외형적으로 유사한 부분이 많았기에, 초기에는 「재패니즈 험비」라며 야유를 듣기도 했으나, 사용의 편의성 때문에 높은 평가를 받고 있다. 이 차량이 대량으로 배치되면서, 비로소 육상 자위대의 완전 자동차화가 달성되었다고 한다.

짐칸에는 마주보는 식의 좌석이 있어, 최대 10명까지 탑승 가능하며, 약 2t의 화물 적재 능력을 갖추고 있다.

4륜 조향으로, 5.6m의 선회 반경을 지닌다.

런 플랫 타이어.

4륜구동.

「고기동차」에 요구된 성능과 역할

병력의 수송
1개 소총반 10명을 한 번에 나를 수 있음.

장비의 수송
최대 2t의 화물 적재 능력을 보유.

견인 능력
120mm 박격포나 화물 트레일러를 견인 가능.

공수 능력
대형 수송 헬기의 화물칸에 수용하여 공수 가능.

높은 험지 주행 능력
4륜구동 + 4륜 조향이며 최저 지상고도 높은 편이다.

정찰이나 연락 임무
PKO임무용으로 경량 방탄판을 설치한 사양도 존재.

다양한 장비의 베이스 차량으로

「중거리 다목적 유도탄」(우측 일러스트)나 「93식 근거리 지대공 유도탄」 등과 같은 미사일 차량의 베이스로 사용되고 있다. 이외에도 짐칸에 무선 통신용 유닛이나 레이더 유닛, 전파 장해 유닛, 연막 발생기, 항공기용 전원 유닛 등, 다양한 장비를 탑재하는 차량으로 이용되었다. 홍보 이벤트용으로 대형 스피커와 앰프를 탑재하기도 하는 등, 특수 용도로 개조된 차량도 존재한다.

단편 지식

●**세계적으로 사용되는 일본차** → 세계적인 자동차 산업 대국답게 「도요타 랜드크루저」나 「닛산 패트롤」과 같은 민수 4륜구동 차량이 다양한 국가에 수출, 개발도상국의 경우 군의 범용 차량으로도 사용되고 있다. 아예 인도의 「스즈키 짐니」처럼 현지 법인 생산 차량이 군용 차량으로 채용된 케이스도 존재한다.

여러모로 편리한 4륜 경장갑차

범용 차량 사이즈이면서도, 소총탄을 막을 수 있는 장갑이 설치된 경장갑차는 비정규 전트가 빈발하는 분쟁 지역 등에서 널리 사용되고 있다.

●범용 차량에 장갑을 설치한 경장갑차

오늘날, 세계적으로 널리 사용되고 있는 소~중형 범용 차량. 하지만 기본적으로 이런 차량은 비장갑 차량으로, 적의 공격에는 무방비 상태이다. 특히 근래 들어 크게 늘고 있는 비정규 전투 위주의 분쟁 지역 등의 경우, 장갑 방어력이 없는 차량의 승무원들이 소화기 공격에 피해를 입는 일이 빈발하고 있다. 이미 제2차 세계대전 이전부터 정찰용으로 쓰이는 장갑차가 있기는 했으나, 그것과는 별개로 범용 차량에 장갑 방어력을 부여한 가볍고 편리한 차량을 필요로 하게 되었다.

이러한 유형의 경장갑차를 비교적 일찍 장비하기 시작한 것은 프랑스였는데, 이는 아프리카 등지에 다수 보유하고 있었던 옛 식민지 국가와 같은 분쟁 지역에서의 군사 활동 경험이 낳은 산물이라 할 수 있다. 1978년에 발표된 4륜 경장갑차 「VBL」은 분쟁 지역에서의 연락 및 정찰 임무에서부터, 소화기 위주의 전투까지 수행 가능한 차량으로, 다수의 베리에이션이 전개, 현재도 계속 운용되고 있다.

일본에서도 2000년에 「경장갑 기동차」를 개발, 일본 국내는 물론, PKO등으로 해외 파견 임무에서도 활약하고 있다. 여러 가지 용도로 사용하기 안성맞춤인 크기에 더해, 민수용 차량의 부품을 다수 사용하여 원가를 절감한 결과, 이미 1800대 이상의 차량을 조달, 육상 자위대는 물론 항공 자위대에서도 기지 경비용으로 사용 중이다.

한편, 범용 차량의 베스트셀러라 할 수 있는 미국의 「험비」나 영국의 「랜드로버 디펜더」, 독일의 「G바겐 G230」 등의 경우, 차체에 장갑을 추가한 모델이 생산되고 있다. 이외에도 동유럽이나 아프리카, 아시아의 군수 메이커에서도 다수의 모델이 개발된 바 있다.

이러한 경장갑 차량들의 방어력은 기껏해야 소총탄을 막을 수 있을 정도이며, 여기에 운전석이나 후방 좌석 주위에 시계 확보를 위해 보통 차량처럼 방탄유리로 된 창문이 달려 있지만, 순찰이나 기타 경비 활동에 있어서 빼놓을 수 없는 장비이다.

하지만 최근 들어 크게 늘고 있는 IED(Improvised Explosive Device, 급조 폭발물) 공격 앞에서 경장갑 차량의 방어력은 거의 무력한 것이었기에 여기에 대응 가능한 신세대 차량이 등장, 기존 차량을 조금씩 대체하기 시작했다.

경장갑차의 진화 계보

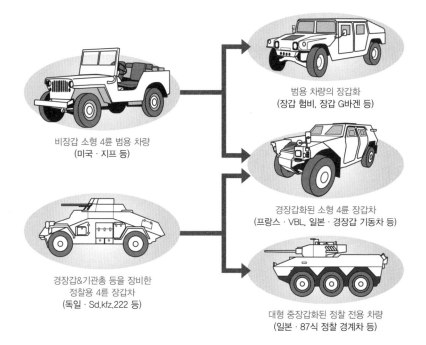

비장갑 소형 4륜 범용 차량
(미국 · 지프 등)

범용 차량의 장갑화
(장갑 험비, 장갑 G바겐 등)

경장갑화된 소형 4륜 장갑차
(프랑스 · VBL, 일본 · 경장갑 기동차 등)

경장갑&기관총 등을 장비한
정찰용 4륜 장갑차
(독일 · Sd.kfz.222 등)

대형 중장갑화된 정찰 전용 차량
(일본 · 87식 정찰 경계차 등)

여러모로 편리하게 사용되는 현재의 경장갑차

경장갑 기동차
(일본 : 2000년)

차체 상면에는 해치가 설치되어 있어,
기관총이나 휴대용 미사일 등을 사용할
수 있다.

방탄유리를 사용, 시계를 확보
하면서 방어력도 UP.

승무원은 4명. 공수 가능한 중
량과 사이즈.

측면~후면 장갑은 소
총탄을 막을 수 있는
정도.

전면 장갑은 창문을 포
함, 기관총탄을 막을 수
있는 정도.

4륜구동 + 컴뱃 타이어의
채용으로 기동력이 높다.

여러모로 사용하기 좋아
호평이었지만, IED 공격
에는 취약했다.

단편 지식

● **이라크 PKO에서 많은 부러움을 산 「경장갑 기동차」** → 「경장갑 기동차」에는 처음부터 에어컨이 기본으로 장비되어 있
었는데, 이 때문에 뜨거운 기후의 이라크에서 활동하던 여러 국가의 PKO 병력들로부터 부러움의 대상이 되었다고 한
다. 원래 군용 차량에는 엔진 출력 저하의 원인이 되는 에어컨을 장비하지 않는 경우가 많기 때문이다.

IED 공격 대책으로 등장한 MRAP차량

게릴라나 기타 무장 조직에서 많이 사용하는 IED(급조 폭발물)로 인한 피해를 줄이기 위한 지뢰 방호 장갑차가 개발되어, 여러 분쟁 지역에서 치안 유지 및 병력 수송 임무에 사용되고 있다.

● IED 방어 능력을 지닌 병력 수송 차량 , MRAP

21세기에 들어서면서, 중동이나 아프리카 등의 세계 각지에서 각종 분쟁이나 대게릴라 전(비정규전)이 빈발하고 있다. 특히 이런 지역에서 가장 큰 위협이 되고 있는 것 가운데 하나가 바로 IED(Improvised Explosive Device)이다. 일반적으로 급조 폭발물이라 번역되는 이 무기는 남아도는 포탄이나 지뢰 등의 폭발물을 모아, 도로나 갓길 등에 설치, 지나가는 차량을 노리며, 극히 단순한 구조이면서도 강력한 위력을 자랑하는 것이 특징이다. 이라크나 아프가니스탄 등지에서 치안 유지 활동 중이던 미군 차량이 특히 이 공격에 많은 피해를 입었는데, 장갑이 거의 없다시피 한 범용 차량이나 트럭은 물론 경장갑차, 심지어는 병력 수송 장갑차나 보병 전투 차량까지 파괴되면서 내부에 탑승하고 있던 인원들이 죽거나 크게 다치는 등의 피해가 빈발했다.

때문에 세계 각국에서는 바로 이러한 IED에 대비한 구조의 수송 차량 개발에 착수했는데, 그 결과로 나온 것이 이른바 MRAP(Mine Resistant Ambush Protected, 지뢰 및 매복 공격 방호 장갑차)이라 불리는 차량으로, 보통 수 명에서 십수 명의 인원을 태울 수 있으며, 지뢰나 IED 등에 대한 대비가 이뤄져 있는 것이 특징이다.

일반적으로 지뢰는 차량의 아래 또는 옆에서 폭발하며, 이때 발생하는 폭풍으로 차량을 파괴하거나 뒤집어버린다. MRAP 차량의 경우, 폭풍을 흘려낼 수 있도록 차량의 최저 지상고가 높게 잡혀 있으며, 바닥의 형상도 V자 모양으로 설계되어 있다. 또한 IED 폭발 시에 발생하는 폭풍과 파편에 견딜 수 있도록 차체 전후좌우에도 일정 수준 이상의 장갑이 설치되어 있으며, 창문에도 방탄유리가 사용되었다. 이 덕분에 소총탄은 물론, 소구경 기관총탄이라면 직격에도 견딜 수 있도록 만들어졌다. 또한 내부의 좌석에도 충격을 흡수, 승무원을 보호할 수 있는 구조가 적용되었다.

다만, 장갑을 갖췄다고는 해도, 이는 어디까지나 게릴라 등의 매복 공격 대처에 주안점을 둔 것이므로, 본격적인 전장보다는 순찰이나 경계 임무에 사용하는 것이 한계이다. 또한 MRAP 차량이라고 해서 IED 공격을 아무 상처 없이 견뎌낼 수 있는 것은 아니며, 주행이 불가한 손상을 입는 일도 흔하지만, 이러한 경우에도 승무원의 피해를 최소한으로 하는 설계가 이루어져 있다.

싸고 간단하지만 그 위력은 상당한 IED

IED(Improvised Explosive Device)
급조 폭발물

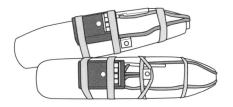

아무렇게나 굴러다니던 포탄이나 지뢰 등에 기폭 장치를 부착했을 뿐인 간단한 구조의 폭발물이 많으며, 제작비용도 저렴하다. 휴대전화 등을 이용하여 원격 조작된다.

갓길이나 도로 주변에 묻어두는 식으로 설치되기에 노견 폭탄이라고도 불린다.

IED에 대한 방어력을 지닌 수송 차량

MRAP(Mine Resistant Ambush Protected, 지뢰 및 매복 공격 방호 장갑차)

부시마스터
(오스트레일리아 : 2002년)

탑승 인원은 앞좌석 2명 + 후방 캐빈 7명. 충격 흡수를 고려한 시트가 장비되어 있다.

오스트레일리아 외에 영국, 네덜란드, 자메이카에서 도입. 일본 자위대에서도 「수송 방호차」라는 이름으로 도입하여, 재외국민의 수송 임무 등에 사용할 예정이라고 한다.

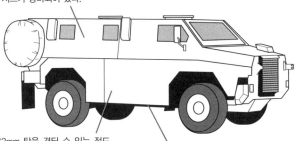

장갑은 7.62mm 탄을 견딜 수 있는 정도. 방탄유리도 비슷한 정도의 강도를 지니고 있다고 한다.

최저 지상고가 높은 편이며, 바닥이 완만한 V자를 그리는 구조로, 폭발 압력을 분산시키는 구조.

단편 지식
●**미군의 차기 범용 차량** → 이라크와 아프가니스탄에서 IED에 의한 피해를 겪은 미군에서는 차기 범용 차량으로 IED 방어책을 갖춘 JLTV(Joint Light Tactical Vehicle, 다목적 경량 전술 차량) 사업을 개시, 지난 2015년에 오시코시에서 제안한 L-ATV가 선정되었다. 이 차량은 현재 사용 중인 「험비」와 MRAP 차량들을 대신하여 장병들의 발이 될 예정이라고 한다.

사막의 특수작전에서 활약하는 전투 버기

사막에서 기동력을 발휘하기 위해서는 차체가 가벼운 쪽이 유리하다. 때문에 사막에서 활동하는 특수 부대에서는 오프로드용 버기를 개조, 전투 버기를 채용하고 있다.

●오프로드용 경차량에서 태어난 특수 부대의 사막용 차량

버기라고 하는 것은 가벼운 구조에 사막과 같은 오프로드 지형을 주행하는데 적합하도록 만든 차량을 뜻한다. 미국 등지에서는 파이프로 조립하여, 간단한 프레임 구조의 차체에 강력한 엔진을 단 버기 차량이 참가하는 오프로드 레이싱이 성행하고 있다.

1980년대 후반, 아프리카나 중동의 사막 지대에서의 작전을 상정하여, 미국과 영국의 특수부대에서 버기 타입의 특수 차량을 도입했다. 당시 미국에서 「FAV(Fast Attack Vehicle, 고속 전투 차량)」이라 불렸던 이 차량은 시판되고 있던 레이서 버기를 베이스로 개발된 것이었다. 파이프 프레임이 그대로 노출된 가벼운 차체(약 950kg)에 200hp의 강력한 엔진을 달았으며, 비록 후륜 구동 방식이었지만 기다린 타이어를 딜고 있어 사막 지형에서 높은 기동력을 발휘했다.

승무원은 앞좌석에 2명, 뒷좌석에 1명으로 전부 3명이다. 탑승자를 보호할 장갑은 일절 달려있지 않았다. 그 대신 12.7mm 중기관총에 7.62mm 기관총, 5.56mm 기관총, 40mm 고속 유탄 발사기 등의 무장을 필요에 따라 조수석이나 후방 좌석에 장비할 수 있었으며, 휴대용 대전차 로켓 발사기까지 실을 수 있었기에 상당히 강력한 타격 능력을 지니고 있었다. 또한 작은 차체 덕분에 높은 은밀성을 지니고 있어, 적지에서의 정찰 활동이나 후방 교란 등, 사막을 무대로 한 특수 작전에 투입되어 크게 활약했다.

1991년에 발발한 걸프 전쟁 당시, 다국적군의 반격이 시작되었을 때, 쿠웨이트 시가지에 가장 먼저 들어간 것은 「FAV」에 탑승한 미 해군의 특수 부대 **네이비 씰**(Navy SEALs)이었다고 알려져 있으며, 21세기에 들어와서도 이라크 전쟁 이후 이라크 점령과 치안 유지 과정에서도 씰 팀에서 「DPV(Desert Patrol Vehicle)」이라 부르며 사막에서의 순찰 등에 사용했다고 한다.

이외에도 ATV(All Terrain Vehicle, 전지형 차량)이라 불리는 4륜 버기를 군용으로 개조하여 특수 부대 등에서 운용하고 있는데, 이쪽은 주로 아프가니스탄과 같은 산악 지형에서의 작전에 쓰이고 있다.

특수 부대가 사막 지형에서 사용하는 전용 차량

① 모래에 바퀴가 빠지는 일 없이 속도를 낼 수 있는 높은 기동성.

② 은밀성이 우수하며, 헬기로도 공수 가능할 정도로 작고 가벼운 차체.

③ 2~3명 정도의 병력과 다양한 무기 외에 수 일 분의 물자를 적재 가능.

오프로드 레이스에서 활약하는 레이서 버기가 안성맞춤!

레이서 버기를 베이스로, 2~3명의 병력과 다양한 무기 및 물자를 실을 수 있도록 개조한 전투 버기를 개발!

미국의 네이비 씰이나 영국의 특수 공수 부대(SAS, Spacial Air Service) 등이 중동의 사막 지대에 투입, 정찰이나 후방 교란 등의 임무에서 활약했다.

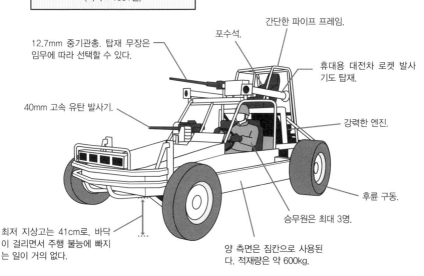

FAV(Fast Attack Vehicle)
(미국 : 1991년)

12.7mm 중기관총. 탑재 무장은 임무에 따라 선택할 수 있다.

포수석.

간단한 파이프 프레임.

휴대용 대전차 로켓 발사기도 탑재.

40mm 고속 유탄 발사기.

강력한 엔진.

후륜 구동.

승무원은 최대 3명.

최저 지상고는 41cm로, 바닥이 걸리면서 주행 불능에 빠지는 일이 거의 없다.

양 측면은 짐칸으로 사용된다. 적재량은 약 600kg.

용어 해설

● 네이비 씰(Navy SEALs) → 베트남 전쟁 중이던 1962년에 창설된 미 해군 소속 특수 부대. 부대 명칭의 유래는 바다(SEA), 하늘(AIR), 지상(LAND)의 머리글자와 물개(seal)라는 중의적 의미. 그 이름 그대로 수상이나 육상에서는 물론, 공수 작전까지 수행할 수 있는 부대로, 미국의 국익이 걸려 있는 전쟁이나 특수 작전에 종사하고 있다.

험지에서 활약하는 유니크한 범용 궤도 차량

험지에서의 수송과 연락, 견인 등의 다양한 임무에 대응하는 범용 궤도 차량들은 언뜻 보기에 별 특징이 없어 보이나, 실은 상당히 독특한 구조를 지니고 있으며 쓰임새도 넓은 차량들이다.

● 도로가 없는 지형에서의 발이 되어 활약한 제 2 차 세계대전기의 소형 궤도 차량

들판이나 경작지까지 전장이 되었던 제2차 세계대전 당시의 유럽 전선에서는 도로가 아닌 지형에서도 사용할 수 있는 범용 궤도 차량이 사용되었다. 영국군의 경우, 전쟁 이전에 브렌 경기관총을 탑재한 「브렌건 캐리어」라는 이름의 소형 궤도 차량을 개발했다. 전투 임무 이외에도 수송 임무나 화포의 견인 등 다양한 용도로 사용되었기에, 아주 약간의 개량을 거쳐 「유니버설 캐리어」라고 이름을 변경, 1940년부터 양산을 개시했다. 전체적으로 얇은 장갑을 두르고 있었으나 천장이 없는 특징을 지닌 이 차량은 소형이면서도 최고 시속 48km의 준수한 기동력을 발휘했으며, 쓰임새도 매우 넓었기에 유럽 전선은 물론 태평양에서도 보병 지원용으로 요긴하게 사용되었다.

독일군에서는 오토바이의 앞바퀴를 달아 놓은 모양의 소형 반궤도 차량인 「케텐크라트 (Ketenkrad)」가 많은 활약을 보였다. 원래 이 차량은 공수부대용 소형 차량으로 개발되었으나, 일반적인 차륜형 차량이나 오토바이가 도저히 다닐 수 없었던 진창(라스푸티차)으로 악명 높았던 동부 전선 등지에서 정찰 임무나 수송 임무, 소형 하포의 견인 등으로 활약했다. 겉모습만 봐서는 오토바이처럼 전륜으로 조향을 실시했을 것이라 생각하기 쉬우나, 실제로는 전륜의 꺾임 각에 맞춰 궤도에 브레이크가 걸리는 구조로, 좌우 궤도의 속도 차이를 통해 방향 전환을 실시했다.

● 여름엔 습지 , 겨울에는 설원으로 변하는 나라만의 독특한 아이디어 , 연결 궤도 차량

전후에도 세계 각국에서는 도로가 없는 부정지용 소형 궤도 차량을 사용하고 있다. 그 중에서도 상당히 특이하다 할 수 있는 것이, 스웨덴에서 개발한 「Bv.206」이다. 작고 가벼운 2대의 차량을 연결한 구조에 폭이 넓은 궤도를 결합, 충분한 탑재 능력을 확보하면서도 접지압을 최소한으로 낮추는데 성공한 것이 특징인 이 차량은 수상 항행 능력까지 갖추고 있어, 국토의 대부분을 차지하는 호수와 습지대 및 산악 지형에서는 물론, 눈이 쌓인 설원에서도 병력과 화물을 운반할 수 있다. 스웨덴 이외에도 북유럽을 포함한 30여개 국가에서 채용했으며 대한민국 국군에서도 운용 중이다. 또한 영국에서는 이 차량을 베이스로, 해병 대용 병력 수송 장갑차인 「BvS10 바이킹」을 개발하기도 했다.

제2차 세계대전 당시 활약한 소형 범용 궤도 차량

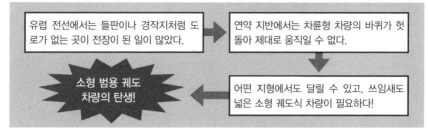

유럽 전선에서는 들판이나 경작지처럼 도로가 없는 곳이 전장이 된 일이 많았다.

연약 지반에서는 차륜형 차량의 바퀴가 헛돌아 제대로 움직일 수 없다.

어떤 지형에서도 달릴 수 있고, 쓰임새도 넓은 소형 궤도식 차량이 필요하다!

소형 범용 궤도 차량의 탄생!

케텐크라트
(독일 : 1941년)

36hp 엔진으로 시속 70km/h.

뒷좌석에는 2명이 승차.

오토바이와 같은 핸들이 달려있다.

트레일러나 소형 화포를 견인.

고무 패드가 달린 궤도.

핸들을 꺾는 각도에 맞춰 궤도에 브레이크가 걸리면서 방향을 전환.

다양한 지형에 대응 가능한 현대의 소형 범용 궤도 차량.

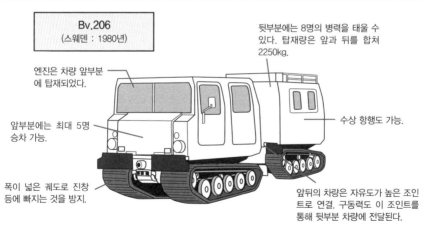

Bv.206
(스웨덴 : 1980년)

뒷부분에는 8명의 병력을 태울 수 있다. 탑재량은 앞과 뒤를 합쳐 2250kg.

엔진은 차량 앞부분에 탑재되었다.

수상 항행도 가능.

앞부분에는 최대 5명 승차 가능.

폭이 넓은 궤도로 진창 등에 빠지는 것을 방지.

앞뒤의 차량은 자유도가 높은 조인트로 연결. 구동력도 이 조인트를 통해 뒷부분 차량에 전달된다.

단편 지식

●**자위대의 범용 궤도 차량** → 일본의 자위대에서는 「자재 운반차」라고 하는 소형 범용 궤도 차량을 운용하고 있는데, 크기는 전장 4.3m, 중량 5t으로, 2명이 탑승하는 캐빈과 짐칸을 갖추고, 최대 3t 가량의 화물을 적재할 수 있다. 또한 2t의 무게까지 들어 올릴 수 있는 소형 크레인이 장비되어 있어, 산악 지대에서의 자재 운반이나 재해 지역에서의 각종 지원에 요긴하게 사용하고 있다고 한다.

연락과 지휘에 사용되는 군용 승용 차량

2차 대전 당시, 일본이나 독일에서는 군의 고급 장교가 후방에서 이동할 때나 전장에서 지휘용으로 사용할 수 있도록 험지 주행 능력을 갖춘 군용 승용차를 제작하기도 했다.

●험지에서의 주행 능력을 어느 정도 갖춘 군용 승용차

자동차의 보급이 시작하던 1910년대, 각국의 육군에서도 서서히 자동차를 도입하고 있었다. 시에는 아직 보병이 전선 부대의 중심이었지만, 장성을 비롯한 고급 장교의 이동이나 연락 임무 등을 시작으로, 자동차가 군의 장비로서 자리를 잡아가고 있었다. 제1차 세계대전이 발발할 무렵, 유럽에서는 자동차가 더 이상 진귀한 존재는 아니게 되었으나, 군에서는 주로 후방 임무에서의 사용이 중심이었으며, 그 대부분이 시판 차량을 그대로 채용한 것이었다.

1930년대에 들어서면서, 이제까지 수입 승용차를 채용하고 있던 구 일본 육군에서는 장래의 전장에 대비하여 자국산 승용차의 개발을 시작하게 되었다. 일본 육군에서는 만주 사변이나 상하이 사변 당시 수입 승용차를 투입했으나, 유럽과 달리 도로 사정이 매우 열악했던 중국 대륙에서의 주행 능력과 내구성의 부족이란 문제를 통감, 군에서 사용하기에 적합한 차량을 필요로 하게 되었다. 이러한 수요에 따라 탄생한 것이 바로 「93식 4륜 승용차」와 「93식 6륜 승용차」였는데, 그 중에서도 특히 후자는 험지 주행 능력이 높아 후방에서의 임무 뿐 아니라, 야전에서의 전선 지휘 차량으로도 널리 사용되었다. 또한 1937년에는 4륜구동으로 보다 높은 험지 주파 능력을 지닌 「98식 4륜 기동 지휘관차」가 채용되기도 했으며, 이외에도 후방에서의 고급 장교용 군용 승용차도 여러 종이 제작되었다.

이렇게 태평양 전쟁 이전부터 전쟁 중에 군용 승용차를 개발, 현재까지 명맥이 이어지고 있는 기업으로는 이스즈, 도요타, 닛산 등이 있다. 전후 일본 자동차 산업 부흥의 기초는 이러한 군용 승용차의 개발을 통해 어느 정도 닦여 있었던 셈이라 할 수 있다.

또한 독일의 경우에도 이른바 국민차로서 개발된 「폴크스바겐Typ1」을 베이스로, 엔진이나 구동 계통을 보다 강화한 군용 범용 차량인 「퀴벨바겐」이 탄생했다. 또한 퀴벨바겐의 차대 위에 폴크스바겐의 바디를 올린 「폴크스바겐 Typ82e」가 소수 생산되어 군용 승용차로 사용되기도 했다. 외견은 폴크스바겐과 거의 다를 바가 없지만, 차고가 약간 더 높으며, 퀴벨바겐과 동일한 주행 능력을 지닌 희소 차량이다.

일본 육군이 개발한 군용 승용차

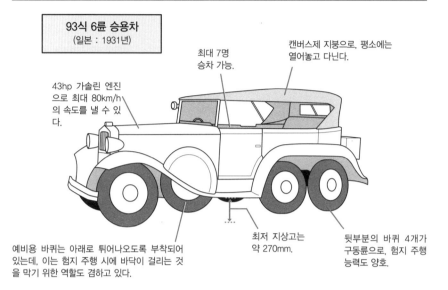

93식 6륜 승용차
(일본 : 1931년)

최대 7명 승차 가능.

캔버스제 지붕으로, 평소에는 열어놓고 다닌다.

43hp 가솔린 엔진으로 최대 80km/h의 속도를 낼 수 있다.

예비용 바퀴는 아래로 튀어나오도록 부착되어 있는데, 이는 험지 주행 시에 바닥이 걸리는 것을 막기 위한 역할도 겸하고 있다.

최저 지상고는 약 270mm.

뒷부분의 바퀴 4개가 구동륜으로, 험지 주행 능력도 양호.

소형 범용 차량의 차체에 세단형 바디를 얹은 군용 승용차

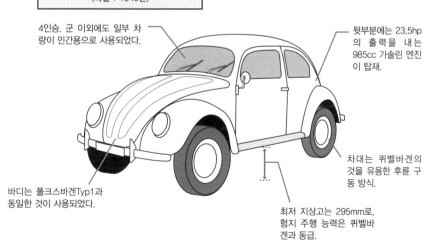

폴크스바겐 Typ82e
(독일 : 1940년)

4인승. 군 이외에도 일부 차량이 민간용으로 사용되었다.

뒷부분에는 23.5hp의 출력을 내는 985cc 가솔린 엔진이 탑재.

차대는 퀴벨바겐의 것을 유용한 후륜 구동 방식.

바디는 폴크스바겐Typ1과 동일한 것이 사용되었다.

최저 지상고는 295mm로, 험지 주행 능력은 퀴벨바겐과 동급.

단편 지식

● **전선까지 장병들을 태웠던 택시** → 제1차 세계대전 초기, 파리 북동부의 마른 강에 방어선을 구축한 프랑스 군은 장병들을 신속하게 전선에 투입해야만 했다. 이를 위해 파리 시내의 택시 약 600여대를 징발하여 하룻밤 사이에 2번 왕복하면서 6000여명이나 되는 장병들을 수송, 전선을 유지하는 데 성공했다. 자동차의 군사적 유용성을 증명한 첫 사례로 남게 되었다.

군용 트럭은 군대의 사역마

물자를 운반하는 트럭은, 무엇보다도 보급이 중요한 현대의 군사 작전에 있어 빼놓을 수 없는 차량이다. 2차 대전에서 그 진가를 발휘한 이래, 현재 전 세계적으로 활약하고 있다.

●육군의 병참선을 지탱하는 군용 트럭.

군대는 대량의 물자를 소비하는 집단이다. 특히 화포가 주력 무기의 자리에 올랐고 연료를 소비하는 차량이 사용되기 시작한 근대 이후, 병참선을 확보하는 것은 군사 작전에 있어 극히 중요한 요소가 되었다. 물자 보급이 끊기면 아무리 우수한 장비를 갖추고 있다 하더라도, 전투를 지속할 수 없기 때문이다. 그리고 이러한 보급을 책임지고 있는 것이 바로 군용 트럭이다.

자동차가 본격 실용화된 1910년대 이후, 군용 차량으로 가장 많이 생산, 사용되고 있는 것이 바로 화물을 운반하는 군용 트럭이다. 1차 대전에서는 유럽의 전장에서 후방 수송 임무에 트럭이 군용으로 사용되었으며, 일본군이 처음으로 실전에 차량을 참가시킨 것도 1차 대전 기간 중인 1914년의 일이다. 독일의 해군 기지가 있던 중국 칭다오 공략전에 자국산 시작 군용 화차(트럭)을 투입한 것이다.

군용 트럭이 본격적으로 진가를 발휘, 그 유용성을 증명한 것은 역시 제2차 세계대전일 것이다. 대전 초기, 전격전으로 유럽 대륙을 석권했던 독일군은 전차 이외에도 대량의 트럭을 투입, 물자와 병력을 수송했다. 보통 전격전이라고 하면 기갑 군단의 쾌속 진격을 연상하게 되지만, 이를 지탱했던 것은 「오펠 블리츠 Kfz.305」와 같은 군용 트럭의 기동력이었던 것이다.

한편 병참의 중요성을 이해하고 있었던 미군에서는 1941년에 「GMC CCKW」라는 트럭을 개발했다. 이 트럭은 2.5t의 적재 능력을 갖춘 6륜구동 차량으로, 화물을 적재한 상태에서도 높은 기동력을 발휘했다. 전쟁 당시에만 약 50만대 이상, 전후 생산분까지 합치면 80만대 이상이 생산되어, 연합군의 물량 공세를 지탱하는 사역마로 활약했다. 미군이 등장하는 2차 대전 관련 영화에서 단골처럼 출연해 많은 사람들의 눈에 익은 차량이기도 하다.

한편 일본군에서도 1933년에 개발한 「94식 6륜 자동 화차」나 민수 차량을 군용으로 개조한 「97식 4륜 자동 화차」를 사용한 바가 있었다.

군용 트럭으로 운반하는 것

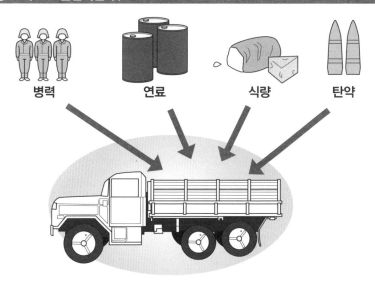

병력　　　　연료　　　　식량　　　　탄약

제2차 세계대전 당시 활약한 군용 트럭

GMC CCKW
(미국 : 1941년)

처음부터 군용 트럭으로 개발되어 견고한 차체와 높은 주행 성능을 갖추고 있었기에 대량으로 배치되었으며, 전후에는 민수 차량으로 사용되기도 했다.

91.5hp의 가솔린 엔진

윈치를 장비한
차량도 많았다.

최대 적재량 2.5t.

6륜 구동으로 주행 성능이
대단히 높았다.

단편 지식

● **일본 최초의 군용 차량** → 일본이 처음으로 개발한 군용 차량은, 메이지44년(1911년)에 시제 차량이 완성된 2종의 트럭이었다. 1.5t의 화물을 싣는 타입과 그보다는 약간 작지만 주행 성능을 보다 중시한 타입의 2종류로, 양호한 성적을 거두면서 그 후계로 개발된 차량이 1차 대전에 투입되었다.

현재의 군용 트럭

세계의 어느 군대를 막론하고 필수 존재가 된 군용 트럭은 그 목적에 따라 여러 크기의 차량이 채용되었다. 또한 야전에서의 화물 하역을 간편히 할 수 있는 고안도 이루어졌다.

●용도에 맞춰 여러 사이즈가 존재하는 자위대의 트럭

군용 트럭은 대개 처음부터 군에서의 사용을 전제로 전용 설계된 차량도 있으나, 민수 차량을 보강하거나 개조하여 군용으로 사용하는 차량도 다수 존재한다. 또한 사용 목적이나 적재량에 따라서도 소형에서 대형까지 여러 종류의 차량이 목적에 맞게 사용되고 있는 중이다. 이는 현재의 일본 자위대도 예외가 아니어서, 용도별로 3종류의 트럭을 운용 중이다.

자위대 전용 설계로 만들어진 트럭으로는 「1 1/2t 트럭(73식 중형 트럭)」이 있다. 차대나 엔진을 「고기동차」와 공통화(고기동차 배치 이후에 등장한 신형 기준)한 4륜구동 방식이다. 앞좌석에는 3명이 승차할 수 있으며, 최대 적재량은 약 2t, 후방의 짐칸에 최대 16명의 인원을 태울 수 있다.

「3 1/2t 트럭(73식 대형 트럭)」은 야지 기준으로 약 3.5t, 일반 도로에서라면 최대 6t의 적재 능력을 지니고 있으며, 구형 차량은 후륜 구동이지만 신형은 6륜구동 방식이다. 원래 민수 차량을 베이스로 개발되었으나, 내구성이 높기에, 견인 차량으로도 사용되고 있다.

그리고 가장 대형 차량으로는 「7t 트럭(74식 특대형 트럭)」이 있는데, 야지 적재량은 7t이지만 도로에서라면 최대 10t의 화물을 실을 수 있다. 이 또한 민수 차량 베이스이지만, 군에서 사용할 수 있도록 6륜구동으로 개량되었다. 이외에도 중량급 궤도 차량을 운반하기 위한 트레일러 타입 등이 존재한다.

●전장에서 화물을 한 번에 내리는 팰릿 적재 화물 시스템

현재, 미 육군이 사용하는 대형 오프로드 트럭은 HEMTT(Heavy Expanded Mobility Tactical Truck)으로, 8륜구동 타입과 10륜구동 타입이 존재한다. 이 가운데 10 × 10 타입 차량의 짐칸에 화물을 올린 팰릿을 탑재한 PLS(Palletized Load System, 팰릿 적재 화물 시스템)을 장비한 차량이 중동 등지에서의 전장에서 활약하고 있다. 아무 설비도 없는 야지에서도 대량의 화물을 팰릿 위에 적재된 상태에서 단시간에 내려놓을 수 있는 장비로, 현재 일본 자위대에서도 같은 방식의 PLS를 갖춘 특수 트럭을 새로 개발 중이라고 한다.

육상 자위대의 트럭

3 1/2t 트럭
(일본)

1973년에 도입된 이래, 베이스가 된 민수 차량의 모델 체인지에 따라 여러 베리에이션이 존재한다.

야지 기준 3.5t, 도로상에서는 최대 6t을 적재 가능.

엔진이 운전석 아래에 있는 캡 오버 방식.

6륜구동 방식으로, 견인 차량으로도 사용된다.

일본 육상 자위대의 주요 트럭

	사이즈 (전장×전폭×전고)	차체 중량	적재량 (야지) 적재량 (도로)	최고속도 km/h
1 1/2t 트럭 (73식 중형 트럭)	5.49m×2.22m×2.56m	3.04t	1.5t 2t	115km/h
3 1/2t 트럭 (73식 대형 트럭)	7.15m×2.48m×3.18m	8.57t	3.5t 6t	105km/h
7t 트럭 (74식 특대형 트럭)	9.34m×2.49m×3.16m	10.99t	7t 10t	95Km/h

※ 일본의 도로 교통법을 준수하기 위해, 차폭은 2.5m 이내로 맞춰져 있다.

야지에서도 신속하게 화물을 내릴 수 있는 팰릿 적재 화물 시스템

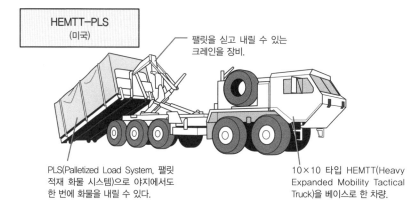

HEMTT-PLS
(미국)

팰릿을 싣고 내릴 수 있는 크레인을 장비.

PLS(Palletized Load System, 팰릿 적재 화물 시스템)으로 야지에서도 한 번에 화물을 내릴 수 있다.

10×10 타입 HEMTT(Heavy Expanded Mobility Tactical Truck)을 베이스로 한 차량.

단편 지식

● **민수 차량의 버전에 따라 겉모습도 달라진다?!** → 자위대에서 사용 중인 트럭은 민수 차량을 베이스로 한 것들이 많다. 때문에 그 원형이 된 트럭의 모델 체인지가 이루어지면, 이를 베이스로 한 차량들도 캡(운전석이 있는 앞부분)의 형상이나 엔진 등의 마이너 체인지가 이루어지며, 이 때문에 외형에도 조금씩 변화가 생기곤 한다.

특수 목적용으로 개발된 독특한 트럭

트럭 중에는 특수한 구조와 능력으로 요긴하게 사용되는 차량들도 존재한다. 여기서는 수륙양용 트럭인 「DUKW」와 산악 지대 등에서 크게 활약하는 「우니모크」를 소개하고자 한다.

● 바다 위를 달리는 트럭, 「DUKW」

제2차 세계대전 당시, 유럽 대륙에의 상륙 작전을 예정하고 있던 미군에서는 물자나 병력을 상륙시킬 수 있는 수륙양용 트럭을 개발했다. 미군의 표준 트럭인 「CCKW」의 엔진과 구동 계통을 그대로 유용, 배 모양의 차체에 이를 얹어 완성한 것이 바로 「DUKW」이었는데, 육상에서는 6륜구동 트럭으로 2.5t의 화물이나 25명의 병력을 운반할 수 있었으며, 수상에서는 차체 뒷부분에 장비된 스크루를 통해 10km/h의 속도로 항행, 최대 5t의 화물을 실을 수 있었다. 또한 해변과 같은 연약 지반에서도 주행할 수 있도록, 처음으로 타이어의 공기압을 조절하는 장치를 갖추는 등의 여러 고안이 들어가기도 했다.

첫 실전 투입은 1943년 6월에 실시된 시칠리아 상륙 작전으로, 물자 보급이나 부상병의 후송 임무 등에서 그 유용성을 증명, 같은 해 9월의 이탈리아 본토 살레르노 상륙에서는 150대, 1944년 노르망디 상륙작전에서는 1000대 이상이 투입되어, 연합군 상륙 작전의 주력을 맡기도 했다. 또한 상륙 이후에는 일반적인 트럭과 동일하게 육상 수송 임무에도 투입, 도하 작전 등에서 활약하는 등, 넓은 쓰임새로 높은 평가를 받았다. 모두 합쳐 21000대가 생산되었으며, 이후 한국 전쟁에도 투입된 바가 있다.

● 도로가 없는 험지와 산악 지형에서 활약하는 「우니모크」

독일의 메르세데스 벤츠에서는, 전쟁이 끝난 지 얼마 되지 않은 1946년에 농업용 다목적 차량으로 「우니모크(Unimog)」를 개발했다. 이 차량의 최대 특징은 거친 사용에도 견딜 수 있는 견고한 차체와, 4륜구동 차체에 주 변속기외에도 2개의 보조 변속기를 갖췄다고 하는 점인데, 후기 생산 차량의 경우, 무려 27단 변속이 가능할 정도이며, 40~45도 이상의 경사도 올라갈 수 있는, 차륜형 차량으로서는 실로 경이로운 험지 주행 능력을 갖추고 있다. 1950년대에 스위스 육군에서 산악용 트럭으로 채용한 이래, 본국인 독일을 포함 세계 여러 국가에서 사용하고 있다. 또한 「우니모크」를 베이스로 하는 장갑차나 자주포까지 개발되었으며, 민간용 특수 작업 차량으로도 많은 수요가 있어, 수차례의 모델 체인지를 거쳐 현재도 계속 생산되고 있다.

미국이 만든 수륙양용 트럭

DUKW
(미국 :1942년)

군용 트럭인 CCKW와 동
일한 91.5hp 가솔린 엔진
탑재.

육상에서는 최대 25명의 인원
이나 2.5t의 화물을 적재. 수상
에서는 5t까지 적재 가능했다.

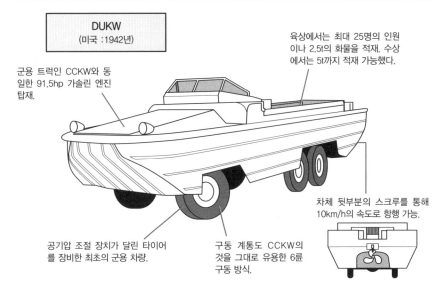

공기압 조절 장치가 달린 타이어
를 장비한 최초의 군용 차량.

구동 계통도 CCKW의
것을 그대로 유용한 6륜
구동 방식.

차체 뒷부분의 스크루를 통해
10km/h의 속도로 항행 가능.

산악지대나 도로가 없는 지형에서 위력을 발휘하는 우니모크

유니모크 404S
(독일 : 1955년)

404s는 시판 차량을 베이스로 하여, 독일 연방군용으로 개조한
모델.

80hp 가솔린
엔진을 탑재.

최대 적재량은
1.5t.

4륜구동으로 전진 6단, 후진 2단인 주
변속기에 더해 2단 보조 변속기의 조합
으로 최대 45도의 경사도 오를 수 있다.

40cm에 달하는 최저 지상고 덕분에
장애물을 쉽게 넘어갈 수 있다.

●**일본에서 타볼 수 있는 「DUKW」** → 미군의 경우, 「DUKW」를 1960년대까지, 그리고 그 외 국가에서는 1980년대까지
사용했는데, 군의 불용 장비가 된 차량들은 민간에 불하되어 재해 구조나 관광 등의 목적으로 사용되고 있다. 일본에도
이렇게 민간 소유가 된 차량이 2대 존재하는데, 현재 고베항의 수륙양용 관광 차량으로 이용되고 있다고 한다.

전차를 운반하는 대형 트레일러

전차 등의 궤도 차량은 장거리 이동에 적합하지 않으며, 무리한 이동은 고장의 원인이 된다. 이런 이유 때문에 보통은 전용 운반 차량을 통해 전장으로 이동하는 방식으로 운용된다.

●전차의 장거리 수송에 있어 빼놓을 수 없는 차량

현대 지상전의 주역이라 할 수 있는 전차이지만, 가장 뼈아픈 점은 장거리 이동이 어렵다고 하는 점이다. 이는 전차뿐만 아니라, 궤도 차량 전반의 문제로, 이들 차량이 이동할 때에는 궤도는 물론 구동 계통에도 대단히 큰 부하가 걸리기 때문에 장거리 이동 시에는 궤도가 끊어지거나 구동 계통에 고장이 발생하는 등의 문제가 빈발하기 쉬우며, 중량급 궤도 차량이 도로 위를 주행하게 되면 노면 파손의 위험이 높다는 것 또한 큰 문제이다.

육상에서의 장거리 이동에는 철도 운송(No.101 참조)을 많이 이용하지만, 철도 노선이 없는 경우도 존재한다. 그래서 제2차 세계 대전부터 대형 견인 차량과 트레일러로 전차를 운송하기 시작했다. 독일의 경우, 「Sd.kfz.9」라는 18t의 견인 능력을 갖춘 하프트랙을 사용했는데, 반면 미국에서는 240hp의 출력을 낼 수 있는 「M26 트랙터」에 40t가량을 적재 가능한 트레일러를 결합, 그 특유의 모습 때문에 '드래건 웨건'이라는 별명으로도 불리는 「M25 전차 수송차」를 사용했다. 또한 영국군에서도 「스캠멀 전차 수송차(Scammell Tank Transporter)」를 개발, 운용했다.

전후, 전차 수송차는 군의 필수 장비 가운데 하나로 자리를 잡았으나, 이러한 체급의 중량급 수송 차량을 독자 개발할 수 있는 국가는 대단히 한정되어 있는데, 현재는 미국, 영국, 독일, 러시아, 스웨덴, 중국, 일본, 대한민국 정도이다. 또한 전차의 중량이 점차 증가하면서 전차 수송차도 성능을 향상시킬 필요가 있었다. 일본의 경우, 원래 38t인 「74식 전차」를 수송하기 위해 「73식 특대형 세미 트레일러」를 도입했지만, 이후 50t의 중량을 지닌 「90식 전차」가 등장하면서, 새로이 「특대형 운반차」를 개발했다.

실전에서는 이러한 전차 수송차의 존재가 전쟁의 승패를 가른 경우도 존재한다. 1967년에 발발한 제3차 중동전쟁 당시, 이스라엘군이 보유 전차와 동수의 전차 수송차를 운용했던 것과 달리, 아랍 연합군에서는 이를 거의 보유하고 있지 않았다. 때문에 전장에 도착할 때까지 아랍 측의 전차 가운데 1/3이 고장으로 탈락, 나머지 차량도 여러 고장에 시달리는 상태였는데, 이스라엘군이 압승을 거둔 데에는 이러한 요인도 큰 몫을 했다고 한다.

전차를 운반하는 전차 수송차가 필요한 이유는?

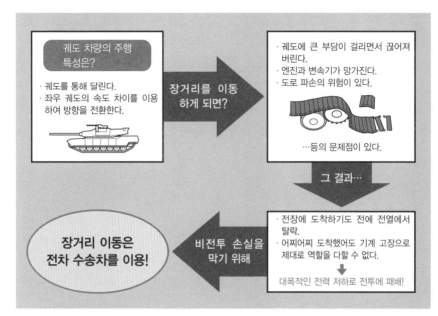

궤도 차량의 주행 특성은?

· 궤도를 통해 달린다.
· 좌우 궤도의 속도 차이를 이용하여 방향을 전환한다.

장거리를 이동하게 되면?

· 궤도에 큰 부담이 걸리면서 끊어져 버린다.
· 엔진과 변속기가 망가진다.
· 도로 파손의 위험이 있다.

…등의 문제점이 있다.

그 결과…

· 전장에 도착하기도 전에 전열에서 탈락.
· 어찌어찌 도착했어도 기계 고장으로 제대로 역할을 다할 수 없다.

대폭적인 전력 저하로 전투에 패배!

비전투 손실을 막기 위해

장거리 이동은 전차 수송차를 이용!

대형 전차를 운반하는 전용 차량

특대형 운반차
(일본 : 1990년)

전장: 17000mm   전고 : 3150mm
전폭 : 3490mm   중량 :21t

50t인 90식 전차를 수송 가능.

535hp의 출력을 낼 수 있는 디젤 엔진을 통해 60km/h의 속도로 주행 가능.

전차를 싣게 되면, 총 중량이 70t에 달하기에, 노후 교량과 같이 지나갈 수 없는 곳도 존재하므로 주의할 필요가 있다.

단편 지식

● **걸프 전쟁 당시 수량이 부족했던 전차 수송차** → 1991년 걸프 전쟁 당시, 미군은 대량의 전차를 중동에 투입했는데, 전차 수송차의 수량이 압도적으로 부족하다는 문제를 안고 있었다. 때문에 민간 차량은 물론, 주변국에서도 차량을 끌어모아야만 했다. 결국 전쟁 종반의 사막전에서는 전차 부대가 자체적으로 정비를 하면서 자력으로 장거리를 이동, 전투를 수행했다.

No.075

고장이 발생한 차량을 회수하는 구난 차량

고장이 난 전투 차량은 회수하여 후방에서 수리를 받아야만 하는데, 이 때문에 각국의 군에는 중장갑 차량을 견인, 회수하여 수리나 기타 정비를 실시할 수 있는 구난 차량이 배치되어 있다.

●구난 전차는 주력 전차의 차체를 베이스로 제작된다

전장에서 고장을 일으키거나, 적의 공격으로 파손된 전차나 장갑차는 회수되어 수리를 받게 된다. 하지만 중량이 많이 나가는 전차를 회수하는 차량에는 전차와 동급의 험지 기동 능력과 강력한 힘이 필요하다. 때문에 전차를 회수하기 위한 구난 전차는 주력 전차와 같은 차체를 베이스로 하며, 대다수의 차량은 여기에 윈치나 크레인 등의 장비를 탑재하고 있다.

예를 들어 일본 육상 자위대의 경우, 역대 주력 전차의 차체를 이용한 구난 전차가 만들어졌는데, 「61식 전차」의 자체를 베이스로 한 「70식 전차 회수차」(두 차종 모두 현재는 퇴역 상태), 「74식 전차」를 베이스로 한 「78식 전차 회수차」, 「90식 전차 회수차」를 베이스로 만들어진 「90식 전차 회수차」가 있으며, 현재 가장 최신 차량인 「10식 전차」를 베이스로 하는 「11식 전차 회수차」가 등장한 상태이다. 각 차량은 베이스가 된 주력 전차를 견인할 수 있는 능력을 지닌 윈치와 윈치를 사용할 때 차체가 딸려가지 않도록 지면에 박는 용도의 도저 블레이드를 갖추고 있어 수렁 등에 빠진 전차를 끌어 올릴 수 있다. 또한 전차의 포탑이나 파워팩을 들어 올릴 수 있는 크레인을 장비하고 있어 전차의 회수뿐만 아니라 전장에서의 수리 및 정비에도 활용할 수 있다.

●다양한 차량을 견인하는 군용 견인차

구난 전차 이외에도 고장이 발생한 차륜형 차량을 견인하는 군용 견인차도 존재하는데, 현대 일본 자위대에서는 각기 다른 견인 능력을 지닌 3종의 견인차를 운용하고 있다. 우선 4.8t의 무게를 들어 올릴 수 있는 크레인과 견인용 윈치를 장비한 「경 레커」가 있는데, 이 차량은 차량을 보유하고 있는 모든 부대에 지원 장비로 배치되어 있다. 그리고 이보다 좀 더 대형인 「중 레커」에는 10t의 무게를 들 수 있는 크레인이 장비되었으며, 차량의 견인뿐 아니라 전차나 장갑차의 포탑 또는 엔진의 교환에도 사용된다. 마지막으로 대형 장갑차 등을 견인하는 최대의 장비가 바로 「중장륜 회수차」로, 이 차량은 8륜구동 방식의 대형 차체에 12t의 무게를 들어 올릴 수 있는 대형 크레인과, 15t의 견인 능력을 지닌 윈치를 갖추고 있다.

전차 등의 장갑 차량을 회수하는 구난 전차

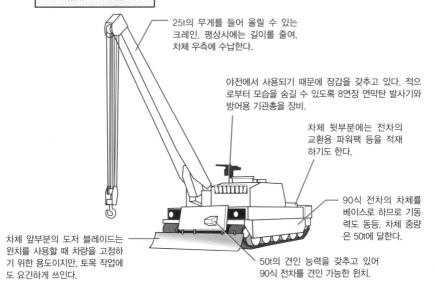

90식 전차 회수차
(일본 : 1990년)

25t의 무게를 들어 올릴 수 있는 크레인. 평상시에는 길이를 줄여, 차체 우측에 수납한다.

야전에서 사용되기 때문에 장갑을 갖추고 있다. 적으로부터 모습을 숨길 수 있도록 8연장 연막탄 발사기와 방어용 기관총을 장비.

차체 뒷부분에는 전차의 교환용 파워팩 등을 적재하기도 한다.

90식 전차의 차체를 베이스로 하므로 기동력도 동등. 차체 중량은 50t에 달한다.

차체 앞부분의 도저 블레이드는 윈치를 사용할 때 차량을 고정하기 위한 용도이지만, 토목 작업에도 요긴하게 쓰인다.

50t의 견인 능력을 갖추고 있어 90식 전차를 견인 가능한 윈치.

차륜형 차량을 회수하는 군용 견인차

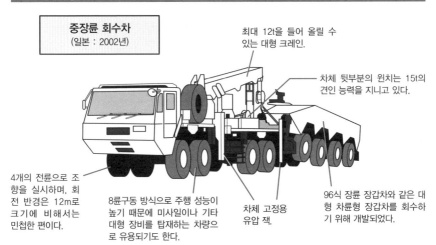

중장륜 회수차
(일본 : 2002년)

최대 12t을 들어 올릴 수 있는 대형 크레인.

차체 뒷부분의 윈치는 15t의 견인 능력을 지니고 있다.

4개의 전륜으로 조향을 실시하며, 회전 반경은 12m로 크기에 비해서는 민첩한 편이다.

8륜구동 방식으로 주행 성능이 높기 때문에 미사일이나 기타 대형 장비를 탑재하는 차량으로 유용되기도 한다.

차체 고정용 유압 잭.

96식 장륜 장갑차와 같은 대형 차륜형 장갑차를 회수하기 위해 개발되었다.

단편 지식

● **전차 회수 능력이 높았던 독일군** → 제2차 세계대전기의 독일군에서는 전쟁 초기, 「18t 하프트랙」을 전차의 회수에 사용했으나, 견인 능력의 부족이 드러나게 된 대전 후기에는 「V호 전차」의 포탑을 제거한 「베르게판터」라는 이름의 구난 전차를 투입, 많은 수의 전차를 회수하여 후방에서 수리한 뒤, 다시 전장에 투입했다.

연료를 운반하는 탱크로리

차량을 사용하기 시작한 제1차 세계대전 이래, 군의 운영에 있어 연료의 보급은 필수적인 것이 되었는데, 전용 탱크로리나 연료 용기를 탑재한 트럭이 보급에 사용되었다.

●군의 작전 행동을 좌우하는 연료 보급

기계화된 군대의 장비는 연료를 필요로 한다. 따라서 전투를 장기간 지속하기 위해서는 연료의 보급이 필수불가결한 일이 된다. 군대의 기계화가 처음 진행되었던 제1차 세계대전 중, 프랑스 육군은 기계화된 부대에의 연료 조달과 수송을 담당하는 「육군 연료부」라는 이름의 조직을 발족시켰는데, 이 부서는 현재도 존재하고 있으며, 또한 세계 각국의 군대에도 같은 업무를 담당하는 부서가 있다.

연료는 선박(탱커)이나 열차로 수송된 뒤, 수송 차량에 옮겨져 전선 부대까지 수송된다. 수송 방법으로는 연료를 용기에 나눠 담아 트럭으로 운반하는 방법과, 아예 전용 연료 보급 차량(탱크로리)으로 운반하는 경우가 있다.

전장에서 사용되는 연료 용기로는 약 $200\,\ell$ 의 연료를 담을 수 있는 드럼통과 $20\,\ell$ 전후의 용량을 지닌 제리캔이 있다. 제리캔은 2차 대전 당시, 독일군이 사용했던 소형 용기로, 전장에서 펌프 등을 사용하지 않고 인력으로 직접 주유하기에 알맞은 사이즈였는데, 이 용기의 편리함에 주목한 미군과 영국군에서도 이를 도입, 현재는 전 세계적으로 널리 사용되고 있다.

한편 제2차 세계대전기에는 미국의 수송 트럭인 「GMC CCKW」나 독일의 「오펠 블리츠 Kfz.305」 등을 베이스로 한 탱크로리 사양의 차량이 만들어져, 연료의 수송과 보급을 담당했다. 또한 도로가 없어 트럭이 다니기 어려운 곳에서는 궤도식 견인 차량에 연료 트레일러를 연결, 전차 부대와 동행하며 연료를 공급하기도 했는데, 경우에 따라서는 전차로 연료 트레일러를 견인하는 일도 종종 있었다.

군용 탱크로리는 현재도 널리 사용되고 있는데, 일본 육상 자위대의 경우, 5100kg의 연료 탱크를 장비한 「3 1/2t 연료 탱크차」를 운용하고 있다. 이밖에도 비행장에서 항공기용 연료를 보급하는 차량으로는 전용 탱크로리가 사용되는데, 처음부터 비행장 내에서 사용할 것을 전제로 만들어졌기에 주행 성능에는 크게 신경을 쓰지 않은 채, 대형 탱크를 갖추는 쪽에 중점을 맞춰 설계된 것이 특징이다. 또한 항공 연료용 탱크로리에는 펌프나 급유 호스 등의 보급 장비가 갖춰져 있다.

연료를 운반하는 탱커

GMC CCKW 연료 수송차
(미국 : 1942년)

2개로 분리된 연료 탱크에는
합계 750갤런(약 2840ℓ)의
연료가 들어간다.

베이스 차량은「CCKW 트럭」
그대로이며, 6륜구동 방식으
로 기동력도 우수하다.

전장에서 사용되는 연료 용기

수동식 펌프로 연료를
빨아올린다.

독일군이 개발한 제리캔은 2장의 강판을
프레스 가공한 뒤, 용접하는 방식으로 만
들어지기에 대량 생산이 용이하다. 보통,
20ℓ 들이가 표준으로, 음용수의 운반에
도 사용되었다.

표준적인 드럼통의
용량은 200~220ℓ

단편 지식

● **수송과 취급이 용이한 경유** → 군용 연료로는 주로 가솔린과 경유의 두 종류가 가장 많이 쓰이고 있다. 가솔린의 경우
휘발성이 강하며 폭발하기 쉬워 취급에 상당한 주의가 필요하다. 이와 달리 경유는 폭발의 위험성도 낮고 수송하기도
편리하다. 2차 대전기와 그 이후의 소련제 전차들이 차체 뒷부분에 보조 연료탱크로 드럼통을 올려놓고 있는 것은 경
유를 사용하기 때문에 가능한 것이다.

공병 부대에서 사용하는 토목 건설 기계

도로나 교량의 건설과 정비 등, 인프라를 구축하는 작업은 공병대의 중요 임무로, 민수용 토목 건설 기계와 같은 장비가 군대에서도 사용되고 있다.

●공병대의 기술력이 전선을 뒷받침한다

공병대의 역사는 실로 오래되었다. 그 기원을 찾아보자면, 기원전의 고대 로마 제국으로 까지 거슬러 올라갈 수 있다. 로마 제국의 상징이라 할 수 있는 군단병들이 높은 전투 기술을 지닌 숙련병이었으며, 동시에 토목 공사의 프로페셔널이라고 하는 것은 익히 잘 알려진 사실이다. 실제로도 로마를 중심으로 유럽 각지를 연결하는 로마 가도의 대부분은 로마의 군단병들이 그 기초를 닦은 것이다. 하천에 가설된 교량이나 숙영지나 진지를 쌓는 공사 등, 그들의 높은 토목 건설 기술은 로마 군단의 강력한 무기 가운데 하나라 할 수 있었다.

이후 유럽에서는 16세기경에 토목 작업을 담당하는 전문 공병이 탄생했으며, 전투 부대를 지원하는 존재로 활약했다. 그리고 2차 대전기에는 불도저 등의 토목 건설 기계가 도입되면서 커다란 변혁이 일어났다. 특히 일찍부터 공병 부대의 기계화가 추진되었던 미군의 경우, 파괴된 비행장을 단시간에 복구하는 등, 전장의 승패를 좌우할 정도의 활약을 보이기도 했다.

현대의 공병 부대에서는 여러 종류의 토목 건설 기계가 사용되고 있는데, 그중에서도 불도저를 비롯하여 굴삭기나 버킷로더와 같이 땅을 파거나 고르는 작업에 사용되는 차량들은 정말 필수적인 차량들이라 할 수 있으며, 또한 여기에 도로를 고르게 다지는 그레이더나 로드롤러 등, 도로 건설용 토목 기계도 꼭 필요한 차량들이다. 이외에도 크레인 차량이나 덤프트럭, 그리고 좀 독특한 장비로 터널 굴삭기 등을 장비하고 있기도 하다. 이러한 토목 건설기계들은 민수품을 그대로 도입, 여기에 군의 제식 도장을 한 것이 대부분이다.

공병이 활약하는 곳은 전장뿐만이 아니다. 후방에서의 여러 지원 활동이나 인프라 시설의 정비 또한 공병부대의 중요 임무 가운데 하나이기 때문이다. 도로나 교량과 같은 교통 인프라 시설의 건설과 정비는 보급로의 확보에 있어 반드시 필요한 일이며, 경우에 따라 시설의 건설 등에 종사하기도 한다. 또한 근래 들어서는 자연 재해가 발생한 지역의 복구 지원이나 **PKO 파견**으로 분쟁 지역의 인프라 정비 등의 임무도 중요시되고 있는데, 이런 임무의 주역 또한, 바로 공병 부대이다.

공병 부대의 발달과 기계화

● 로마 제국의 군단병
전투의 프로이면서 동시에 토목 공사의 프로. 도로나 교량을 건설하면서 전투에 임했다.

● 16세기경의 유럽
도로 건설이나 요새 축성을 전문으로 하는 공병의 탄생. 전투 부대와 분리 운용되었다.

● 제2차 세계대전에서 이뤄진 공병의 기계화
불도저 등의 토목 건설 기계를 도입, 신속한 진지 구축이나 보수가 가능하게 되었다.

● 현대의 공병
다양한 토목 건설 기계를 장비하고 재해 복구나 PKO 파견 임무에서도 활약.

현대의 공병 부대가 장비한 토목 건설 기계

불도저

2차 대전기에 미군이 대량으로 도입, 큰 성과를 거두었다. 현재도 진지 구축이나 시설 복구에 있어 빼놓을 수 없는 장비. 민수품을 그대로 사용하는 경우가 많다.

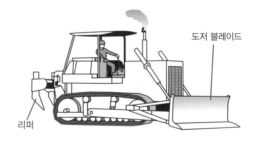

도저 블레이드

리퍼

굴삭기

일러스트는 일본의 육상 자위대용으로 개발된 「엄폐굴삭기(掩体掘削機)」로, 민수품을 개량하여 만든 전용 장비이다.

암의 중간 부분이 360도 회전, 버킷의 방향을 자유로이 바꿀 수 있다.

이 부분이 좌우로 기울어지면서 항상 수평을 유지할 수 있도록 되어있다.

용어 해설

●PKO 파견 → UN, 즉 국제 연합의 평화 유지 활동으로, UN 안전 보장 이사회의 결의에 따라 파견된다. 일본 자위대의 경우, 1992년에 캄보디아에 파견된 것이 첫 파병으로, 이때 파견 부대의 중심이 된 것은 600명 규모의 시설과(타국의 공병에 해당) 부대였다. 해당 부대는 현지에서의 인프라 정비로 높은 평가를 받았다. 일본의 PKO에서 앞장선 것이 공병이었던 것이다.

전투 공병이 전장에서 사용하는 전투 공병 차량

최전선에서 싸우는 전투 부대를 지원하는 전투 공병. 전장에서의 토목 작업이나 폭파 작업 등을 실시해야 하는 이들을 위해 고안된 것이 바로 전투 공병 차량과 장갑 불도저이다.

● 총탄이 빗발치는 최전선에서 활약하는 전투 공병 차량

최전선에서의 진지 구축은 전통적으로 전투 부대와 동행하는 공병의 임무다. 적의 진지를 공략할 때, 부대의 선두에 서서 흙으로 쌓아올린 구조물이나 토치카 등을 파괴하거나 제거, 경우에 따라서는 폭파 작업을 수행하기도 한다. 이렇게 전투 부대의 직접 지원을 실시하는 공병 부대를 특별히 가리켜 전투 공병이라 부르는데, 이들은 적진지의 공략이나 거점의 파괴 등에 있어 빠질 수 없는 중요한 존재들이다.

공병 부대에 있어 다양한 건설 작업을 실행하는 토목 건설 기계(No.077 참조)는 필수 장비로, 그 중에서도 특히 많이 이용되는 것이 바로 도저 블레이드가 달린 궤도 차량, 불도저였다. 제2차 세계대전 당시 미군의 저력은 「눈 깜짝할 새에 토목 작업을 끝내는 불도저에 있다」라는 말이 나올 정도로 불도저는 활용도가 높은 토목 건설 기계였다.

2차 대전 후반에 들어서면서, 총탄이 어지러이 교차하는 최전선에서도 작업이 가능하도록 전차의 차체 앞부분에 도저 블레이드를 장착한 차량이 개발되었다. 이것은 현재도 널리 사용되고 있는 아이디어로, 전차 부대에는 주력 전차에 도저 블레이드를 장착한 차량이 일정 수량 배치되어 있으며, 토치카와 같은 진지나 방어 구조물의 파괴에 적합한 대구경포로 주포를 교체한 공병용 특수 차량도 존재한다. 이와 같이 공병 부대에서 사용할 목적으로 만들어진 전투 차량을 전투 공병 차량(CEV, Combat Engineer Vehicle)이라 부르고 있다.

또한 이와 반대로 불도저에 장갑을 설치한 장갑 불도저도 개발되었다. 민수용 차량과 특히 명확하게 구분되는 점이라면 장갑의 유무에 더해 높은 기동력을 갖추고 있다는 점으로, 현대의 장갑 불도저는 전투 부대의 이동을 따라갈 수 있도록 시속 50km/h 전후의 속도를 낼 수 있으며, 상당한 항속 거리를 지니고 있는 등, 상당한 기동력을 발휘할 수 있다.

현대의 전투 공병 차량은 도저 블레이드뿐 아니라, 커다란 버킷 암을 장비한 차종도 다수 존재한다. 이 버킷 암은 최전선에서도 유용하게 쓰이고 있는데, 구덩이나 호를 파서 참호 및 전차호를 구축하는 외에도, 적이 설치한 장애물을 무너뜨리거나 크레인 대용으로도 사용되는 등, 그 용도가 매우 다양하기 때문이다.

최전선에서 활동하는 전투 공병의 임무와 전용 차량

진지의 구축

참호와 같이 아군이 엄폐를 실시할 수 있는 진지를 파고, 바리게이트나 지뢰 지대를 설치하며, 전차호를 파는 등 방어 시설을 구축한다.

전투 공병 차량

적진지의 파괴

적진지를 무너뜨리고, 장애물을 폭파 등의 방식으로 제거, 아군의 진격 루트를 개척한다.

지뢰 제거 장치

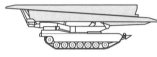

적 지뢰의 제거

지뢰를 유폭시켜 지뢰 지대 돌파를 위한 경로를 만들어낸다.

교량 전차

교량

적진지의 대전차호나 하천 등의 장애물을 극복할 수 있도록 임시 교량을 설치한다.

현대의 전투 공병 차량

시설 작업차
(일본 : 1999년)

작업 중에 몸을 숨길 수 있는 연막탄 발사기.

조종수와 조작수의 2명으로 조작.

도저 블레이드.

버킷암은 크레인 기능도 겸하고 있다.

총탄의 직격은 물론, 포탄의 파편도 방어할 수 있는 장갑.

시속 50km/h의 속도로 주행할 수 있어, 아군 부대와 함께 행동 가능하다.

단편 지식

●**공병 부대에서 취급한 화염 방사 전차** → 제2차 세계대전 당시, 각국에서는 전차를 개조하여, 화염 방사기를 탑재한 화염 방사 전차를 사용했는데, 이들 대부분은 전투 공병이 운용했다. 하지만 사거리가 짧다는 문제가 있어 전후에는 거의 도태되었으며, 현재는 인도적 비판 등의 문제도 있어 화염 방사기는 전투에 거의 사용되지 않고 있다.

지뢰를 유폭시켜 제거하는 특수 차량

땅 속에 매설되어 있는 지뢰는 군용 차량의 천적이다. 때문에 군에서는 이를 처리하기 위한 특수 장비를 갖춘 차량을 개발, 적의 지뢰를 폭파하여 제거하고 있다.

● 지뢰에 직접적인 자극을 주는 방식과 폭약으로 한 번에 폭파시키는 방식이 있다

전차 등의 기갑 차량을 파괴 또는 무력화할 목적으로 만들어진 대전차 지뢰(No.095 참조)는 일정한 압력이 가해지거나, 자기 반응을 감지하여 폭발하도록 되어 있다. 대개는 땅 속에 묻는 방식으로 설치하게 되는데. 일정 지역에 다수의 지뢰를 매설, 지뢰 지대를 만드는 것이 일반적인 운용법이다.

공격하는 쪽에서는 이렇게 설치된 지뢰를 처리하여 침공 루트를 확보할 필요가 있으나, 적 앞에서 이런 작업을 하는 것은 당연하게도 무척 위험한 일이다. 때문에 땅 속에 묻혀 있는 대전차 지뢰를 처리할 수 있도록 특수 장비가 고안되었다. 주력 전차의 앞부분에 지뢰 제거 장치를 부착하여 지뢰가 있을 것으로 추측되는 루트를 주행, 경로 상에 있는 지뢰를 유폭시켜 제거하는 방식이 있다. 여러 군용 차량들 중에서도 전차를 이용하는 이유는, 지뢰의 유폭은 물론 적의 공격에도 충분히 견딜 수 있는 장갑 방어력을 지닌 차량이기 때문이었다.

이런 지뢰 제거 장치에는 몇 가지 유형이 존재한다. 가장 단순한 방식으로 무거운 롤러나 강철제 타이어로 지뢰를 직접 밟아 폭발시키는 방식이 있으며, 거대한 쟁기를 달아 지면을 헤집어 엎으며 전진, 땅 속에 매설되어 있던 지뢰를 제거하는 타입도 널리 사용되고 있다.

이러한 지뢰 제거 장치는 어태치먼트를 이용하여 기존의 전차 앞부분에 부착하여 사용하는 타입도 있지만, 아예 지뢰 처리 전용의 차량을 개발하는 경우도 있다. 현재 미군에서는 전차 앞부분에 롤러의 압력으로 지뢰를 폭파시키는 마인 롤러와 쟁기 모양의 마인 플라우(Mine plow)라는 2종류의 장비를 조합하여 사용 중이다. 다만 이러한 방식은 지뢰를 유폭시켜 처리하는 방식이기에 상당한 위험이 따른다. 이러한 이유 때문에 전장 이외의 지역에서는 무선 조종으로 움직이는 **무인 지상 차량**(UGV, Unmanned Ground Vehicle)이 사용되기도 한다.

또한, 로켓 발사식 지뢰 지대 통로 개척 장비도 존재하는데, 이것은 로켓탄의 뒷부분에 다수의 폭약 블록이 붙어 있는 와이어를 연결한 것으로, 지뢰 지대에 낙하시킨 다음에 폭파, 일정 범위 내의 지뢰를 한꺼번에 유폭시키는 방식이다. MICLIC(Mine-Clearing Line Charge, 흔히 '미클릭'이라고 불린다.)이 가장 대표적 장비이며, 일본 자위대의 경우에는 「92식 지뢰원 처리차」에서 이와 비슷한 로켓탄을 사용하고 있다.

전차 앞부분에 장착하여 사용되는 지뢰 제거 장치

마인 롤러(Mine roller)

주력 전차의 앞부분에 장착하여 사용. 두터운 장갑을 갖춘 전차는 지뢰 유폭에도 견딜 수 있어, 최전선에서 적의 공격을 받으면서도 지뢰 제거 작업을 수행할 수 있다.

무거운 중량의 롤러로 밟아 유폭시키는 방식. 양쪽 롤러 사이에 늘어뜨린 쇠사슬은 자기 감응 지뢰에 유효하다.

마인 플로우(Mine plow/plough)

지면에 쟁기 날을 박아 넣은 뒤 전진, 땅속에 매설되어 있던 지뢰를 밖으로 노출시켜 치우는 방식이다.

투사형 지뢰 제거 장치

92식 지뢰원 처리차
(일본 : 1992년)

① 지뢰 지대를 향해 로켓탄을 발사한다.

② 로켓탄에서 26개의 폭약 블록이 달린 와이어가 펼쳐져 전개 된다.

③ 폭약이 연결된 와이어가 낙하하여 지면에서 폭발. 길이 300m, 폭 5m 범위 안의 지뢰를 유폭, 제거할 수 있다.

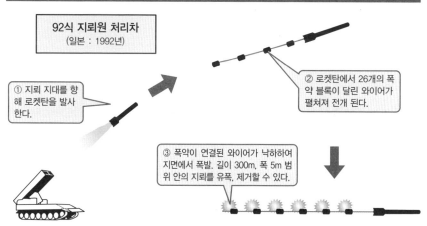

● **무인 지상 차량** → 21세기에 들어오면서, 이라크와 아프가니스탄 등지에서 많이 사용된 원격 조작식 IED를 제거하는 소형 무인 로봇 차량이 실용화되었다. 이 가운데 대표 격이라 할 수 있는 것이 「탤론 EOD」 로봇과 「iRobot 팩봇」으로 1m 정도의 소형 궤도 차량에 원격 조작용 암 등을 장비하고 지뢰나 폭탄 제거에 사용된다.

전장에 다리를 가설하는 교량 전차

교량 전차는 대전차호와 같은 장애물을 극복하기 위한 목적으로 개발, 운용되고 있다. 또한 한편 하천에서 짧은 시간 안에 부교를 놓을 수 있는 장비도 개발되어 있다.

●최전선의 장애물 위에 전차가 지나갈 길을 놓는다

전차가 처음 등장한 제1차 세계대전 이래, 전차의 저지 수단 가운데 하나로, 전차가 넘어갈 수 없을 정도의 폭을 지닌 대전차호를 파는 방법이 사용되어왔다. 여기에 대한 대책으로 영국군에서 생각해낸 것이 바로 나무 다발을 싣고 있다가 대전차호에 던져 넣어 호를 넘어가기 위한 발판으로 삼는 방법으로, 이는 교량 전차의 원조라고 할 수 있다.

이후 제2차 세계대전 중에는 본격적인 교량을 차체에 싣고 전장에서 가교를 부설하는 전용 차량이 개발되었는데, 독일군에서는 「Ⅳ호 전차」의 차체에 슬라이드식 가교를 실은 교량 전차나, 「Sd.kfz.251」과 같은 하프트랙에 다리를 얹은 장갑 공병 차량을 운용했다. 영국군에서는 「처칠 보병 전차」의 차체 앞부분에 올리고 내릴 수 있는 27m 길이의 가교를 장착한 「SBG 교량 전차」를 개발했다. 또한 구 일본 육군에서도 반으로 접을 수 있는 가교를 탑재한 전투 공병 차량인 「장갑 작업차 을(乙)형」을 개발, 최전선에서 전차나 전투 차량의 진로를 개척하는 임무에 사용했다.

현대의 각국 육군에서도 교량 전차를 운용 중이다. 최전선에서 사용할 수 있도록 장갑을 갖춘 궤도 차량을 베이스로 하며, 전개했을 때 보통 20m가 훨씬 넘는 교량을 탑재하고 있다.

●단시간 내에 폭이 넓은 하천에 부교를 설치하는 장비

폭이 넓은 하천을 도하하기 위해, 신속하게 교량을 설치할 수 있는 장비도 개발되어 있다. 현재 일본의 육상 자위대가 장비 중인 「07식 기동 지원교」는 교량을 부설하기 위한 가설차와 자재를 운반하는 차량(7t 트럭을 베이스로 함)을 합쳐 11대가 하나의 세트를 구성하며, 약 2시간 안에 전차도 다닐 수 있는 길이 60m의 다리를 설치할 수 있다.

또한 보다 넓고 유량이 많은 하천의 경우에는 플로트(교절)를 연결하여 그 위에 다리를 놓는 방식이 일반적이다. 자위대의 「92식 부교」는 14개의 교절과 유속이 빠른 곳에서 교절을 잡아주는 7척의 보트(교량가설단정)를 포함, 전부 합쳐 23대의 트럭이 1세트를 구성하며, 최대 104m의 부교를 3시간 이내에 설치할 수 있다.

최전선에 다리를 놓는 교량 전차

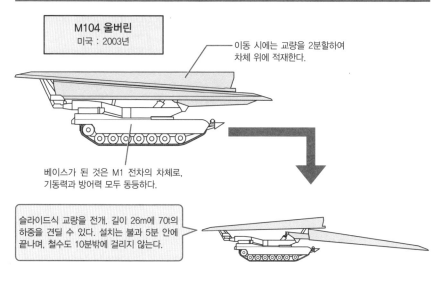

M104 울버린
미국 : 2003년

이동 시에는 교량을 2분할하여 차체 위에 적재한다.

베이스가 된 것은 M1 전차의 차체로, 기동력과 방어력 모두 동등하다.

슬라이드식 교량을 전개. 길이 26m에 70t의 하중을 견딜 수 있다. 설치는 불과 5분 안에 끝나며, 철수도 10분밖에 걸리지 않는다.

플로트를 연결하여 부교를 가설한다

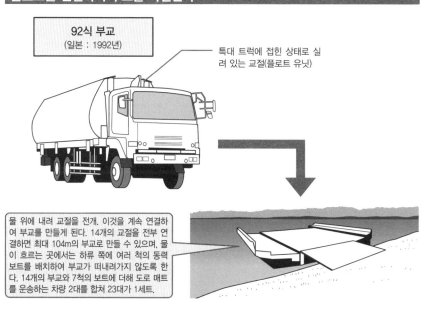

92식 부교
(일본 : 1992년)

특대 트럭에 접힌 상태로 실려 있는 교절(플로트 유닛)

물 위에 내려 교절을 전개. 이것을 계속 연결하여 부교를 만들게 된다. 14개의 교절을 전부 연결하면 최대 104m의 부교로 만들 수 있으며, 물이 흐르는 곳에서는 하류 쪽에 여러 척의 동력 보트를 배치하여 부교가 떠내려가지 않도록 한다. 14개의 부교와 7척의 보트에 더해 도로 매트를 운송하는 차량 2대를 합쳐 23대가 1세트.

용어 해설

● **차량 자체를 부교로 사용?!** → 2차 대전 이후 고안된 방식 가운데 하나로 수륙양용 차량의 차체를 부교처럼 사용하는 것이 있었다. 이것은 배 모양의 차량을 물 위에 띄우고 그 위에 교량을 얹어 사용하는 것이었다. 차체가 대형화되면서 도리어 효율이 떨어지고 운용이 까다로웠던 문제 때문에 현재는 사용되고 있지 않다.

보이지 않는 대량 살상 무기에 대처하는 화생방 정찰차

대량 살상 무기란 독가스 등의 화학 병기와 세균 및 바이러스 등의 생물학 병기, 그리고 핵병기와 방사능 무기를 일컫는 말로, 이들 무기가 사용된 환경에서 탐지 및 조사를 실시하는 것이 바로 화생방 정찰차이다.

●독가스 뿐 아니라 생물학 병기와 방사능에도 대처하는 화생방 정찰차

눈에 보이지 않는 살상 무기 독가스가 처음 실전에 사용된 것은 제1차 세계대전의 일이었다. 2차 대전 이후에는 핵병기의 등장에 따라 방사능 오염에 대한 대처가 상정되었으며, 여기에 세균, 바이러스 같은 생물학 병기 대응 능력도 필요로 하게 되었다.

화학 무기와 생물학 무기, 핵무기와 같이 눈에 보이지 않는 3종의 대량 살상 무기를 총칭하여 화생방 무기라 하며, 영어로는 NBC(Nuclear, Biological and Chemical weapons)라고 한다. 현대의 전차나 장갑차 대부분은 이들 화생방 병기가 사용된 환경에서도 행동 가능하도록 기밀성이 있는 구조와 양압 장치를 갖추고 있다.

독가스와 같은 화학병기를 탐지하는 기술은 2차 대전 때 발전했으며, 탐지장치를 차량에 탑재하여 사용했다. 이러한 차량은 전후에 화학전 차량으로 발전했다. 여기에 방사능과 생물학 병기를 추가한 화생방 상황에서 활동하며 그 영향을 탐지, 위험도를 조사하는 화생방 정찰차로 진화했다.

현대의 화생방 정찰차는 높은 기밀성과 함께 화생방 상황에서의 탐지 및 각종 조사를 실시할 수 있는 환경 센서를 장비하고 있으며, 차량 내부에 있으면서 표본 시료 등을 채집할 수 있는 특수 장비도 필수적으로 갖추고 있다. 현재 정식 배치된 주요 차량으로는 독일의 「M93 폭스」(Tpz Fuchs 6륜 장갑차 베이스), 미국의 「M1135NBCRV」(스트라이커 8륜 장갑차 베이스) 일본의 「NBC 정찰차」등이 대표적이며, 대한민국의 경우 2017년부터 K216의 뒤를 이을 신형 차량을 도입 예정이라고 한다.

대전 말기에 핵 공격을 받은 경험이 있는 일본에서는 1960년대에 「60식 장갑차」를 개조, 방사능과 화학 무기 검출 장치를 탑재한 「화학 방호차(초대)」를 개발했으며, 뒤이어 1985년에는 「82식 지휘 통신차」를 개조한 「화학 방호차(제2대)」를 장비했다. 최신예 차량인 「NBC 정찰차」는 생물학 무기에도 대응, 고도의 센서와 탐지, 조사 장치를 탑재하고 있기 때문에 대형이며, 기동력이 높은 8륜 장갑차로 처음부터 신규 개발되었다. 2010년부터 배치가 시작된 최신 장비인 이 차량은 핵폭발 시에 방출되는 중성자선에 대한 방호 대책도 아울러 갖추고 있다.

화생방 무기란?

| 화생방 무기 | 대량 살상 무기로 분류되며, 각종 국제법과 조약을 통해 엄격히 규제되고 있다!! |

 핵무기 · 방사능 무기 (Nuclear) 핵폭발을 이용한 핵무기(핵폭탄 등)는 이후 심각한 방사능 오염을 일으키기 때문에, 아예 핵물질 그 자체를 이용한 방사능 무기도 존재한다.

 생물학 무기 (Biological) 병원성 세균이나, 바이러스 등으로 사람이나 기타 생물을 노리는 대량 살상 무기. 세균이 만들어내는 독소도 생물학 무기에 포함된다.

 화학 병기 (Chemical) 독가스 등의 유독한 화학 물질을 이용한 무기. 사린이나 머스타드 가스, VX 가스등이 유명.

※ 핵폭발을 이용하는 핵무기(Nuclear)와 폭발 없이 핵물질만을 뿌리는 방사능 무기(Radioactivity)를 따로 구분하여 CBRN 무기라고 부르기도 한다.

화생방 상황에서 조사 임무를 수행하는 화생방 정찰차

NBC 정찰차 (일본 : 2010년)

차체 윗부분에는 화학 작용제 탐지 장치와 생물학 작용제 탐지 장치, 풍향 등을 탐지하는 환경 센서가 장비되어 있다.

자체 방어용 리모컨식 12.7mm 중기관총.

통신 기능도 충실.

차체 뒷부분에는 샘플 채취용 장비를 설치.

차체는 신규 개발된 8륜구동차. 전장 8m의 대형 차량이다.

통상적인 장갑에 더해, 출입문과 전방의 창문에도 중성자선에 대한 방어 대책이 이루어져 있다.

단편 지식

● 이외의 자위대 장비 → 자위대에서는 생물학 무기 전용으로 「생물 정찰차」를 2004년부터 소수 배치했는데, 기존의 「화학 방호차」와 이를 통합한 장비가 바로 「NBC 정찰차」이다. 이외에도 독가스의 확산 등의 감시를 실시하는 「화학 감시 장치」가 있는데, 이는 가스 테러 사건을 경험한 일본만의 독특한 체제이다.

화재 진압 및 제독 작업에 동원되는 차량들

화재 사고나 화학 무기 공격 등으로 피해를 입었을 때, 인명과 장비를 구하고 피해를 최소화하는 장비도 군에 있어 대단히 중요하다.

●연료 등의 특수 화재에 대비한 화학소방차

군이라는 조직은 탄약고나 유류 저장 시설과 같이 폭발성 물질과 가연성 물질을 취급하는 시설이 많기 때문에, 대형 화재에 대비한 여러 종류의 소방차가 배치되어 있다. 대부분이 민간용 장비를 유용한 것이지만 그중에는 군대만의 독특한 장비도 존재한다.

그중에서도 특수한 것이 유류 등의 특수 화재에 대응하는 화학소방차이다. 이 차량은 물만으로는 소화가 불가능한 화재에 대처하는데 빼놓을 수 없는 장비로, 화학소방차에는 유류 화재에 효과적인 액체 화학 소화제나 시판 소화기에도 사용되는 분말 화학 소화제 등을 사용한다. 예를 들어 일본 육상 자위대에서는 「액체 산포차」와 「분말 산포차」라는 2종류의 화학소방차를 장비하고, 화재 유형에 맞춰 대응하고 있다.

또한 공항이나 항공 기지 등에는 초대형 소방차가 배치되어 있는데, 이는 항공기 사고의 대부분이 이착륙 과정에서 발생하기 때문이다. 어디까지나 비행장 내부에서 사용되는 장비이므로 차량의 폭처럼 일반 도로에서의 주행을 위한 교통 법규의 규제를 고려할 필요가 없다. 따라서 일반적인 소방 차량보다 훨씬 큰 탱크를 갖추고 높은 소화 능력을 발휘하는 차량을 사용하고 있다. 현재 자위대의 항공 기지에서 「구난 소방차」로 운용되고 있는 중에서 가장 큰 차량은 미국 오시코시 코퍼레이션에서 제작한 「스트라이커」로, 12500 ℓ 용량의 물탱크와 850 ℓ 의 화학제 탱크를 갖추고 있다.

●오염을 씻어내는 제독용 차량

화학 약품으로 오염된 지역에서는 제독 작업을 통해 오염 물질을 씻어낼 필요가 있다. 때문에 군에선 제독 전용 차량을 배치해두고 있는데, 자위대에서 사용하고 있는 「제염차 3형 (B)」는 2500 ℓ 용량의 물탱크를 갖춘 살수 차량이다. 이 차량은 물을 뿌릴 때 수온을 45℃까지 올려 제독 효과를 더욱 높일 수 있으며, 오염된 장비나 차량을 씻어낼 수 있도록 고압 살수기가 달려 있다. 하지만 화생방 보호 장비를 갖추고 있지 않기 때문에, 승무원은 방호복을 착용한 상태로 제독을 실시해야만 한다.

군에서 사용되는 화학 소방차

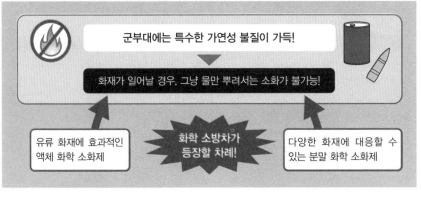

군부대에는 특수한 가연성 불질이 가득!

화재가 일어날 경우, 그냥 물만 뿌려서는 소화가 불가능!

유류 화재에 효과적인
액체 화학 소화제

화학 소방차가
등장할 차례!

다양한 화재에 대응할 수
있는 분말 화학 소화제

액체 산포차
(일본)

내부 탱크에는 2000ℓ의 물
과 액상 화학 소화제 1000ℓ
가 들어 있다.

제독 작업을 실시하는 전용 차량

제염차 3형(B)
(일본)

탱크에는 2500ℓ의 물이 들어 있으며,
45℃의 온도로 가열할 수 있다. 임무에 따
라 소독액을 넣는 경우도 있다.

「3 1/2t 트럭」의 차체를
유용했다.

인력으로 제독 작업
을 할 때 쓰이는 살
수기. 호스 길이는
15m이다.

차체 앞뒤에서 물을 뿌린다. 뿌려
지는 물의 양은 분당 최대 110ℓ

단편 지식

● **방호복** → 군에서도 화재 현장 등에서 임무를 수행하는 소방 요원은 내화 및 내열 기능을 갖춘 방호복을 착용한다. 또
한 화학 무기나 생물학 무기 오염에 대응해야 하는 경우에는 전신을 감싸는 방호복과 가스등을 막을 수 있는 방독면을
같이 착용한다. 실전 부대에서 사용할 수 있도록 개발된 화생방 보호의도 존재한다.

부상병을 후송하는 야전 구급차

전투에서 부상을 입은 장병들을 치료가 가능한 곳으로 신속하게 이송하는 일은 군에 있어 대단히 중요한 임무 가운데 하나로, 야전 구급차는 이를 위해 만들어졌다.

●군에서의 필요성에 따라 만들어진 구급차

구급차를 처음으로 사용한 조직은 군대였다. 19세기 초의 나폴레옹 전쟁과 미국 남북 전쟁에서 전투에서 부상당한 장병들을 신속하게 이송할 필요가 제기되면서, 부상자 전용 수레나 마차를 도입한 것이 그 시작이었다. 이후 1864년에 제네바 협정이 체결되면서, 전장에서의 병상자 보호를 위해 적십자사와 적신월사(이슬람권)이 탄생, 이후의 전장에서 사용되는 구급차에는 모두 커다란 적십자 또는 적신월 마크가 그려지게 되었다. 이외에도 이스라엘의 「붉은 육망성(다윗의 붉은 방패)」과 같이, 일부 국가에서는 고유의 마크를 사용하고 있기도 하다.

자동차의 시대에 들어서면서, 비로소 군용 구급차가 탄생했다. 제1차 세계대전 중이던 1917년, 미군에서는 초기의 대중차 중에서 가장 히트작이라 일컬어지는 「포드 T형」 자동차를 개조, 구급차로 도입했다. 이후 제2차 세계대전에 들어서면서 각국의 군에서는 트럭 등을 개조하여 야전 구급차로 사용하게 되었다.

하지만 일반적인 차륜형 차량은 역시 험지에서 신속하게 부상병을 후송하기 어렵다는 문제가 있었다. 때문에 2차 대전 당시의 독일군에서는 하프트랙을 베이스로 한 야전 구급차를 배치, 이외에도 구식이 되어 밀려난 「Ⅰ호 전차」의 포탑을 철거하고 들것을 올려놓은 야전 구급차를 운용하기도 했다.

중동 전쟁 당시의 이스라엘 군에서는 포탑을 철거한 「M4 셔먼 전차」나 자주포의 차체를 유용하여, 부상병을 눕힌 들것을 수용할 수 있도록 개조한 「엠뷰탱크(Ambutank, 구호 전차)」를 개발, 부상병 구조에 힘을 기울였다.

현재는 부상병의 이송에 헬기를 많이 사용하고 있으나, 야전 구급차도 여전히 사용되고 있다. 특히 전투 중인 최전선에서 부상병을 후송하는데 쓰이는 장갑 야전 구급차는 중요한 존재이다. 영국의 「스콜피온」 경전차의 차체를 이용한 「FV104 사마리탄」이나 「스트라이커」 차륜형 병력 수송 장갑차를 베이스로 하는 미국의 「M1133 스트라이커MEV」 등이 대표적이다.

적십자사의 탄생과 야전 구급차의 발달

19세기에 전장에서 부상병을 나르기 위한 전용 마차와 수레가 등장. 구급차의 원조!

1864년에 제네바 조약 체결. 적십자사와 적신월사가 탄생했다.

1917년, 미군에서 「포드 T형」을 개조한 야전 구급차를 개발, 전장에 투입.

제2차 세계대전부터는 장갑 차량을 베이스로 한 장갑 야전 구급차가 등장했다.

적십자 마크 ▶

적십자   적신월   다윗의 붉은 방패

야전 구급차의 어제와 오늘

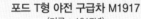

포드 T형 야전 구급차 M1917
(미국 : 1917년)

원래 뒷좌석이었던 공간을 연장한 캐빈에는 3명의 부상병을 수용할 수 있다.

누계 1500만대 판매된 대중차의 걸작 「포드 T형」을 베이스로 한 차량.

FV104 사마리탄 장갑 야전 구급차
(영국 : 1970년)

비교적 높은 캐빈에는 2명의 승무원 외에, 의자에 6명, 들것에 실린 상태로는 4명의 부상병을 수용할 수 있다.

비무장이지만, 연막탄 발사기를 갖췄다.

72km/h의 최고속도를 자랑하는 경전차 「스콜피온」이 베이스.

단편 지식

● **야전 병원 장비** → 자위대에는 트레일러나 컨테이너에 의료 장비 세트를 전부 구비한 「인명 구조 시스템」이라는 것이 배치되어 있어. 재해 발생 지역 파견 임무에서 사용되고 있다. 또한 수술차와 수술 준비차, 멸균차, 위생 보급차, 발전차, 정수차로 1세트가 구성되는 「야외 수술 시스템」도 장비하고 있어. 야외에서의 개복 수술도 가능하다.

야외에서의 식생활을 책임지는 야전 취사 차량

급양은 장병들의 사기와 전투력 유지를 위해 특히 중요한 것이다. 인간 생활의 기본인 「식」은 모든 군대에서 중요시해왔다.

● 장병들의 사기를 유지하기 위해 야외에서도 따끈한 식사를 제공한다

야외에서 장병들에게 따끈한 식사를 제공할 수 있도록 만들어진, 견인식 트레일러나 차량에 조리 기구 등을 결합한 장비를 「야전 취사 차량」, 또는 「필드 키친」이라 한다.

처음 등장한 것은 19세기의 일로, 초기에는 말이 끄는 수레에 취사를 위한 가마를 올린 형태였는데, 20세기에 들어서면서 각국의 군대가 이를 도입했다.

정말 재미있는 것은 각국의 식생활에 맞춰 조리 방식이 다르게 진화했다는 점이다. 예를 들어 제1차 세계대전 당시 등장한 독일군의 트레일러식 필드 키친의 경우, 스튜 등의 따뜻한 국물 요리를 만들 수 있도록 압력솥과 오븐이 갖춰져 있었는데, 비슷한 타입의 장비가 제2차 세계대전에서 독일은 물론 소련을 포함한 유럽 각국에서 널리 사용되었다. 한편, 이와 달리 구 일본군이 중국 대륙에서 사용한 「97식 취사차」에는 연기를 내지 않고 밥을 지을 수 있는 전열식 취반기가 12개 장비되어, 1시간에 최대 500인분의 밥을 제공할 수 있었다. 여기에 국을 끓일 수 있는 전열 냄비까지 장비, 밥과 국이라는 일본을 비롯한 동아시아 지역 특유의 식사에 대응한 형태의 차량으로 완성되었다.

이러한 야전 취사 차량은 현재도 세계 각국에서 사용되고 있다. 예를 들어 따로 조리가 필요하지 않은 것으로 유명한 「MRE」라는 전투 식량을 사용하는 미군에서도, 평시에 야외에서 식사를 제공할 때에는 「MKT(Mobile Kitchen Trailer)」라는 야전 취사 차량을 사용한다. 오븐은 물론 그릴까지 갖춰져 있어, 스테이크 등의 구이 요리도 조리 가능하다. 대형 컨테이너 타입의 경우, 일일 최대 800끼를 제공할 수 있다고 한다.

또한 일본 자위대의 경우, 트레일러 타입인 「야외취구 1호」를 장비하고 있다. 등유를 연료로 사용하는 6개의 가마가 있어, 밥은 물론, 국물 요리나 튀김 등을 조리하는 데 쓸 수 있다. 전부 밥을 짓는데 사용할 경우, 한 번에 600인분을 지을 수 있다고 한다. 「야외취구 1호」는 야외 출동 상황 외에도, 재해 발생 지역에서의 대민 지원용으로도 활약하고 있다. 또한 5000ℓ의 탱크로 식수를 운반하는 「3 1/2t 물탱크차」나 1000ℓ 용량의 「1t 물탱크 트레일러」, 식재료를 운반하는 냉동 냉장차등도 운용하고 있다.

각국의 식생활에 맞춰진 야전 취사 차량의 기능

- 유럽에서의 '따끈한 한 끼'라고 한다면?

➡ 고기와 야채를 이용한 스튜 등의 국물 요리!

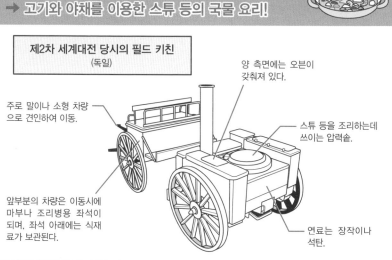

제2차 세계대전 당시의 필드 키친
(독일)

양 측면에는 오븐이
갖춰져 있다.

주로 말이나 소형 차량
으로 견인하여 이동.

스튜 등을 조리하는데
쓰이는 압력솥.

앞부분의 차량은 이동시에
마부나 조리병용 좌석이
되며, 좌석 아래에는 식재
료가 보관된다.

연료는 장작이나
석탄.

- 일본 등 동아시아 지역의 '따끈한 한 끼'라고 한다면?

➡ 역시 따끈한 흰 쌀밥!

97식 취반차
(일본 : 1937년)

연기를 내지 않는 전기식 가마를 채용. 엔진을
돌려 전기를 생산하며, 9ℓ 용량의 밥솥 12개
가 갖춰져 있다. 이외에도 전열기를 이용해 국
을 끓일 수 있는 냄비가 장비되었다.

「94식 6륜 자동 화차」(트럭)을
베이스로 하는 차량. 같은 차
량을 베이스로 하는 「야전 제
빵차」도 있었다.

기동성이 높았으며, 주
행 중에도 계속 취사가
가능했다고 한다.

단편 지식

● **기타 대민 지원 차량** → 현재 일본 자위대에서는 취사 기능 이외에도 다수의 대민 지원용 장비가 존재한다. 지난 2012
년의 동일본 대지진 당시 사용된 「야외 입욕 세트 2형」은 보일러와 펌프, 발전기를 갖춘 트레일러와 욕조 및 천막 등을
세트로 묶어 트럭 1대로 운반하는 장비이다. 이외에도 세탁 건조기를 갖춘 「야외 세탁 세트 2형」이 있다.

특수 환경에 특화된 차량

보통의 차량이 주행하기 곤란한 지형에서의 운용을 위한 독특한 아이디어 차량으로는 습지대용 차량이나 설원 전용의 설상차 등이 있다.

●습지대를 달릴 수 있도록 플로트식 궤도를 갖춘 습지차

제2차 세계대전 이전, 만주에 주둔하고 있던 일본군은 만주 북부 지역에 널리 분포하는 거대한 습지대에서도 행동할 수 있는 「습지차」를 개발했다. 습지에서도 가라앉지 않고 달릴 수 있으며, 수상 항행까지 가능하도록 한 아이디어는 바로 고무 튜브를 연결, 차체 양 측면의 궤도를 만드는 것으로, 고무 튜브의 부력을 통해 차체를 띄운다고 하는 발상이었다. 초원이나 습지에서는 궤도로 이동하며, 수상에서는 차체 뒷부분의 스크루로 추진력을 얻었는데, 시제 차량은 예정대로의 성능을 발휘했다. 궤도로는 시속 17km/h, 수상에서는 8km/h의 속도로 전진했으며, 병력이나 장비를 실은 썰매를 끌고 습지대를 이동하는 장병들의 발로 이용되었는데, 겨울철에는 설상차처럼 운용되기도 했다. 종전까지 146대가 생산되었다고 알려져 있다.

참고로 이와 비슷한 아이디어로 만들어진 차량(겸 선박)이 현재 미국에서 개발되고 있다. 「UHAC(Ultra Heavy-lift Amphibious Cnnnector, 중량수송상륙정)」이라 불리는 상륙정이 바로 그것으로, 플로트식 궤도를 갖추고 해상 항행 뒤 그대로 해안에 상륙 가능한 것이 특징이다. 외형도 「습지차」와 꽤 닮았다.

●설원을 달리는 설상차

설상차의 역사는 1912년의 스코트 남극 탐험대가 사용한 궤도식 트랙터에서 시작된다. 이후 폭이 넓은 궤도를 갖춘 궤도 차량이나, 앞바퀴를 썰매로 교체한 하프트랙 타입의 차량이 만들어졌다. 설원을 경쾌하게 달리는 설상차는 쌓인 눈 위에서 빠지지 않도록 접지압을 낮춰야만 한다. 이 때문에 일반적인 궤도 차량보다도 훨씬 폭이 넓은 궤도를 사용하고 있다.

일본의 경우, 1952년에 오오하라 철공소라는 메이커에서 자체 개발에 성공, 그 이듬해부터, 자위대의 전신인 보안대에서 이를 채용했다. 홋카이도나 도호쿠 지방과 같이 강설량이 많은 지역에서 활약했으며, 남극 관측 등에서도 사용되었다. 차체 기본 구조는 민수용과 마찬가지로 장갑이 갖춰져 있지 않으나, 자위대에서 사용하는 차량에는 차체 전체에 흰색을 기조로 하는 설상 위장 무늬가 그려져 있다.

습지에 특화되어 물 위에 뜨는 궤도를 갖춘 아이디어 차량

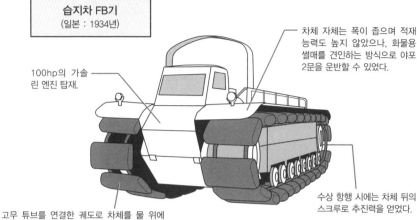

습지차 FB기
(일본 : 1934년)

100hp의 가솔린 엔진 탑재.

차체 자체는 폭이 좁으며 적재능력도 높지 않았으나, 화물용 썰매를 견인하는 방식으로 야포 2문을 운반할 수 있었다.

수상 항행 시에는 차체 뒤의 스크루로 추진력을 얻었다.

고무 튜브를 연결한 궤도로 차체를 물 위에 띄웠다. 궤도의 폭은 800mm로 대단히 넓었으며, 속도는 그리 빠른 편이 못되었으나, 습지나 초원은 물론 눈 위에서도 주행 가능했다.

폭이 넓은 궤도로 눈 위를 달리는 설상차

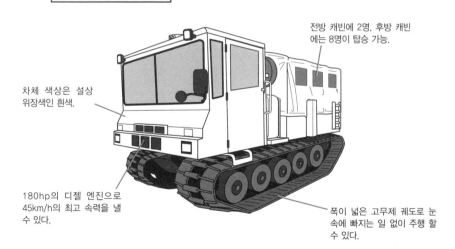

10식 설상차
(일본 : 2010년)

전방 캐빈에 2명, 후방 캐빈에는 8명이 탑승 가능.

차체 색상은 설상 위장색인 흰색.

180hp의 디젤 엔진으로 45km/h의 최고 속력을 낼 수 있다.

폭이 넓은 고무제 궤도로 눈 속에 빠지는 일 없이 주행 할 수 있다.

단편 지식

● **설상용 오토바이** → 오토바이형 스노우 모빌도 설상용 군용 차량으로 사용된다. 일본의 경우, 1987년부터 「경설상차」라는 이름으로 이를 도입했다. 기본 구조는 민수용과 거의 같으나, 차체 뒷부분에 짐을 실을 수 있는 캐리어가 부착되어, 각종 장비나 예비 연료 등을 실을 수 있도록 만들어졌다.

정찰 임무에서 활약하는 군용 오토바이

다루기 쉽고 기동력이 우수한 오토바이는 제1차 세계대전부터 쓰이기 시작했으며, 2차 세계대전 당시에는 사이드카가 특히 활약했다. 현재는 오프로드 바이크가 중심이다.

●기동력을 살려 , 정찰 임무 등에 요긴하게 쓰인 오토바이

엔진을 실은 2륜차, 오토바이가 탄생한 것은 20세기 초의 일이다. 제1차 세계대전에서 기병의 말을 대신하여 활약한 것을 시작으로, 제2차 세계대전에서는 오토바이와 사이드카가 정찰이나 전령 임무로 크게 활약했다. 당시의 대표적인 군용 오토바이로는 미국의 「할리데이비슨 WLA」와 「인디언 치프」, 영국의 「BSA M20」, 독일의 「BMW R75」 등이 있었다.

이 중에서도 특히 두드러진 활약을 보인 것은 독일군에서 사용한 「BMW R75」와 「췬다프(Zündapp) KS750」 등의 사이드카였다. 1차 대전의 패전국으로, 베르사유 조약에 따라 군용 차량의 보유 대수등 각종 군비가 제한되어 있던 독일에서는 범용 차량의 부족을 메우기 위해 최대 3명까지 태울 수 있는 사이드카를 대량으로 장비했다. 특히 대전 중에 생산된 모델은 군용 전용으로 설계되어 바이크 본체에 연결된 사이드카에도 구동력이 전달되는 2륜구동 방식이었기에 상당히 높은 기동력을 발휘했다. 또한 기관총까지 갖춘 중무장으로, 단순히 전령 또는 정찰 등의 임무 외에도 주력 부대의 측면 엄호나 후방 교란 등의 임무에도 사용되었다. 하지만 소형 범용 차량의 보급으로 그 입지가 점차 약해졌고, 결국 전후에는 거의 모습을 감추게 되었다.

현재는 오프로드용 바이크를 베이스로 한 군용 오토바이가 정찰 임무 등에 사용되고 있다. 그 대부분은 민수용 차량을 베이스로, 위장무늬 등을 칠하는 등의 간단한 개조가 이루어진 정도인데, 일본 자위대에서는 250cc 공랭 엔진을 탑재한 「XLR250R」 등, 오랜 기간 동안 혼다의 오프로드 바이크를 사용해왔는데, 2001년부터는 250cc 액랭 엔진 바이크인 「가와사키 KLX」를 도입한 상태이다.

한편 미군에서는 원래 가솔린 엔진을 탑재한 오프로드 바이크를 사용해왔는데, 현재는 「가와사키 KLR650」을 베이스로 디젤 엔진을 탑재한 오프로드 바이크 「M1030M1」을 도입하고 있다. 참고로 이 바이크는 일반적인 경유뿐만 아니라 미군의 연료 보급 체계에 맞춰 「M1 에이브럼스」전차를 비롯한 미군 차량의 공용 연료인 「JP-8」도 사용할 수 있도록 만들어진 것이 특징이다.

군용 오토바이의 역사

● 19세기 말에 탄 기병이 정찰과 연락 임무로 활약.

● 1910년경 미국과 유럽에서 군용 오토바이와 사이드카를 도입하기 시작.

● 2차 대전 군용 사이드카의 전성기. 특히 독일군의 경우, 정찰이나 연락 임무 외에도 3인승 범용 차량으로 널리 활용했다.

● 2차 대전 이후 정찰 부대용으로 오토바이를 사용. 1960년대 이후에는 오프로드 바이크가 주류를 차지하고 있다.

● 2차 대전 이후 대부분의 임무를 소형 범용 차량에 넘겨주고 모습을 감추게 되었다.

● 2003년~ 미군에서 디젤 엔진을 탑재한 군용 오토바이를 채용.

제2차 세계대전 당시 활약한 군용 사이드카

BMW R75
(독일 : 1940년)

최대 3명 승차 가능

사이드카에는 기관총을 거치할 수 있었다.

샤프트를 통해 사이드카의 바퀴에도 구동력이 전달되는 2륜구동. 후진 기어도 달려 있었다.

2기통 746cc 수평대향 엔진을 탑재.

단편 지식
● **일본제 할리 데이비슨 「리쿠오」** → 수입품이던 미국의 할리 데이비슨 오토바이를 1934년부터 일본 국내에서 면허 생산한 것이 바로 「리쿠오(陸王)」였는데, 1937년부터는 「리쿠오 97식 측차(사이드카) 부착 자동 2륜차」를 육군에서 정식 채용했다. 원래는 사이드카에도 구동력이 전달되는 2륜구동 방식이었으나, 사이드카를 떼어낸 상태로도 많이 운용되었다.

지금도 활약 중인 군용 자전거

2개의 바퀴를 갖추고 사람의 힘을 동력으로 삼아 달리는 자전거. 우리의 일상생활에 있어 매우 익숙한 존재 가운데 하나인 자전거 또한 군용으로 사용된 역사가 존재한다. 독일 사람인 카를 드라이스에 의해 직접 발로 지면을 박차는 방식으로 달렸던 자전거의 원형, 「드라이지네(Draisine)」가 만들어진 것은 1817년의 일이다. 1861년에는 프랑스에서 앞바퀴에 페달 크랭크를 직결시킨 「미쇼」형 자전거가 탄생했는데, 1870년에 발발한 프로이센-프랑스 전쟁에서 프랑스군이 전령 및 척후용으로 이 자전거를 사용한 것이 군용 자전거의 시작이다. 이후 1880년에 남아프리카에서 일어난 보어 전쟁에서도 영국군이 자전거 부대를 운용했다고 알려져 있다.

현재와 같이 공기를 넣은 타이어를 갖추고 체인을 통해 뒷바퀴를 구동하는 실용적 자전거가 탄생한 것은 19세기 후반에 들어와서 부터였다. 미국과 유럽 열강의 군대에서는 일찍부터 기병 부대와 보병 부대의 정찰 및 연락용으로 시험적으로 도입되기 시작했으나, 같은 시기에 등장한 자동차의 도입이 보다 우선되었기에 주목도는 낮은 편이었다. 하지만 그런 와중에도 보어 전쟁에서 나름대로의 운용 실적을 쌓은 영국군에서는 국토 방위 임무를 맡은 부대에, 전성기에는 14개 대대나 되는 병력의 자전거 부대를 배치, 제1차 세계대전 당시에는 그 가운데 일부가 유럽의 전장에서도 사용되었다. 하지만 자동차의 도입이 진행되면서, 1922년에는 영국군 내부의 자전거 부대가 전부 해산되었다.

한편 산악 지대가 많았던 이탈리아군에서는 일부 보병 부대에 접이식 자전거를 장비한 부대를 배치했다. 자전거를 타고 이동할 수 있는 경우에는 자전거로, 그렇지 않은 지형에서는 자전거를 접고 분해하여 짊어지고 이동하는 식으로 운용. 정찰 임무에 활용했고, 제2차 세계대전에서도 활약했다. 독일군에서도 제1차 세계대전부터 자전거 부대를 배치했다. 2차 대전 중에는 연료가 부족한 상황에서도 사용할 수 있는 기동 전력으로 평가받아, 휴대용 대전차 무기를 싣고 대전차 전투 임무에 투입된 보병들의 발이 되어 상당한 성과를 거두었다.

또한 구 일본군의 경우에는 「은륜 부대」가 유명했는데, 태평양 전쟁 중이던 1941년, 말레이 반도 공략전에 투입된 보병 부대가 전쟁 이전에 일본에서 수출, 현지에 보급된 자전거를 징발했다. 불과 55일만에 1100km를 답파하여 싱가포르 공략의 일익을 담당하기도 했다. 이 「은륜 부대」는 이후 필리핀 공략에서도 활약한 바 있다.

군의 기계화가 진행된 전후에는 자전거 부대의 수가 크게 줄어들었다. 2차 대전 중에도 중립을 지켜왔던 스웨덴군의 경우, 상당히 오랫동안 자전거 부대를 활용했으나, 결국 여기서도 1952년에 모습을 감추고 말았는데, 그런 와중에도 1891년부터 산악용 자전거 부대를 운용해왔던 스위스에서는 정찰뿐 아니라 대전차 전투에도 배치, 거의 1세기가 넘는 역사를 자랑했다. 하지만 시대의 흐름에는 거스를 수가 없어, 2001년을 마지막으로 부대가 해산되었다.

그런데, 현재 그 어느 군대보다도 가장 기계화가 진행되어 있는 미군에서는, 공수 부대용 비품 가운데 하나로 「paratrooper」라는 이름의 접이식 마운틴 바이크를 장비하고 있다. 필요에 따라 병력과 함께 낙하, 부대 이동시에 장병들의 발로 요긴하게 사용되고 있다. 현재는 이 자전거의 메이커인 「MONTAGUE」사에서 시판 모델도 발매하고 있어, 민간인도 이를 구입할 수 있다. 이외에도 북한의 특수부대나 경보병 부대에서 군용 자전거를 운용하고 있다고 알려져 있다.

제 4 장
군용 차량을 둘러싼 여러 가지 문제들

계열화 전투 차량이란?

군용 차량의 경우, 하나의 차량을 베이스로 다수의 파생 모델을 탄생시키는, 이른바 계열화가 진행되어 있는데, 사실 여기에는 여러 가지 이점이 존재한다.

●차체를 공통화하여 개발과 생산 , 운용의 편의성을 추구하다

계열 차량이란, 동일 차체를 베이스로 하여 개발된, 다양한 파생 차량을 의미한다. 이를테면 최초 모델로 병력 수송 장갑차가 개발되었을 경우, 그 차체를 바탕으로, 화포를 얹은 자주포나, 대전차 미사일 탑재 차량 등이 만들어지는 것이 그 전형적인 예라고 할 수 있을 것이다.

이러한 계열화 차량이 만들어지는 데에는, 군의 장비 계획이나 운용 효율 등에 있어 여러 이점이 있기 때문이다. 우선 기본이 되는 차체가 존재하기 때문에, 단기간 내에 각기 다른 목적의 장비를 실은 파생 모델의 개발이 가능하며, 개발비도 크게 절감할 수 있다. 베이스 차체와 엔진을 다수 생산할 수 있어, 양산 효과에 의해 대당 단기기 떨어진다는 장점도 있다. 또한 기본 주행 성능이 거의 같기 때문에 다양한 차종을 한데 묶어 작전에 투입하기 용이하며, 정비와 수리, 차량의 유지 부분에 있어서도 부속의 대다수를 공통화 할 수 있기에 여러모로 편리한 점이 많다고 할 수 있다.

제2차 세계대전 당시, 독일군이 대량으로 운용했던 「Sd.kfz.251」 하프트랙의 경우, 병력 수송 장갑차를 기본 모델로 하여, 대전차포 탑재형, 대공포 탑재형, 지휘 차량, 공병 전투 차량 등 20종 이상의 계열화 차량이 존재했다.

또한 현재 미군에서 사용하고 있는 차륜형 병력 수송 장갑차인 「M1126 스트라이커」의 경우, 정찰차(M1127), 기동포 시스템 (M1128), 자주 박격포(M1129), 지휘통신차(M1130), 포병 관측차(M1131), 공병 전투차(M1132), 야전 구급차 (M1133), 대전차 미사일 차량(M1134), 화생방 정찰차(M1135) 등, 무려 10종의 계열화 차량이 개발되어 배치되어 있는 상태이다.

일본 자위대에서도 차량의 계열화 사례를 많이 볼 수 있는데, 예를 들어 70년대에 개발된 「74식 전차」의 경우, 동일 차체를 사용한 「78식 전차 회수차」를 비롯한 여러 종류의 계열 차량이 존재한다. 같은 시기에 개발된 「75식 자주 155mm 유탄포」나 「73식 장갑차」 등은 「74식 전차」에 탑재되어 있던 10기통 엔진을 각각 6기통과 4기통으로 축소하여 채용한 것으로, 일부 부품의 공용화가 이루어졌다. 이 또한 넓은 의미에서의 계열화라고 할 수 있을 것이다.

계열화 차량의 이점

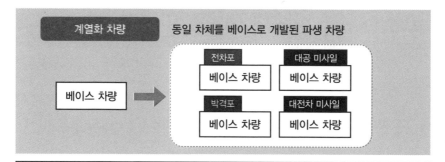

계열화 차량 → 동일 차체를 베이스로 개발된 파생 차량

베이스 차량

전차포
베이스 차량

대공 미사일
베이스 차량

박격포
베이스 차량

대전차 미사일
베이스 차량

○ 이점 1
다른 장비를 얹은 파생 모델을 단기간에 개발 가능하며, 개발 비용도 절감할 수 있다.

○ 이점 2
차체와 엔진의 양산 효과로, 대당 단가를 낮출 수 있다.

○ 이점 3
주행 성능이 거의 동일하므로, 여러 종류의 차량을 함께 묶어 운용하기가 용이하다.

○ 이점 4
공유하는 부속이 많아, 정비나 수리는 물론 보급도 수월하다.

다수의 계열화 차량이 존재하는 스트라이커 병력 수송 장갑차

M1128 스트라이커 MGS
(105mm 포탑을 장비한 기동포)

M1126 스트라이커
병력 수송 장갑차

M1133 스트라이커 야전 구급차
(후방 캐빈을 확장)

이외에도 정찰차(M1127), 자주 박격포(M1129), 지휘 통신차(M1130), 포병 관측차(M1131), 공병 전투차(M1132), 대전차 미사일 차량(M1134), 화생방 정찰차(M1135)가 존재한다.

단편 지식
● **계열화 차량의 단점** → 차량의 계열화에는 많은 이점이 있지만, 특수한 장비를 실어야만 하는 차량의 경우에는 도리어 단점이 될 수도 있다. 베이스 차량의 능력이나 용량이라는 한계가 존재하기에, 전용으로 설계된 차량에 비해 장비의 성능이나 운용에 여러 가지 제약이 있을 수밖에 없기 때문이다.

군용 차량은 어떻게 개발될까?

군용 차량의 개발에는, 우선 군에서의 수요가 우선된다. 하지만 요구 조건이 대단히 많은 관계로 시간이 많이 걸리기에, 개발 비용도 고려해야만 한다.

●군용 차량은 전용으로 개발되지만 , 개중에는 민수품을 활용한 경우도 있다

전차나 장갑차와 같이 전투에 특화된 차량의 절대 다수는 군 전용으로 개발된다. 또한 여기에 사용되는 기술도 차체, 엔진, 탑재되는 무기, 장갑 등 여러 분야에 걸쳐져 있으며, 각각의 개발이나 제조를 담당하는 메이커가 다른 경우도 있어, 개발에는 상당한 시간이 소요된다. 때문에 현재는 10년 이상 미래를 바라보고, 각각의 분야별로 선행 연구 개발을 진행하도록 하여, 이를 다시 군의 요구에 맞게 조합, 하나의 장비로 완성하는 방법이 일반적이다. 한편 범용 차량, 특히 트럭이나 공병이 사용하는 토목 건설 장비의 경우에는 기존의 민수품을 채용하는 경우도 많다. 민수품에 군용 장비를 추가하는 정도의 간단한 개조를 거쳐 사용하고 있다.

예전에는 이러한 병기의 개발을, 군의 요구에 따라 국가에서 관할하는 공적 연구 기관에서 실시하는 경우가 많았다. 특히 군사 대국의 대다수는 이른바 「조병창」 내지는 「무기 공창」이라 불리는 기관을 보유하고 있어, 장래를 대비한 기초 기술 개발부터, 개발이 진행된 병기의 시험 제작이나 테스트 등에 관여하고 있다.

또한 민간 군수 기업이나 민간 연구소에서 독자적으로 연구 개발을 진행하는 경우도 현재는 그리 드문 일이 아니다. 거대한 군수 기업은 물론, 최근에는 군사 벤처 기업이라 불리는 중소규모의 기업도 군용 차량의 개발에 참여(No.089 참조)하고 있는 상황이다. 화포나 파워팩(엔진과 변속기를 조합한 카트리지) 등과 같이 기본적인 부분의 개발은 기초 기술력을 지닌 대기업이 아니면 개발이 어렵지만, 주요 파츠의 태반을 기존 제품의 조합으로 만든 시제 차량을 개발하는 등의 일은 벤처 기업의 규모에서도 가능하기에, 저렴하면서도 성능이 우수한 병기로 완성되기만 한다면 벤처 기업 제품이라도 채용되는 일이 있다.

또한 자국 내에서 개발할 기술력이 없는 국가의 경우에는 타국의 군수 기업 제품을 구입하는 경우도 많다. 군수 산업은 이미 세계 규모의 비즈니스인 것이다.

현대 군용 차량의 개발에서 장비까지

① 군에서 입안한 장기적인 장비 계획. 보통 10년 이상의 미래를 상정한다.

↓

② 차체와 무기, 장갑 등, 각각의 요소를 연구 개발.

↓

③ 여러 해 뒤를 바라본, 구체적 장비 계획을 군에서 발표.

↓

④ 군의 장비 계획에 맞춰, 각 메이커에서 제안 또는 응모를 함.

↓

⑤ 제1차 선고를 통과한 복수의 메이커가 시제 차량을 제작.

→

⑩ 군에서 입안한 장기적인 장비 계획. 보통 10년 이상의 미래를 상정한다.

↑

⑨ 최종 테스트를 통과하면 정식으로 제식화. 개량 요구가 나올 때도 있다.

↑

⑧ 초기 생산분을 군에 납품하여, 실전을 상정한 최종 테스트를 실시한다.

↑

⑦ 채용 모델을 선정, 발표! 승리한 메이커에 초기 생산분을 발주.

↑

⑥ 군이나 공개 기관에서 각 메이커의 시제 차량을 테스트.

장비 계획에서 일선 배치에 이르기까지 10년 이상 걸리는 것도 드물지 않다.

일본의 공적 개발 기관

방위성 기술 연구 본부

방위성 내부에 설치된 연구 및 개발 전문 기관. 자위대에서 장비하는 주력 장비품부터 보호의에 이르기까지 연구 개발을 일원화한 조직이다.

주요 업무

기술 연구	기술 개발	시험과 평가
선진적 병기의 기초 연구나, 자위대의 수요 제기에 대응한 장비의 연구 등을 실시한다.	연구한 선진 기술을 적용한 차기 장비의 구체적 개발과 시제품 제작을 실시.	개발된 시제품에 대한 성능 시험을 실시. 외국에서 도입한 장비의 평가도 담당한다.

단편 지식

● **타국의 제품을 자국 실정에 맞춰 개조** → 같은 병기라도 각국의 사정에 따라 요구하는 장비가 다른 경우가 있다. 이런 때에는 메이커 측에서 해당 국가의 요구에 맞춰 개조 및 개량을 실시하는 경우도 많다. 가장 흔한 것으로는 전차 등을 수입할 때, 통신 장비를 해당 국가에서 사용하는 장비로 교체하는 것이 대표적인 예이다.

군용 차량은 어떤 메이커에서 제작될까?

군용 차량은 거의 대부분이 군수 메이커라고 하는 민간 기업에서 만들어지고 있다. 이들 기업은 세계 각국에 존재하고 있으며, 각각의 설립 배경도 여러 가지이다.

● 다양한 기업이 군용 차량 개발에 관여한다

군용 차량을 개발, 제조하고 있는 것은 세계 각국의 군수 메이커들이다. 물론 그중에는 전차와 같이 최첨단 기술의 집약체로, 극히 한정된 메이커밖에 만들 수 없는 장비도 존재하지만, 범용 차량과 같이, 비교적 그 허들이 낮아 다수의 메이커들이 개발에 관여하는 경우도 있다.

군용 차량의 제작에 관여하는 메이커는 크게 나눠 4종류로 분류할 수 있다. 우선 첫 번째로 차량 이외에, 항공기나 선박에 이르기까지 다양한 군수품을 개발 및 제조하는 종합 군수 메이커이다. 차량을 취급하는 종합 군수 메이커로는 영국에 본거지를 두고 있는 「BAE 시스템즈」와 미국의 「제너럴 다이나믹스(GD)」, 일본의 「미쓰비시 중공업」 등이 이 범주에 속하며, 모두가 상당한 규모를 자랑하는 대기업들이다. 이른바 군산복합체(Military-industrial complex)라고 불렸던 미국의 거대 메이커의 경우, 몇 개의 기업이 서로를 흡수 · 합병하는 과정을 반복해오면서 군이나 국가 기관과도 밀접한 관계를 맺어가며 성장했다. 그 여러 부문 가운데 하나로 취급하고 있는 것이 바로 군용 차량이다.

두 번째로는 자동차나 건설 장비 제조사를 모체로 하는 메이커이다. 독일의 「다임러 크라이슬러」나 프랑스의 「르노」, 스웨덴의 「볼보」, 등이 그 예이며, 일본의 「도요타」도 「고기동차」를 생산하고 있다. 또한 건설 장비 메이커로 유명한 「고마쓰 제작소」나 미국의 대형 트럭 메이커인 「오시코시」, 그리고 좀 특이한 케이스이지만 철도 차량을 제작하는 한국의 「현대로템」에서도 다수의 군용 차량에 손을 대고 있다.

이외에도 원래 국영 「조병창」이라 불리던 공적 기관이었던 것이 민영화되어 군수 메이커로 탈바꿈한 경우도 있다. 구 소련이나 동유럽 국가, 남아프리카 등 신흥국의 군사 기업 중에는 원래 국영 조병창이었던 케이스가 많은데, 중국의 「북방 공업 공사(NORINCO)」 등과 같이 현재도 사실상 국영 기업으로 활동하는 메이커도 존재한다.

또한, 근래 들어 늘어난 것으로 군수 벤처 기업을 들 수 있다. 군용 장비의 개발에 착수하여, 그 아이디어를 각국에 팔아 생산을 담당하는 외에 면허 생산권을 팔아 이익을 얻는 경우도 있다. 스위스의 「모바크」사 등이 성공 사례로 알려져 있다.

군용 차량을 생산하는 여러 종류의 군수 기업

종합 군수 메이커
복합적인 거대 군수 기업으로, 다양한 병기를 개발 · 생산하고 있다.

자동차 · 중장비 메이커
민수용 자동차나 건설용 중장비의 제조가 본업인 민간 기업

조병창을 민영화
공산권의 자유화 이후, 국가의 조병창, 특히 차량 제작 부문이 민영화된 군수 기업.

군수 벤처 기업
아이디어를 바탕으로 하는 기술력을 지닌 중소기업. 주로 개발과 시제품 제작을 실시한다.

♣ 군사 벤처 모바크(MOWAG)사의 성공

모바크사는 1950년대에 엔지니어였던 발터 루프가 개인 벤처로 설립한 스위스의 회사이다. 이후 군용 차량이나 민간용 긴급 차량의 개발을 전개했는데, 1970년대에는 현재의 차륜형 병력 수송 장갑차의 모범이라 할 수 있는 「피라냐」시리즈를 발표했다. 상자 모양의 차체에 4×4, 6×6, 8×8이라는 3종류의 구동 계통을 갖춘 「피라냐」 시리즈는 선진적인 설계로, 스위스군을 비롯한 세계 각국의 군에 채용되었다. 이후 제너럴 다이나믹스의 자회사인 GDLS(General Dynamics Land Systems)에서 면허 생산권을 취득, 「LAV-25」라는 이름으로 미 해병대에 채용되었다. 이를 더욱 개량한 모델인 「피라냐 Ⅲ」는 GDLS에서 「LAV Ⅲ」라는 이름으로 생산된 것에 그치지 않고, 미 육군의 차륜형 병력 수송 장갑차인 「스트라이커」의 베이스가 되기도 했다. 현재 모바크사는 거대 군수 기업인 제너럴 다이나믹스의 산하에 들어간 상태이지만, 벤처 기업이었던 모바크사가 개발한 「피라냐」시리즈는 미국과 스위스를 비롯한 세계 18개국에 채용된 것에 그치지 않고, 이후에 개발된 여러 차륜형 장갑차의 모범이라 할 수 있는 금자탑으로 기록되고 있다.

단편 지식

● 군수 기업에서도 민수품을 생산한다? → 군수 기업이라고 해서 반드시 군수품만을 생산하고 있는 것은 아니다. 예를 들어 여러 군수 메이커를 합병하여 탄생한 「BAE 시스템즈」의 경우, 그 매출의 대부분이 군사 관련이라고 일컬어지고 있다. 이와 반대로 일본의 「미쓰비시 중공업」에서는 군수 관련 매출이 전체에서 차지하는 비율이 10%정도에 불과하다고 한다.

군용 차량의 근대화 개수란 무엇인가?

한번 채용되면 장기간에 걸쳐 사용되는 전차 등의 군용 차량은 구식화되었을 경우, 근대화 개수를 통해, 비교적 적은 비용으로 업그레이드를 하여 계속 사용되곤 한다.

●개수를 통해 일선에서 통용되는 능력을 확보한다

병기에 사용되는 기술은 해를 거듭할수록 진보하고 있어, 등장 당시에는 최신 장비였더라도, 세월이 흐르면서 구식 병기 취급을 받으며, 그 가치가 떨어지게 된다. 때문에 전차 등과 같이 대단히 튼튼하게 만들어져, 차량 자체만으로는 대단히 오래 쓸 수 있는 병기의 경우, 대규모 개수를 통해 이후에도 계속 통용될 수 있는 근대화를 실시하는 일이 많다.

전차의 근대화 개수 포인트로는, 먼저 제2차 세계대전 후 구식이 된 주포를 보다 강력한 것으로 교환하여, 공격력을 강화하는 것과, 증가 장갑을 더하여 방어력의 강화 등이 주로 이루어졌다. 하지만 무장이나 장갑의 강화는 대폭적인 중량 증가를 수반하는 것이기에 기동력의 저하를 초래하게 되었다. 가장 근본적인 해결책으로는 엔진 출력의 강화밖에 없으나, 비용 대비 효과의 문제로 여기까지 실시된 예는 조금 드문 편이다.

제2차 세계대전 이후 건국된 이스라엘군은 철저할 정도의 전차의 근대화 개수를 실시하는 것으로 유명한데, 주변을 둘러싼 아랍 국가들과의 전쟁을 치르면서, 구식 전차를 근대화 개수하는 방식으로 전력의 향상을 꾀해왔다. 예를 들어 제2차 세계대전 당시 사용되었던 「M4 셔먼」의 경우 원래 달려 있던 75mm 주포를 최종 버전에 와서는 105mm포로 강화했으며, 엔진 또한 가솔린 엔진에서 훨씬 출력이 높고 화재 위험이 적은 디젤 엔진으로 교환했던 바가 있었다.

현대 전차에 와서는 단순히 무장이나 장갑을 강화하는 외에도 FCS(사격 통제 장치)의 성능 향상과 통신 기능의 고도 네트워크화와 같이 디지털 기기의 업그레이드 또한 근대화 개수의 중요 포인트로 자리를 잡았다. 독일의 「레오파르트 II」는 1978년에 처음 등장한 이래, 시대의 흐름에 따라 계속해서 근대화 개수를 받아왔는데, 2000년대에 들어서면서 대대적인 개수를 받아, 현재도 3.5세대급 전차로 일선에서 싸울 능력을 유지하고 있다. 또한 미군의 「M1 에이브람스」도 계속되는 근대화 개수로 「M1A2」로 업그레이드, 최강의 하이테크 전차로 일컬어지고 있는 상태이다.

전차만큼은 아니지만, 다른 군용 차량들에도 근대화 개수가 이뤄지고 있는데, 이는 고가의 신규 장비를 도입하는 것보다 훨씬 낮은 비용으로 비슷한 효과를 거둘 수 있기 때문이다.

전차의 근대화 개수 포인트

❶ 무장의 강화

주포를 보다 강력한 것으로 교환하거나, 보다 긴 포신을 사용하여 위력을 올리는 경우가 많으나, 아예 구경이 훨씬 큰 포로 바꾸는 경우도 존재한다.

❷ 장갑의 강화

간단하게는 그냥 증가 장갑을 추가하는 정도가 많으나, 본격적인 근대화 개수의 경우, 아예 포탑을 통째로 중장갑인 신형으로 교체하는 경우도 있었다.

❸ 엔진의 강화

무장과 장갑의 강화는 중량의 증가로 이어지면서 기동성의 저하를 초래한다. 때문에 보다 강력한 엔진으로 교환하기도 한다.

❹ 디지털 기기의 쇄신

최신 컴퓨터를 사용한 FCS로 교환하여 명중률을 높이거나, 네트워크에 대응되는 통신기기를 장비, 근대전에 대비한다.

대폭적인 근대화 개수가 이루어진 「레오파르트 II」

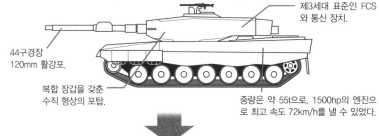

```
레오파르트 II A4
(독일 : 1985년)
```

「레오파르트 II」는 1978년에 제식 채용된 대표적 제3세대 전차이다. 「레오파르트 II A4」는 비교적 소규모의 개수가 이뤄진 사양으로, 주포나 장갑은 초기모델 그대로이다.

제3세대 표준인 FCS와 통신 장치.

44구경장 120mm 활강포.

복합 장갑을 갖춘 수직 형상의 포탑.

중량은 약 55t으로, 1500hp의 엔진으로 최고 속도 72km/h를 낼 수 있었다.

```
레오파르트 II A6
(독일 : 2001년)
```

1995년에 기존에 사용해왔던 「레오파르트 II A4」의 포탑을 신형으로 교체하고 FCS와 통신장치를 근대화한 「레오파르트 II A5」로 개수한 이후, 여기에 주포를 55구경장으로 교환, 「레오파르트 II A6」로 개수하면서 3.5세대 전차로 진화했다.

장포신인 55구경장 120mm 활강포로 교체되면서 1.3m정도 포신이 길어졌다.

보다 정밀한 FCS로 교체했으며, 네트워크 대응 통신 장치를 탑재했다.

중량이 약 62t으로 늘어나면서 엔진 출력도 향상되었으나, 최고 속도 68km/h로 약간 기동력이 감소되었다.

앞부분에 쐐기 모양의 증가 장갑을 추가한 신형 포탑으로 교체.

단편 지식

● **근대화 개수 패키지** → 이스라엘에서는 「M60 전차」를 대대적으로 개수한 「마가크(Magach)」 시리즈를 장기간 동안 운용했는데, 이 노하우를 살려 「사브라(Sabra)」라는 이름의 근대화 개수 패키지를 판매했다. 터키 육군에서는 「M60T」라는 이름으로 채용했는데, 복합 장갑으로 방어력을 강화한 외에 주포를 120mm로 교체한 것이 특징이다.

현대전의 키워드 「C4I」란?

현대의 병기 체계에 있어 빼놓을 수 없는 요소가 바로 「C4I」로, 근래 들어 특히 발달한 컴퓨터 기술을 통해 이룩된 고도의 네트워크화를 의미한다.

●지휘 + 통제 + 커뮤니케이션 + 컴퓨터 + 인텔리전스

군대의 싸움이란 바로 집단과 집단의 싸움이다. 먼 옛날, 말을 탄 기사나 장수들이 활약했던 시대에도 일신의 무력과 용맹만으로 승패가 결정된 것은 극히 소수로, 어떻게 집단전을 수행하는가 하는 것이 바로 승리의 열쇠가 되곤 했다. 집단전에 있어 가장 중요시 되는 것이 바로 「지휘(Command)」와 「통제(Control)」이었으며, 여기에 더해 정보의 수집과 활용 또한 싸움의 승패를 좌우할 정도의 중요한 요소였기에 「인텔리전스(Intelligence)」도 필수 조건이 되었다.

근대에 들어서면서, 유·무선 통신기가 발달, 전투 부대가 통신기를 장비, 정보를 신속하게 전달할 수 있게 되면서, 위의 요소들에 새로이 「커뮤니케이션(Communication)」이 추가되었다. 이에 따라 「Command, Control, Communication, Intelligence」라는 4가지 요소의 연계를 「C3I 시스템」이라 부르게 되었다.

1980년대에 들어와서는, 컴퓨터 기술이 급속하게 발달, 군사용으로도 널리 도입되기 시작하면서 4번째의 'C'로 「컴퓨터(Computers)」가 추가, 「C4I 시스템」이 되었는데, 현재는 컴퓨터를 이용한 통신 기기나 관제 기기의 발달에 따라 정보의 네트워크화를 의미하고 있다.

제1차 세계대전에서 처음 등장한 이래, 계속 집단으로 운용되었던 전차는 비교적 일찍부터 「C3I」의 개념이 도입되었던 무기로, 제2차 세계대전을 즈음한 시기부터는 차량 내부에 무전기를 장비, 무선 통신을 통해 유기적인 집단 전법을 구사할 수 있었다. 이후 1990년대에 들어와 통신기기의 디지털화에 따라 「C4I 시스템」이 도입되면서 부대 단위의 네트워크화가 진행되었다.

현재는 전차뿐만 아니라, 병력 수송 장갑차나 자주포 등, 각종 전투 차량의 「C4I」화가 진행되고 있다. 이 가운데에서도 가장 고도의 단계까지 진행된 것으로는 미 육군을 들 수 있는데, 전차를 중심으로 하는 기갑 사단뿐 아니라, 긴급 전개 부대인 스트라이커 BCT의 모든 차량에도 「C4I」화가 이루어져, 고도의 네트워크화가 진행된 상태이다. 이러한 차량 탑재형 통합 정보 시스템을 「베트로닉스(Vetronics)」라고 한다.

C4l란 무엇인가?

● 군이라는 조직이 탄생한 이래, 집단으로 싸우기 위해 필요한 「C2」.
「지휘(Command)」, 「통제(Control)」

● 정보를 장악하는 자가 전투의 흐름을 장악하는 「I」.
「인텔리전스(Intelligence)」

● 전기 공학의 발전으로 통신기기가 발달, 이제는 빼놓을 수 없는 요소 「C」.
「커뮤니케이션(Communication)」

● 급격히 발달, 네트워크화를 실현한 「C」.
「컴퓨터(Computers)」

C4l 시스템

부대 전체를 네트워크로 연결하는 베트로닉스

베트로닉스(Vectronics)
차량(Vehicle)과 전자(Electronics)를 합친 신조어.

C4l를 통해 고도의 네트워크화.

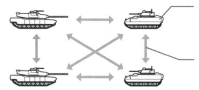

베트로닉스를 탑재한 전차나 병력 수송 장갑차에는 정보 단말기가 있어, 부대의 전체 차량을 연결한 네트워크 정보가 표시된다.

베트로닉스를 탑재한 차량끼리는 부대 단위의 정보를 실시간으로 공유 가능하다.

단편 지식

●C4ISTARs → 근래 들어서는 「C4l」에 더하여 「감시(Surveilance)」, 「목표 포착(Target Acquisition)」, 「정찰(Reconnaissance)」라고 하는 요소가 추가되었으며, 이를 「C4ISTAR」 시스템이라는 총칭으로 부르기도 한다. 현대 지상전에 있어, 정보의 중요성을 여실히 증명하는 단어라 할 수 있다.

기갑 부대의 전투 방식

전차를 중심으로 하는 전투 차량이 다수 배치되어 있는 부대를 기갑 부대라고 한다. 기동력을 살려, 화력과 장갑으로 적을 압도하는 전법을 통해, 지상전의 주역을 맡고 있다.

● 기동력을 살려 침공해 들어가는 기갑 부대

제1차 세계대전에서 전차가 처음 등장했을 당시에는, 적의 진지를 돌파하기 위한 비밀 병기로 취급되었다. 이후 다양한 운용 방법이 시도되었는데, 그 결과로 탄생한 것이 바로 2차 대전 당시 독일군이 캄프그루페(Kampfgruppe)라 불렀던 편제였다. 이것은 전차나 장갑 차량을 집단 배치한 기갑부대의 일종으로, 독일군은 전차 부대를 선봉으로 내세워 고속으로 침공해 들어가는 전격전을 구사, 폴란드나 프랑스를 단기간 내에 패배시키는 등, 새로운 전술의 위력을 전 세계에 널리 알렸다.

이와 같이, 전차를 중심으로 하여 중무장이며 동시에 기동력까지 높은 부대를 기갑 부대라 부르고 있는데, 기갑 부대에는 중핵을 이루는 전차 부대 외에, 선차에 수빈하여 침공한 지역을 확보하는 임무를 맡은 보병 부대 또한 빠질 수 없는 존재이다. 기갑 부대에 소속된 보병 부대는 전용 병력 수송 차량이나 트럭 등에 탑승, 전차 부대를 따라다닐 수 있을 기동력을 지니게 되는데, 이처럼 차량 탑승으로 기동력을 얻게 된 보병을 「기계화 보병」 또는 「자동차화 보병」이라 부르고 있다. 이외에도 기갑 부대에는 적이 있는 지역의 제압 임무를 맡은 포병 부대도 포함되어 있어, 대전 후기에는 자주 곡사포를 장비하여 기동력을 갖춘 포병 부대가 배속되었다.

기갑 부대의 진가는 공격에서 발휘된다. 기동력과 화력, 장갑을 갖추고, 적의 반격을 아무렇지 않게 튕겨내며 단숨에 적진을 침공, 돌파하는 것은 오직 기갑 부대만이 구사할 수 있는 전법이라 할 수 있다. 제2차 세계대전 당시의 독일군은 장갑이 두터운 중전차를 적진을 향해 찔러 넣는 창끝처럼 운용하여 적을 분쇄하고, 중형 전차와 장갑 척탄병(기계화 보병)을 태운 병력 수송 장갑차가 후속으로 전진하여 적을 제압하는 판처카일(Panzerkeil)이라는 전법을 고안했는데, 방어전에서도 기갑 부대가 적보다 앞서 전진하여 맞아 싸우는 등의 기동 방어전을 구사했다. 하지만 치명적인 약점 또한 존재했는데, 그것은 바로 대량의 물자 보급이 필요하다는 점이었다. 여러 물자 중에서도, 연료를 전부 소모해버린 기갑 부대의 말로는 실로 비참한 것이어서, 움직일 수 없게 된 차량을 파기하고 도보로 철수하는 광경은 대전 말기의 독일군을 상징하는 모습이었다. 기갑 부대가 지속적으로 활약하기 위해서는 병참 지원이 필수 불가결한 법이다.

제2차 세계대전 당시, 독일군 기갑 부대의 진형

판처카일
(Panzerkeil, 쐐기형 진형)

전차 부대를 단숨에 돌입시켜, 적진을 붕괴시키는 데 사용되었다. 독일군에서 고안한 전법

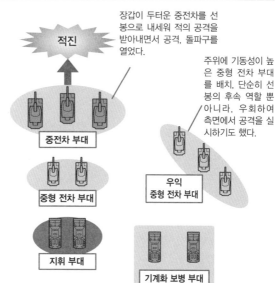

장갑이 두터운 중전차를 선봉으로 내세워 적의 공격을 받아내면서 공격, 돌파구를 열었다.

주위에 기동성이 높은 중형 전차 부대를 배치, 단순히 선봉의 후속 역할 뿐 아니라, 우회하여 측면에서 공격을 실시하기도 했다.

적진

중전차 부대

좌익
중형 전차 부대

중형 전차 부대

우익
중형 전차 부대

지휘 부대

기계화 보병 부대

기계화 보병 부대

전차와 같이 이동할 수 있는 하프트랙에 탑승한 보병이 후속으로 전진, 적진 부근에서 하차하여 확보를 실시한다.

포병은 후방에서 지원. 전쟁 후기에는 전차 부대와 동행할 수 있을 정도로 기동력이 높은 자주포도 투입되었다.

보급 부대는 후방에서 대기. 전투가 끝난 뒤에 합류했다.

기갑 부대가 지닌 높은 기동력은 양날의 칼

기동력으로 얻는 이점

· 적이 방어 태세를 갖추기 전에 허를 찔러 선제 공격을 할 수 있다.
· 정면 돌파가 어려울 경우, 우회 기동을 통해 적의 약점을 찌르는 식의 전법은 기동력이 있을 때에 구사할 수 있는 전법이다.
· 방어 국면에서도, 아군 방어선을 돌파해 들어온 적 부대의 측면을 찌르거나 포위하는 식으로 대처하는 기동 방어전에서 위력을 발휘할 수 있다.

기동력 때문에 발생한 약점

· 1개 부대만이 돌출되어 적진을 돌파한 경우, 돌파구가 다시 복구되면서 어느 새인가 적진 한 가운데 고립되어 버릴 가능성이 높다.
· 연료와 탄약을 일반적인 부대보다 훨씬 많이, 빠른 속도로 소비하며, 연료가 떨어진 경우는 매우 치명적일 정도이다. 후속 부대가 미처 따라가지 못해, 보급이 두절되면 행동 불능에 빠지면서 싸워보지도 못한 채로 전력을 상실하고 만다.

단편 지식

● **기갑 부대의 위력을 보여준 중동 전쟁** → 제2차 세계대전에서 탄생한 기갑 부대의 위력은 이후 이스라엘과 아랍 국가들 사이에서 벌어졌던 중동 전쟁에서 유감없이 발휘되었다. 또한 미국과 영국을 중심으로 한 다국적군과 이라크군이 싸웠던 걸프전과 이라크 전쟁에서도 기갑 부대가 활약, 진가를 다시금 확인할 수 있었다.

기갑 부대의 편성

전차를 주력으로 삼는 기갑 부대이지만, 전차 이외의 군용 차량도 다수 배치되어 있다. 전차의 위력을 발휘하기 위해서는 여러 가지 후속 지원이 필수이기 때문이다.

●부대 전체에 높은 타격력과 기동력이 부여되어 있는 기갑 사단

전차나 장갑차를 운용하는 기갑부대의 최소 단위로는 「소대」가 사용되고 있다. 전투 차량이 단독으로 행동하는 것은 극히 예외적인 경우로, 아무리 소규모라도 최소한 소대 단위로 묶여서 행동하는 것이 기본이다. 제2차 세계대전 당시에는 5대의 전차로 1개 소대를 구성하는 것이 표준적이었다. 하지만 점차 전차가 대형화되면서, 소대에 배치되는 전차의 수가 줄어들었는데, 현대에 들어와서는 국가별로 조금씩 차이가 있지만, 대체적으로 3~4대가 1개 소대로 편성되고 있다.

이러한 소대가 여럿(통상적으로는 3~4개 소대) 모여서 구성되는 단위가 「중대」이다. 2차 대전 당시의 독일군 표준 전차 중대 편성은 전차 5대로 구성된 소대×4개 + 중대 본부(2대)로, 합계 22대였다. 현대의 미군 같은 경우에는 14대가 1개 전차 중대를 구성하는데, 4대로 편성된 소대×3개 + 중대 본부(2대) 편성이 표준이다. 반면에 영국군의 경우에는 똑같은 14대 편제이면서도 3대 편성 소대×4개 + 중대 본부(2대)로 조금 다른 모습을 보여주고 있다.

3~5개 중대가 모인 집단을 「대대」라고 하며, 다시 2개 대대가 모여 「연대」를 구성하게 되는데, 대대라는 편제 없이 중대를 모아 바로 연대를 구성하는 경우도 존재한다. 그리고 대대나 연대가 여럿 소속되어 있는 대형 편제를 「사단」 또는 「여단」이라고 한다(여단 편제는 연대와 사단의 중간 규모이다). 「기갑 사단」이라고 하는 것은 전차 연대와 기계화 보병 연대와 같이 장갑 차량이 대량으로 배치되어 있어, 우수한 기동력과 공격력을 아울러 갖춘 사단이다.

다만, 기갑 사단이라고 하더라도 전차나 병력 수송 장갑차 부대만으로 구성되어 있는 것은 아니다. 현대의 기갑 사단에는 장거리포를 갖춘 포병대와 정찰 차량이 소속된 정찰대, 다리를 놓는 등 군용 차량의 운용을 돕는 공병대, 적 항공기에 대비하여 자주 대공포를 운용하는 방공 부대, 헬기로 항공 지원을 담당하는 항공대 등이 소속되어 있다. 통신대나 보급·후방 지원을 담당하는 병참 부대 또한 빼놓을 수 없는 존재들이다. 매우 다양한 차량을 장비하고 있으나, 부대 전체적으로 보았을 때 대단히 높은 기동력을 지니고 있다는 것이 기갑 사단의 가장 큰 특징이다.

전차 중대 편성의 차이

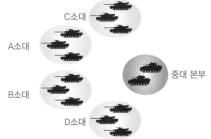

미군의 전차 중대 편성	영국군의 전차 중대 편성

B소대

A소대

중대 본부

C소대

C소대

A소대

중대 본부

B소대

D소대

4대로 편성된 소대는 2대씩으로 나눈 분대로도 행동할 수 있어 운용의 유연성이 높다.

3대로 편성된 소대는 기동전에서의 통솔과 운용에 강점을 보인다.

기갑 사단에 소속된 것은 전차만이 아니다!

육상 자위대 제7기갑 사단

홋카이도에 주둔하고 있는 자위대 유일의 기갑 사단. 2014년 시점에서 226대의 주력 전차를 보유하고 있는데, 이외에도 여러 종류의 차량이 소속되어 있다. 인원은 약 6000명.

제71, 72, 73전차 연대	주요 장비 / 90식 전차
제11보통과 연대	주요 장비 / 89식 장갑 전투차, 96식 자주 120mm 박격포
제7특과 연대	주요 장비 / 99식 자주 155mm 유탄포, 99식 탄약 급탄차
제7고사 특과 연대	주요 장비 / 87식 자주 고사 기관포, 81식 단거리 지대공 유도탄(개)
제7 후방 지원 연대	주요 장비 / 90식 전차 회수차, 3 1/2t 트럭, 고기동차
제7시설 대대	주요 장비 / 91식 전차교, 92식 지뢰원 처리차, 시설 작업차
제7통신 대대	주요 장비 / 무선 반송 장치, 1/2t 트럭
제7정찰대	주요 장비 / 87식 정찰 경계차, 90식 전차, 73식 장갑차, 오토바이
제7화학 방호대	주요 장비 / 화학 방호차, 제염차 3형
제7비행대	주요 장비 /UH-1J 범용 헬리콥터, OH-6D 관측 헬리콥터
사단 사령부	주요 장비 / 82식 지휘 통신차
제7음악대	

단편 지식

●**전차와 함께 행동하는 기계화 보병** → 기갑 사단의 전차 부대는 전차만으로 편성되어 있으나, 실제 전투에 들어갈 경우에는 기계화 보병이 함께 편제된 혼성 부대로 행동하는 케이스가 많다. 때문에 기갑 사단에서 사용하는 장갑 보병 전투차나 병력 수송 장갑차는 전차와 동등한 기동력의 궤도 차량이 필수이며, 차륜형 장갑차로는 임무를 수행하기가 어렵다.

군용 차량의 천적① 보병 휴대 대전차 화기

장갑을 갖춘 군용 차량은, 소화기만으로 무장한 보병에 있어 매우 위협적인 존재이다. 하지만, 보병도 장갑 차량에 대항하기 위한 수단을 손에 넣었다.

●성형 작약 탄두를 이용한 보병 휴대 대전차 화기

제2차 세계대전 초기, 보병이 휴대할 수 있었던 대전차 화기라고 한다면 **대전차 소총**이나 화염병 정도였으나, 얼마 지나지 않아 성형 작약 탄두(No.029 참조)를 사용한 보병용 대전차 무기가 개발되었다. 이를 이용해 보병들은 차폐물 뒤에 숨어 있다가, 적 전차가 지나가는 것을 기다려 비교적 장갑이 얇은 측면이나 후면을 노리고 공격했다.

독일군은 대전 초기에 성형 작약 탄두를 자석으로 적 전차의 장갑에 직접 부착하는 「흡착 지뢰」를 개발했다. 하지만 보병이 전차 가까이 육박해 들어가야만 하는 등 사용이 어려웠다. 이 때문에 새로 등장한 것이 대전차 고폭탄의 간이 발사기였다. 「판처파우스트(Panzerfaust)」라는 이름의 발사기는 자루 안에 든 화약의 힘으로 성형작약 탄두를 30m 정도 날려(후기 생산형은 100m) 떨어진 거리에서 전차의 장갑을 격파하는 무기로, 비교적 단순한 구조이면서도 위력적이었기에, 양산에 적합한 대전차 무기였다. 한편 미군에서 개발한 것은 「바주카(Bazooka)」라는 이름으로 유명한 「M1 대전차 로켓 발사기」였다. 원통형 발사기에서 발사되는 직경 60mm 대전차 로켓탄은 유효 사거리가 140m로, 제법 먼 거리에서 전차를 격파할 수 있는 획기적 대전차 무기로 활약했다.

전후, 1948년에 스웨덴에서 개발된 무반동포 타입(탄두 자체에는 추진약이 없음)의 대전차 화기 「칼 구스타프」는 매우 표준적인 대전차 화기로 보급되었다. 이후 그 개량 모델은 지금도 세계 30개국 이상에서 사용되고 있으며, 여기에는 미군이나 일본 자위대도 포함되어 있을 정도이다. 또한 1961년에 소련에서 개발된 대전차 로켓 「RPG-7」도 간편하게 쓸 수 있는 대전차 화기로 널리 보급된 걸작 무기 가운데 하나인데, 「RPG-7」 역시 여러 차례의 개량을 거쳐, 현재도 전 세계의 군대나 게릴라, 민병 조직 등에서 사용되고 있다.

정밀 유도로 명중률이 높은 대전차 미사일도 보병이 휴대 가능한 크기인 모델이 개발되었다. 미국의 「FGM-148 재블린」으로 대표되는 현대의 보병 휴대 대전차 미사일은 사거리가 2000m 이상으로 상당히 긴 편이며, 강력한 성형 작약 탄두를 장착, 주력 전차의 정면 장갑을 제외하면 거의 모든 장갑 차량을 격파할 수 있을 정도의 위력을 지니고 있다.

성형 작약탄을 사용한 보병 휴대식 대전차 무기의 진화.

흡착 지뢰
(독일 : 1942년)

자석으로 성형작약탄두를 적 전차에 부착, 장갑을 격 파한다.

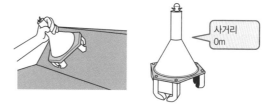

사거리 0m

판처파우스트
(독일 : 1943년)

자루 안에 발사약이 들어 있어, 성형 작약탄을 날려 보내는 발사기.

최대 사거리 약 30~100m

M1 대전차 로켓 발사기
(미국 : 1942년)

「바주카」라는 애칭으로 불렸다. 탄두는 직경 60mm의 로켓탄.

최대 사거리 약 140m

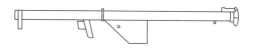

RPG-7
(소련 : 1961년)

무반동포처럼 사출된 뒤, 로켓 모터를 점화하여 먼 거리를 날아가는 로켓 발사기. 지금도 전 세계의 게릴라나 민병대에서 사용하고 있는 걸작 무기이다.

최대 사거리 : 약 900m

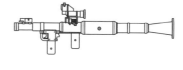

FGM-148 재블린
(미국 : 1996년)

적외선 화상 유도 방식으로, 장갑이 얇은 차량의 윗면을 공격하는 「탑 어택」도 가능한 대전차 미사일.

최대 사거리 약 2500m

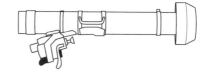

단편 지식

● **대전차 소총** → 전차의 장갑이 얇았던 시대에는 12.7~14.5mm 구경의 대형 고초속 철갑탄을 사용한 「대전차 소총」이 사용되었다. 하지만, 점차 전차의 장갑이 두터워지면서 전차의 장갑을 뚫을 수 없어 도태되고 말았다. 현재는 원거리 저 격이나 경장갑 차량의 격파 등을 목적으로 하는 「대물 저격총」으로 재평가를 받아 사용되고 있는 중이다.

군용 차량의 천적② 대전차 지뢰와 장애물

전차를 비롯한 군용 차량은 움직임을 저지당한 상황에서 취약함을 노출하게 된다. 때문에 구동 계통을 파괴하는 대전차 지뢰나 바리게이트 등은 유효한 저항 수단이 되곤 한다.

● 차량의 바닥면이나 구동 계통을 파괴하는 지뢰

지뢰란 지상이나 지중에 설치하는 폭발물로, 매복하는 타입의 무기이다. 이 중에서도 전차 등의 차량을 노린 지뢰를 대전차 지뢰라고 부르고 있다.

가장 고전적인 대전차 지뢰는 본체 위에 일정 이상의 중량물이 올라가면 압력 감지 신관이 작동, 폭발하는 타입이다. 중량 제한이 걸려 있는 것은 사람이 밟는 정도로는 기폭 되지 않도록 하기 위해서이다. 기폭 장치로는 압력 감지 신관 이외에도 인계 철선을 이용한 장력 해제식, 금속의 자기장을 감지하여 폭발하는 방식, 강한 진동이나 소음을 감지하고 폭발하는 방식도 존재한다. 또한 갓길 부근에 강력한 폭발물을 매설한 뒤, 원격 조작으로 폭파시키는 IED(No.067 참조)도 훌륭한 대전차 지뢰라 할 수 있다.

대전차 지뢰에는 위력이 강한 고성능 화약이 사용되며, 장갑이 얇은 차량의 바닥면을 파괴하게 된다. 설령 차체가 무사하더라도 궤도나 바퀴가 파괴되어 주행 불능 상태에 빠지기 때문에, 결과적으로는 격파된 것과 같은 효과를 얻게 된다.

또한 다수의 지뢰가 매설되어 있는 지뢰 지대는 진지나 방어선을 견고히 하는데 있어 매우 유효한 수단으로, 적을 지뢰 지대로 유인하여 격파하는 작전이 채택되기도 한다.

● 차량의 기동을 방해하는 것만으로도 상당한 효과를 얻을 수 있다

군용 차량은 기동을 방해받을 경우 그 가치가 크게 떨어지게 된다. 때문에 이동 경로에 장애물을 설치하여 기동을 방해하게 되는데, 가장 단순한 장애물로는 폭이 넓은 호를 파는 방법이 있다. 전차가 처음 등장한 1차 대전 당시부터 전차에 대한 대항 수단으로 대전차호가 사용되었다. 차량 길이의 절반 이상의 폭이라면 설령 궤도 차량이라 하더라도 극복이 거의 불가능하다.

또한 견고한 바리게이트로 도로를 봉쇄하거나, 교량을 무너뜨리는 수단도 침공 저지에 유효한 수단이다. 현재 북한과 대치하고 있는 대한민국의 경우, 경기도나 강원도 전방 지역 간선 도로의 여러 길목에 거대한 콘크리트 블록을 설치, 유사시에 블록을 지지하는 기둥을 폭파하여 단시간 내에 도로를 봉쇄할 수 있도록 준비하고 있다.

대전차 지뢰

매설되어 있는
대전차 지뢰

차량 바로 아래에서 폭발,
장갑이 얇은 바닥면이나
궤도 등을 파괴한다.

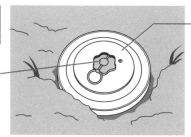

TM-46 대전차 지뢰
(구 소련)

본체 중앙의 압력 감지 신관은
120~400kg의 무게가 가해졌을
때 폭발한다. 사람이 밟은 정도로
는 신관이 작동되지 않아, 차량만
을 노리도록 되어있다.

5.7kg의 고성능 폭
약(TNT 폭약)이 들
어있다.

대전차 바리게이트

콘크리트제 대전차 바리게이트.
우습게 보고 그냥 넘어가려 했다
가는 차량 바닥이 걸리면서 행동
불능에 빠질 위험이 있다.

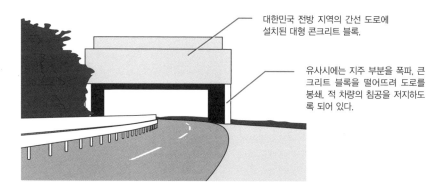

대한민국 전방 지역의 간선 도로에
설치된 대형 콘크리트 블록.

유사시에는 지주 부분을 폭파, 큰
크리트 블록을 떨어뜨려 도로를
봉쇄, 적 차량의 침공을 저지하도
록 되어 있다.

단편 지식

● **공병의 임무** → 지뢰의 설치나 지뢰 지대의 구축, 반대로 지뢰를 제거하거나 지뢰 지대에서의 돌파구 개척 등은 모두가
공병의 중요한 임무이다(No.079 참조). 또한 대전차호의 굴설이나 바리게이트의 설치, 교량의 폭파는 물론, 부교를 놓
거나 도하용 단정(短艇)을 운용하는 등의 임무(No.080 참조)도 모두 공병이 담당하고 있다.

군용 차량의 천적③ 항공기

군용 차량의 최대 천적이라면 역시 공중에서 습격해오는 공격기나 공격 헬기일 것이다. 자주 대공포나 휴대식 대공 미사일 등으로 대항하지만 여전히 불리한 상대이다.

●장갑이 얇은 상면을 노리고 날아오는 대지 공격기

장갑 차량의 대표적 취약 부위 가운데 하나가 바로 얇은 상면 장갑이다. 때문에 하늘을 나는 항공기로부터 공격을 받으면 간단히 격파될 수 있다. 제2차 세계대전 중에는 군용 차량에 대한 공격을 주 임무로 하는 공격기가 각국에서 생산되어 많은 전과를 올렸다.

이들 기체들은 주로 소형 폭탄이나 대구경 기관포 등을 사용하여 적의 차량을 공격했다. 대표적인 기체로는 독일의 「Ju87 슈투카」나 소련의 「IL-2 슈투르모빅」이 있었다. 미국의 「P-47 썬더볼트」와 영국의 호커에서 개발한 「타이푼」 & 「템페스트」, 일본의 「2식 복좌 전투기 을(乙)형」 같은 전투 폭격기도 대지 공격으로 큰 활약을 보였다. 자주 대공포는 바로 이런 항공기에 대한 대항책으로 탄생한 것이었다(No.056, 057 참조).

현재도 세계 각국에서는 같은 목적의 항공기를 운용하고 있는데, 미국의 「A-10 썬더볼트Ⅱ」나 러시아의 「SU-25」와 같이 대량의 폭탄이나 공대지 미사일 등을 탑재할 수 있는 제트 공격기나, 이른바 멀티롤 파이터라 불리는 전투 폭격기가 지상의 차량 공격을 담당하고 있으며, COIN기라고 불리는 프로펠러식 경공격기나 수송기를 개조한 건쉽(Gunship) 등도 차량 공격에 위력을 발휘하고 있다.

대전 이후에 발달한 헬리콥터도 기관총이나 로켓탄 등을 싣고 지상 공격 임무를 수행하고 있다. 특히 1967년에 미군에서 지상 공격 및 대전차 전투용 공격 헬리콥터로 개발한 「AH-1 코브라」가 등장한 이후, 사거리가 긴 대전차 미사일을 싣고 전차의 천적으로 새로이 자리를 잡았다. 현재는 미국의 「AH-64 아파치」나 러시아의 「Mi-28」, 독일/프랑스 공동 개발인 「타이거」 등이 배치되어 있는 상태이다. 다만 1980년대까지는 차량에 대해 압도적인 위력을 발휘한다는 평가를 받았으나, 근래에 들어와서는 차량은 물론 보병 휴대 대공 미사일이 보급되면서, 적 공격에 의외로 취약하다는 단점이 맞물려 지상 전력에 대하여 이전만큼의 우위성을 잃었다는 시각도 일부 존재한다. 하지만 전투 차량에 있어서는 여전히 큰 위협이라 할 수 있다.

장갑이 얇은 차량의 윗부분을 노리는 공격기

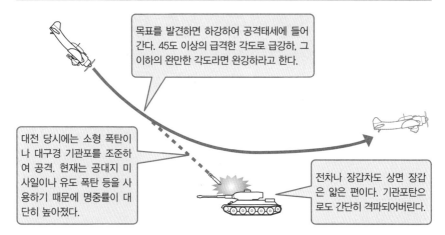

목표를 발견하면 하강하여 공격태세에 들어간다. 45도 이상의 급격한 각도로 급강하, 그 이하의 완만한 각도라면 완강하라고 한다.

대전 당시에는 소형 폭탄이나 대구경 기관포를 조준하여 공격. 현재는 공대지 미사일이나 유도 폭탄 등을 사용하기 때문에 명중률이 대단히 높아졌다.

전차나 장갑차도 상면 장갑은 얇은 편이다. 기관포탄으로도 간단히 격파되어버린다.

역대 지상 공격기

Ju87-G 슈투카
(독일 : 1943년)

급강하 폭격기에서 공격기로 개조된 기체. 전차를 포함 1300대 이상의 차량을 격파한 에이스 파일럿 한스 울리히 루델이 애용했다.

주익 아래에 37mm 기관포 포드를 장착하고 전차의 상면 장갑을 꿰뚫었다.

저속에서도 실속(失速)하는 일이 적어, 지상 공격에 적합했다.

AH-64D 롱보우 아파치
(구 소련)

「AH-64 아파치」에 색적 레이더를 탑재한 헬기. 일본 자위대와 대한민국 육군도 운용 중.

롱보우 레이더.

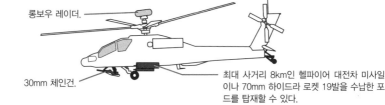

30mm 체인건.

최대 사거리 8km인 헬파이어 대전차 미사일이나 70mm 하이드라 로켓 19발을 수납한 포드를 탑재할 수 있다.

용어 해설
- **COIN기** → Counter Insurgery (대 게릴라)용으로 개발된 경공격기로, 대지 소사나 소형 폭탄을 이용한 폭격 임무를 수행한다. 비교적 염가로 장비할 수 있는 기체임.
- **건쉽** → 현재 미군의 현역 기체는 수송기를 개조한 「AC-130」으로, 대구경 기관포에 더해 105mm 곡사포 등의 무장을 다수 갖추고, 압도적인 화력으로 지상을 공격한다.

군용 차량의 운송 수단① 철도 운송

군용 차량을 전장까지 운송하는 수단으로 가장 일반적인 것은 역시 철도로, 비교적 일찍부터 철도망이 정비되어 있던 지역에서는 운송의 주역을 담당해왔다.

●장거리 육로 운송에서 뛰어난 효율을 발휘하는 철도

군용 차량, 그 중에서도 특히 궤도 차량의 경우, 자력으로 장거리 이동이 어렵다는 약점을 안고 있다. 때문에 군용 차량을 전장으로 수송하기 위한 수단으로 비교적 오래전부터 이용되어왔던 것이 바로 철도 운송이다. 철도를 이용하면 한 번에 대량 수송이 가능하며, 노선만 깔려 있다면 장거리라도 운송 효율이 높은 편이다. 때문에 철도는 일찍부터 군사 전략적인 부분까지 고려하여 정비되어 왔다. 고속 도로망의 정비가 철도보다 훨씬 늦어졌던 점도 있어, 20세기 중반까지는 철도가 육상 운송망의 주역이었다.

제2차 세계대전 중의 유럽에서는 전차와 같은 대형 차량의 운송은 철도에 크게 의지하고 있었다. 특히 독일군의 경우, 철도 운송을 전제로 인프라를 정비, 전차의 개발도 철도 운송을 염두에 두고 이루어졌을 정도였다. 운송의 거점인 철도역에는 화차에 차량을 싣고 내리는 플랫폼이 설치되어 있었다. 또한 차체 폭이 넓은 중전차를 운송할 경우에는 화차 밖으로 궤도가 튀어나오지 않도록 보기륜 일부를 떼어내고 폭이 좁은 궤도를 장착했다가 다시 현지에서 통상 궤도로 교체하는 번거로운 방식을 이용했는데, 이러한 수고를 감수할 수 있을 정도로 철도 운송은 우수한 효율을 자랑했다. 때문에 도로 교통망이 발달한 현재도 많은 국가에서 군용 차량의 운송에 철도를 사용하고 있다.

일본의 경우에도 태평양 전쟁 이전부터 군용 차량의 철도 운송이 이루어지고 있었다. 하지만 일본의 재래선은 「협궤(Narrow gauge)」이라고 하여, 궤간이 좁은 선로를 채용하고 있었기에 화차의 폭은 물론 **철도 노선의 차량 한계**폭도 다른 국가에 비해 훨씬 좁았다. 때문에 철도 수송 가능한 차량의 폭은 3m가 한계로, 1961년에 개발된 「61식 전차」는 이 제한을 충족시키는 사이즈로 만들어졌으나, 후속 전차인 「74식 전차」(폭 3.18m)부터는 차폭이 3m를 넘어가면서 철도 운송이 불가능하게 되었다. 이런 문제 때문에 현재는 전용 전차 운반차(트레일러)를 이용, 도로를 통해 운반(No.074 참조)하고 있는 상태이다. 하지만 전차 이외의 대다수 차량들은 도로 교통법의 제한 문제도 있어 차폭이 2.5m이하로 맞춰져 있으며, 3m 이하의 차량들은 지금도 철도 운송이 이루어지고 있다.

군용 차량의 철도 운송

철도 운송되는 전차

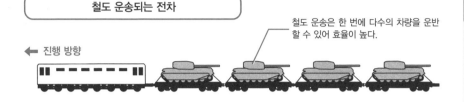

← 진행 방향

철도 운송은 한 번에 다수의 차량을 운반할 수 있어 효율이 높다.

운송 중에 화차에서 벗어나지 않도록 체인으로 확실히 고정한다.

포신이 걸리적거리지 않도록, 포탑을 뒤로 돌려 고정한 상태로 적재한다.

70t에 가까운 전차를 나를 수 있는 특별한 화물열차를 사용한다.

궤간(레일 사이의 간격)의 차이

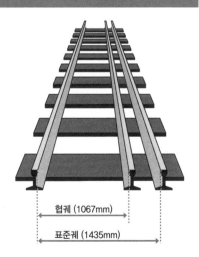

「협궤」를 채용한 주요 지역

· 일본 (재래선, 1067mm)
· 남아프리카 (1065mm)

「표준궤」를 채용한 주요 지역

· 유럽 각국 (1435mm, 이베리아 반도 제외)
· 북아메리카 (1435mm)
· 대한민국을 비롯한 동아시아 (1435mm)
· 일본 (신칸센 1435mm)

「광궤」를 채용한 주요 지역

· 인도 (1676mm)
· 이베리아 반도 (1668mm)

협궤 (1067mm)

표준궤 (1435mm)

궤간이 넓은 쪽이, 훨씬 폭이 넓은 대형 차량을 운송하기에 유리하다!

용어 해설

●**철도 노선의 차량 한계** → 철도에는 폭과 높이 등의 차량 한계 사이즈가 설정되어 있어, 교량이나 터널은 여기에 맞춰 설계된다. 일본의 재래선은 그 대부분의 궤간이 1067mm인 협궤로, 차량 한계폭이 3000mm밖에 되지 않는다. 하지만 신칸센의 경우에는 1435mm인 표준궤를 사용하며, 차량 한계폭도 3400mm지만 화물 운송이 고려되어 있지 않은 노선이다.

군용 차량의 운송 수단② 수송함과 상륙함

바다를 건너 군용 차량을 운반하는 수단으로는 상륙함이나 수송함과 같은 함선을 사용하게 된다. 속도는 느리지만, 대량 수송이 가능하다.

● 하역하는 곳의 여건에 맞춰 달라지는 함종

바다 건너의 지역에 군용 차량을 운반해야 할 경우, 차량 수송 능력을 지닌 함선을 사용하게 된다. 하지만, 어떤 장소에 차량을 내려놓는가에 따라, 사용되는 함선의 종류도 달라진다.

본격적인 화물의 하역 등이 이뤄지는 항구로, 대형 선박이 접안할 수 있는 경우에는 차량 화물 수송선(Vehicle cargo ship)을 사용하게 된다. 이것은 차량을 직접 항구에 내려놓을 수 있도록 램프웨이를 갖춘 수송선으로, 일반적으로는 RO-RO선(Roll-on/Roll-off Ship)이라고 불리고 있다. 전차 등의 대형 차량도 적재 가능하며, 대형 선박의 경우에는 여러 종류의 차량을 1000대 가까이까지 실을 수 있다. 평상시에는 군이 보유한 차량 화물 수송선을 사용하게 되지만, 유사시에는 민간 소속의 RO-RO선이나 페리 등을 징발하여 사용하는 것도 그리 드문 일은 아니다.

하지만 차량 화물 수송선의 속도는 아무리 빨라도 20~24노트(약 45km/h) 정도가 고작이기에 긴급 전개 능력이 부족하다. 때문에 미군에서는 긴급 사태에도 대응할 수 있도록 35노트(약 65km/h)의 속도를 낼 수 있는 쌍동 선체의 다목적 고속 수송함 「스피어헤드」급을 개발, 배치하고 있는 중이다.

한편, 항구를 확보하지 못해 하역용 부두를 사용할 수 없는 상륙 작전에서는 상륙함을 사용하게 된다. 대형 차량을 운반하는 상륙정에는 3종류가 존재하는데, 우선 해안에 직접 접안 가능한 수송선은 「전차 상륙함(LST)」이라고 한다. 이 종류의 함선은 함수 부분이 좌우로 열리는 구조로, 해안까지 올라가서 차량을 뭍에 직접 내리도록 되어 있다.

또한 함선 내부에 도크를 갖춘 「도크형 상륙함(LSD/LPD)」은 내부의 도크에 수납하고 있던 소형 상륙정을 이용하여 상륙하는 방식이다. 항모형 평갑판과 도크를 아울러 갖춘 「강습 상륙함(LHA/LHD)」은 상륙정에 더하여 대형 수송 헬기를 사용할 수 있다.

상륙정은 해안에 직접 접안이 가능한 소형 선박으로, 최근에는 호버크래프트(공기 부양정)도 사용되고 있다. 보통 한 번에 1~2대의 차량을 싣고 모선과 해안을 오가며 임무를 수행한다.

차량을 수송하는 군함의 종류

어디에 하역할 수 있는가에 따라 사용되는 함선의 종류가 달라진다!

항만 사용 가능

➡ 차량 스스로의 힘으로 선박에 타고 내린다.

차량 화물 수송선
(Roll-on/Roll-off Ship)

· 차량 전용 화물선
· 한 번에 1000대 가까이 되는 차량을 수송할 수 있다.
· 하역에는 대형 선박이 접안할 수 있는 부두가 필요.
· 민간 RO-RO선이나 페리 등을 징발하여 사용하기도
　한다.

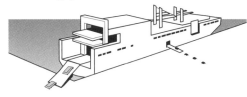

항만 사용 불가

➡ 해안에 직접 접안하는 「Beaching」을 실시.

전차 상륙함(LST)

· 해안에 올라 차량을 직접 내린다.
· 그 구조상 대형함으로 만들기 어려우며, 적재 가능한
　차량의 수는 전차 기준으로 10~20대 정도.

➡ 상륙정이나 수송 헬기 등을 이용해 차량을 내린다.

도크형 상륙함(LSD/LPD)
강습 상륙함(LHA/LHD)

· 함선 내부의 웰도크(Well Dock)에 탑재해 있던 소형
　상륙정과 수송 헬기로 차량을 상륙시킨다.
· 평갑판을 갖춘 강습 상륙함의 경우, 보다 많은 헬기를
　운용할 수 있다.
· 적재 가능한 차량은 전차를 포함한 각종 차량을 합쳐
　100~150대 정도.

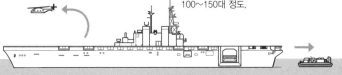

단편 지식

● **자위대의 차량 수송선** →현재 일본 자위대에서는 도크형 수송함(강습 상륙함)인 「오오스미」급을 3척 운용하고 있는데,
　각 함에는 2척의 호버크래프트형 상륙정(LCAC)가 배치되어 있다. 또한 최근에는 36노트(약 67km/h)의 쌍동 고속 페
　리인 「HSC Natchan World」를 민간에서 임대하여 차량 수송용으로 사용하고 있기도 하다.

군용 차량의 운송 수단③ 군용 수송기

항공 수송의 최대 이점은 멀리 떨어진 지역까지 신속하게 전력을 투입할 수 있다는 점이다. 현재는 중량급 차량을 수송할 수 있는 수송기도 존재한다.

●전술 수송기와 전략 수송기

항공기로 군용 차량을 수송하려는 시도는 이미 제2차 세계대전부터 있었다. 영국의 경우, 7t의 화물을 실을 수 있는 수송용 글라이더 「해밀카(Hamilca)」를 개발, 노르망디 상륙 작전에서 공수부대와 함께 6대의 경전차를 적진에 강하시켰다.

이처럼 전장에 차량이나 화물 등을 투입하는 수송기를 「전술 수송기」라고 부른다. 현대의 대표적 기종은 「C-130 허큘리스」로, 1956년에 처음 등장한 이래, 2300기 이상이 생산되어 현재도 세계 각국에서 널리 쓰이고 있는 걸작 수송기이다. 최대 19t의 화물을 적재하고, 제대로 포장이 되지 않은 활주로에서도 단거리 이륙이 가능하지만, 중량급 전투 차량의 수송은 불가능하며, 주로 경전차나 트럭, 중형 장갑차 정도가 고작이다. 또한 항속 거리도 그리 긴 편은 아니기에, 물자 집적지에서 전선 부근까지의 수송을 주 임무로 하고 있다.

20세기 후반에 들어서면서부터 신속하게 중장비를 운반할 필요성이 크게 부각되면서, 중량급의 전차를 싣고 먼 거리를 날 수 있는 「전략 수송기」가 개발되었다. 1969년부터 배치가 시작된 「C-5 갤럭시」는 최대 122t의 화물을 적재할 수 있는데, 「M1A1」이라면 2대, 범용 차량인 「험비」라면 한 번에 14대를 운반할 수 있었다. 또한 1986년부터 운용에 들어간 구 소련의 「An-124 루슬란」은 최대 150t의 적재량을 자랑하는 거대 수송기이다.

1993년부터 배치되기 시작한 미국의 「C-17 글로브마스터Ⅲ」는 전차를 운반하기에 충분한 77t의 최대 적재량을 지니고 있으면서, 정비되지 않은 활주로에서의 단거리 이착륙 성능까지 아울러 갖추고 있어, 전술 수송기와 전략 수송기를 겸할 수 있는 새로운 개념의 수송기로 활약하고 있다. 또한 현재는 새로운 수송기들이 계속 개발되고 있는데, 30t 이상의 최대 적재량을 갖춘 일본의 「C-2」나 유럽 에어버스의 「A400M」이 대표적이다. 이외에도 대형 헬기의 경우, 기내에 수납하거나 기체 아래에 매다는 방법으로 소형 차량을 운반할 수가 있어, 상륙 작전이나 특수 작전 등과 같이 전선 또는 적 후방에 전력을 투입하는 임무에서 활약하고 있다.

전술 수송기와 전략 수송기

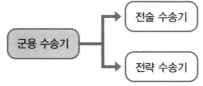

군용 수송기

전술 수송기
· 전투 구역 근처까지 차량이나 물자, 인원을 운반.
· 짧은 활주로뿐인 중·소규모 공항에서도 사용할 수 있도록, 단거리 이착륙 능력을 중시했기에 적재 능력은 조금 떨어지는 편.

전략 수송기
· 주력 전차 등, 중량급 장비도 적재할 수 있다.
· 대륙 간 수송이 가능할 정도로 긴 항속 거리를 지니고 있다.

A국
전략 수송기로 운반
B국
전술 수송기로 운반
전투 지역

C-130J 슈퍼 허큘리스
(미국 : 1999년)

「C-130」을 개량한 현용 전술 수송기. 6엽 프로펠러를 갖추고 있어, 적재량은 물론 속도도 크게 향상되었다.

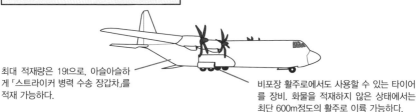

최대 적재량은 19t으로, 아슬아슬하게 「스트라이커 병력 수송 장갑차」를 적재 가능하다.

비포장 활주로에서도 사용할 수 있는 타이어를 장비. 화물을 적재하지 않은 상태에서는 최단 600m정도의 활주로로 이륙 가능하다.

C-5M 슈퍼 갤럭시
(미국 : 2008년)

「C-5」를 근대화 개수하여 수명 연장을 꾀한 기체. 최대 적재량은 122t으로, 「M1A1 전차」라면 2대를 적재할 수 있다. 최대 적재 상태에서도 4000km 비행 가능.

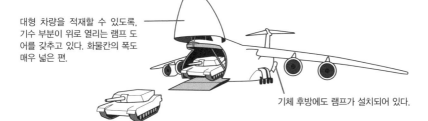

대형 차량을 적재할 수 있도록, 기수 부분이 위로 열리는 램프 도어를 갖추고 있다. 화물칸의 폭도 매우 넓은 편.

기체 후방에도 램프가 설치되어 있다.

단편 지식

●**수송기의 적재량과 항속 거리** → 수송기는 화물을 실으면 실을수록 적재할 수 있는 연료의 양이 줄어든다. 또한 연비도 나빠지기 때문에 항속 거리는 더더욱 짧아지게 된다. 예를 들어 「C-130J(개량형)」의 경우, 화물을 적재하지 않은 상태에서는 6000km 이상을 비행할 수 있으나, 5t의 화물을 적재하면 4000km, 16t을 적재하면 약 3000km까지 항속 거리가 줄어든다.

수송기의 능력에 따라 좌우되는 차량의 크기

신속한 전개의 필요에 따라, 항공 수송의 빈도가 크게 늘어난 현재, 수송기의 능력과 차량의 사이즈 및 중량은 서로 깊은 연관성을 지니고 있어, 양자가 같이 개발되기도 한다.

●수송 헬기의 캐빈을 고려하여 설계된 범용 차량의 크기 .

상륙이나 공중 강습 작전에서는 대형 헬리콥터를 사용한 군용 차량이나 장비의 수송이 이루어지는데, 이때 사용되는 것이 미국의 「험비」나 일본의 「고기동차」를 비롯한 범용 차량이다.

사실 「험비」나 일본의 「고기동차」의 차폭과 높이 같은 사이즈는 현재 주력 수송 헬기로 사용 중인 「CH-47」의 캐빈 내부에 아슬아슬하게 수납되어 공수 가능하도록 설계된 것이다. 「CH-47」의 경우 약 10t의 기내 적재 능력을 보유하고 있으므로, 예를 들어 「고기동차」라면 차량 본체에 더해, 견인식 120mm 박격포 + 조작 요원을 한 번에 공수할 수 있다. 보병 지원을 위한 강력한 화력을 신속하게 전선에 투입할 수 있는 셈이다.

「V-22 오스프리」는 미군에서 배치가 시작되었고, 일본에도 도입이 이뤄지고 있는 틸트 로터 방식의 최신예 수송기이다. 하지만 높이와 폭이 각 1.7m밖에 되지 않는 좁은 캐빈 때문에, 2m가 넘는 폭의 「험비」를 탑재하는 것이 불가능하다. 때문에 오스프리를 운용하는 미 해병대에서 도입한 것이 폭 1.5m의 소형 범용 차량인 「그로울러 ITV」이다. 이 차량은 3명의 인원을 태우고 박격포를 견인할 수 있어, 오스프리와 콤비를 이루는 형태로 배치가 진행되고 있다.

●군용 수송기에 요구되는 능력은 적재하려는 차량의 크기와 중량에 따라 결정된다

신규 개발되는 수송기의 캐빈 사이즈와 적재 능력은, 수송하고자 하는 차량의 크기와 중량 등을 고려한 후에 결정된다. 현재 일본에서 개발 중인 전술 수송기 「C-2」의 경우, 기존에 사용하던 「C-130」이나 「C-1」을 뛰어넘는 성능의 기체다. 설계 단계에서 요구되었던 것은, 30t의 물자를 싣고 보다 먼 거리를 비행할 수 있을 정도의 성능이다. 캐빈 사이즈는 대략 길이 16m ×폭 4m × 높이 4m나 되었기에, 역시 주력 전차 까지는 무리지만, 주력 장갑차인 「96식 장륜 장갑차」라면 2대를 실을 수 있다. 12t의 화물을 적재한 상태에서라면 6500km의 항속 거리를 지닐 것을 목표로 하고 있는 점도 매력이라 하겠다.

수송기의 캐빈 사이즈에 맞춰 개발된 소형 범용 차량.

수송기의 캐빈 사이즈에 맞춰 개발된 소형 범용 차량.

「V-22 오스프리」의 캐빈에 적재 가능한 화물의 폭은 1.7m밖에 되지 않는다.

주력 범용 차량인 「험비」(폭 2.16m)는 적재가 불가능하다!

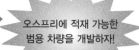

오스프리에 적재 가능한 범용 차량을 개발하자!

1.7m

그로울러 ITV
(Internally Transportable Vehicle = 적재 수송 가능 차량)

· 전장 4080mm / 전폭 1510mm
· 기내 수납 시의 높이 1400mm

수납 시에는 윈드 실드 등을 접게 된다.

중형 차량 적재를 전제로 설계된 자위대의 신형 전술 수송기

C-2 전술 수송기

2000년대에 들어서 개발을 시작, 2016부터 초도기 인수에 들어간 신예 전술 수송기. 최대 적재량은 30t 정도이며, 12t 적재 상태에서 6500km의 항속 거리를 지닌다.

화물을 싣는 캐빈의 사이즈는
전장 약 16m×전폭 약 4m×높이 약 4m.

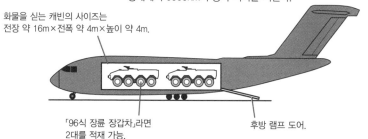

「96식 장륜 장갑차」라면
2대를 적재 가능.

후방 램프 도어.

단편 지식

● **항공기 메이커에서 개발하는 전용차** → 「오스프리」의 메이커인 미국의 보잉에서는 오스프리에 탑재할 수 있는 전투 지원 차량 「팬텀 배저」를 개발하고 있다. 이것은 「그로울러 ITV」보다 약간 차체가 길고, 적재 능력이 높은 범용 차량이다. 현재 오스프리와 세트로 판매할 예정이라고 한다.

신세대 최첨단 방어 시스템

현재 장갑 이외의 다른 수단으로 차량을 방어할 수 있도록 첨단 기술을 이용한 방어 시스템이 고안되고 있는데, 이 가운데 일부는 이미 실용화된 상태이다.

● 피해를 줄이기 위해 도입된 첨단 장비

현대의 시가전이나 비정규전에서는, 보병 휴대 무기의 급격한 발달로, 엄폐물 뒤에 숨은 적 보병이나 게릴라의 공격에 장갑 차량과 승무원이 피해를 입는 일이 늘어나고 있다. 특히 주변의 감시를 목적으로, 차량 밖으로 상반신을 내밀었다가 공격을 받게 되는 경우가 많다. 바로 이 때문에 주목을 받고 있는 것이 이른바 「원격 무기 체계(RWS, Remote Weapon System)」라는 것으로, RWS에는 기관총이나 고속 유탄 발사기, 연막탄 발사기 등이 무장으로 탑재되어 있으며, 고도의 광학 기기나 레이더, 레이저 감지 장치 등의 센서가 조합되어 있다. 굳이 차량 밖으로 몸을 내밀지 않더라도 주변의 감시와 색적이 가능하며, 원격 조작으로 무기를 발사할 수 있도록 만들어졌다. 레이저 조사를 감지했을 경우에는 즉시 연막탄을 발사, 차량을 숨길 수 있도록 만들어진 것도 존재한다. 현재 개발되어 있는 RWS의 대부분은 기존 차량 위에 올리는 식으로 장착 가능하며, 이미 일부는 실용화되어 있는 상태이다.

이보다 좀 더 발전된 첨단 방어 장치로는 「능동 방호 체계(APS, Active Protection System)」가 있다. 밀리파 레이더나 광학 센서를 통해, 접근해오는 포탄이나 미사일, 로켓 등의 발사체를 감지, 아주 짧은 시간 안에 자동적으로 비행체의 진로를 향해 대응탄을 발사하는 시스템이다. 이 대응탄이 작렬하면서 비산하는 파편으로 발사체를 무력화시키도록 되어 있다. 현재 미국과 러시아, 이스라엘, 대한민국 등에서 개발이 진행되고 있으며, 비교적 저속인 로켓탄이나 미사일 등의 요격은 이미 성공, 실용화가 이뤄진 상태이다. 현재는 고속으로 날아오는 포탄에 대응할 수 있도록 하는 연구도 진행 중이며, 오작동이나 대응탄으로 인해 발생할 수 있는 아군의 피해 대책 등의 과제가 남아있기는 하지만, 가까운 장래에 실용화 될 것으로 전망되고 있다.

차세대 전차 기술 가운데 하나로 차량의 스텔스화도 연구가 이뤄지고 있다. 일반적으로 스텔스라고 하면, 레이더에 대한 것을 먼저 생각하게 되는데, 지상군 장비에 한해서는 레이더보다도 적외선 센서에 대한 의미가 더 강하다. 이 분야의 연구로는 차체의 표면을 주위의 온도와 동일하게 유지, 적외선 영역에서의 판별을 어렵게 하는 「서멀 캐모플라주(Thermal Camouflage)」를 도입한 스텔스 전차가 개발되고 있는 중이다.

첨단 기술을 도입한 방어 시스템

원격 무기 체계
RWS(Remote Weapon System)

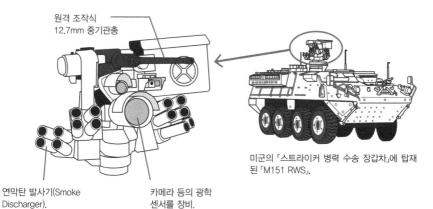

원격 조작식
12.7mm 중기관총

연막탄 발사기(Smoke
Discharger).

카메라 등의 광학
센서를 장비.

미군의 「스트라이커 병력 수송 장갑차」에 탑재
된 「M151 RWS」.

능동 방호 체계의 개념
APS(Active Protection System)

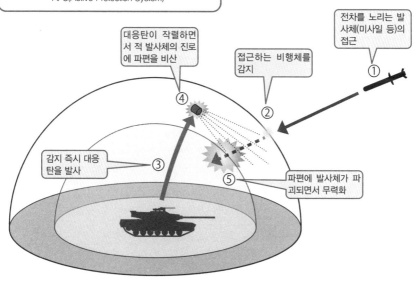

전차를 노리는 발
사체(미사일 등)의
접근
①

접근하는 비행체를
감지
②

대응탄이 작렬하면
서 적 발사체의 진로
에 파편을 비산
④

감지 즉시 대응
탄을 발사
③

파편에 발사체가 파
괴되면서 무력화
⑤

단편 지식

● **적외선을 교란하는 연막** → 군용 차량에 탑재되어 있는 연막탄은 차체와 적 사이에 연기의 벽을 형성, 자신의 모습을
감추는 장치이다. 하지만 적외선은 차폐할 수 없어, 적외선 센서에는 효과를 거두지 못했는데, 최근에는 적외선 센서도
교란할 수 있는 「적린 연막탄」이 개발되면서, 기존의 연막탄을 조금씩 대체하고 있는 중이다.

실용화가 진행 중인 무인 수송 차량

무인 군사 로봇은 이미 하늘을 나는 무인 정찰기나 무인 공격기를 통해 실용화된 상태로, 현재 지상용 차량으로도 연구 개발이 진행되고 있다.

●화물 운반을 통해 보병을 지원하는 UGV

현재 자동차 관련 최첨단 기술로 연구 개발이 진행되고 있는 것 가운데 하나가 사람의 지시 없이 움직이는 자율 주행 시스템으로, 이미 광산 등에서 사용되는 거대 덤프카 등의 특수 차량에서 실현되고 있는 중이다. 최근에는 군사 분야에서도 자율 주행을 실시하는 로봇 차량의 개발이 이루어지고 있는데, 원격 조작으로 지뢰 제거와 같은 위험한 임무를 수행하는 장비는 이미 실용화되어 실전에도 투입되고 있는 상태이다.

일정 수준 이상의 자율 행동을 할 수 있는 무인 차량을 특별히 「무인 지상 차량(UGV, Unmanned Ground Vehicle)」이라 부르고 있는데, 그 중에서도 새로운 범주의 차량으로 주목을 끌고 있는 것이 바로 보병과 함께 행동하며 짐이나 장비를 나르는 등의 지원 임무를 수행하는 무인 수송 차량이다. 현대의 보병 장비는 최첨단 기술이 계속 투입되면서 중량의 증가라는 문제를 안고 있다. 이 문제의 해결책으로 미군에서는 보병들의 짐을 나르는 것을 목적으로 하는 여러 종류의 UGV를 개발하여, 실전 테스트를 하고 있다.

이러한 UGV 가운데 하나가 험지 주파 성능이 우수한 6륜 버기 차량을 베이스로 만들어진 무인 차량으로, 1개 분대(9명) 분량의 장비를 싣고 보병을 따라 이동할 수 있는 「분대 임무 지원 시스템(SMSS, Squad Mission Support System)」이다. 도보로 이동하는 보병들의 뒤를 자동 추적하여 장비를 운반하는 외에도, GPS 좌표를 입력하면 지정된 위치까지 자율 주행하여 이동하는 것도 가능하며, 부상병의 후송 임무 등에도 사용할 수 있다고 한다.

또한 산악 지대와 같이, 차량이 지나다니기 어려운 지형에서 사용할 것을 상정하고 개발된 것으로 바퀴 대신에 4개의 다리를 달아 놓은 「견마형 분대 지원 시스템(LS3, Legged Squad Support System)」이 있다. 일명 「빅 독」이라는 애칭으로 불리고 있는 이 로봇 차량은 그야말로 엔진의 힘으로 움직이는 로봇 사역마라 할 수 있는 존재로, 고도의 로봇 제어 기술의 도입 덕분에 제대로 균형을 잡으면서 달릴 수 있다. 가까운 미래에는 보병의 뒤를 따라 짐이나 장비를 짊어진 채 좁은 산길을 걸어 다니는 로봇이 극히 자연스런 장비로 자리를 잡는 날이 올지도 모를 일이다.

보병의 뒤를 따르며 개인 장비 등을 나르는 무인 수송 로봇

분대 임무 지원 시스템
(SMSS, Squad Mission Support System)

현재 미 육군과 해병대에서 실전 테스트를 진행하고 있는 무인 차량. 1개 분대(9명) 분량의 개인 장비나 휴대용 대전차 미사일 등을 적재하고 보병의 뒤를 따라 자동 주행한다. 또한 GPS를 이용, 자율 행동을 할 수 있어, 부상병의 후송 임무 수행도 가능할 것으로 기대 받고 있다.

견마형 분대 지원 시스템
(LS3, Legged Squad Support System)

4족 보행을 하는 무인 수송 로봇. 전장 약 1m, 높이는 70cm 정도에 110kg의 중량으로, 15hp의 가솔린 엔진의 힘으로 움직이며, 일반 차량이 다닐 수 없는 산길에서도 약 180kg의 짐을 싣고 1회 연료 보급으로 30km를 이동할 수 있다. GPS로 지정된 위치까지 자율 이동하는 외에, 보병을 따라 행동하는 것도 가능하다. 일명 「빅 독」이라는 애칭으로 불리고 있다.

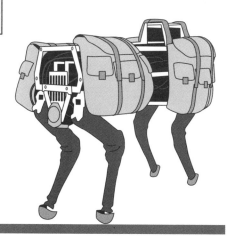

단편 지식

● **무인 차량의 선구자** → 원격 조작되는 무인 차량 병기로 처음 실용화 된 것은 제2차 세계대전 당시 독일군에서 사용했던 「골리아트(Goliath)」였다. 약 1.6m정도 크기의 소형 궤도 차량에 강력한 폭약을 싣고 유선 또는 무선 원격 조작을 통해 이동하여 지뢰 지대의 개척이나 장갑 차량의 파괴에 사용되었다. 모터 구동 외에 가솔린 엔진 구동 방식도 생산되었다고 한다.

색인

〈가〉

〈 차 〉

〈 카 〉

참고문헌

『기갑 입문 : 기계화 부대 철저 연구(機甲入門 : 機械化部隊徹底硏究)』(광인사 NF 문고) 사야마 지로 著, 광인사(光人社)

『군용 자동차 입문 : 군대의 차량 철저 연구(軍用自動車入門 : 軍隊の車輛徹底硏究』(광인사 NF 문고), 다카하시 노보루 著, 광인사

『신·현대 전차 테크놀로지(新·現代戦車のテクノロジー)』(Ariadne military), 기요타니 신이치 著, 아리아드네 기획(アリアドネ企画)

『도해 화포(図解 火砲)』(F-Files), 미즈노 히로키 著, 신기원사(新紀元社)

『도해 현대 지상전(図解 現代の陸戦)』(F-Files), 모리 모토사다 著, 신기원사

『도해 군함(図解 軍艦)』(F-Files), 다카히로 나루미 著, 신기원사

『도해 전차(図解 戦車)』(F-Files), 오나미 아츠시 著, 신기원사

『도해 헤비 암즈(図解 ヘビーアームス)』(F-Files), 오나미 아츠시 著, 신기원사

『도해 밀리터리 아이템(図解 ミリタリーアイテム)』(F-Files), 오나미 아츠시 著, 신기원사

『도해 자동차의 메커니즘(図解 クルマのメカニズム)』, 아오야마 모토오 著, 나츠메사(ナツメ社)

『세계 전차전사(世界戦車戦史)』, 기마타 지로 著, 도서출판사(図書出版社)

『세계의 군용 4WD 카탈로그(世界の軍用4WDカタログ)』(Ariadne military), 일본 병기 연구회 編, 기요타니 신이치 감수, 아리아드네 기획

『세계의 최신 차륜 장갑차 카탈로그(世界の最新装輪装甲車カタログ)』(Ariadne military), 기요타니 신이치 編, 아리아드네 기획

『세계의 전차·장갑차(世界の戦車·装甲車)』(학연 대도감), 다케우치 아키라 감수/집필, 학습연구사(学習研究社)

『세계의 전차 메카니컬 대도감(世界の戦車メカニカル大図鑑)』, 우에다 신 著, 대일본회화(大日本絵画)

『세계의 병기·밀리터리 사이언스 : 근대 무기의 시작 이야기(世界の兵器ミリタリー·サイエンス : 近代·ウェポン、初めて物語)』, 다카하시 노보루 著, 광인사

『세계의 명작 조연 병기 열전·잘 알려지지 않은 제2차 대전의 정예들(世界の脇役兵器列伝 : 知られざる第二次大戦の精鋭たち)』(밀리터리 선서), 오오타 아키라/인도 요이치로/야마시타 지로/아리마 칸지로/야마구치 스스무/미즈노 츠바사 著, 이카로스 출판(イカロス出版)

『전후 일본의 전차 발달사 : 특차에서 90식 전차로(戦後日本の戦車開発史 : 特車から90式戦車へ)』(광인사 NF 문고), 하야시 이와오 著, 광인사

『일본의 전차와 군용 차량(日本の戦車と軍用車両)』(세계의 걸작기 별책/Graphic action series), 다카하시 노보루 著, 문림당(文林堂)

『제 타이밍을 맞춘 병기 : 전세를 바꾼 알려지지 않은 주역(間に合った兵器 : 戦争を変えた知られざる主役)』(광인사 NF 문고), 도쿠타 하치로에, 광인사

『육군 기갑 부대 : 격동의 시대를 헤쳐나온 일본 전차 흥망사(陸軍機甲部隊 : 激動の時代を駆け抜けた日本戦車の興亡史)』(「역사 군상」 태평양 전쟁 시리즈), 역사 군상 편집부 編, 학습연구사

『군용 포 바이 포(4×4)(軍用フォーバイフォー)』(WAR MACHINE REPORT/PANZER 임시 증간) 아르고노트사(アルゴノート社)

『육상 자위대 장비 백과(陸上自衛隊装備百科)』(이카로스 MOOK/J Ground 특선 무크) 이카로스 출판(イカロス出版)

『육상 자위대의 차량과 장비(陸上自衛隊の車輛と装備)』(PANZER 임시 증간), 아르고노트사

『전차(戦車)』(역사군상 〈도해〉 마스터), 시라이시 코우 著, 학연 퍼블리싱(学研パブリッシング)

『M2/M3 하프트랙(M2/M3ハーフトラック)』(그라운드 파워 별책), 그라운드 파워 편집부 編, 갈릴레오 출판(ガリレオ出版)

『U.S. 해병대 마니아! : 주일 미 해병대의 기지·부대의 알려지지 않은 모습(U.S.海兵隊マニア! : 在日海兵隊の基地·部隊の知られざる姿)』(별책 베스트카) 강담사 BC(講談社ビーシー)

「군사 연구(軍事研究)」재팬 밀리터리 리뷰(ジャパンミリタリー・レビュー)
「PANZER」아르고노트사
「전차 매거진(戦車マガジン)」델타 출판(デルタ出版)
「마루(丸)」우시오 서방·광인사(潮書房光人社)

도해 군용 차량

초판 1쇄 인쇄 2016년 10월 20일
초판 1쇄 발행 2016년 10월 25일

저자 : 노가미 아키토
번역 : 오광웅

펴낸이 : 이동섭
편집 : 이민규, 김진영
디자인 : 이은영, 이경진, 백승주
영업 · 마케팅 : 송정환, 안진우
e-BOOK : 홍인표, 이문영, 김효연
관리 : 이윤미

㈜에이케이커뮤니케이션즈
등록 1996년 7월 9일(제302-1996-00026호)
주소 : 04002 서울 마포구 동교로 17안길 28, 2층
TEL : 02-702-7963~5   FAX : 02-702-7988
http://www.amusementkorea.co.kr

ISBN 979-11-274-0257-0 03390

"ZUKAI GUN-YOU SHARYOU" by Akito Nogami
Copyright©Akito Nogami 2015
All rights reserved.
Illustrations by Takako Fukuchi
Originally published in Japan by Shinkigensha Co Ltd, Tokyo.

This Korean edition published by arrangement with Shinkigensha Co Ltd, Tokyo
in care of Tuttle-Mori Agency, Inc., Tokyo

이 책의 한국어판 저작권은 일본 SHINKIGENSHA와의 독점계약으로
㈜에이케이커뮤니케이션즈에 있습니다.
저작권법에 의해 한국 내에서 보호를 받는 저작물이므로 무단전재와 무단복제를 금합니다.

이 도서의 국립중앙도서관 출판예정도서목록(CIP)은
서지정보유통지원시스템 홈페이지(http://seoji.nl.go.kr)와
국가자료공동목록시스템(http://www.nl.go.kr/kolisnet)에서 이용하실 수 있습니다.
(CIP제어번호: CIP2016022753)

*잘못된 책은 구입한 곳에서 무료로 바꿔드립니다.

읽고 쓰는 삶,

헌신할 수 있는 일,

소설가라는 이상한 직업

장강명

소설가라는 이상한 직업

소설가라는 이상한 직업

이상한

직업

장강명 지음

유유히ᐩ

소설가의 '일'이란 무엇인가

2019년 여름, 『채널예스』 창간 4주년 특집 대담에 참여했다. 망원역 근처에 있는 공유 사무실 겸 공유 거주 공간에서 프랑소와 엄 편집장, 나, 그리고 내가 좋아하는 편집자 두 분과 만났다. 기사를 보며 그때의 대화 내용을 2년여 만에 복기해보니 기분이 새롭다.

당시에 나는 한국 출판계 최고의 마케터는 '방탄소년단'이라고 했는데 그 말은 여전히 유효하다. 한국에 『뉴욕 타임스 북 리뷰』 같은, 적당히 지적이고 적당히 대중적이면서도 문학만을 대상으로 하지 않는 서평 매체가 없어 아쉽다는 이야기도 했는데, 그사이 『서울리뷰오브북스』가 생겼다.

대담을 마치고 헤어지기 전에 프랑소와 엄 편집장에게서 월간 『채널예스』 칼럼 연재 제안을 받았다. 주제나 소재와 관련해 특별한 요청이나 제한은 없었다. 나는 다음 날 "그냥 제가 소설가로 살다가 겪는 일들, 글을 쓰거나 출판 관계자들을 만나서 겪는 소소한 해프닝 같은 것을 써보면 어떨까요" 하고 메일을 보냈다.

처음에는 연재 코너 제목을 '소설가라는 우스운 직업'이라고 지었다. 그러다 며칠 뒤 '소설가라는 이상한 직업'으로 바꿨다. 소설가가 하나의 직업이며, 소설가가 속한 '업계'가 있다는 이야기를 하고 싶었던 것 같다. 그리고 그 직업과 업계에 어딘지 우습거나 이상한 구석이 있다고 말하고 싶었던 것 같다.

왜 새삼 소설가가 직업임을 강조하고 싶었나? 문학과 책을 사랑하는 사람들이 문학 창작자를 보는 시선에 환상이 많이 끼어 있다고 느껴서다. 남다른 계시를 받는 사람이라고, 속세의 돈벌이에서 몇 걸음 물러난 종자라고 여기는 듯하다. 그런 낭만적인 포장에 가장 휘둘리고 그래서 피해도 가장 크게 입는 사람이 예비 작가와 신인이다.

그 직업의 어느 부분이 우습고 이상한가? 밥벌이이자 돈벌이인데 그렇지 않은 척 굴어야 하는 부분이 우습고 이상하다. 예비 작가와 신인이 그런 인식에 가장 깊이 사로잡혀 있다. 그래서 금전 문제를 협상해야 할 때 주도권을 잘 잡지 못한다. 아예 말을 못 꺼내는 이도 흔하다. 그런 분위기는 업계가 우스워지고 이상

해지는 데 한몫한다.

　나라고 예외는 아니었지만 그래도 이거 뭔가 웃기고 이상한데, 하고 고개를 갸웃할 감각은 있었다. 전업 작가가 되기 전에 직장 생활을 해본 덕분이다. 『채널예스』와 칼럼 분량 및 연재 기간을 확정할 때 내가 보낸 메일에는 "아슬아슬하다 싶은 이슈도 나올 듯하다"고 적혀 있다. 인세와 강연료에 대해서는 언젠가 한번 제대로 쓰겠다고 벼르고 있었다.

　그렇게 연재를 시작했다. 여태까지 해본 모든 연재를 통틀어 가장 즐거웠다. 한국 소설가들 이렇게 산답니다, 요즘 저 이런 직업적인 고민을 하고 있어요, 이런 관행은 답답해요. 그렇게 수다를 떨고 싶었다. 주문받은 분량은 2,000자 안팎이었는데 프랑소와 엄 편집장에게 보내는 원고는 갈수록 점점 길어졌다. 나중에는 6,000자 가까이 썼다.

　연재를 시작하고 몇 달 뒤부터 이내 작가가 일러스트를 그려주었다. 그 그림들을 사랑했다. 원고를 보내고 나면 매번 어떤 삽화가 나올지 궁금해하며 게재일을 기다렸다. 계약 기간이 끝나갈 즈음 『채널예스』에서 연장을 제안했다. 몇 달 뒤에는 내가 추가 연장을 졸랐다. 신뢰하는 편집자, 에디터리 대표가 도와주었다. 그리고 얼마 전 그 연재를 마무리했다.

　연재 기간 내내 다음 원고는 무슨 소재로 쓸지 궁리하는 게 즐거운 놀이였다. 미처 담지 못한 내용은 마감 관리, 작가 후기 쓰기, 낭독하기와 오디오북, 교정 교열, 언론 인터뷰 요령, 방송 출연, 동년배 소설가의 작품을 읽는 일, 문단 중심부를 향한 승인 욕망과 인정 투쟁, 웹소설과 종이책 기반 문학이 어떤 식으로든 합쳐질지 아니면 투 트랙으로 갈지 등등. 다른 지면을 통해 언젠가 쓸 수 있기를 바란다.

내 글이 향하고 있는 1차 독자는 역시 예비 작가와 신인이었다. 내가 예비 작가였던 시절 궁금했던 사항들에 대해 답해주고 싶었다. 문예지 등단 → 단편 작업 → 젊은작가상 수상 외에도 다른 길이 있다고 말하고 싶었다. 어떤 것은 잘 따져보라고, 어떤 것은 미신이니 무시하라고, 부족한 경험이나마 전하고 싶었다.

그러는 사이 나 역시 소설가라는 직업에 대해 숙고하고 새로운 측면을 발견하게 되었다. 아니, 직업이라는 것 자체에 대해 다시 생각하게 되었다. 물론 직업은 돈벌이고 밥벌이다. 그것으로 자신과 가족을 보호할 수 있느냐 하는 문제가 가장 시급하다. 그런데 직업은 돈벌이와 밥벌이 이상이기도 하다.

"직업에는 귀천이 없다"는 격언을 오랫동안 기이하게 여겼다. 그 말은 현실을 반영하지도, 이상을 제시하지도 못한다. 현실에서 내가 보아온 사람들은 다들 자신과 배우자의 직업으로 방문판매원보다는 대학교수를 선호했다. 그렇다고 우리의 이상이 단타 전업 투자자와 학교 선생님, 나이트클럽 지배인과 경찰이 똑같이 존경받는 사회인 것도 아니다.

내 생각에 그 격언은 남이 아니라 자기 마음을 다잡을 때 약간 쓸모가 있다. 직업을 핑계로 타인을 멸시하고 싶은 충동이 일 때, 혹은 본인이 돈이 급해서 얼마간 굴욕적인 일을 해야 할 때. 그 외의 상황에서는, 현실에서도 이상에서도 직업에 귀천은 있다. 세상에서 가장 숭고한 직업은 소방관이다. 의사와 간호사도 고귀한 직업이다. 하지만 흉부외과의 심장 수술과 피부과의 미용 레이저 시술을 같은 선에 놓을 수는 없다.

데이비드 그레이버의 『불싯 잡』이라는 책이 있다. 재미있을 것 같아서 영어 원서 전자책을 내려받았다. 언제 다 읽게 될지는 까마득한데, 이 책 저자는 현대 사회 직업의 무려 40퍼센트가 불싯 잡, 그러니까 쓸모없고 무의미하고 허튼 일자리라고 주장한다.

저자가 예로 드는 직업들이 뭔지 따로 거론하지는 않겠다. 상당히 과격한 목록이다. 다만 그의 논지 중 몇 가지는 분명 부정할 수 없다. 세상에는 그저 고용주나 상관을 돋보이게 하는 게 존재 이유인 직업이 있다. 어떤 조직이 실제로 하지 않는 일을 하고 있다고 둘러대기 위해 만든 일자리에서 형식적인 서류만 양산하는 사람도 있다.

소설가는 어떤가. 소방관만큼은 아니지만 그래도 굉장히 매력 있는 직업이다. 신문사와 건설사에서 길고 짧게 일해본 경험과 비교하면, 적어도 내게는 분명히 그렇다. 원고 작업은 가장 괴로운 순간에도 내 삶을 갉아먹지 않는다. 오히려 반대라고 느낀다.

그 힘은 돈벌이, 밥벌이와는 관련 없는 측면에서 나온다.

소설가라는 직업이 불헷 잡이 아닌 이유를 몇 가지 생각나는 대로 적어본다. 우선 주체적으로 일한다. 원고 안 풀린다며 머리 쥐어뜯을 때에도 그는 자기 일의 주인이다. 그는 매번 매 순간 새로운 도전을 하고, 그건 만만찮은 모험이라서 꽤 흥분된다. 드물지만 상쾌한 몰입의 순간도 찾아온다.

그는 자신의 개성이 듬뿍 담긴, 스스럼없이 '내 것'이라고 말할 수 있는, 손으로 만질 수 있는 결과물을 생산하며, 어떤 순간에는 틀림없이 온전한 보람을 맛본다. 역량을 발전시킬 수 있고, 그걸 스스로 느끼고, 가끔은 다른 사람도 그렇게 평가해준다. 희박한 확률이라도 대박을 꿈꿀 수 있고, 그래서 전망을 품을 수 있다. 거대한 의미의 흐름에 참여함을 느낀다. 부속품이 되는 것과 다른, 기분 좋은 감각이다. 헌신할 수 있는 직업이라는 확신이 든다.

헌신할 수 있는 일인가. 어떤 직업의 귀천은 그 질문으로 대강 가늠할 수 있지 않을까. 모든 직업이 임금의 대가로 종사자에게 시간을, 추가 노동을, 감정을, 가끔은 건강이나 그보다 더한 것까지도 요구한다. 그런데 사모펀드 CEO가 과로로 쓰러졌다는 소식을 들으면 우리는 혀를 끌끌 찬다. 뭣이 중한지 모른다며. 큰돈을 벌게 해주는 직업인지는 모르지만 몸을 해치면서까지 추구할 일은 아니라고 예리하게 알아차리는 것이다.

하지만 소방관의 희생을 우습게 여기는 이는 아무도 없다. 화재 현장이 아니라 훈련 중에 일어난 사고에 대해서도 그렇다. 우리는 슬퍼하면서도, 소방관이라는 직업에는 그럴 가치가 있다고 인정한다(그 희생이 괜찮다는 소리는 당연히 아니다). 그 가치는 높은 연봉과는 다른 무엇이다. 종사자의 영혼을 충만하게 하는 것. 나는 누구인가라는 질문에 대답해주는 것. 퇴근 뒤에도, 심지어 퇴직 뒤에도 삶에 의미를 부여하는 것. 나는 소설가도 그렇다고 생각한다.

그럼에도 불구하고, 모든 직업에 불쾃 업무는 어느 정도 포함돼 있다. 소방관들도 연말이면 자기 역량 평가 보고서 따위를 쓰면서 짜증 내지 않을까? 신문기자를 예로 들자면, 대체로 보람 있는 직업이지만 어떤 부분은 확실하게 불쾃이다. 다음 날 뻔히 공표될 정책 내용을 전날 미리 알아내려고 몸과 마음을 갈아 취재해야 하는 날들이 있다. '발표 자료 우리가 하루 앞서 먼저 빼냈다! 우리 매체가 이렇게 취재력이 대단하다!' 이렇게 자랑하기 위해서.

데이비드 그레이버는 불쾃 잡이 늘어나는 것이 현대 사회의 특징이라고 주장하는데, 한 직업 안에서 불쾃 업무 비중이 증가하는 것도 현대의 특징인 것 같다. 요즘 출판계에서는 초판 사인본 제작이 유행이다. 몇몇 작가들은 1쇄 물량 전체에 사인을 해달라는 요구를 받는다. 출판사에는 미안하지만, 나는 이제 거절하련다. 며칠씩 사인 기계 노릇을 할 게 아니라 그 시간에 자기 글을 몇 줄이라도 더 쓰는 게 작가의 일이다.

누구를, 혹은 무엇을 위한 헌신인가. 불쉿 업무와 불쉿이 아닌 업무는 이 질문으로 대충 헤아릴 수 있을 것이다. 마케터나 평론가에게 헌신하는 게 소설가의 일인가? 당연히 아니다. 그렇다면 독자를 위해? 나는 그것도 아닌 것 같다. 그래서 위로나 공감이 소설가의 임무라고 보지 않는다.

나는 내가 만드는 물건이 단순한 소비재 이상이라고 믿는다. 그러니 소비자 만족을 최우선으로 여기지 않아도 된다. 소설가가 몸과 마음을 바쳐야 하는 대상은 작품이다. 돈벌이와 밥벌이 얘기를 해야지, 하고 시작한 연재 2년 4개월 만에, 나는 솔직히 털어놓는다. 돈하고 상관없이 이 직업 되게 뿌듯해요. 맞는 사람한테는 정말 잘 맞아요.

불쉿 업무를 없애면 소방관이라는 직업은 더욱 의미 있어질 것이다. 취객이 쓸데없이 119를 부르지 못하게 해야 하고, 소방 행정에 부조리가 있다면 개혁해야 한다. 소설가 업계에도 부조리들이 있다. '등단'처럼 수십 년 묵은 이슈가 있고, 팬덤 비즈니스 같은 새로운 현상도 있다. 금전 문제는 여전히 갈 길이 멀다. 그런데 그 얘기는 다음으로 미루자.

작가가 쓰는 데 10년이 걸렸다는 책 두 종을 최근에 읽었다. 둘 다 엄청났다. 하나는 앤드루 솔로몬의 두 권짜리 논픽션 『부

모와 다른 아이들』, 또 하나는 요코야마 히데오의 경찰 소설
『64』다. 그런데 벌써 5,000자를 넘게 썼으니 두 책 소개도 언젠
가 나중으로 미루고…… 그리고 『부모와 다른 아이들』은 소설이
아니긴 하지만…….

어쨌든 그 두 종을 읽으며 이렇게 감탄했다. 와, 이건 정말 10년
걸려서 쓸 만하다. 10년이 아깝지 않다. 저자들도 그렇게 자부할
거라고 생각한다. 세상에 10년 노력이 아깝지 않은 일이 몇 가지
나 있을까. 그래서 나는 책을 쓰는 직업에 대해 이렇게 생각하게
되었다. 이건 헌신할 수 있는 직업 정도가 아니잖아. 헌신할수록
더 좋아지는 직업이잖아.

덧붙임:

논픽션 작가 스터즈 터클이 쓴 『일』이라는 인터뷰집이 있다. 133
명을 만나 그들의 직업에 대해 자세히 듣고 쓴 책인데, 매우 재미
있고 감동적이다. 터클은 기업 대표, 회계사, 홍보 전문가, 택시
기사, 용접공, 사제, 웨이트리스, 심지어 성매매 여성까지 인터뷰
했다. 읽다 보면 어떤 직업이든 쉬운 일은 없구나, 하는 깨달음도
얻고 사람은 누구나 단순히 수입이 아니라 의미와 보람을 원하
는 존재구나, 하는 생각도 든다.

요즘은 일의 의미와 보람이 사람에게 어떤 힘을 주는지를 옆에

서 목격하고 있다. 나름 고수익 연봉을 올리던 아내가 회사를 그만두고 온라인 독서 모임 플랫폼 '그믐'을 만들겠다고 나섰다. 여태까지 1년이 넘는 기간 동안 수입이 거의 없었는데도 '그믐' 이야기를 할 때면 그녀의 눈이 반짝반짝 빛난다. 휴일 없이, 깨어 있는 시간 내내 '그믐' 일을 한다. 회사에 다닐 때는 상사 눈치 안 보고 늘 칼퇴근을 하던 그녀가. 나는 종종 묻는다. "'그믐' 재미있어?" 그러면 아내의 답은 둘 중 하나다. "응, 재미있어" 혹은 "재미 때문에 하는 게 아니라고".

차례

3부 **글쓰기 중독**

1부

소설가라는 이상한 직업

나는 독자를 보았다

한국의 젊은 소설가 상당수는 이런 의문을 품고 있다.

'혹시 독자라는 건 유니콘 같은 존재 아닐까? 오래전에 멸종했거나 아예 존재한 적이 없었던 환상의 생물이고, 그 사실을 숨겨야 하는 정부 기관이 댓글 부대를 고용해 인터넷에만 가짜 흔적을 남기는 것 아닐까? 책 관련 행사에 오는 사람들은 결혼식 가짜 하객처럼 출판사가 고용한 아르바이트생들 아닐까?'

몇몇 작가들은 내게 이렇게 묻기도 한다.

"작가님은 우연히 독자를 만난 적이 있으세요? 막 작가님을 알아보는 사람도 있고 그래요?"

어…… 그런 적이 몇 번 있긴 있다. 처음에는 어리둥절했고 두 번째에도 그랬다. 세 번째에는 감격했느냐고? 그게 꼭 그렇지는 않다. 작가가 길거리에서 독자를 만나면 아래와 같은 광경이 펼쳐진다.

독자: 저, 혹시 장강명 작가님 아니세요?

나: 예, 맞는데요.

독자: 작가님! 저 작가님 팬이에요! 우와, 이런 데서 만나다니!

나: 와, 고맙습니다.

독자: 작가님 TV에 나온 것도 봤어요!

나: 오, 고맙습니다!

독자: ······.

나: ······.

독자: 그러면 안녕히 가세요.

나: 네, 안녕히 가세요.

정말이지 어색하기 그지없는 상황이다. 저기서 조금 더 길어져봤자 "지금 어디 가는 길이세요?" "편의점 도시락 사러 가는 길인데요" "그러시군요" 정도의 문답이 추가될 뿐이다. 그나마 편의점 도시락을 사러 가는 길에 만나는 편이 낫다. 집 근처 식당에서 식사를 하고 돌아오는 길에 만나면 아주 힘들다. 나는 밥을 먹으면 몹시 졸리는 사람이라 집에 오는 길에는 거의 정신이

나간 상태다.

실은 진짜 감격스러운 건, 이거다. '실시간으로' 내 책을 읽고 있는 독자를 우연히 목격하는 순간. 나는 그런 경험을 지금까지 딱 세 번 해봤다.

처음은 2014년이었던 듯한데, 그 상대가 '일반 독자'에 해당하는지는 다소 논란의 여지가 있다. 도서관 직원이었기 때문이다.

그즈음 구로구로 이사 간 나는 책을 빌리러 새 동네의 공공도서관에 갔다가 깜짝 놀랐다. 대출대 담당 직원이 내 데뷔작인 『표백』을 읽고 있었다.

그때까지만 해도 구로도서관에는 무인 대출대가 없었다. 빌리려는 책은 전부 직원에게 직접 들고 가서 내 이름이 적힌 도서관 카드와 함께 내밀어야 했다. 그런데 바로 그 담당 직원이 내 책을 읽고 있는 중이었다.

나는 대출대에서 세 걸음 앞까지 갔다가 너무 놀라서 뒤돌아 줄행랑쳤다. 그러면서도 그 짧은 순간 상대의 얼굴은 유심히 살폈다. 들고 있는 책에 푹 빠진 표정은 아니었다. '이 작가는 이름이 특이한데 어느 수준인지 한번 평가해줄까'와 '끝까지 읽어야할까' 사이에서 망설이는 듯한 표정이었다.

구로도서관 대출대에는 보통 직원이 세 명 앉아 있는데, 하필그때 다른 두 사람은 자리를 비운 참이었다. 나는 다른 직원이올 때까지 꽤나 기다렸다.

『표백』을 읽던 직원을 다시 보지는 못했다. 공공도서관에 정식 사서는 몇 명 되지 않고, 기간제 근로자를 많이 쓰는 걸로 안다. 그런 계약직 직원이었을까? 도서관 직원들이 바코드 스캐너로 도서관 회원 카드를 찍으면 화면에 카드 주인 이름이 뜰까? 어쨌든 이후에 도서관에 갈 때마다 사서들이 혹시 나를 알아보는 건 아닌지 신경이 쓰이긴 한다.

두 번째로 내 책을 읽는 독자를 만난 날은 정확한 날짜까지 기억한다. 2016년 9월 29일. 장소는 지하철 6호선 안.

그때 나는 에세이『5년 만에 신혼여행』을 낸 지 얼마 안 되어, 신간 홍보를 위해 출판사가 연 독자와의 만남 행사에 참석하러 가는 길이었다. 장소는 당시에는 상암동에 있던 동네 서점 '북바이북'이었다.

그래서 지하철을 타고 디지털미디어시티역으로 향하는데, 내 앞에 서 있는 여성이『5년 만에 신혼여행』을 읽고 있는 것이 아닌가. 오 마이 갓. 이 독자는 문 앞에, 나는 바로 그녀의 등 뒤에 서 있었다. 그녀는 158쪽, "셋째 날 오후: 조각조각 난 사유지와 성스러운 의무"라는 제목의 장을 읽고 있었다.

나는 그녀가 당연히 북토크에 가는 길이라고 생각했다. 자칫하다 여기서 인사를 나누면 그대로 나란히 행사장까지 어색한 대화를 나누며 가야 할 텐데, 그건 나에게나 독자에게나 정말이지 고역이겠지. 가능하면 멀리 떨어져 있으려는데, 퇴근 시간이고 만원 지하철인지라 자리 옮기기가 쉽지 않았다. 이거 어째야 하나, 진땀을 흘리는데 그 독자가 갑자기 열차에서 내렸다. 어라? 북바이북 가는 거 아니셨나요? 나는 유니콘을 놓친 기분이었다.

마지막 세 번째는 2017년 상반기였다. 장소는 역시 지하철. 신도림역 1호선 승강장이었다. 시청 방향 지하철이 도착해 문이 열리자 거짓말처럼 한 여성이 『한국이 싫어서』를 읽으며 내렸다. 그녀는 책을 두 손에 든 채로, 눈을 거기서 떼지 못한 채, 걸어가며 책을 읽었다.

와, 엄청나게 재미있고 훌륭한 소설만 그렇게 읽는 거 아닌가요. 나한테는 인생에서 가장 행복했던 순간까지는 아니더라도 그해 가장 행복했던 순간 10위 안에 충분히 들어갈 장면이었다. 고맙습니다, 이름 모를 독자님.

내 아버지는 술집에서 친구에게 안정효의 『하얀 전쟁』 괜찮다, 한번 읽어보라고 권한 적이 있었다. 그리고 그 말을 마치자마자 옆자리에 있던 남자가 "내가 안정효요"라며 인사를 해왔단다. 이후에 어떤 대화가 오갔는지는 모른다. 아버지 성격상 '작가님 팬이에요! TV에 나온 것도 봤어요!'라고 하지는 않았을 거 같고, 몹시 어색한 시간이 이어졌을 거 같은데…… 안정효 작가님은 그런 상황도 다 대비하고 "나 안정효요"라고 말을 거신 걸까? 아니면 설마 그저 기뻐서?

혹시 내가 지하철이나 카페에서 책을 읽을 때도 내 앞으로 그 책의 저자가 지나간 적이 있을까? 그런데 생각해보니 나는 책을 주로 전자책으로 읽는 터라, 다른 사람에게 내가 읽고 있는 책의 표지가 보이지 않는다(전자책의 단점 하나 추가: 작가가 자기 책을 읽고 있는 독자를 마주쳐도, 그 기적 같은 우연을 알아차릴 수 없다. 꽤 심각한 결점이다).

덧붙임:

TV에 출연한 뒤로 거리에서 알아보는 사람들이 꽤 생겼다. "소설 쓰시는 분이죠?"라든가, "「알쓸범잡」 나오시는 분이죠? 강 …… 강…… 죄송해요, 제가 이름을 잘 기억을 못해요" 같은 말을 들으면 신기하기는 하다. 하지만 딱히 가슴이 벅차지는 않다. 몸에 안 맞는 옷을 걸치고 나온 기분이다.

첫 책 출간을 앞둔 신인 작가에게 이런 질문을 받은 적이 있다. "필명을 쓰는 게 좋은가요, 본명으로 활동하는 게 낫나요?" 글쎄요, 무엇을 원하시는지에 달려 있지요,라고 대답했다. 유명해지고 싶습니까? 거리에서 사람들이 당신을 알아보기를 원하나요? 옛 지인들이 '그 녀석이 책 냈다는데' 하며 부러워하고 시기하기를 바라나요? 그렇다면 본명을 써야죠.

나는 그렇게 되고 싶었다. 그래서 필명은 조금도 고려하지 않았다(본명이 워낙 특이해서 필명으로 오해하는 분들이 있기는 하다). 시간이 좀 더 지나고 나서 이름이 유명해지는 것과 얼굴이 유명해지는 것이 다르다는 사실을 알게 되었다. 나는 문명(文名)은 강하게 원하지만, 연예인이 되고 싶지는 않다. 사람들이 내 얼굴을 알아보는 상황을 좋아하지 않는다.

하지만 방송에도 열심히 나간다. 모든 프로그램 출연 섭외에 응하지는 않지만, 새로 시작하는 방송 기획안을 받으면 꽤 적극적으로 검토한다. 2020년대 한국 소설가가 먹고 살기 위해서는 인지도 시장에서 활동해야 하기 때문이다. 이름이 알려지는 자리건 얼굴이 알려지는 기회건 가릴 처지가 아니다. 브이로그를 찍거나 유튜버가 된 문인도 여럿이다.

저술 노동자의 몸 관리

　소설가들이 은근히 자주 받는 질문 중 하나가 "무슨 운동을 하시나요?"다. 강연장에서 이런 질문이 나오면 청중 중에 웃는 분도 계시는데, 사실 중요한 문제다. 육체노동이라고 말하기에는 부끄럽지만, 저술 노동도 결국 몸뚱이로 하는 일이므로 몸을 잘 관리해야 글을 오래 쓸 수 있고 많이 쓸 수 있다. 정신의 집중력과 지구력, 심지어 자신감도 꽤 많은 부분 육체에 달린 문제라고 믿는다.

　그래서 다른 소설가의 인터뷰를 읽을 때도 그들이 무슨 운동을 하는지 유심히 살핀다. 김연수 작가가 마라톤 마니아라는 사실은 유명하다. 정유정 작가는 『정유정의 히말라야 환상방황』

출간 직후 『채널예스』 인터뷰에서 복싱을 7년째 하는 중이라고 밝혔다. 다른 인터뷰에서는 일주일에 6일 권투 도장에 나간다는 이야기도 하신다. 『나의 골드스타 전화기』의 김혜나 작가는 소설가 겸 요가 강사다. 『제리』로 오늘의작가상을 수상하고 가진 독자와의 만남 행사를 요가 연습장에서 연 적도 있다. 『지극히 내성적인』의 최정화 작가는 요가, 주짓수, 그리고 브라질 무예인 카포에라를 훈련한단다.

운동신경도 별로고, 몸 움직이는 것도 귀찮아하는 나는 일주일에 두세 번씩 집에서 깨작깨작 웨이트트레이닝을 한다. 순서는 이렇다. 스트레칭-스쿼트 5세트-푸시업 5세트-덤벨 로 5세트-덤벨 킥 3세트-플랭크 5세트-스트레칭. 이렇게 적어놓으니 뭔가 있어 보이지만, 다 마치는 데 한 시간도 안 걸린다.

그럼에도 불구하고 효과는 대단한데, 이 간단한 운동 덕분에 오십견이 사라졌다. 회사 다닐 때는 목과 어깨가 간혹 바늘에 찔리는 것처럼 아팠다. 거북목도 심했다. 지금도 이런저런 이유로 일주일 정도 운동을 쉬면 목과 어깨가 다시 쑤신다. 앉아서 일하는 모든 분께 특히 덤벨 로를 추천하고 싶다. 등 근육이 생기면 자세도 교정된다.

거기에 더해, 내가 일상을 장악한다고까지는 할 수 없어도 얼마간 통제하고 있다는 감각을 맛볼 수 있다. 게을러지려면 한없이 게을러질 수 있는 게 프리랜서의 삶이다. 특히 단행본은 작업주기가 길다. 짧아도 몇 달, 길면 몇 년 걸린다. 하루 생산량도 들 쭉날쭉하다. 쭉쭉 써지는 날도 있지만 며칠, 때로는 몇 주씩 거북 이걸음을 할 때도 있다.

그러다 보니 변명을 하기도 쉽다. 사실은 일을 게을리하는 중 인데 지금 쓰고 있는 대목이 쉽지 않다고 합리화를 하는 것이다. 그런 사실을 의식하다 보면 자신에 대한 믿음이 흔들린다. 내가 요즘 게을러졌는지, 아니면 힘겹지만 의미 있는 도전을 하는 중 인지 알 수가 없게 된다. 2+2=4라는 수식 앞에서도 '정말이야? 진짜 답이 4가 맞아?'라는 질문을 되풀이해서 받다 보면 혼란에 빠지는 게 인간이다.

'왜 이렇게 진도가 안 나갈까, 내가 요즘 나태해진 거 아닐까, 슬럼프인가, 실력이 퇴보하는 건가'라는 의심의 영향력은 그보 다 훨씬 강력하다. 그럴 때 광배근이나 이두근이 기분 좋게 뻐근 하면 '게으르게 사는 건 아니다'라는 확인을 받는 것 같다. 이게 무척 중요하다. 전업 저술 노동자에겐 이런 말을 해주는 사람이 딱히 없기 때문이다.

어느 인터뷰에서 "글 쓰는 시간을 스톱워치로 잰다"고 말한 뒤 로 관련 질문을 자주 받는다. 나는 그 말이 그렇게 흥미롭게 들릴 줄은 전혀 예상치 못했는데, 여하튼 스톱워치로 집필 시간을 재 고 엑셀에 기록하는 것도 같은 이유에서다. 내가 나태해진 게 아 닌지 점검하고 싶고, 확인받고 싶다.

몸 관리의 다른 측면은 식사인데 전업 작가가 되기 전과 후가 비슷하다. 100퍼센트 외식, 배달 음식, 아니면 인스턴트 음식이었고 지금도 거의 그렇다. 집에서 반찬을 만드는 건 준비도 귀찮고 음식물 쓰레기도 부담이다. 반찬가게에서 사 와서 밥만 지어 먹는다. 편의점 도시락과 라면을 사랑한다. 냉동음식도 요즘은 너무 잘 나온다. 볶음밥이니 만두니 하는 것을 골고루 냉장고에 갖춰놨다. 물론 혼자 식당에 가서 먹고 오기도 한다. 요즘은 집 근처 회사의 구내식당에 종종 간다.

솔직히 영양과 관련한 현대인의 고민거리는 결핍이 아니라 과잉 아닌가? 게다가 나는 일정이 없으면 며칠씩 집 밖으로 나가지 않고 지내기도 한다. 특히 겨울이 그런데, 겨울이 아니어도 어제는 아파트 입구의 재활용 분리수거함까지만 나갔고 오늘은 집 밖으로 한 발도 안 나갔다. 아침에 눈을 뜬 뒤로 이 순간까지 거의 대부분의 시간을 부엌에 있는 책상 앞에 앉아 노트북 자판을 두드리거나 멍하니 화면을 지켜보며 보냈다.

그러다 보니 자칫 잘못하면 살이 확 찐다. 재택근무를 해본 분들이라면 다들 동의하실 텐데, 사람이 집에 혼자 있으면 입이 심심하다. 나는 원래 간식을 그다지 즐기는 사람이 아닌데, 아내가 과자를 좋아해서 집에 많이 쌓아놓는다. 그러면 자꾸 그리로 손이 간다. 과자를 먹는 대신 차를 마시거나 사탕을 물고 있으려 해보는데, 쉽지 않다.

점심을 먹으면 졸려서 꼭 낮잠을 자야 하고, 몸도 자꾸 부으니까 일일일식을 시도해본 적도 있는데 역시 잘되지 않았다. 마르셀 프루스트처럼 카페라테(나는 유당불내증이 있으니까 소이라테)로 끼니를 대신해보려 했는데 프루스트나 할 수 있는 일이었다. 그와 별도로 커피는 꽤 마신다. 하루에 수십 잔을 마셨다고 하는 발자크에 비할 바는 아니지만, 하루 예닐곱 잔 정도는 마신다. 혹시 커피를 덜 마셔서 발자크처럼 열심히 쓰지 못하는 건가.

나하고 카페인은 궁합이 잘 맞는 것 같고 거기에는 아무 불만도 없는데, 알코올하고도 궁합이 잘 맞는 게 문제다. 저녁이 되면 슬슬 맥주 생각이 난다. 엑셀성애자인 나는 술 마시는 날도 엑셀에 기록해둔다. 올해는 1~5월까지 술을 마신 날이 39일이다. 지난해에는 162일 마셨다. 이건 좀 줄여야 한다.

근육, 식사, 커피, 술 등 관리해야 할 대상들을 적다 보면 거꾸로 내가 어떤 경주에 참여하고 있는지 깨닫게 된다. 단거리가 아니라 장거리, 그것도 울트라 마라톤이나 투르 드 프랑스 같은 초장거리 경기다. 그렇게 관리를 해가며 내가 매달리는 프로젝트는 무엇인가, 하고 내 업(業)의 본질에 대해서도 고민해보게 된다.

그래서 나는 '글쟁이'라는 말을 별로 안 좋아한다. 아무 글이나 쓰는 건 내 일이 아닌 것 같아서다. 책이 될 글을 써야 한다. 나는 '단행본 저술업자'라는 표현을 선호한다.

아 참, 특히 단행본 저술업자가 걸리기 쉬운 병도 있다. 나 역시 그 고약한 병마와 몇 년을 싸웠다. 그런데 지난해 솜씨 좋은 대장항문외과에서 잘 치료받아 이제는 완치되었습니다. 그 과정이 좀 수치스럽기는 했지만…….

덧붙임:

운동과 식사에 하나 더 보태자면 수면이다. 매일 일정한 시각에 잠자리에 들고 일정한 때 기상하는 게 중요하다. 나는 보통 오후 11시 반쯤 자서 오전 6시 반 전에 일어난다. 늦잠을 자면 마음의 긴장이 풀리고, 그러면 하루를 망치기 쉽다. 그리고 일찍 일어나려면 일찍 자야 한다. 요즘은 여행을 가서도 일찍 자려 한다.

조지 오웰과
술과 담배

 가장 좋아하는 소설가를 꼽으라면 도스토옙스키와 조지 오웰이라고 답한다. 그중에 롤 모델이 누구냐고 물으면 조지 오웰이다. 석영중 교수의 『매핑 도스토옙스키』(이 책 강력 추천합니다)와 『도스토예프스키, 돈을 위해 펜을 들다』를 읽고 나서 그런 마음이 더 굳어졌다. 인간 도스토옙스키 씨는 매력적이긴 하지만 삶을 본받기는 곤란한 인물이다. 그 유명한 도박벽 외에도 지질함과 순진무구한 경제관념과…… 한마디로 민폐 덩어리다. 석 교수님도 책에서 혀를 여러 번 차신다.

 어떤 꿈을 꾸건, 무슨 일을 하건 멋진 역할 모델이 있으면 좋다. 그와 나의 닮은 점을 꼽으며 용기를 얻고, 그와 내가 닮지 않은

점을 살피며 나의 어떤 점을 고쳐야 할지 혹은 지켜야 할지 가늠할 수 있다. 그래서 어느 순간 '조지 오웰과 닮은 점 찾기'는 나의 심심풀이 유희가 되었다(닮지 않은 점이 더 많은 건 나도 잘 안다).

오웰과 장강명의 공통점으로는 저널리스트 출신 소설가라든가, 르포르타주와 장편 SF를 출간했다든가(『1984』는 SF로서도 정말 훌륭하다), 칼럼을 엄청나게 많이 썼다든가, 문학 관련 오디오 방송 프로그램 제작진이었다든가(오웰은 BBC에서, 나는 팟캐스트에서), 자기 조국을 매섭게 비판하면서 동시에 무척 사랑했다든가 하는 사항이 먼저 떠오른다.

번드르르한 '미문'과 현학적 표현을 혐오하고 쉬운 문장을 고집한 것도 같다. 오웰은 에세이 「정치와 영어」에서 다른 칼럼니스트들의 실명을 언급해가며 "젠체하는 용어"와 "무의미한 단어", "지저분한 비유"를 통렬히 비판하는데 고개를 격하게 끄덕이며 읽었다. 그런가 하면 그는 「작가와 리바이어던」에서 "나는 시절이 아주 좋을 때에도 문학 비평은 사기라는 느낌을 받을 때가 있다"고 썼는데 사실 나도 비슷하게 느낀다.

정치범 수용소가 있는 체제를 끔찍하게 여기고 비판하다가 그 체제에 우호적이거나 온정적인 당대 문인 진영과 불화했다든가(오웰은 소련, 나는 북한), 소설에서 사회 시스템의 문제를 깊이 다룬다든가(『동물농장』은 그런 시스템이 어떻게 만들어지는지를, 『1984』는 그런 시스템이 어떻게 굴러가는지를 상세히 묘사한다) 하는 점도 덧붙일 수 있겠다.

그런데 쏜살문고에서 나온 오웰의 산문집 『책 대 담배』의 책장을 넘기던 중 그와 나의 공통점 하나를 또 발견했다. 이 책 가장 앞에 실린 에세이 「책 대 담배」를 읽다가 나는 속으로 웃음을 터뜨렸다. 어, 이거 내가 『채널예스』에 연재하는 「장강명의 소설가라는 이상한 직업」 원고랑 너무 비슷하잖아!

번역서 기준으로 7쪽짜리인 이 산문에서 오웰은 자기가 가진 책이 몇 권인지, 그 책 구입비가 얼마인지, 자기가 1년에 담뱃값으로는 얼마를 쓰는지, 영국 성인 남성이 음주와 흡연으로 지출하는 금액은 얼마인지 등등을 길게 추산한다. 결론은 뭐, 독서가 흡연보다 경제적인 여가 활동이라는 거.

이 글을 읽은 독자는 오웰에 대해 두 가지 사실을 알게 된다. 첫째, 그는 책을 깊이 사랑하고 독서를 권장하기 위해서라면 별 허접한 이유까지 만들어낸다. 둘째, 그는 자신의 소박한 단상을 시시콜콜 잘도 늘어놓는다. 아마 성격도 원래 그런 듯하고, 장담할 순 없지만 소재 압박도 받은 것 같다. 그런데 이게 모두 『채널예스』 칼럼을 쓸 때 내 마음가짐과 너무 비슷하단 말이지.

오웰의 에세이 중에는 「코끼리를 쏘다」나 「교수형」처럼 묵직하고 비장한 작품이 유명하다. 그 산문들은 물론 감동적이지만 나는 오웰의 작고 시시콜콜한 글도 좋아한다. 그중 백미는 「물속의 달」인데, 내용인즉 '이런 가게가 있으면 좋겠어' 하고 상상 속의 맥줏집을 자세히 묘사한 것이다. 흑생맥주를 팔아야 하고 병맥주 판매 코너가 있어야 하고 마당이 있고 전화는 공짜이고 어쩌고. 그런데 이 에세이 덕분에 현재 영국에 '물속의 달'이라는 상호를 쓰는 펍이 많다고 한다.

여기까지가 이번 글의 서론이다(아, 시시콜콜하도다!). 본론에서는 무슨 이야기를 쓸 건고 하니, 오웰이 그랬으니까 나도 술과 담배에 대해 자질구레하게 써볼까 한다. 그리고 알코올과 니코틴이 화제로 나온 김에 카페인과 다른 약물에 대해서도 몇 자 적어도 좋을 것 같은데, 허락된 원고 분량에 여유가 있으려나.

우선 술 이야기부터 하자면, 내게 알코올은 늘 맥주다. 간혹 다른 사람들 때문에 막걸리나 와인을 마시게 되는 경우는 있는데, 그럴 때도 체면치레만 한 다음 얼른 맥주로 갈아탄다. 막걸리나 와인보다 독한 술은 마시지 않아서, 위스키도 바이주(白酒)도 잘 모른다. 칵테일은 내게는 이름도 맛도 대개 조잡하게 느껴지며, 소주는 희석식이고 증류식이고 간에 싫다.

맥주에서는 종류를 가리지 않아서 라거와 에일을 똑같이 사랑하고, 바이젠도 스타우트도 보크도 다 즐긴다. 세종은 너무 맛있다. 국내 대기업 맥주도 싫지 않다. 람빅은 아직 못 마셔봤다. 괴상한 맛이라던데. 마트와 편의점과 보틀숍을 돌아다니면서 신기한 제품들을 사서 냉장고에 쟁여둔다.

이런 맥주들을 '물속의 달'처럼 멋있는 펍에서 마시느냐 하면 그렇지는 않고, 그냥 집에서 혼자 마신다. 성격도 내성적인 데다 다른 사람과 마시면 신경 써야 할 게 많아서 부담스럽다. 빨리 마시는 편이라 다른 이들과 속도도 안 맞는다. 어떤 이들은 '술은 싫지만 술자리 분위기를 좋아한다'고 하는데, 나는 반대다. 맥주가 좋고 술자리는 싫다.

이런 맥주 사랑이 집필에는 어떤 영향을 미치느냐. 일단 음주가 영감을 주지는 않는다. 내 생각에 알코올과 창조성에 별 연관은 없고, 그렇다고 주장하는 사람들은 그냥 자기 합리화 중인 술꾼일 가능성이 높다. 그러나 알코올이 작가에게 다른 종류의 도움을 주는 것은 사실이다. 적어도 내게 알코올은 위안을 준다.

전업 작가 생활은 굉장히 외롭다. 나는 가끔 세상에 나처럼 외로움을 타지 않는 사람이 있을까 생각하는데, 그런 나도 때로 사무치게 외롭다. 사실 외로움이라는 감정을 전업 작가가 되고서야 겨우 제대로 느꼈다. 처음에는 그 어색하고 막막한 기분이 뭔지 몰라 며칠 당황했다. 한참 뒤에야 아, 이게 외로움이구나, 하고 깨달았다.

우리가 외로움이라고 부르는 감정은 무척 복잡다단한 심리로서, 아마도 한 종류가 아닌 듯하다(즉 용어 자체가 좀 부정확하다). 세상에는 사람의 영혼을 충만하게 만드는 외로움도 있다. 초여름 해가 질 무렵, 쓸쓸하고 아름다운 갯벌 바다 앞에서 그런 감정을 음미한다. 반면 전업 예술가의 고독은 삶 자체에 흥미를 잃게 하는, 피로에 가까운 개념이다.

그는 어떤 긴 작업을 혼자 해야 하는데, 그 작업을 왜 하는지, 왜 그런 방식으로 해야 하는지를 아는 사람은 달리 없다. 그걸 남한테 설명하다 보면 비참한 기분에 빠진다. 왜냐하면 대체로 그는 세속적으로 성공하지도 못했고, 의도와 결과물도 딴판이기 때문이다. 어차피 설명해줘도 남들은 잘 이해하지 못한다. 그래서 그는 가면을 쓰고 살게 된다.

코로나 시국에 마스크가 자연스럽게 느껴지듯이 가면도 그의 삶의 일부가 된다. 그러다 어느 순간 귀가 너무 아파서 마스크의 존재를 깨닫게 되듯이, 불현듯 찾아오는 외로움이라는 감각으로 인해 그는 자신의 현실을 직시하게 된다. 구차한 현재와 전망 없는 미래, 변변찮은 능력과 실현 불가능한 이상 사이의 괴리 같은 것들을.

그럴 때 알코올이 도움이 된다. 내게는 맥주가 현실과 자아 사이의 접착제 역할을 해주는 것 같다. 공업용 본드가 스티로폼을 녹이듯 알코올이 자아의 표면을 녹여 흐물흐물하게 만들고 까칫한 현실에 들러붙게 해준다. 그러다 남용하면 자아 깊은 곳까지 변성시키겠지.

사실 꽤 무섭다. 나 술을 너무 많이 마시는 것 아닐까? 알코올 의존증 자가 테스트를 어떤 종류로 해봐도 결론은 항상 같다. 중독은 아니지만 경계선에 있다고. 최근에 다니엘 슈라이버의 『어느 애주가의 고백』을 읽다가 몇몇 대목에서 내 모습이 그대로 보여 소름이 끼쳤다. 그 전에 읽은 하종은의 『왜 우리는 술에 빠지는 걸까』 역시 무시무시했다. 두 책 모두 '절주는 없다, 단주만이 답이다'라고 강조했다.

그래도 나는 절주에 가냘픈 희망을 걸어보기로 한다. 다른 이유는 없고, 맥주가 너무 맛있으니까. 건강하게 오래 마시고 싶다. 낮에 마시지는 않으려고 하고, 이틀 연속 마시는 일도 피해야겠다. 그런데 유혹에 못 이겨 결심을 어기는 날도 잦다.

술과 달리 담배는 이제 옹호할 여지가 없는 대상이 되었다. 1980년대까지만 해도 집집마다 재떨이가 있고 1990년대 중반까지도 비행기에 흡연석이 있었는데. 나는 고등학생 때 담배를 배워 20대 초반에 꽤 피웠고, 그 뒤로는 간간이 입에 댔다. 궐련을 마지막으로 문 것은 4년 전, 전자담배는 2년 전이다.

니코틴과 창조성도 큰 관련은 없다. 다만 담배도 '현실 접착제' 역할은 조금 했다. 몇 년 전까지는 원고가 잘 안 풀리고 내가 지금 뭐 하고 있는 건가 싶은 생각이 들면 밖에 나가 한 대 피우고 돌아왔다. 흩어지는 담배 연기를 보고 있자면 세상에 내가 하는 일보다 덧없는 게 확실히 한 가지는 있구나 싶었다.

아파트에서 정해준 흡연 구역이 너무 멀고 겨울에 외투 차려입고 거기까지 가는 게 귀찮아서 결국 끊었다. 더러운 구석에 패배한 얼굴로 모인 흡연 동료들을 보고 있자면 기분도 가라앉았고. 혐연권이 흡연권보다 훨씬 중요한 권리임을 알고 존중하지만, 금연 캠페인도 활발히 벌여야겠지만, 그럼에도 나는 한국 사회가 흡연자를 너무 함부로 대한다고 생각한다. 오염 물질 배출로 따지면 자가용 운전자가 더 비난받아야 하는 거 아닌가?

문학과 담배 하면 떠오르는 이미지가 두 개 있는데, 하나는 앙리 카르티에 브레송이 찍은 알베르 카뮈의 흑백사진이다. 민음사 세계문학전집 『이방인』의 표지에 사용된 바로 그 사진. 옷깃을 세우고 삐딱하게 담배를 물고 있는 카뮈는 도스토옙스키나 오웰과는 비교도 안 되게 섹시하다. 그는 필터 없는 카멜을 주로 피웠다고 한다.

다른 이미지는 고요하게 펼쳐진 서해 바다와 갯벌이다. 이 심상 역시 거의 흑백사진에 가깝다. 7년 전 그런 풍경 속 펜션에서 한 달을 머물렀다. 아주 외지고 조용한 곳이었다. 썰물 때면 도요새들이 모기떼처럼 몰려와 해변을 메우고 조개를 파먹었다. 밀물 때면 바닷물 들어오는 소리가 졸졸졸 울렸다.

그 펜션에는 이집트에서 온 시인이 있었다. 펜션은 작은 절벽 위에 있었다. 낮에 식당 테라스에 그녀와 나 둘이 나란히 서서 멍하니 바다를 내려다보며 담배를 피우곤 했다. 근처에 마트도 편의점도 없고, 글 쓰는 것 외에 다른 할 일도 없었다. 우리는 가끔 시시한 대화를 나눴지만 둘 다 영어를 별로 잘하지 못했다.

나는 영어로 번역된 이집트 시인의 시를 읽었다. 내 해석을 들려주자 시인은 어린아이처럼 기뻐했다. 그 시를 원작으로 한 프랑스 단편영화도 봤다. 시에서 묘사하는 한 장면이 영화에 빠져 있어서 그게 아쉽다고 했더니 시인은 자기도 그렇다고 했다. 영화는 주연 배우가 뒤로 걸어가면서 끝났는데, 시에는 없는 내용이었다. 왜 배우가 뒤로 걸어가느냐고 물으니 시인은 자기도 모르겠다고 했다.

우리는 담배를 피우며 그런 이야기를 조금씩 나눴다. 마땅한 영어 단어가 떠오르지 않으면 그냥 바다를 바라보았다. 전업 작가가 된 지 얼마 안 된 때였다. 나는 많이 무서웠고 조금 외로웠다. 하지만 그 외로움은 좋은 외로움이었다. 커피와 다른 향정신성 약물에 대한 흥미진진한 이야기는 다음 기회에……

덧붙임:

책이 잘 팔리지 않거나 거절을 당할 때, 고립된 기분이 들 때, 내가 쓴 글들이 마음에 들지 않을 때 조지 오웰을 생각한다. 『카탈로니아 찬가』는 오웰이 사망할 때까지 초판 1,500부가 다 팔리지 않았고, 『동물농장』은 여러 출판사들이 출간을 거절해서 집필하고 2년 뒤에야 겨우 펴낼 수 있었다. 조지 버나드 쇼와 장 폴 사르트르가 열렬히 소련을 찬양하던 시기였다. 오웰은 "내가 쓴 모든 작품은 하나같이 다 실패작"이라고 썼다. 그는 건강도 좋지 않았다.

위의 글을 쓴 뒤 람빅을 몇 번 마셨는데, '신기하기는 하지만 부러 찾아 먹지는 않을 맛'이라고 개인적으로 평가를 내렸다. 나는 버드와이저, 호가든, 산토리 프리미엄 몰츠 같은 대중적인 맥주를 좋아한다. 그나저나 술 좀 줄여야지…….

종종 "글은 주로 어디서 쓰시나요?"라는 질문을 받는다. 데뷔하고 한동안은 질문의 취지 자체를 이해하지 못했다. 어디서 쓰긴 집에서 쓰지, 하고 속으로 말했다. "부엌에서 쓰는데요"라든가 "냉장고 옆에서 씁니다"라고 실없게 답한 적도 몇 번 있다.

질문자의 의도를 알게 된 뒤로는 멋쩍게 웃으며 "아이도 없고 아내도 회사에 다녀서요, 낮에 집에 혼자 있어요. 그래서 그냥 집에서 씁니다"라고 대답한다. 그럴 때 버지니아 울프의 『자기만의 방』을 떠올리기도 한다. 남자든 여자든, 긴 글을 쓰려면 누구든 고정 수입과 자신만의 공간이 필요하다.

나도 어린 자녀가 있거나 부모님과 함께 사는 처지였다면 낮에는 어디로든 나가야 했을 것이다. 그렇지 않아서 다행이다. 솔직히 집필실을 얻을 경제적 여유가 없다. 차 한 잔 시켜놓고 종일 자리를 이용하는 것도 카페 주인에게 못할 짓이고.

그러다 지난해 여름 위기를 맞았다. 집의 에어컨이 고장 났다. 기사를 불러 수리를 했지만 며칠이 지나니 다시 뜨뜻미지근한 바람이 나왔다. 원래 에어컨이란 물건이 수리가 어렵다고 한다. 아내는 더위에 강한 체질이고 제일 더운 낮 시간에 회사에 있지만 나는 정말 방법이 없었다.

집에서 15분 거리에 있는 스터디 카페에 등록했는데 여러 가지로 불편했다. 노트북을 사용할 수 있는 자리가 한정되어 있어서 그를 둘러싸고 이용자들이 은근히 경쟁을 벌였고, 근처에 식당도 많지 않았다. 결정적으로 코로나19 바이러스 사태가 심각해지면서 카페가 문을 닫았다.

그렇게 몹시 생산 효율이 낮은 두 달을 보낸 뒤 결심했다. 다음해 여름에는 레지던스 프로그램을 운영하는 문학관이나 문화관에 가보자. 가서 전기 요금 걱정 없이 에어컨 바람 펑펑 쐬면서 방에 틀어박혀 글을 쓰자. 가을에 멋진 원고와 함께 집으로 돌아오는 거다.

적지 않은 기업과 문화재단, 지방자치단체가 예술가에게 작업 공간을 제공하는 레지던스 프로그램을 운영한다. 낮에만 이용 가능한 스튜디오를 빌려주는 곳도 있고, 작업실 겸 숙소에 밥까지 주는 곳도 있다. 사용료를 조금 받는 곳도 있고, 무료인 곳도 있고, 지원금까지 주는 곳도 있다.

이런 예술가 레지던시는 외국에도 흔하며, 특히 시각예술 분야에서는 보편적이라고 한다. 화가나 설치미술가에게는 여러 날에 걸쳐 작업 공간이 필요할 테고, 운영하는 쪽에서도 눈에 보이는 작업물이 생기는 시각예술이 전시나 홍보 효과 측면에서 매력적이지 않을까 혼자 짐작해본다.

반면 음악인을 지원하는 레지던스는 별로 보지 못했다. 방음 문제도 있을 것 같고, 음악인 편에서도 악기 관리나 녹음 설비, 협연과 교습 문제로 도시에서 떨어진 외딴 장소에 머물기 곤란하겠다는 생각이 든다.

문인을 위한 창작 레지던시는 수요와 공급이 그 중간쯤인 모양이다. 내가 알기로는 2021년 여름 기준으로 국내에서 열 곳 정도의 기관이 소설가, 시인, 평론가, 번역가, 예비 작가에게 장단기 거주 공간을 제공했다. 한국 소설가라서 누릴 수 있는 몇 안 되는 혜택 중 하나라고 생각한다. 다음과 같은 곳들이다.

박경리 선생이 설립한 토지문화재단의 토지문화관, 서울문화재단의 연희문학창작촌, 이문열 작가가 사비로 세운 부악문원, 서울프린스호텔이 사회 공헌 사업으로 운영하는 소설가의 방, 강원도 곳곳의 펜션과 게스트하우스를 비수기에 작가들에게 제공하는 강원 작가의 방, 해남에 있는 백련재 문학의 집, 담양에 있는 글을 낳는 집, 횡성에 있는 예버덩 문학의 집, 남해에 있는 노도 문학의 섬, 가파도에 있는 가파도 아티스트 인 레지던스 등.

나는 그중 토지문화관에 7, 8월 입주하겠다고 신청서를 보냈다. 토지문화관은 문인과 문학 외 예술 분야 창작자를 매년 80명 남짓 받는다. 2020년까지 문인 793명, 예술인 337명, 외국 작가 및 재외 동포 작가 114명에게 창작실을 지원했다. 은희경, 윤대녕, 권여선 등 유명 소설가도 여기서 썼다. 그래! 나도 원주에서 멋진 작품을 쓰는 거야!

『토지』를 읽지 못해 죄송스럽기는 하다. 그래도 『김약국의 딸들』은 감명 깊게 읽었다. 이 책을 안 읽으신 분들은 앞부분 김약국의 어머니 사연만이라도 한번 살펴보시기 바란다. 내게는 한국문학 속 여러 슬픈 사랑 이야기 중에서도 가장 기막히고 인상적인 일화로 남아 있다.

그렇게 토지문화관에서 걸작을 쓸 계획을 세워놓고 있던 나는 봄에 한 젊은 작가로부터 문자메시지를 받고 충격에 휩싸였다. "토지문화관 숙소에는 에어컨이 없습니다. 봄이나 가을에 머무르기에 좋습니다." 뭣이라! 다음 문장은 더 쇼킹했다. "벌레가 많다는 점도 예민하시면 고려하셔야 할 부분입니다." 으악!

화들짝 놀란 나는 황급히 토지문화재단에 전화를 걸었다. 재단 관계자는 방에는 에어컨이 없지만 도서관과 세미나실에 냉방 시설이 있으니 낮에 거기서 작업하면 된다고 친절하게 설명

해주었다. 나는 번민에 빠졌다. 벌레에 대해서는 창피해서 묻지
못했다.

조금 망설이기는 했지만 결국 짐을 싸서 고속버스와 택시를
타고 토지문화관에 들어왔다. 지금 이 글도 토지문화관 도서관
에서 쓰고 있다. 옆자리에는 K 소설가가 교정지를 보고 있고, 그
맞은편에서는 J 소설가가 노트북 화면을 노려본다. 에어컨 바람
이 아주 시원하다.

벌레는 많다. 많기도 하고 크기도 하다. 후쿠시마에서 날아온
게 아닌가 싶은 거대한 벌이 드론 같은 소리를 내며 날아다닌다.
매미도 크고 잠자리도 크고 나방도 크다. 내 손바닥만 한 긴꼬리
제비나비 수십 마리가 날아다닌다.

토지문화관은 강원도 원주시 흥업면에 있는데, 흥업면 인구
는 1만 명이 안 된다. 그런데 이 면의 면적은 서울 성동구, 동작
구, 동대문구, 금천구를 합한 것과 비슷하다. 참고로 저 서울 4개
자치구에 128만 명이 산다. 흥업면이 얼마나 인구밀도가 낮은지
(그리고 곤충 밀도가 높을지) 느낌이 오시는지.

토지문화관은 흥업면에서도 매우 깊은 곳에 있어서, 면 중심
지에 있는 흥업면 행정복지센터에서 버스로 열다섯 정거장 떨어
져 있다. 토지문화관이 그 버스 종점이다. 가장 가까운 편의점에
가려면 그 버스를 타고 다섯 정거장을 가야 한다.

도시에서 나고 자란 나에게 그곳 주변 환경은 자연이라기보단

야생이었다. 입주 첫날 저녁에 산책하지 말라는 당부를 들었다. 멧돼지나 뱀과 마주칠 수 있다고. 다행히 아직까지 멧돼지나 뱀을 만난 적은 없는데, 고라니 울부짖는 소리는 자주 듣는다. 고라니 울음소리를 모르시는 분들은 유튜브에서 검색해 한번 들어보시길. 지옥 제일 밑바닥에 갇힌 하급 악마가 고통에 몸부림치며 인간들을 저주할 때 그런 소리를 내뱉을 것 같다.

한데 이런 야생 환경이 괴로우냐면 그렇지는 않다. 작은 날벌레들을 아주 잘 잡게 됐고, 화장실 바닥에서 지네가 꼼지락거리는 모습을 귀여워하게 됐다. 고라니 비명을 자장가 삼아 푹 자고 일어나서 커피 한 잔을 들고 밖으로 나가 상쾌한 아침 공기를 마시며 계곡에 걸린 구름을 감상한다.

외진 곳에 있다는 것은 작가에게(특히 나처럼 자가용이 없는 저탄소 뚜벅이에게) 엄청난 이점임을 알게 됐다. 갈 곳이 없으니 딴마음을 먹지 못한다. 구내식당에서 주는 밥을 규칙적으로 먹으며 오전에도 쓰고 오후에도 쓰고 저녁에도 쓴다. 너무 심심해서 냉장고에 캔 맥주를 쟁여놓고 밤에 혼자 마시기는 한다. 버스를 타고 다섯 정거장을 가서 사 온다.

심지어 방에 에어컨이 없다는 사실도 장점으로 드러났다. 방이 달아오르기 전에 옷을 차려입고 걸어서 2분 정도 걸리는 도서관으로 '출근'해야 한다. 그 거리가 절묘하다. 오가는 길이 피곤하지는 않지만, 심리적 장벽은 되어준다. 이래서 작업실을 마련하는구나. 집필실을 구하는 작가들을 한때나마 우습게 여겼던 자신을 반성한다.

토지문화관에 가기 전 작가 레지던시에 대해 걱정했던 점이 있다. 머무는 작가들끼리 너무 친해져서 밤마다 술판을 벌이며 형, 동생 하는 사이가 되는 건 아닐까. 딱 질색인데. 사실 그게 입주 신청을 주저했던 이유 중 하나다.

그런 우려가 무색하고 민망하게, 이곳에 나와 함께 있는 이들은 다들 말이 없고 점잖다. 반경 1킬로미터 안에서 제일 사교적인 사람이 나 아닐까 싶은 생각마저 든다. 코로나 바이러스 여파도 있기는 할 거다. 구내식당은 식사 시간을 2부제로 운영하고, 두 사람 이상이 한 테이블에 앉지 못하게 한다.

하지만 전에도 시끌벅적한 분위기는 아니었던 듯하다. 박경리 선생이 살아 계실 때부터 그러지 않았나 상상한다. 박 선생은 만년에 쓴 시 「산골 창작실의 예술가들」에서 토지문화관 입주 작가들이 식사를 마치고 자기 방으로 들어가는 광경을 고치에 숨는 모습으로 묘사한다. 박 선생은 그 시에서 자신을 어미 새에 비유하는데, 입주 작가들과 더 살갑게 교류하고 싶은 마음을 품으셨던 건 아닌지.

원주에서 40일 동안 흥업면을 벗어난 적은 딱 두 번이다. 한번은 김민섭 작가를 만났을 때다. 에세이 『당신이 잘되면 좋겠습니다』를 낸 김 작가가 원주시의 한 북카페에서 독자와의 만남 행사를 열기로 했다. 그 자리에 놀러가기로 했는데, 코로나 사태로 행사가 취소되었다. 그럼에도 불구하고 김 작가는 원주에 왔고, 그가 잡은 시내 작은 숙소에서 둘이서 온갖 이야기를 하며 맥주를 마셨다.

다른 한번은 결혼기념일을 맞아 아내와 여행을 갔을 때다. 아내가 서울에서 무궁화호를 타고 왔고, 원주역에서 내가 그 열차에 올라타 함께 삼척시 근덕면에 갔다. 근덕면은 홍업면에 서울 중랑구, 서대문구, 양천구, 광진구를 더한 것보다 넓다. 그러나 인구는 5,000명 조금 넘는다. 사람 없는 바다에서 멀미가 날 때까지 해수욕을 하고 돌아왔다.

그러니까, 40일 동안 서울에는 한 번도 가지 않았다. 맥도날드도 스타벅스도 아쉽지 않다. 올림픽 중계도 전혀 보지 않았다. 반쯤 도인처럼 살고 있는데, 무척 홀가분한 기분이다. 부모님이 키우시는 개가 보고 싶을 뿐. 아무래도 내가 레지던스 체질인가 본데! 원고 작업도 집에서보다 훨씬 더 집중해서 잘하고 있다.

서울에서 산만하게 하루를 보내곤 "감옥에 들어가야 겨우 정신을 차릴 것 같다"고 한탄하곤 했다. 해답은 레지던스였구나. 가파도 레지던스에도 언젠가 가보고 싶다. 열심히 쓰겠습니다.

덧붙임:

이 원고는 토지문화관에서 머문 2021년 7월에 썼다. 당시의 느낌이 살아 있는 편이 낫겠다 싶어서 시점이나 동사의 시제를 그대로 뒀다. 그러니까 저 위에 "지난해"라고 나오는 시기는 2020년이다. 집에 있던 고장 난 에어컨은 이후 버렸고, 흔히 "중앙냉방"이라고 부르는 팬코일유닛 에어컨이 설치된 건물로 이사를 왔다.

나는 토지문화관에서 2021년 8월 31일까지 있었는데, 8월에 입주한 작가들은 7월에 입주해 있던 작가들과 달리 활달하고 사교적이었다. 그래서 8월에는 다른 작가들과 산책도 다니고, 바깥 식당에서 밥도 몇 번 먹고, 술도 종종 마셨다. 그리고 2022년 토지문화관 숙소에 에어컨이 생겼다고 한다.

어제 만난 선배 소설가로부터 가파도 레지던스는 이제 문인이 아니라 미술 분야 아티스트 지원에 집중하기로 했다는 말을 들었다. 선배 소설가는 내게 가파도에 있으면 식사를 직접 요리해서 해결해야 하는데 장을 보기도 쉽지 않다며, 장기간 머물 거라면 모슬포항을 추천한다고 했다. 그런가 싶기도 하고, 섬에 고립되고 싶기도 했다. 하릴없이 가파도 민박과 펜션을 검색했다.

우리가 열심히 쓰고 있습니다

강성민 글항아리 대표가 쓴 책 『학계의 금기를 찾아서_살림 지식총서 136』(살림 2014)를 읽다가 실실 웃고 말았다. 아래 대목 때문이다.

대부분 학술대회에서는 천편일률적 형식으로 논문을 읽고 끝낸다. 듣는 사람들은 시간이 지나면서 졸거나 딴생각을 하거나, 내가 여길 왜 왔던고 하며 천장을 쳐다본다. 그래도 발표자들의 모놀로그는 열심히 진행된다. 갈수록 학술대회에 참석하는 사람과 참석하지 않는 사람의 차이가 없어지는 추세다. 나중에 발표 논문집을 챙겨 보면 논문과 토론문이 다 들어 있기 때문이다.

'아, 학술대회도 마찬가지구나'라는 기분이었다. 실은 국제문학포럼 행사도 거의 똑같다.

처음 국제문학포럼 행사에 발제자로 초청받았을 때에는 한편 감격해서 날아갈 것 같았고, 한편 부담스러워서 먹은 게 내려가지 않는 듯했다. 오오, 내가 노벨문학상 수상자들과 한자리에 서다니! 오오, 글로만 접하던 이 작가님과 내가 함께 발표를 하다니! 그런데 뭘 발표해야 하지?

이런 행사에서 주최 측이 내거는 주제는 대단히 거창하고 어렵다. '탈(脫)문학 시대와 문학의 미래'라든가 '새로운 디아스포라와 문학의 역할' 같은 것들이다(이 제목들은 지금 내가 지어낸 것이다). 행사 한 달쯤 전까지 발제문을 낑낑대며 써야 한다. 영어로 번역을 해야 하기 때문에 마감이 이르다.

실제 포럼은 주로 환영 만찬으로 시작한다. 초청된 해외 작가들은 여독 때문인지 시차 탓인지 조금 얼떨떨한 표정이다. 국내 원로 문인 중 몇몇은 그들과 이미 안면이 있어서 반갑게 인사를 하고 담소를 나눈다. 나처럼 누구 하나 아는 이 없고 숫기도 없는 '쩌리'들은 구석에서 조용히 공짜 술이나 마신다. 영어 실력도 부족한 데다 거장들의 포스에 눌려 숨을 제대로 쉴 수 없기때문이다.

만찬 다음 날부터 본 행사인 주제 토론이 열린다. 국내외 작가들이 세션별로 준비한 원고를 읽고 토론을 하는데, 이게 딱 위에 언급한 지루한 학술대회처럼 진행된다. 참석자들이 준비한 원고를 읽는 데에만 몇 시간이 걸린다. '논문집에 인쇄해 미리 배포한 글인데 왜 이걸 굳이 소리 내어 다시 읽는 걸까'라는 의문이 들지만, 어쩔 수 없다. 얌전히 순서를 기다리는 수밖에.

발표 뒤에는 작가들의 토론과 청중과의 질의응답 시간이다. 한국어로도 이야기하기 힘든 무지막지하게 심오한 주제를 놓고 외국어 통역을 거쳐 대화를 하다 보면 논의가 산으로 가기 일쑤다. 몇몇 제3세계 발표자와는 한국어를 영어로 옮긴 뒤 그걸 그 작가의 언어로 다시 통역해서 겨우 소통한다. 청중 중에는 마이크를 잡고 5분 이상 강의에 가까운 질문을 던지는 분도 있는데 이때는 사회자도 통역도 작가도 모두 난감해진다.

저녁에는 보통 낭독회가 열린다. 의외로 외국 시를 원어로 감상하는 게 꽤 재미있고 색다른 경험이다. 무슨 뜻인지 정확히 알지 못해도 운율이 느껴져 역시 시에는 음악성이 있음을 실감한다. 그래서 베트남어를 한 마디도 못하는 내가 젊은 베트남 시인의 열정적인 낭송에 감동받는 경험도 하게 된다. 낭독회가 끝나면 마지막 일정은 대개 사찰이나 휴전선 같은 곳으로 떠나는 문학 기행이다.

이렇게 써놓으면 국제문학포럼이라는 행사가 알맹이 없는 허레허식 같지만, 실은 학술대회도 문학포럼도 행사장에서 보이는 것 이상의 역할을 한다. 해외 작가들은 이 기간에 한국 독자와 만나는 자리를 갖고, 언론 인터뷰를 진행하고, 한국 출판 관계자를 만난다. 학자들이 학술대회에서 서로 인맥을 쌓고 정보를 교환하듯이, 작가들도 문학포럼에서 인사를 나누고 서로 궁금한 걸 물어본다. 출판 기획 아이디어를 주고받기도 한다.

솔직히 말하자면 학술대회의 논문 발표나 문학포럼의 주제 토론은 애당초 그 자체로는 큰 의미가 없고 일종의 구실로서 기능한다고 본다. 본질은 업계 관계자들이 한데 모여 교류하는 자리인데, 뭔가 가시적인 결과물을 내야 하니 다들 곤혹스럽지만 그런 연극을 벌이는 것 아닐까.

학술대회와 달리 문학포럼에서는 그런 연극도 중요하다. 그 지루한 주제 발표를 끝까지 참고 견디며 진지하게 포럼에 참여하는 많은 독자들을 보고서야 깨달았다. 그곳이 독자를 응원하기 위한 자리이기도 하다는 사실을. 2단계 통역을 거치는 소설가와 시인의 대화는, 기묘한 치어리딩 행위이기도 하다는 것을.

'요즘 나 말고 또 문학을 읽는 사람이 있나'라고 불안해하는 독자들 앞에 서서 작가들이 '아직 문학 죽지 않았습니다, 우리가 열심히 쓰고 있습니다'라는 모습을 보여주는 것. 어쩌면 그게 문학포럼의 진정한 목적인지도 모른다. 만약 그렇다면 좀 덜 지루하게, 축제처럼 꾸미면 좋겠다.

덧붙임:

문학포럼보다 '작가축제', '독서축제'라는 간판을 걸고 열리는 행사들이 보다 다채롭게 프로그램을 꾸미고 일반 이용자들이 쉽게 참여할 수 있게 공을 많이 기울이는 편이다. 기획위원들이 몇 달 동안 아이디어를 짜내고, 행사 전문업체를 기용하기도 한다.

그런데 가끔 그런 행사를 보면 주객이 바뀐 듯한 느낌이 들기도 한다. 선포식, 발대식, 영상 상연, 연극 공연, 음악 공연이 많아질수록 책의 자리가 작아지는 것 같아서다. 원래 독서라는 행위가 매우 개인적이고 정적이라서 딱히 보여줄 게 없기는 하지만 말이다. 특히 이런 행사 기획서에서 '메타버스'라는 단어를 보면 기분이 묘해지더라.

요즘은 문학포럼들에 대해 단순히 지루하다는 불만 이상의, 한층 더 깊은 회의감을 느끼곤 한다. 내건 간판은 거창하고 일견 시의적절하다. 사회 이슈에 어떻게든 대응하고 싶은, 문학의 역할을 말하고 싶은 간절한 마음이 다가온다. 하지만 그 자리에서 오가는 이야기들이 그런 소망에 부응하는지는 잘 모르겠다.

세미나 장소 어느 구석 자리에 앉아 있으면 민주주의의 후퇴에 대해서든, 중산층 붕괴에 대해서든, 혹은 인공지능에 대해서든, 토론을 하면 할수록 문학이 할 수 있는 일이 없어 보인다. 나는 문학의 힘을 믿으므로, 그런 때 무력한 문학인들을 미워하기 시작한다. 문학의 잘못이 아니라고, 우리가 멍청하기 때문이라고.

해피엔딩이 좋은데

다른 소설가들은 자기가 쓴 소설을 자주 읽는지 모르겠다. 나는 안 그런다. 내가 쓴 논픽션과 에세이는 가끔 PDF 파일로 보면서 바보처럼 히죽이곤 하는데, 소설은 펼치지 않는다. 읽다 보면 민망한 부분도 많고, 고치고 싶은 마음도 자주 인다. 그리고 무엇보다…… 읽어서 즐거운 소설이 별로 없다.

"사람들을 불편하게 만드는 소설을 쓰고 싶다, 독자를 고민케 하는 질문을 던지고 싶다"고 종종 얘기하곤 한다. 100퍼센트 진심이다. 문제는 그렇게 쓴 글을 읽다 보면 나마저도 고민이 되고 불편해진다는 것. 『산 자들』을 쓰고서는 초고를 처음부터 끝까지 읽은 뒤 어깨를 축 늘어뜨린 채 길게 탄식을 했더랬다. 얘기가 하도 컴컴해서.

　내 소설을 각색한 연극 「댓글부대」와 「그믐, 또는 당신이 세계를 기억하는 방식」을 보면서도 확실히 느꼈다. '와, 정말 좋은 연극이다' 생각하면서도 마음이 너무 힘들었다. 전자는 두 번째 관람할 때도 그랬고, 후자는 두 번 볼 엄두를 못 냈다. 극단 동과 남산예술센터에 이 자리를 빌어 죄송하다고, 사죄 말씀을 드리고 싶습니다.

　소설 독자 장강명, 연극 관객 장강명은 그래도 나은 편이다. 영화 관객 장강명은 평소 존재감도 미미한 데다(영화를 잘 안 본다), 불편한 이야기라고는 조금도 참아내질 못한다. 사회 고발도 싫고 신파도 싫다. 1,000만 관객이 들었다는 영화도 코미디와 SF를 제외하고는 거의 안 봤다.

　아마 내 안에 인격이 여럿 있고, 책을 읽고 쓰는 일과 관련해서도 자아가 서너 개쯤 있는 모양이다. 진지한 소설을 쓰고 싶어 하는 소설가 장강명은 찜찜하거나 도발적인 주제, 소재에 끌린다. 거기에 정면으로 달려들어 부딪치고 싶어 한다. 그런 작품에 열광하는 심각한 독서가 장강명도 내 안에 분명 있다. '인생의 책'을 꼽아달라는 부탁을 받을 때 늘 내 마음을 갈기갈기 찢었던 소설들을 고르는 걸 보면. 도스토옙스키의 『악령』, 제임스 엘로이의 『블랙 달리아』, 존 스타인벡의 『분노의 포도』…….

　그런데 내 마음 한구석에는 어쨌든 끝에 가서 주인공과 친구들이 행복해졌으면 좋겠다고 바라는 해피엔딩 애호가 장강명도 있다. 인생 책을 이야기할 때도 소설을 쓸 때도 늘 후순위로 밀려나는 착하고 불쌍한 녀석이다. 철들기 전에는 분명 이 인격이 꽤 컸다. 아주 어릴 때는 슬픈 동화에 눈물을 펑펑 흘렸고, 청소년기까지도 완벽한 해피엔딩을 선호했다.

여태껏 해피엔딩 애호가 장강명은 소설 집필 시 거의 매번 자기 욕심을 억눌러야 했다. 앞으로도 그럴까? 소설가 장강명의 글에서 해피엔딩은 계속해서 가물에 콩 나듯이, 드물게 있게 될까? 소설가 장강명과 해피엔딩 애호가 장강명 사이에 타협의 여지는 없을까? 바꿔 말해, 소설 쓰는 사람에게 자기 작품의 톤과 결말에 대한 재량권이 얼마나 있는가?

김영하 작가는 『살인자의 기억법』 후기에 이렇게 썼다. "소설가라는 존재는 의외로 자율성이 적다. 첫 문장을 쓰면 그 문장에 지배되고, 한 인물이 등장하면 그 인물을 따라야 한다. 소설의 끝에 도달하면 작가의 자율성은 0에 수렴한다."

나는 이 의견에 때로 맞아, 맞아! 하면서 맞장구를 치고, 가끔은 아닌 거 같은데 하며 고개를 갸웃한다. 죄송한 말씀이지만, 다른 소설가의 작품에 대해서는 '꼭 그렇게 끝나야 할 필요 있나'라는 생각을 간혹 한다(대표적인 사례: 『해리 포터와 마법사의 돌』. 볼드모트를 물리쳤으면 됐지, 그리핀도르가 꼭 우승까지 했어야 했나? 그래야 했나요, 롤링 여사님?).

그러나 내가 쓴 소설들에 대해서는 내가 정한 바로 그 결말 외의 다른 엔딩을 상상하기가 어렵다. 그렇게 되어야만 하는 필연적인 결말로 느껴진다(아아, 이 내로남불!). 그 작품의 결말부가 뛰어나다, 잘 썼다는 얘기가 아니다. 여태껏 소설 원고를 마무리할 때 주인공의 운명을 놓고 고민한 적은 없었다. 수동적인 주인공을 싫어하는데도 그렇다.

비유하자면 내게는 소설의 절정부를 만들어내는 일이 바둑에서 승부수를 던지는 일처럼 여겨진다. 그 수를 두고 나면 바둑의 규칙에 따라, 이후로는 외길 수순이 펼쳐진다. 주인공이 결단을 내리면, 세계를 움직이는 힘에 따라 그의 운명도 결정된다. 아마도 이게 나의 세계관이고 내가 세상을 보는 방식인 모양이다.

그 세계는 회색으로, 선과 악이 섞여 혼란스럽다. 한 인간의 내부도 그렇고 그를 둘러싼 외부 환경도 그렇다. 그리고 세상을 움직이는 힘은 한 사람의 행복이라든가 정의 따위는 신경 쓰지 않는다. 고로 '이후로는 착한 사람들이 아무 일 없이 행복하게 살다가 늙어서 편안히 죽었답니다'라는 결말도 없다. 그 우주에는 그런 일을 보장해줄 하느님이 없다. 역사의 심판도 없다. 그 세계는 기댈 곳이 없다.

그리고 나는 소설만큼은 진지하게, 내가 믿는 세계관에 입각해서 쓰고 싶다. 쓰다 보면 진지해진다. 영화를 보거나 책을 읽는 일보다 훨씬 힘들고, 강연이나 방송 출연보다 투입 시간 대비 이익이 미미하기 때문에, 작업을 하는 내내 '이걸 왜 하지?'라는 생각을 하게 된다. 이유가, 의미가 있어야 한다. 그렇지 않은 소설을 쓰느니 낮잠을 자는 게 낫다.

다만 이렇게 세상을 보는 방식도, 실제 세상과는 꽤 다를 것이다. 동화만큼이나. 내가 우리 우주에 대해 이해하는 한 가지는, 인간이 그곳을 이해할 수 없다는 것이다. 어쩌면 매우 오랜 시간 뒤에 우리의 바람에 응답하는 섭리나 초자연적인 존재가 있을지도 모르겠다. 그런 존재를 믿는 태도를 유아적이라고 보는 내 태도가 유아적일 수도 있다. 아니면 더욱 비참하게도, 우리에게 자유의지조차 없으며, 운명에 맞선 결단이라는 것 자체가 환상일 수도 있다.

얼마 전에는 인터뷰를 하다가 '주인공들이 도망치는 결말이 많다'는 이야기를 들었다. 듣고 보니 그런 것 같았다. 그들은 소설이 시작할 때 있던 자리로 돌아가지 않는다. 가족으로, 고향으로 돌아오는 상업 영화의 캐릭터들과는 다르다.

하지만 나도, 주인공들도, 어디로 가야 하는지는 모른다. 그저 떠나야 한다는 사실을 알 뿐이다. 그걸 도망이라 부르려니 조금 억울하고 구도(求道)라 표현하려니 너무 쑥스러운데, 하여튼 우리는 길을 찾는다.

덧붙임:

내 노트북 하드드라이브에는 '회색 수면양말'이라는 폴더가 있다. 어느 겨울, 아내의 권유에 따라 수면양말을 신고 침대에 든 뒤 나는 이 물건에 완전히 푹 빠져버렸다. 이제 수면양말은 매해 11월부터 다음 해 3월까지 내 소중한 잠자리 동반자다.

나는 수면양말을 너무 좋아한 나머지 급기야는 마법의 회색 수면양말이 나오는 동화 아이디어까지 떠올리는 지경에 이르렀다. 그 회색 수면양말을 신고 자면 꿈나라에서 신기한 모험을 벌일 수 있게 된다. 주인공은 이 양말을 우연히 선물 받은 소녀. 그리고 당연하게도 그 양말을 노리는 악의 세력이 있고, 꿈나라에 사는 친구들이 있다. 미하엘 엔데의 『짐 크노프』 풍으로 쓰면 재미있지 않을까? 언제 쓸지는 모르겠고, 솔직히 영영 안 쓸 가능성이 높은 것 같지만.

한데 내가 구상한 이 동화의 마지막 장면조차 해피엔딩은 아니다. 주인공 소녀가 회색 수면양말을 떠나보내는 것이다. 소녀와 사이가 서먹한 동생이나 사촌동생한테 수면양말을 넘겨주는 장면이 어떨까. 어린 독자들에게는 슬프고 아쉬운 일일 테지만, 그게 미학적으로나 주제 면에서나 좋을 것 같다.

고유명사를 어찌할까요

요즘 마이클 코널리의 소설들을 신나게 읽고 있다. 해리 보슈 시리즈 1권인 『블랙 에코』부터 가능하면 발표 순서대로 펼치려 하고 있다. 테리 매케일렙 시리즈 2권이자 해리 보슈 시리즈의 7권이기도 한 『다크니스 모어 댄 나잇』까지 마쳤다. 그런데 해리 보슈와 잭 매커보이, 테리 매케일렙 시리즈를 따라가다가 엉뚱한 생각이 들었다. LA 경찰들은 이 시리즈들을 좋아할까? 『로스앤젤레스 타임스』와 『로키 마운틴 뉴스』의 기자들은?

왜냐하면 코널리가 이들 실존 기관과 언론사 명을 자기 소설에 아무 거리낌 없이 가져다 쓰기 때문이다. 그냥 스쳐 지나가는 이름도 아니고 주요 캐릭터들의 직장이며 핵심 사건의 배경이다.

마냥 정의롭게, 아름답게 묘사되는 것도 결코 아니다. LA 경찰들은 규정 위반을 밥 먹듯 하고 자기들끼리 주먹질도 서슴지 않으며, 코널리가 한때 다녔던 『로스앤젤레스 타임스』 기자들은 기사를 위해 경찰과 몰래 정보를 주고받는다. 스포일러가 될까 싶어 더 밝히지 못하지만 훨씬 더 나쁜 짓을 저지르는 기자도 나온다.

여기까지야 하드보일드 범죄소설의 클리셰라고 쳐도, 잭 매커보이 시리즈 1권인 『시인』을 접한 『로키 마운틴 뉴스』 기자들은 기분이 썩 좋진 않을 것 같다. 이 신문사를 『시카고 트리뷴』과 『시카고 선타임스』에 가지 못해 내키지 않는 마음으로 취직한 지방 언론이라고 주인공이 설명하기 때문이다. 게다가 경쟁지인 『덴버 포스트』와 함께 경찰 무전 내용을 일상적으로 엿듣는 곳으로 나온다. 한 번 더 강조하는데, 이 언론사 모두 실제로 있는 회사들이다!

이거 이렇게 써도 괜찮은가. 놀랍기도 하고 부럽기도 하다. 이게 마이클 코널리 개인의 배짱인지, 아니면 언론과 출판의 자유를 폭넓게 보호하는 수정 헌법 1조가 있는 나라의 힘인지 잘 모르겠다. 그러고 보면 한국 소설가들은 외국 작가들에 비해 실존 인명, 지명, 단체명을 쓰기 꺼리지 않나…… 막연히 추측한다(혹 이와 관련한 정량 분석을 실시한 논문이 있으려나). 한국 소설에서는 대신 가상의 도시나 영문 알파벳 이니셜이 상대적으로 많이 나오는 것 같던데…….

『무진기행』은 가상 도시 무진시를 배경으로 하고, 『무궁화꽃이 피었습니다』의 주인공 기자는 '반도일보'라는 신문사에 다닌다. 카뮈의 『페스트』에서는 알제리의 실존 도시 오랑에서 흑사병이 퍼지는데, 정유정의 『28』에서는 지도에는 없는 도시 화양시에서 끔찍한 괴질이 발병한다. 나도 예외는 아니다. 소설에서 '현수동'이라는 가상의 동네를 자주 써먹고 있고, 'A대학'이라는 식으로 흐려보기도 했다. 기업명에 블라인드 처리를 해서 녹취록 분위기를 낸 적도 있다.

한데 어떻든 간에, 한국 독자가 한국 소설을 읽다가 '최고대학'이라든가, '삼송전자'라든가, '장미은행' 같은 고유명사를 접하면 아무리 진지한 대목이라도 헛웃음이 나기 마련이다. 소설은 있을 법한 거짓말이라는데, 그런 이름들을 듣는 순간 정신이 확 든다. '대한민국 굴지의 대기업 삼송전자 대표가 장남을 장미은행 행장의 딸과 결혼시키려는데 정작 그 아들은 최고대학 재학 시절 교제했던 동기를 잊지 못해……'. 어우 야, 도무지 몰입할 수가 없다.

이게 일종의 착시일까? (마이클 코널리를 제외한) 해외 작가들도 가상의 고유명사를 많이 지어 쓰는데, 해외 독자들은 간혹 민망해하면서도 그냥 넘어가는 것일까?

그게 아니라 실존 고유명사를 피하는 게 한국 소설의 특징이라면, 원인이 따로 있을까? 혹시 한국문학은 해외문학에 비해 현실과 안전거리를 두려는 경향이 있는 걸까? 아니면 한국 독자들이 유독 항의를 많이 한다거나, 한국 소설가들이 그런 항의를 감당할 결기를 덜 갖춘 걸까?

기실 나 같은 이 업계 업자한테 진짜 중요한 질문은 이거다. 그래서 어떻게 해야 하는가? 무슨 가이드라인 같은 거 없나? 하지만 문학포럼이나 학회에서 이런 주제를 다루는 걸 본 적도 없고, 관련 노하우를 공유하는 창작 워크숍도 알지 못한다. 내가 드문드문 참석했던 작가 모임에서도 한 번도 화제에 오르지 못한 주제다. 다들 글을 쓰다 이 문제를 한두 번씩은 맞닥뜨릴 것 같은데 말이다.

나는 진짜로 수정 헌법 1조가 이런 차이의 원인인가 싶어서 창작물 관련 국내 명예훼손 소송 사례를 조사해본 적도 있다. 결론부터 말하자면 상식선에서 불만을 터뜨릴 수준은 전혀 아니었다. 창작물이라는 이유만으로 아예 명예훼손죄를 피해 갈 수는 없었지만, 어지간하면 법원은 뭐라 간여하지 않았다.

그러니까 이제껏은 그냥 분위기의 문제가 아니었을까. 그냥 다들 지명이나 기관명을 가상으로 지어서 쓰니까 집단적인 습관이 된 것 아닐까? 그러니 어느 날부터 한국 소설가들이 자기 작품에 서울대, 삼성전자, 국민은행 등을 등장시키면 독자도 예비 작가도 거기에 천천히 익숙해지지 않을까. 몇몇 대중소설 작가들은 그런 일들을 전부터 해왔고 말이다. 찾아보면 현역 정치인들이 실명으로 등장하는 정치소설이 있다.

요즘 내가 지겹게 오래 붙들고 있는 소설 원고 이야기를 해볼까 한다. 20년 전 살해당한 연세대생(그런 사람 없다) 사건을 서울경찰청 강력범죄수사대(그런 기관 있다)가 재수사하는 내용이다.

연세대를 'A대'라고 쓸까, 실존 기관인 강력범죄수사대를 존재하지 않는 기관인 '특수수사대'로 쓸까 하는 생각을 잠시 했다가 치워버렸다. 그냥 연세대라고 쓰면 어때. 강력범죄수사대라고 쓰면 어때. 게다가 중간에 1996년의 연세대 한총련 사태도 언급된다. 이걸 'A대학'이라느니 '영세대', '연희대' 하는 식으로 바꾸면 웃길 것 같다.

소설 속에서 20년 전 헛다리를 짚었던 경찰서에 대해서도 한동안 고민했다. 신촌 지역 관할 경찰서가 서대문경찰서인 걸 아는 사람이 얼마나 있을까? 이건 존재하지 않는 가상의 경찰서인 '신촌경찰서', '아현경찰서'로 써도 되지 않을까?

그런데 어차피 소설이고, 그런 사건이 있지도 않았는데, 그냥 서대문경찰서로 쓰면 안 되나? 소설가로서 이 정도 욕심은 부려도 되지 않을까. 그런데 이걸 리얼리티(사실성)라고 불러야 하나, 팩트풀니스(사실 충실성)라고 불러야 하나.

덧붙임:

본문에 언급한 소설은 지난해 출간한 『재수사』인데, 사실 이 작품에서도 실제로 존재하지 않는 기관이나 건물 이름이 적지 않게 나온다. '한국에너지관리원'이라든가, '희망교도소'라든가, '신도림 엘리시움시티'라든가. 내가 지어낸 서술을 실존 대상의 특징으로 독자들이 착각할 위험성이 있는 경우라 이렇게 명칭을 바꿨다. 한편 내 소설에서 종종 등장하는 '현수동'과 '뤼미에르 빌딩'은 각각 서울 마포구 현석동과 신촌 르메이에르 3차 빌딩이 모델이다. 역시 소설 속 묘사와 실제 모습은 많이 다르다.

표절 공포

최근 어느 강연에서 청중으로부터 이런 질문을 받았다. 자신이 소설을 쓰고 있다, 그런데 우연히 자신의 원고가 유명 미국 드라마와 비슷한 부분이 있다는 걸 알게 됐다, 어떻게 해야 하느냐, 이런 경우도 표절이라고 보느냐고.

에…… 그게…….

실은 나도 모른다. 그리고 나도 이런 고민을 많이 한다. 다른 작가들도 마찬가지인 걸로 알고 있다.

소설가라면 누구나 이런 악몽에 한 번쯤 시달렸을 것이다. 분명 내가 내 머리로 짜낸 작품인데, 똑같은 글을 누군가 먼저 발표한 상황. 그래서 주변 사람들이 아무도 내 말을 믿지 않고 나를 표절 작가라고 손가락질하는.

차라리 수능 시험에서 백지 답안을 내거나 군대에 다시 가는 꿈이 낫다. 수능 시험은 다음 해 또 치르면 되고, 군대는 다시 가도 21개월 뒤면 제대하지 않는가. 창작자에게 '표절'이라는 낙인은, 그냥 끝장이다. 다음이고 뭐고 없다.

심지어 그런 거지 같은 상황을 소재로 한 작품도 있다. 엄정화 주연의 영화 「베스트셀러」. 여기서 엄정화가 소설가로 나온다. 표절 시비에 휘말린 엄정화가 시골 외딴 별장에 칩거해 재기를 모색하면서 딸이 들려준 이야기를 글감 삼아 새 소설을 쓰는데, 그 작품이 또다시 표절 논란에 휩싸인다는 설정이다. 엄정화는 결백을 주장하지만 이미 똑같은 내용의 소설이 10년 전에 출간돼 있다. 영화 속에서 주변 사람들은 엄정화를 허언증 환자로까지 여긴다.

「베스트셀러」는 그다지 흥행에 성공하지 못한 걸로 안다. 표절 시비라는 게 일반 관객에게는 피부에 와 닿기 어려운 공포이기 때문이리라. 차라리 연쇄 살인마나 외계 생명체에 대한 공포가 더 실감 나지.

한편 소설가 입장에서 이 영화의 설정에 의문이 생기는 지점이 있다. 두 작가가 같은 이야기를 듣고 각각 원고를 쓰면, 최종 결과물은 과연 얼마나 비슷하게 나올까? 뒤에 나온 작품이 표절작이라는 판정을 명확히 받을 정도로 서로 닮을까?

그렇지는 않을 것 같다. 만약 그렇다면 셰익스피어가 『줄리어스 시저』를 썼으니 이후 누구도 카이사르의 죽음에 대해 쓰면 안 된다는 결론에 도달할 수밖에. 아무리 소재와 줄거리가 비슷하다 해도 세부 사항이 다르고 스타일이 다를 것이다.

그렇다고 뒤에 나온 작품이 표절 의혹을 완전히 벗을 것 같지도 않다. 엄청나게 독창적인 스타일이 뒷받침되지 않는 한, 아마도 표절 시비가 지루하게 이어질 가능성이 가장 높지 않을까. 바꿔 말하면, 영화 속 상황에서 엄정화 주변인들의 반응은 엄정화가 얼마나 강하고 현명하게 대처하느냐에 크게 좌우될 것이다.

이쯤 되면 대체 표절의 기준이 무엇인지 궁금해진다. 여섯 단어가 연속해서 일치하면 표절이라든가, 네 마디 이상 멜로디가 같으면 베낀 걸로 치자든가 하는 합의를 만들 수 있을까? 어떤 작가들은 인위적이더라도 그런 규정을 정하자는 견해인데, 나는 그게 불가능하다고 본다.

내가 여태까지 읽은 표절 관련 문헌 중 가장 동의할 수 있는 기준이 제시된 글은, 『문학동네』 2015년 가을호에 수록된 장은수 편집문화실험실 대표의 기고문이다. 장 대표는 여기서 "'구조 표절'이라는 개념은 있을 수 없다. 표절은 구체적인 표현을 대상으로 해야 한다"고 주장한다. 이 논리에 따르면 어떤 작품의 구조는 그대로 둔 채 남녀 역할을 뒤집는다거나, 시대를 바꾸는 식의 변형은 표절이 아니게 된다.

『로미오와 줄리엣』은 그리스신화 '피라모스와 티스베'와 구조가 거의 같지만 표현이 다르므로 표절이 아니다. 반면 이야기는 판이하더라도 개성적인 문장을 두어 줄 베꼈다면 표절이다. 깔끔한 주장이다.

유명 미국 드라마와 자신의 원고가 비슷해 고민이라는 청중에게도 장은수 대표의 이 글을 언급하며, 같은 식으로 대답했다. 더구나 영상 매체와 활자 매체 차이도 있으니 그리 염려할 필요는 없을 것 같다고. 다만 단서를 하나 달았다. 추리소설에서 어떤 트릭이라든가, SF에서 독특한 세계관이 닮았다면 예외가 될 수 있을 것 같다고. 일관성 있게 설명하지는 못하겠지만 특정 장르에서는 문장만큼이나 그런 장치가 독창적이어야 한다는 생각이다.

내 경우에는 어디서 아이디어를 얻었는지 '작가의 말'에서 시시콜콜 밝히는 편이다. 다소 비겁한 방어라는 기분도 드는데, 소설가가 그런 출처를 밝힐 의무는 없다고 믿기 때문이다. 그런 언급을 하지 않는다고 뭔가를 숨기는 게 아니다. 내가 그러는 데에는 솔직히 '작가의 말'을 쓰기가 너무 싫다는 이유가 더 크다.

몇몇 소설이나 영화, 만화, 드라마 같은 콘텐츠의 표절 논란에 대해서는 대중의 의혹 제기가 나로선 도저히 납득이 안 가는 경우도 많았다. 창조적 변용이니 포스트모더니즘이니 하는 헛소리로 명백한 잘못을 덮으려 한 도둑놈들 때문에 그런 적대적 환경이 조성됐는지도 모르겠다.

덧붙임:

이 원고는 월간 『방송작가』 2018년 4월호에 실렸는데, 같은 지면에 한국방송작가협회 고문변호사인 홍승기 인하대 법학전문대학원 교수가 비슷한 주제로 글을 썼다. 제목은 '표현을 베꼈나요, 아이디어만 건드렸나요?'

홍 변호사는 한국 뮤지컬 「미녀는 괴로워」를 제작할 때 일본 만화 『미녀는 괴로워』에 원작 저작권료를 지불해야 하는지 법적인 문제를 검토했다고 한다. 시나리오를 다 읽고 난 뒤 홍 변호사는 뮤지컬 제작사에 "굳이 저작권료를 주지 않아도 괜찮겠다"고 조언했고 제작사는 그 말을 따랐다. 기본 아이디어를 제외하면 시나리오에 원작의 '흔적'이 별로 남지 않기 때문이라는 이유였다. 홍 변호사의 글에는 나오지 않지만 애초에 한국 영화와 일본 만화도 내용은 꽤 다르다고 한다.

나중에 한국 뮤지컬 「미녀는 괴로워」는 일본에 역수출이 되었고, 도쿄에서 공연을 열었다. 그러자 만화 『미녀는 괴로워』를 낸 고단샤 출판사가 소송을 제기했는데, 도쿄지방법원은 놀랍게도 일본 출판사가 아닌 한국 뮤지컬 제작사의 손을 들어주었다. 한국 뮤지컬이 일본 만화에 저작권료를 내지 않아도 된다는 것이었다. 저작권 관련 법이 보호하는 대상도 단순한 콘셉트가 아니라 구체적인 표현이다.

프로 거짓말쟁이의 걱정

"자기는 정말 거짓말을 잘하는 사람이야. 그게 자기의 최대 강점이야. 앞으로도 하루에 열 개씩 거짓말을 지어내도록 해."

며칠 전 정말로 아내에게 들은 얘기다. 부부 싸움 중에 비꼬는 말투로 던진 비난이 아니다. 원고가 안 풀려 고생하는 나를 위로하면서 해준 격려의 말이었다. '당신, 재능 있는 이야기꾼이야'라는 의미로.

정작 나는 그 말에 감격하지는 않았고, 솔직히 말하면 약간 떨떠름했다. 글쎄, 내심 자신을 지능적인 플레이어라고 자부하는 축구 선수가 '자기는 참 발재간이 좋아'라는 말을 듣는다면, 어느 추상화가가 '당신은 정말 붓질을 잘해'라는 찬사를 받는다면 이런 기분이지 않을까?

그렇다고 아내에게 정색할 수는 없다. 소설이 거짓말인 건 사실이니까. 나는 소설이 그럴싸한 허구 이상이라고 믿지만, 다른 무언가가 되기 전에 소설은 먼저 그럴듯한 허구가 되어야 한다. 그러니까 소설가한테 '거짓말을 그럴싸하게 잘한다'는 평가는 조금 엇나간 칭찬인지는 몰라도 비난은 아닐 테다.

여기서 '그럴싸함'이라는 요소가 핵심까지는 아니더라도 매우 중요한 것 같다. 『개소리에 대하여』에서 철학자 해리 G. 프랭크퍼트는 거짓말과 개소리를 구분한다. 거짓말을 잘하려면 진실이 무엇인지 알아야 한다. 그러므로 거짓말쟁이는 진실에 관심이 있으며 나름의 방법으로 그 진실을 존중하지만, 개소리쟁이는 그렇지 않다는 것이다. 개소리는 아무렇게나 해도 된다.

나는 그런 관점을 소설 쓰기에도 적용해본다. 진실을 존중하지 않고 아무렇게나 쓰면, 정성스러운 거짓말이어야 할 소설이 그저 개소리가 되어버린다고. 그리고 소설에서 진실을 존중하는 강력한 방법 중 하나가 사실성, 혹은 개연성, 핍진성을 추구하는 것이라고 본다.

실제 작업 현장에서 나는 사실성이나 개연성, 핍진성을 어떻게 추구하는지에 따라 소설들을 아래와 같이 분류한다.

① **사실성을 추구하는 소설:** 이런 소설에는 현실 세계에서 볼 수 있는

인물들이 등장해서, 우리에게도 일어날 수 있는(혹은 우리의 앞 세대가 겪을 수도 있었던) 사건에 휘말린다. 리얼리즘 소설, 역사소설은 모두 여기에 해당한다. 고증이 중요하지만, 고증이 아무리 뛰어나더라도 그 상황에 놓인 인간이나 배경 세계의 작동 방식에 대한 작가의 이해가 깊지 않으면 독자들은 설득되지 않는다.

예시: 존 스타인벡의 『분노의 포도』, 현진건의 「운수 좋은 날」

② **사실성은 없을지라도 개연성과 핍진성을 추구하는 소설:** 잘 쓴 SF나 정교한 판타지 작품이 여기에 해당한다. 이런 소설에서 묘사하는 종류의 사건은 아마 우리 세계에서 발생하지 않을 것이다. 작가도 독자도 그걸 안다. 그러나 비록 상상의 산물이더라도 그 세계에는 나름의 규칙이 있으며, 사건들은 그런 규칙 속에서 벌어진다. 고증은 무의미하지만 인물과 사건을 움직이는 내적인 논리는 탄탄해야 한다.

예시: 프랭크 허버트의 『듄』 시리즈, 조지 R. R. 마틴의 『왕좌의 게임』 시리즈

③ **사실성, 개연성, 핍진성을 추구하지 않는 소설:** 고증이나 내적인 규칙은 큰 의미가 없다. 우발적이거나 비현실적, 비합리적으로 보이는 사건들이 예고 없이 벌어진다. 이런 작품을 쓰면서 작가들은 설득력을 어느 정도 포기하는 대신 언어나 인물을 보다 깊이 탐구하거나 특정한 정서를 효과적으로 전달할 수 있는 기회를 얻는다. 또는 소설 전체를 현실에 대한 비유처럼 활용할 수도 있다. 뛰어난 작가

는 이런 소설에서도 박진감을 자아낸다.

예시: 프란츠 카프카의 「변신」 무라카미 하루키의 『1Q84』

①, ②, ③ 사이에 우열이 있다고 보지는 않는다. 테리 이글턴은 『문학을 읽는다는 것은』에서 "핍진성이란 문학적 가치를 판가름하는 데 있어서 터무니없이 부적합한 척도"라고 주장하는데 나도 동의한다. 시시한 리얼리즘 소설이 있고 빼어난 SF가 있으며 압도적인 환상 문학도 있다. 개인적으로는 ①, ②, ③에 해당하는 소설을 다 시도하고 있고, 그 작업 모두 각각의 이유로 매력적이다.

한편 이글턴은 같은 책에서 "사실적으로 그려내는 문학 작품에 특별한 장점이 있는 것은 아니다"라고도 썼는데 나는 이 말에는 매우 반대한다. 세계를 사실적으로 그려내는 문학 작품에는 바로 사실성이라는 특별한 장점이 생긴다. 사실성은 강력한 실감과 몰입감, 설득력을 주고, 독자가 현실에 관심을 갖고 거기에 참여하도록 이끈다.

물론 ②, ③의 작품들도 나름의 고유한 장점들을 가진다. 그러나 사실성을 추구한다는 것이 얼마나 발품을 많이 팔아야 하고 비용 대비 효율이 떨어지는 일인지 잘 알기에 나는 ①번 계열의 작품을 쓰는 작가들을 각별히 존경한다. 기본적으로 애정을 품고 있다. 게다가 지금 한국에 그런 소설가들이 특히 부족하다고 느낀다.

내가 싫어하는 것은 앞부분은 ①이나 ②인데 결말이 ③인 경우다. 한때 이런 글이 많았다. 한국 현실을 꼼꼼히 검토할 것처럼, 혹은 거대하고 짜임새 있는 이야기를 들려줄 것처럼 시작해놓고는 주인공이 술 처먹고 기이한 환상을 겪고 토하는 걸로 마무리하는. 거기에 탈근대니 해체니 운운하는 해설이 붙어 있기도 했다. 음…… 개소리 같은데. 그냥 작가의 욕심을 역량이 받쳐주지 못한 거 아닌가.

②에 해당하는 작품들이 '어차피 현실이 아니니까'라는 태도로 규칙을 아예 정하지 않거나 초반에 정한 규칙들을 뒤에서 무너뜨리는 것도 탐탁지 않다. 독자로서 나는 이들 장르에 꽤 깐깐한 배경 논리를 요구하는 편이다. '원리는 모르겠지만 과거의 나와 소통할 수 있는 휴대폰이 하늘에서 뚝 떨어졌다'는 식의 설정을 잘 견디지 못한다. 너무 편협한가.

과학이 발달한 미래에서 우주 최강자들이 강력한 힘을 지닌 오색 보석을 둘러싸고 다툴 때에도, 그들이 이종격투기로 싸운다면 나는 뭔가 이상하다고, 설명이 더 필요하다고 여긴다. 미국 대통령과 중국 주석이 석유를 확보하려고 권투를 벌이는 것만큼이나 기이한 상황 아닌가.

소설을 쓸 때도 그런 자세다. 나처럼 강퍅한 독자가 책장을 넘기다 말도 안 된다며 콧방귀를 뀔까 봐, 읽던 책을 내려놓을까

봐 신경이 쓰인다. 첫 문장을 쓰기도 전에 이미 글의 성격이 ①~
③ 중 어느 것에 해당하는지를 정하고, 마지막 문장까지 그 규정
에서 벗어나지 않으려 애쓴다.

원래도 소설을 쓰려고 거짓말을 지어낼 때 그게 그럴싸한지를
오래 따지는 편이었다. 이 과정에서 시간을 허비하고 스트레스
도 제법 받는데, 얼마나 유용한 습관인지 모르겠다. 대개의 독자
들은 나보다 훨씬 더 관대한 것 같다. 재미가 있다면 다소 억지
스러운 전개나 설정, 현실과 맞지 않는 부분도 얼마든지 받아들
이는 듯하다.

이 버릇이 더 심해져 요즘은 거의 강박이 되었다. 얼마 전에는
원고를 쓰다가 혼자 이건 아니라면서 고개를 절레절레 저었다.
울산에 내려간 주인공이 고속버스터미널에서 우동 한 그릇을 먹
는 대목을 쓰면서 울산 고속버스터미널에 분식점이 있는지 없는
지, 있다면 어떻게 생겼는지를 알아보는 스스로를 자각했던 것
이다. 그 정도는 그냥 지어내라고!

아이러니하게도 우리가 살고 있는 진짜 현실 세계는 소설만큼
그리 개연성 있게 굴러가지 않는다. 요즘은 세계 전체가 '예측하
기 어렵다'의 수준을 넘어, 숫제 맥락들이 사라지는 느낌마저 든
다. 프랭크퍼트는 개소리가 넘치는 게 우리 문화의 특징이라고
주장하는데, 그와도 상관있지 않을까. 개소리쟁이들이 움직이는
세상이라니, 프로 거짓말쟁이로서 참으로 유감이다.

덧붙임:

세상이 점점 더 복잡해지고, 직업 분야가 점점 더 세분화, 전문화되어서 리얼리즘 소설 쓰기가 그만큼 어려워졌다는 생각도 한다. 문학의 힘이 약해진 데에는 그런 요인도 있지 않을까 싶다. 소설이 현실 세계의 깊은 구석을 잘 살피지 못하게 되면서, 전문 직업인 필자들의 에세이가 주목받게 된 것 같기도 하다.

그러한 환경 변화 속에서 전업 소설가로서, 더 발로 뛰어야 한다는 생각도 한다. 직업 세계가 깊어진 만큼 사람을 찾아 섭외하고, 먼 곳에 있는 이와 연락하고, 관련 정보를 검색하는 기술도 발전했다. 한 세대 전의 소설가가 국립중앙도서관이나 국회도서관에 가야 얻을 수 있었던 답을 이제는 집에서 클릭 몇 번으로 찾을 수 있다. 취재하는 소설가로 남자고 다짐해본다.

작가님, 이 작품의 의도는 무엇인가요

소설집 두 권을 동시에 내고 인터뷰를 여러 건 했다. 연작소설 『산 자들』이 좀 더 언론에서 관심을 가질 만한 책이라(그런데 함께 출간한 SF 중단편집 『지극히 사적인 초능력』도 재미있습니다), 사흘 동안 민음사로 출근해 편집부 옆 작은 회의실에서 기자들을 만났다. 사진은 민음사 회의실에서도 찍고 계단에서도 찍고 사무실에서도 찍고 옥상에서도 찍었다.

소설을 쓰고 인터뷰를 하면 '이 책은 주제가 뭐냐'는 질문을 반드시 받게 된다. 이렇게 직설적인 표현을 사용하지는 않지만 모든 기자가 묻는다. "이 책을 통해 말하고자 하는 바가 뭔가요?" 또는 이런 식으로도 묻는다. "독자들이 이 책을 읽고 어떤 생각을 하게 되길 바라나요?" 더 돌려 묻는 사람도 있다. "이 책을 써 야겠다고 마음먹게 된 특별한 계기가 있을까요?" 혹은 "어떤 독자가 이 작품을 이런 식으로 해석한다면 많이 틀린 걸까요?"

책을 쓰고 처음 주제가 뭐냐는 질문을 받았던 건 연작소설『뤼미에르 피플』출간 직전이었다. 질문을 던진 사람은 담당 편집자였다. "그런데 이 책이 하려는 얘기가 뭘까요? 짧게." 좀 어이가 없었다. 아니, 그걸 이제 와서 물으면 어떡하나? 그럼 여태까지 이 책 주제도 모르고 편집을 했단 말인가.

지나고 나서 생각해보니 편집자는 그때 보도자료를 쓸 참이었던 것 같다. '이 책은 어떤 책'이라는 한 줄짜리 설명이 필요했고, 작가의 의견이 중요했으리라. 내 등단작인『표백』은 문학상 당선작이라 나를 대신해 심사위원들이 '이 책은 어떤 책'이라는 말을 많이 해주었다.『뤼미에르 피플』은 그 뒤로 처음 낸 소설이었다.

한때 나는 작가가 그런 질문에 답하면 안 된다고 믿었다. 작가의 임무는 책 발간으로 끝나는 것이며, 작품의 해석은 독자의 몫이라는 생각이었다. 사실 지금도 어느 정도 그렇게 생각한다. 그러나 작가가 살아 있는 한 사람들은 끊임없이 그에게 작품 주제가 뭐냐고 묻는다.

어느 시점에서 나는 그런 질문을 피하는 게 사실상 불가능하다고 받아들이게 됐다. 우선 독자들과 직접 만나는 순간이 있다.

그런 자리에서 받는 질문에 '난 말하지 않겠다, 당신이 직접 해석하라'는 식으로 답변하는 건 무성의함을 넘어, 무례한 태도다. 작가, 독자, 작품 사이의 적절한 긴장 관계도 중요하지만 그와 다른 층위에서, 한 시공간에서 만나 대화를 하는 사람들끼리 지켜야 할 예의도 있는 것 아닐까. 무엇에 대해 이야기하건 간에 말이다.

게다가 나 역시 독서 팟캐스트를 진행하고 출판계와 문학계를 다룬 논픽션을 쓰면서 다른 소설가들에게 똑같은 질문을 하게 됐다. 이 작품의 의미는 무엇인가요? 무엇을 말씀하시고 싶으셨나요? 그때 상대방이 '특별한 의미는 없고 그냥 썼는데요'라는 식으로 말하면 참으로 민망해진다. 신인 작가 중에는 그런 질문을 받아본 적이 없어서 정말 솔직하게 대답하는 사람도 있다. 그냥 쓸 수 있어서 썼다고. 그 외에는 모르겠다고.

어쩌면 소설가들이 할 수 있는 유일하게 정직한 답변이 그것인지도 모른다. 소설의 모든 세부 사항을 장악해서 자기 마음속에 있는 주제를 글자로 번역하기만 하면 되는 작가가 과연 한 사람이라도 있을까? 다들 그저 꾸역꾸역 써가다가 자신이 뭘 말하고 싶었는지를 더듬더듬 발견하거나, 다 쓰고 나서 '아, 내가 이런 걸 쓰고 싶어 했구나' 깨닫거나, 아니면 책을 내고 난 다음에도 자신이 뭘 썼는지 정확히 잘 모르는 것 아닐까.

어쩌면 소설가가 전하려는 주제를 정확하게 아는 방법은 그가 쓴 소설을 처음부터 끝까지 한 글자 한 글자 읽는 수밖에 없는 건지 모른다. 애초에 '소설의 주제를 요약 정리한다'는 행위 자체가 형용모순인지도 모른다. 그런데 책을 소개하려는 사람은 그 임무를 수행해야 한다. 보도자료를 쓰는 편집자, 신간 소개 기사를 쓰는 문화부 기자, 그들에게 답을 해야 하는 소설가 자신.

주제가 뭐냐는 질문에 이렇게 난감해하는 우리들이 한없이 순진하고 쓸데없이 심각한 걸까? 모터쇼나 가전쇼 무대에 오른 이들이 신제품을 발표하면서 주제가 뭔지를 말하는 데 어려워하는 모습을 본 적이 없다. 다들 이번 신차의 콘셉트는 가족이라고, 이번 새 휴대전화는 휴머니티와 연결을 주제로 했다고 당당하게 말한다. 제아무리 막장 드라마라도 홈페이지에 가보면 기획 의도가 '우리 시대 사랑의 의미를 다시 생각해보자는 것'이라고 주장한다. 다들 주제가 뭐냐는 질문이 뭐가 중요하냐는 분위기다. 주제? 가족이야. 가족 좋잖아. 됐지? 그러면 이제 우리 마케팅 포인트를 보라고. 이 차는 트렁크가 엄청 넓어! 가족을 위한 세단이라니까. 어쩌면 직업인의 자세는 바로 이래야 하는 것일지도 모른다.

새 책의 주제를 묻는 질문 앞에서 나는 직업인답게 준비된 답을 내놓는다. 준비를 안 해도 같은 질문에 계속 답하다 보면 저절로 훈련이 된다. 이번에는 정말이지 분명한 주제의식을 지니고 쓴 글임에도 말하는 동안 '음, 왠지 소설가가 주제를 이렇게

쉽게 말하면 안 될 거 같은데' 하고 갈등한다. 「변신」의 주제는
인간 소외입니다'라고 말하는 카프카를 상상할 수가 없는 것이
다. 한편으로는 도스토옙스키가 무신론자들을 비판하기 위해 쓴
『악령』을 읽고 되레 무신론자가 된 나의 독서가 잘못됐다고 생
각하지도 않는다.

그리고 오늘도 페이스북으로 메시지가 날아온다.

○○대학교 ○○과에 다니는 학생입니다. 교양 수업에서 작가님의 『한
국이 싫어서』로 조별 토론을 하게 됐습니다. 작가님이 생각하시는 작
품 주제를 짧게 말씀해주시면 감사하겠습니다.

덧붙임:

그러니 설령 내가 인터뷰에서 '이 작품의 주제는 이겁니다'라고
한 말을 보더라도, 독자들께서는 그런 얘기에 신경 쓰지 마시고
책을 읽어주시면 좋겠다. 작가의 의도 같은 게 그렇게 중요한가?
독자의 의지가 더 중요한 것 아닌가? '다음 중 저자의 의도가 아
닌 것은?' 같은 문제를 출제해야 하고 풀어야 하는 한국 중고교
국어 교육 현장도 슬프고 불행하다.

그나마 나는 비교적 주제가 뚜렷한 작품을 쓰는 작가다. 소설을
쓰는 동안 '이 작품의 주제가 뭐지? 내가 무슨 이야기를 하고 싶

은 거지?' 하고 스스로에게 자주 묻고 답을 고민한다. 나처럼 쓰

지 않고 마음 가는 대로 집필하는 스타일의 소설가도 있다. 의도

대로 쓰는 것을 경계한다는 분도 계신다. 그런 분들은 '주제가 뭐

냐'는 질문을 받을 때 더 당혹스러운 마음이 될 것 같다.

동지애와 꿀팁을 얻는 데 실패했습니다

지난해 벽두에 내린 결심 중 하나가 인터넷 접속 시간을 줄이자는 것이었다. 사실 지지난해 말부터 인터넷 접속 시간에 대한 고민을 하면서 관련 책들을 찾았다. 막연한 느낌이지만 21세기 들어 생활의 일부가 된 초고속 인터넷 환경이 단순히 시간을 잡아먹는 데 그치지 않고 우리 삶에 깊고 중대한 영향을 끼친 것 같다. 이에 대해 통찰력 있게 분석한 책이 없나 하고 여러 권을 뒤적였다.

내 문제의식이 그런 방향이어서인지, 읽은 책들은 하나같이 디지털 기기의 위험성을 경고하고 사용 시간을 줄이라는 내용이었다. 상당수 책이 제목에서부터 그런 주장을 드러냈다. 『디지털 중독자들』과『우리 아이 스마트폰 처방전』은 디지털 기기가 술이나 약물 같은 문제적 존재임을 암시한다.『디지털 세상에서 집중하는 법』과『디지털 시대에 아이를 키운다는 것』은 인터넷 환경이 몰입과 양육에 방해가 된다는 저자의 견해를 표지에서부터 알 수 있다.『디지털 미니멀리즘』처럼 직접적인 제목도 있다.

내가 읽은 책들이 스마트폰과 함께 공격하는 또 다른 표적은 소셜 미디어였다.『인스타 브레인』과『나쁜 교육』은 소셜 미디어와 현대인의 정신건강 문제, 특히 청소년우울증 증가 추세를 연결한다.『지금 당장 당신의 SNS 계정을 삭제해야 할 10가지 이유』의 내용은 제목 그대로다. 개인과 공동체 양쪽 모두의 안녕을 위해 우리가 소셜 미디어를 멀리해야 한다는 주장이다.

위의 책들을 읽으면서 나는 꽤 설득됐고, 나도 소셜 미디어 활동을 그만둬야 하나 고민하게 됐다. 그럼에도 불구하고 자기 홍보의 시대에 대중을 상대로 일하는 사람에게는 소셜 미디어가 꼭 필요한 도구 아닐까 하는 의문도 들었다.

소셜 미디어 계정을 처음 만든 것은 신문사에 다닐 때다. 특집 지면을 기획할 기회를 얻었고, 그 기사들을 홍보하기 위해 페이스북과 트위터에 가입했다. 그런데 페이스북이나 트위터나, 내가 게시물을 올린다고 다른 사용자들이 거기에 바로 '좋아요'를 눌러주거나 퍼 나르는 것은 아니었다. 특집 기획 업무에서 벗어나고는 그 계정들을 한동안 방치해두다가 전업 작가가 되면서 활동을 재개했다.

당시 내가 소셜 미디어에서 기대했던 것은 크게 정보와 홍보였다. 내가 바랐던 정보들은 이러하다. 세상 돌아가는 분위기, 다른 사람들의 생각, 신문이나 책에서 접하지 못하는 숨은 고수의 통찰, 다른 작가들의 생활. 한데 그런 기대는 소셜 미디어 활동을 하면서 빠른 속도로 사그라들었다.

소셜 미디어로 세상 돌아가는 분위기나 다른 사람들의 생각을 제대로 파악하기는 어렵다. 많은 비판자들이 지적하는 필터 버블 현상 때문이다. 내가 편향되게 관계를 맺고, 거기에 더해 플랫폼들이 내가 좋아할 만한 내용 위주로 정보를 걸러주기까지 하는 것이다. 알고리즘을 피해보고자 이런저런 방법을 동원해봤으나 별 소용이 없었다.

신문이나 책에서 접하지 못하는 숨은 고수의 통찰을 거기서 발견할 수 있을 거라는 기대 역시 환상인 듯하다. 소셜 미디어 글을 읽을 때는 공짜라는 생각에, 또 그곳에 가벼운 정보가 워낙 많은 까닭에, 조금이라도 깊이가 있는 글을 과대평가하게 되는 경향이 있다. 재치라면 모를까, 통찰 있는 글을 한 계정에서 꾸준히 보는 일은 드물다. 게다가 그런 계정이 있으면 얼마 안 가 그 사람의 글들이 책으로 묶여 나오더라. 그러면 조금 기다렸다가 그 책을 읽으면 되는 것 아니겠나.

그렇다면 다른 소설가들의 삶을 알게 되는 일은 어땠나. 동지

애와 꿀팁을 얻는 데 도움이 됐나. 서글프지만 아니었다. 두 가지 차원에서 그러했다.

『디지털 시대에 아이를 키운다는 것』에서 '서브 트위팅'이라는 용어를 처음 접했는데, 그게 어떤 행위를 가리키는 말인지 바로 알 수 있었다. 번역자의 설명에 따르면 "트위터에 누군가에 관해 비판적이거나 모욕적인 글을 올리는 것으로 상대방의 이름은 언급하지 않지만 누구를 향한 말인지 다 알 수 있도록 우회적으로 표현하는 행위"다. 트위터뿐 아니라 페이스북에서도 다른 작가들의 계정에서 그런 글을 적잖이 접했고, 그때마다 마음이 불편했다. 그게 어디를 향하는 게시물인지 간에 말이다. 그 외에도 기기묘묘한 일들을 제법 목격했다.

한편으로는 나 또한 누구를 비판할 처지가 아니다. 동료 작가들의 활동을 보면서 용기와 위안이 아니라 시기와 질투심을 느끼는 순간이 자주 생겼다. 『지금 당장 당신의 SNS 계정을 삭제해야 할 10가지 이유』의 저자 재런 러니어는 자신 역시 그랬다고 고백한다. 러니어는 소셜 미디어들이 집단 내 서열에 집착하는 인간 본능의 스위치를 켠다는 가설을 제안하기도 한다.

홍보 측면에서는 작가에게 소셜 미디어가 얼마나 도움이 될까. 소셜 미디어로 뜬 책은 분명 있다. 얼마 전 편집자들로부터 재미있는 이야기를 들었다. 과거에는 책 주문량이 갑자기 늘면 해당 도서가 방송에 언급됐는지를 확인했는데, 요즘은 소셜 미디어에서 화제가 됐는지를 살핀다고. 그리고 인스타그램으로 잘 팔리는 책과 트위터로 잘 팔리는 책이 서로 다르다고. 하지만 그렇게 책을 띄운 사람이 꼭 저자 본인인 것은 아니다.

2010년대 전반까지만 해도 신인 작가는 무조건 소셜 미디어 활동을 해야 한다는 조언이 있었다. 독자들이 소통하는 작가를 원한다는 이유에서였다. 그즈음 나를 비롯해 상당수 사람은 소셜 미디어가 대학가 비슷한 장소라고 여겼다. 젊은이가 많고, 전반적으로 흥겹고, 유행에 민감하고, 지저분하기도 하지만 흥미로운 아이디어도 톡톡 튀어나오는. 그러나 이제 나는 소셜 미디어가 그보다 훨씬 더 기이한 곳이며, 작가와 독자의 소통도 그리 단순히 볼 일이 아니라고 생각한다.

여전히 신인 작가는 소셜 미디어 활동을 하는 편이 유리하다는 게 출판계의 대체적인 의견인지 궁금해서 몇몇 편집자에게 메일을 보냈다. 두 가지를 물었다. 첫째, 작가들도 홍보 채널로서 SNS 계정을 가져야 할까요? 둘째, 어느 신인 작가가 자기 홍보 채널로서 SNS 계정을 딱 하나만 가지려고 한다면 어떤 SNS를 권하시겠어요?

예상과 달리 답은 제각각이었는데, 나는 이것을 출판인들 역시 소셜 미디어 활용에 대해 혼란스러워한다는 의미로 받아들였다. 독자들이 서점이나 출판사의 광고보다 작가의 말에 더 주목하니 작가가 SNS를 해야 한다는 답변도 있었다. 특히 신간을 알리는 데엔 작가의 SNS 영향이 크다면서. 작가들에게 증정 도서를 보낼 때도 SNS 활동을 하는 분들 위주로 발송한다는 출판사도 있었다.

반면 '하면 도움이 될 테지만 억지로 할 필요는 없다'는 정도의 유보적인 의견도 있었고, 홍보 목적으로 운영하는 계정은 어차피 별 매력이 없으니 좋아서 하는 게 아니면 안 하는 편이 낫다는 답도 있었다. 일반 단행본 작가라면 필수지만 소설가라면 모르겠다. 인상적으로 운영되는 작가의 SNS가 딱히 없어 보인다는 답도 있었다.

추천하는 소셜 미디어에 대해서도 페이스북, 트위터, 인스타그램까지 의견이 다 달랐다. SNS로 분류해야 할지는 모르겠지만 유튜브라는 답도 있었다. 인스타그램이라고 답한 편집자는 두 사람이었는데 이유가 서로 같았다. '평화롭다'와 '비교적 온건하다'였다. 좀 삐딱하게 해석하면 홍보 효과보다 사고가 나지 않을 가능성이 더 중요하다는 얘기 아닐까.

나는 트위터는 그만뒀고 페이스북을 이용한다. 좋아서 한다기보다는 홍보 목적으로 운영하는 계정이다. 솔직히 나와 잘 맞는 공간이라는 생각은 안 들고, 다른 사람의 게시물도 별로 안 읽는다. 그렇게 아까 그 질문으로 되돌아온다. 이게 나한테 필요한가? 그만둬야 하나?

이럴 때 소설가가 외로운 직업이라는 생각을 새삼 한다. 이런 궁금증에 대해 상담하거나 직업적 조언을 구할, 비슷한 경험을 먼저 한 업계 선배를 근처에서 찾기 어려우니. 그런데 한편으로는 거의 모든 직업 분야에 미증유의 변화가 일어나고 있어 앞서간 사람의 지혜로운 조언은 어느 누구도 기대할 수 없는 시대인 것 같기도 하다.

덧붙임:

이 글을 쓰고 난 뒤로도 소셜 미디어에 대한 부정적인 생각은 점점 커졌다. 이제는 현재 모습의 소셜 미디어가 민주주의, 아니 우리 문명의 심각한 위협이라고까지 믿는다. 그런 위협에 대해 내가 할 수 있는 일은 책을 쓰는 것이다. 어떤 측면에서는 소셜 미디어가 고맙기까지 했다. 젊은 시절 '투쟁해야 할 뚜렷한 대상이 없다'는 막막함에 내내 시달렸는데, 40대 후반에 이르러 그런 적수를 발견한 기분이 들었다.

지인들과 온라인 독서 모임 플랫폼 '그믐'을 만들면서 '주제 관계망(Subject Network Service)'이라는 신조어를 함께 지어냈다. 우리는 소셜 미디어가 아니다,라고 선언하고 싶었다. 나는 소셜 네트워크 서비스라는 용어를 '사회 관계망'이라고 옮기는 것도 잘못이라고 생각한다. '사교 관계망'이 정확한 번역이라고 본다.

'소셜(Social)'이라는 단어를 메리엄-웹스터 사전에서 찾으면 세

가지 뜻풀이가 나온다. 첫 번째는 "사람들이 서로 이야기하거나 즐거운 일을 하며 시간을 보내는 활동과 관련된(relating to or involving activities in which people spend time talking to each other or doing enjoyable things with each other)"이다. 두 번째는 "사람들과 함께 이야기하는 것을 즐기는, 사람들과 함께 있는 것을 좋아하는(liking to be with and talk to people, happy to be with people opposite)"이다. 세 번째 뜻이 "일반적으로 사람이나 사회에 관련된(relating to people or society in general)"이다.

이 두꺼비는 수컷인가요

해외에서 출간된 내 소설이 몇 권 있다. 출간 계약을 하거나 번역을 마친 상태로 책으로 나오기를 기다리는 작품도 몇 있다. 단편소설도 몇 편 해외 잡지에 실렸다.

그러면서 영어, 일본어, 프랑스어, 중국어, 스페인어, 독일어 번역가들과 번역을 둘러싸고 이런저런 의견을 나눴는데, 무척 신기한 경험이었다. 한국어로 글을 쓸 때는 생각지도 못했던 문제들에 맞닥뜨리게 된다. 거창하게 의미를 부여하자면, 나의 사고가 얼마나 한국어라는 틀에 갇혀 있는지를 깨닫는 일화들이기도 하다.

예를 들어 연작소설집 『뤼미에르 피플』에 있는 첫 번째 단편

「박쥐 인간」에는 '황금두꺼비'라는 존재가 나온다. 환상과 현실을 분간하지 못하는 듯한 상태의 주인공에게 나타나서 인간의 언어로 묘한 설명을 해주는 수수께끼의 동물이다. 그런데 번역가로부터 난데없는 질문을 받았다.

"이 두꺼비는 수컷인가요, 암컷인가요?"

"넹? 그…… 그건 저도 잘 모르는데…… 어, 그냥 수컷으로 하시죠."

같은 단편에는 어느 여성이 핸드백을 들고 택시에 타는 장면도 나온다. 그 핸드백 크기가 어느 정도냐는 질문도 받았다. 해당 언어로는 크기에 따라 여성용 가방을 부르는 단어가 달라서였다. 이때도 질문을 받고서야 문제의 핸드백 크기를 처음으로 진지하게 고민했고, 즉석에서 크기를 정했다. 뭐라고 대답했는지는 기억이 잘 안 난다.

그나마 두꺼비 성별과 핸드백 크기는 작품 전체에 영향을 미치는 요소가 아니라서 다행이었다. 제목과 관련해 이런 문제가 생기면 매우 곤란해진다. 금성을 배경으로 한 SF 단편 「당신은 뜨거운 별에」를 영어로 옮기던 번역가와 나는 함께 한참 골치를 썩였다.

표준국어대사전은 한국어 '별'을 '빛을 관측할 수 있는 천체 가운데 성운처럼 퍼지는 모양을 가진 천체를 제외한 모든 천체'라고 풀이한다. 즉 스스로 핵융합을 하는 태양 같은 항성과 그 주변을 공전하는 행성, 지구로 떨어지는 작은 운석인 유성까지 포함한다. 그러니까 금성을 '뜨거운 별'이라고 불러도 된다.

그런데 영어로는 항성은 'star', 행성은 'planet'이라고 꽤 엄격하게 구분한다. 별똥별을 'shooting star'라고 하는 것은 매우 예외적인 사례라고 한다. 그러니 "당신은 뜨거운 별에"를 영어로 직역하면 영미권 잠재 독자들은 한국 사람들과는 매우 다른 이미지를 머리에 떠올리게 된다. 태양 표면처럼 엄청난 빛과 열이 끓어오르는. 금성을 'morning star'라고 하기도 한다. 그러나 행성은 항성에 비하면 온도가 턱없이 낮으므로, 금성은 '뜨거운 별'은 될지언정 '뜨거운 스타'는 될 수 없다.

실제로 책 제목이 바뀌어 출간되기도 했다. 우리말로 『표백』의 프랑스어판 제목은 'B 세대'이고, 『한국이 싫어서』중국어판 제목은 '한국을 걸어 나가다'이다. 『표백』의 프랑스어판 제목을 듣고 나는 속으로 히죽 웃을 수밖에 없었다. 한국 출판사도 제목이 어렵다며 다른 제목을 열심히 궁리했었고, 마지막까지 검토했던 후보가 '표백 세대'였다. 그런데 표백 세제로 들릴 것 같다며 채택되지 않았다. 나는 그때나 지금이나 한 단어 제목이 좋아 '표백'을 고수했는데, 끝내 프랑스에서 '세대'가 살아났구나.

한편 『한국이 싫어서』중국어판 제목이 그리 된 것은 출판사가 중국 정부의 검열을 신경 쓴 결과라고 전해 들었다. '중국이 싫어서'도 아닌데 뭐가 문제였을까. 북한 붕괴 상황을 가정한 내 소설 『우리의 소원은 전쟁』이 중국에서 출간되는 일은 아예 불가능한 걸까?

사실 제목이 심각하게 우려된 때는 『한국이 싫어서』 일본어판 출간을 앞두고서였다. 혐한들이 제목만 듣고 좋아하면 어떡하나, 혹시 혐한 서적 코너에 꽂히는 건 아닐까. 그런데 뜻밖에도 이 작품은 일본에서 페미니즘 소설로 받아들여지고 있다. 주인공 계나가 착한 딸, 얌전한 며느리, 사랑받는 아내의 역할을 거부하는 대목을 각각 공들여 넣은 나로서는 그런 반응이 무척 반가웠다. 한국에서는 헬조선 현상 덕에 주목을 받았지만 그 외의 측면은 제대로 받아들여지지 않은 것 같다는 아쉬움을 남몰래 품고 있었다. 문어체를 전혀 쓰지 않은 서술이 다른 나라 언어에서는 어떻게 소화되었을지도 궁금하다.

해프닝도 있었다. 단편 「알바생 자르기」에는 알바생이 다니는 회사 사장이 직원들과 스킨십을 강화하기 위해 회식을 자주 가졌다는 표현이 나온다. 이 대목을 두고 독일어 번역가와 일본어 번역가가 똑같은 질문을 해 왔다. 사장이 직원들의 몸을 만졌느냐는 것이다. '스킨십'이라는 단어를 국어사전에서 찾아보면 "피부의 상호 접촉에 의한 애정의 교류"라고, "'살갗 닿기'나 '피부 접촉'으로 순화"하라고 나와 있으니 그렇게 오해하는 것도 무리는 아니다.

같은 단편에는 별 설명 없이 '소폭'이라는 단어도 나온다. 이 단어를 표준국어대사전에서 찾으면 두 가지 뜻이 나오는데, '환율이 소폭 올랐다'고 할 때 쓰는 그 "소폭(小幅)"과, 작은 폭포라는 뜻의 "소폭(小瀑)"이다. 나는 이 두 가지 뜻이 아니라, '소주와 맥주를 섞어 만든 폭탄주'의 준말인 '소폭(燒爆)'을 쓴 거다. 한국인 독자라면 다들 알아들을 테지만 외국인은 한국어 사전을 봐도 모를 게 당연하다.

자신이 다루는 언어와 상관없이 모든 번역가가 어려워한 작품도 있었다. 경장편인 『그믐, 또는 당신이 세계를 기억하는 방식』인데, 여기에는 주요 등장인물 세 명의 이름이 나오지 않는다. 그냥 '남자', '여자', '아주머니'라고만 불린다. 특히 '아주머니'를 어떻게 번역해야 하느냐를 두고 번역가들이 힘들어했다.

아예 이름을 붙여주면 어떻겠느냐는 제안도 있었는데 받아들이지 않았다. 사랑받지 못한 사람들을 이름으로 불리지 못한 사람들로 설정한 내 의도에 어긋나기 때문이다. 참고로, 이 소설에서 다른 사람의 사랑을 받은 게 확실한 캐릭터는 단역이라도 이름이 나온다.

아주머니를 영어로는 어떻게 옮겨야 할까? 혈연관계가 아니니 'aunt'도 아니고, 'lady'도 이상하고……. 정슬인 번역가의 아이디어가 탁월했다. 아주머니를 'mother'로 번역한 것이다. 정번역가는 이 번역으로 GKL 번역문학상을 받았다.

이리하여 직역이냐 의역이냐 논쟁 근처까지 왔다. 내 단편 「되

살아나는 섬」에는 '긴몰개', '새홀리기', '나그네새' 같은 명사들이 나온다. 내가 지어낸 말이 아니고 사전에 나오지만, 사실 상당수 한국인에게 익숙하지 않은 단어다. 그 알듯 모를 듯한 느낌을 노렸다. 이걸 영어로는 어떻게 옮겨야 할까? 'Ginmolgae'? 학술명 같은 'Korean slender gudgeon'? 아니면 뜻을 너무 알기 쉬워 감흥이 사라지는 신조어 'Smallfish'? 영어 번역자들이 궁금해했는데 나도 뭐라고 답해야 할지 알 수 없었다.

이 단편은 한강의 밤섬이 중요한 배경인데, 외국인도 아닌 부산 독자 두 사람이 밤섬을 몰라 내용을 이해하기 어려웠다고 고백했다. 외국 독자들은 어떻게 받아들이려나. 나로서는 짐작하기 어렵다. 『표백』 프랑스어판을 읽은 프랑스 독자들은 고시원이 뭔지 이해했을까? 그들의 이해도를 상상할 수 없기에, 소설을 쓸 때는 그냥 외국 독자는 생각지 않고 쓰기로 했다. 긴몰개는 긴몰개고, 고시원은 고시원이고.

다만 어느 에이전트의 조언은 의식한다. 대다수 외국 독자에게 한국 사람 이름은 대단히 어려우니, 인물들의 이름을 쉽게 발음할 수 있게 지으라는 것이었다. 그런데 정작 내 이름이 외국인들한테는 제일 어렵다. Chang Kang-myoung……. 오 마이 갓. 하이픈 포함해서 열여섯 자나 된다. 그리고 이걸 단번에 읽는 외국인은 국적을 막론하고 여태껏 본 적이 없다. 사실 한국 사람들도 힘들어한다. 흑.

덧붙임:

한국문학번역원에서 여는 '해외 한국학대학 번역실습워크숍'에 지난해 두 차례 참여했다. 외국 대학의 한국학 혹은 한국어 전공 학생들이 한 학기 동안 한국 작가의 단편소설을 번역하며 한국어를 공부하는 프로그램이다. 기말 즈음에 해당 작가와 화상으로 만나 질의응답 시간을 갖는다.

흥미롭게도 해외 대학생들은 구체적인 표현들을 어떻게 자기네 나라 언어로 옮기느냐보다, 번역 작업 그 자체에 대한 저자의 견해를 더 궁금해했다. 직역과 의역에 대해 어떻게 생각하느냐는 질문이 많았는데, 나는 대체로 의역을 지지하는 편이다. 작가가 어떤 단어를 사용했는지보다 독자가 얼마나 작품을 수월하게 읽느냐가 더 중요하다고 보기 때문이다.

현실적으로 직역을 할 수 없는 경우도 있다. 수컷도 아니고 암컷도 아닌 두꺼비를 가리키는 말이 그 언어에 없다면 어떻게 할 것인가(그런데 내가 이 황금두꺼비 사례를 들려주면 모든 번역가들이 좋아한다). 그래서 번역가가 어떤 의견을 제시하면 대체로 그에 따르려 한다.

나 같은 저자도 있고, 안 그런 사람도 있다. 불가리아 출신 문화비평가인 마리아 포포바는 2012년 포브스 선정 '가장 영향력 있는 30세 이하 30인' 미디어 부문에 뽑힌, 주목받는 젊은 작가다. 그녀의 대표작 『Figuring』은 특히 여성과 성소수자 인물에 초점을 맞춘 평전이자 에세이인데, 한국어판 제목은 '진리의 발견'이다. 나는 독서 모임 회원들과 함께 이 책을 읽었는데, 번역판 제목이 내용과 어울리지 않는 것 같다며 고개를 갸웃하는 분들이 여럿 있었다. 나도 그중 한 사람이었다. 'figuring'이라는 단어를 한국어로 옮기기 어렵다는 점은 이해하지만, 더 좋은 다른 표현은 없었을까?

그때는 한국 출판사가 잘못된 선택을 했다고 지레짐작했다. 이 책의 국내 출간 제목을 둘러싸고 저자가 고집을 부렸다는 사실을 뒤늦게 알았다. 출판사가 제안한 여러 안을 저자는 여러 번 거절했고, 한국어 뜻이나 뉘앙스를 확인한 끝에 고른 제목이 '진리의 발견'이었다. 솔직히 내 눈에는 출판사가 그에 앞서 제안했던 안들이 더 나아 보였다. 저자가 한국어와 한국 출판시장 전문가들의 의견에 귀를 좀 더 기울였으면 좋았을 텐데.

그 에피소드를 알게 됐을 즈음에 나 역시 일본에서 출간하는 책 제목과 본문 내용 변경을 둘러싸고 마음이 뒤숭숭한 상태였다. 일본 출판사가 SF 소설집의 표제작을 내 뜻과 달리 「지극히 사적인 초능력」으로 삼자고 제안했다. 내 의견은 「알래스카의 아이히만」이었다. 약간 망설이다 일본 출판사의 말을 따르기로 했다. 현지 전략은 현지에서 제일 잘 세우겠지, 싶어서.

그런데 「알래스카의 아이히만」에서 한 대목을 바꿔야 한다는 요청은 받아들이기 쉽지 않았다. 이 작품은 2차 세계대전의 결과가 지금 우리의 세계와는 미묘하게 달라진 평행우주를 배경으로 한다. 연합군이 독일을 이기기는 했지만 이스라엘은 건국되지 않았고, 유대인들은 미국 알래스카의 자치 지구에 집단 거주하고 있다(실제로 미국은 그런 계획을 검토한 바 있었다).

「알래스카의 아이히만」 한국판에는 원자폭탄이 떨어진 일본 도시를 히로시마와 나가사키가 아니라 히로시마와 기타큐슈라고 서술하는 대목이 나온다. 그렇게 써서 소설 속 배경이 독자가 살고 있는 세계가 아닌 평행우주임을 드러내려는 의도였다. 기타큐슈는 실제 역사에서도 미국이 원래 폭격 후보지로 삼았던 곳이다.

일본 출판사 측은 해당 대목의 기타큐슈를 나가사키로 바꿔야 한다고 강력히 주장했다. 어릴 때부터 히로시마와 나가사키에 대해 배워온 일본 독자들은 이 설정을 쉽게 이해하지 못할 거라면서. 원폭 피해지가 히로시마와 나가사키인 것은 한국 독자에게도 상식인데…… 이 서술은 나름 중요한 장치인데……. 결국 일본 출판사의 의견을 따르기는 했지만 그 판단이 옳았는지는 여전히 자신이 없다.

영상의
은밀한 유혹

패트릭 맥길리건의 평전 『히치콕』에는 앨프리드 히치콕과 동시대를 살았던 영미 소설가들의 이름이 여럿 나온다. 조지 오웰, 어니스트 헤밍웨이, 존 스타인벡, 레이먼드 챈들러, 대실 해밋, 퍼트리샤 하이스미스, 대프니 듀 모리에 등등.

히치콕은 듀 모리에의 소설 『레베카』와 단편 「새」를 원작으로 영화를 찍었다(그런데 히치콕의 영화 「새」와 듀 모리에의 원작은 내용이 많이 다르다). 하이스미스는 데뷔작 『열차 안의 낯선 자들』을 히치콕이 영화로 만들어 히트시킨 덕분에 전업 작가의 길을 걷게 됐다. 그 영화의 시나리오 작업을 제안받은 작가 중 한 사람이 해밋이었다. 그러나 해밋은 원작이 별로라고 생각해서 거절했다.

챈들러는 수락했다. 한데 챈들러와 히치콕은 각색 방향을 두고 사이가 틀어졌고, 급기야 범죄소설의 거장이 범죄영화의 거장에게 술에 취해 폭언을 퍼붓기에 이르렀다. 히치콕은 말없이 자리를 떴고, 나중에 챈들러가 보낸 시나리오도 받지 않았다. 챈들러에 대한 히치콕의 평가는 이랬다. "저자는 쓸모가 없어."

헤밍웨이와 스타인벡은 영화 「구명보트」를 만들 때 등장한다. 이 작품의 아이디어를 떠올린 히치콕은 헤밍웨이에게 시나리오를 써달라고 요청했다. 헤밍웨이는 감사하지만 다음 기회를 기약하자고 답장했다. 다음으로 히치콕이 찾은 소설가가 스타인벡이었다. 스타인벡은 히치콕의 아이디어가 마음에 들었고, 소설 형태로 트리트먼트(시놉시스와 시나리오 중간 단계)를 써보겠다고 했다. 전에 시나리오를 써본 적이 없었기 때문이다.

그러나 퓰리처상 수상자이자 나중에 노벨문학상도 받게 될 스타인벡이 열정적으로 써낸 중편 분량의 트리트먼트는 히치콕 마음에 들지 않았다. 히치콕은 다른 극작가와 함께 원고를 엄청 뜯어고쳤다. 그래도 스타인벡은 챈들러에 비하면 신사였다. 다른 사람에게 불평을 늘어놓기는 했어도 히치콕과 싸우지는 않았다. 두 예술가는 친해지지는 못했지만 비즈니스 파트너로는 그럭저럭 어울렸다.

『히치콕』은 1,228쪽짜리 책인데 이런 에피소드들 덕분에 시

종일관 흥미진진하다. 같은 아이디어를 놓고 두 예술가가 완전히 다른 가능성을 탐구하는 모습도 흥미로웠고, 자신의 접근법이 부정당할 때 그들이 울분을 다스리는 방식도 내 얘기가 아니라 남 얘기여서인지 그저 재미있었다.

개인 차원이 아니라 업계 차원에서 두 분야가 맺은 관계에 대해서도 생각해보게 됐다. 세상에는 미술 작품에서 영감을 받는 소설가도 있고(예를 들어 도스토옙스키), 문학 작품에서 악상을 얻는 음악가도 있다(예를 들어 슈베르트). 그러나 영화계와 소설계의 거리는 그보다 훨씬 더 가깝고 끈끈하다.

영화인들은 소설 판권을 사들이고, 소설가들에게 협업을 제안하고, 아예 그들을 고용한다. 돈의 흐름은 거의 일방향이다. 문학계가 영상업계 사람이나 콘텐츠를 사는 데 쓰는 돈도 있기는 있지만, 그 반대에 비하면 보잘것없는 수준이다. 반면 영화계가 제시하는 일거리는 일급 문인에게도 구미가 당기는 것이고 신인 작가에게는 커리어를 바꿀 기회다. 흑백영화 시절부터 그랬다.

2021년 한국에서도 영상과 소설 양쪽에 발을 담그고 성취를 거두는 이들을 어렵지 않게 찾을 수 있다. 영화 「침입자」를 연출하고 소설 『아몬드』를 쓴 손원평 작가나 영화 「헬로우 고스트」의 감독이자 SF 소설 『곰탕』의 저자 김영탁 작가가 대표적이다. 『고래』의 천명관 작가, 『자기 개발의 정석』의 임성순 작가, 『망원동 브라더스』의 김호연 작가는 소설가로 데뷔하기 전에 이미 영화인이었다. 유쾌한 코지 미스터리 『여름, 어디선가 시체가』의 박연선 작가는 드라마 「연애시대」와 「청춘시대」의 각본가다.

최근 몇 년 사이에는 글로 먼저 이름을 알린 이들이 영상업계에서 시나리오 작업을 하는 모습을 부쩍 자주 본다. 손아람 작가는 그의 소설이 원작인 동명 영화 「소수의견」의 각본을 썼고, 청룡영화제 각본상을 받았다. 정세랑 작가도 자신의 소설을 원작으로 한 넷플릭스 오리지널 시리즈 「보건교사 안은영」 각본 작업에 참여했다. 『메이드 인 강남』의 주원규 작가는 tvN 드라마 「아르곤」의 극본을 썼다. 이 드라마는 원작이 따로 없다.

이렇게 영화나 드라마, 혹은 게임 시나리오를 작업 중이라는 또래 소설가들의 소식을 개인적으로는 좀 더 듣는다. 스토리 회사나 게임 회사에 소속된 이도 있고, 개인 프로듀서나 연출자와 함께 일하는 사람도 있다. 그런데 위에서 말한 손아람, 정세랑, 주원규 작가의 사례는 어쨌든 결과물이 나온 경우다. 일이 그렇게 잘 풀리지 않는 경우가 더 많은 것 같다.

조금 멀찍이서 이런 사례들을 한데 모아놓고 보면 일종의 역외(域外) 인재 채용처럼 보인다. 게임, 애니메이션까지 포함해 영상 콘텐츠업계라고 불러야 할 거대 산업이 재능 있는 이야기꾼을 찾는 데 혈안이 된 듯하다. 그 산업이 벌어들이는 돈은 히치콕의 시대와는 비교도 안 될 정도로 커졌는데, 부의 원천은 예나 지금이나 창작자의 뇌이므로.

딱히 통계나 근거는 없지만 최근에는 드라마업계가 영화업계보다 소설가들을 더 열심히 물색하는 느낌이다. 내가 만난 프로듀서들의 설명은 이러했다. 첫째, 한국 드라마의 장르와 소재 폭이 넓어지면서 프로듀서들이 기존 작가군에서 외부 스토리텔러로 눈을 돌리게 됐다. 둘째, 작가가 연출자보다 우위에 있는 한국 드라마 제작 환경을 바꾸고 싶어 하는 프로듀서들이 많다. 셋째, 인기 드라마 작가들의 몸값이 너무 높아졌다.

반대편에서 바라보면 기괴한 현실이다. 수많은 지망생들이 영화와 드라마 시나리오 작가를 꿈꾸며 분투 중인데 이토록 커다란 미스매치가 존재한다. 영상업계와 문학계에서 작가들의 데뷔 방식이 어떻게 다른지, 영화 제작자들이 왜 공모 방식을 선호하지 않는지 등에 대해서는 논픽션 『당선, 합격, 계급』에 취재해 쓴 바 있다. 관심 있는 분들은 찾아보시길.

나도 영상 콘텐츠업계로부터 이런저런 제안을 받았다. 내 소설을 직접 각색해보지 않겠느냐는 평범한 제안도 있었고, 스타인벡이 받은 의뢰처럼 감독의 아이디어를 함께 개발하자는 내용도 있었다. 내 소설 속 어떤 설정을 시리즈로 더 키워보자는 이도 있었다. 스타인벡과 히치콕이 합의한 방식처럼 소설 형태로 트리트먼트를 쓰면 된다는 제안도 있었는데, 미니 시리즈로 만들기 쉽게 글을 16장으로 구성하면 된다고 했다. 대사만 전문적으로 잘 다듬는 드라마 작가를 붙여주겠다는 제안도 있었다.

스타인벡은 결코 받지 않았을 요청도 있었다. 게임 세계관 개발 같은 것이다. 마블이 대성공을 거둔 이후로는 '유니버스' 개발 의뢰를 받는다. 영화, 드라마, 웹드라마, 웹툰, 웹소설, 게임, 애니메이션에 이르기까지 여러 매체에서 서로 내용이 이어지는 미디어믹스 프랜차이즈의 밑바탕을 짜보자는 것이다. '한국의 마블'을 꿈꾸는 이들이 참 많다.

그런 제의 중에는 큰돈이 걸려 있는 것도 있었고, 해보면 재미있겠다 싶은 것도 있었다. 아내가 해보라고 권한 것도 있었고, 한동안 고민한 건도 있었다. 끝내 영상 콘텐츠업계에 발을 들여놓지는 못했지만 사람들은 꽤 만났다. 영화사, 방송국, 포털 사이트, 엔터테인먼트 기업, 애니메이션 회사, 스토리 회사에서 일하는 연출자, 프로듀서, 시나리오 작가들이었다.

고백하자면 그런 만남 자체가 좀 즐거웠다. 참석자들의 지성이나 선량함과 관계없이, 문학 출판계 인사들이 모이면 어쩔 수 없이 패배주의적인 분위기가 깃드는 것 같다. 사람들은 점점 더 책을 안 읽고, 우리가 뭘 해도 그런 추세는 바뀌지 않을 거야, 뭐그런. 신문기자들을 만나도 비슷한 공기다.

그러다 영화나 드라마 기획자들을 만나면 그들의 씩씩함이 반갑다. 벌이고자 하는 모험의 규모도 크고 도전의 성격도 신선하다. "이거 제작비 건지려면 중국을 잡아야 해요"라든가 "한국에서 아무도 안 해본 장르니까 제가 해보려고요" 같은 말들을 스스럼없이 한다. 영상업계에서 일하게 된 한 소설가는 주변 사람들이 너무 거칠다고 촌평했는데, 나는 반대로 문학 출판계 인사들이 다소간 식물성이라는 생각을 품고 있다.

한국 영화와 드라마, 웹툰, 게임이 최근에 거둔 성취는 그야말로 경이롭다. 나는 5년쯤 전 한 프로듀서로부터 넷플릭스 투자를 받아보려 한다는 말을 듣고 그게 가능하겠느냐고 속으로 황당하게 여긴 적이 있다. 그런데 그로부터 얼마 지나지 않아 K-콘텐츠들이 넷플릭스에서 승승장구하는 모습을 목격하게 됐다.

물론 그 판에는 말만 번드르르한 치들도 있다. 서류 몇 장 들고 이리저리 돌아다니며 남의 돈으로 대박을 노린다는 점에서 부동산 개발업자와 닮았다. 한탕주의 경향은 영화계가 드라마계보다 조금 더 강하다고 한다. 드라마는 아무리 망해도 최소한의 광고 수입이 보장되기 때문이라나. 그리고 공평을 기하기 위해 덧붙이는데, 무능하고 무책임한 자칭 기획자들은 출판계에도 정말이지 차고 넘친다.

워낙 영상 문법에 무지한 터라 영화 및 드라마 관계자들과 길지 않은 대화를 하면서도 배운 바가 많았다. 예를 들어 전에는 영화와 드라마 시나리오 작가들이 유의하는 바가 서로 다르다는 것을 몰랐다. '영화적'이라는 말도 단순히 시각적인 묘사가 자세하다는 정도로 이해했다.

드라마에서는 인물들이 나누는 대화의 합과 호흡이 아주 중요하다고 한다. 시청자들은 거실에서 다른 일을 하면서 TV를 보는 경우가 많고, 화면 속 이야기가 지루하다 싶으면 리모컨으로 금방 채널을 돌릴 수 있다. 그러니 TV 화면은 시청자들의 주의를 끊임없이 끌고 다음 장면을 계속해서 궁금하게 만들어야 한다. 캐릭터들의 '티키타카'가 이래서 중요하다.

반면 영화관의 관객들은 객석에 꼼짝없이 앉아 있어야 하는 신세이고, 그들 눈앞에는 커다란 스크린과 어둠뿐이다. 그래서 영화감독들은 이 문제에 있어서는 다소 여유가 있고, 걸출한 감독은 길고 느리고 조용한 롱테이크도 밀어붙일 수 있다. 대신 영화는 드라마보다 플롯이나 설정, 세트, 미술이 훨씬 더 정교해야 한단다. '이거 가짜다'라는 생각이 한번 머리에 떠오르면 관객이 다시 화면에 집중하는 데 시간이 걸리기에.

이런 사항들을 배우면서 소설만이 할 수 있는 일에 대해 다른 각도로 생각해보게 되었다. 영화감독도 드라마 PD도 이반 카라마조프의 장광설을 영상에 담으려 하지는 않을 것 같다. 그런데 내 생각에는 『카라마조프 씨네 형제들』의 핵심이 그 장광설이다. 영화적이지는 않지만.

그렇다면 문학적이라는 말은 무슨 뜻일까. 보여주기가 아니라 말하기가 소설의 진짜 힘이고, 소설이야말로 사유와 사변을 담는 예술이라고 주장할 수도 있지 않을까. 영상업계 관계자들을 만난 뒤로 나는 소설에서 등장인물이 길게 웅변을 하거나 한 문제를 골똘히 고민하는 장면을 집어넣는 것을 더 두려워하지 않게 됐다. 조금 아이러니하기는 하지만, 적어도 나의 소설 쓰기는 이 방향이 옳다고 생각한다.

덧붙임:

소설을 쓰면서 영상화 가능성을 고민하는 젊은 소설가들에게 내가 조언하는 바가 있다면, 고민하지 말고 그냥 쓰라는 것이다. 영화와 드라마 제작자 및 연출자도 다들 똑똑하고, 그들의 세계도 깊고 넓다. 어떤 소설이 영상화하기 좋은지, 영화계 인사들이 어떤 포인트에 끌리는지를 글 쓰는 사람은 알기 어렵다. 특이한 설정 하나 때문에 판권을 사들이기도 하고, 그냥 분쟁을 피하기 위해 그러는 경우도 있다.

몇 년 전부터 일간지 두 곳에 칼럼을 두 편 연재하고 있다. 누가 읽는지는 모르겠지만, 나는 혼자 애정을 갖고 작업한다(여전히 내가 신문업계에 한 발을 걸치고 있는 듯한 기분이 든다). 한 곳에는 독서 칼럼을, 다른 한 곳에는 음…… 그냥 칼럼을 쓴다.

그 '그냥 칼럼' 코너에는 스님, 시인, 심리학과 교수와 내가 돌아가며 글을 싣는다. 다른 분들은 인문학적 향취가 담뿍 느껴지는 글을 쓰시는데, 내 글만 유독 시사 칼럼에 가까워서 함께 보면 좀 튄다. 그래도 아직껏 신문사에서 원고 방향에 대해 뭐라고 지적하는 소리를 들은 적은 없으니 이렇게 써도 되나 보다.

처음 사회성 짙은 칼럼을 쓸 때는 부담감이 상당했다. 신문사에서 기자로 일하며 쓰던 칼럼과는 달랐다. 데스크가 아닌 평기자 칼럼은 대개 현장 칼럼이다. 얕게나마 한 분야를 몇 달에서 몇 년간 맡아 사건을 취재하고 취재원을 만나며 보고 느낀 것들, 그러나 저널리즘 문법에 맞지 않거나 지면이 넉넉지 않아 기사로는 소개할 수 없었던 감상들에 대해 쓰면 된다. 요령이 붙으면 어렵지 않다.

그런데 이제 내게는 그런 현장이 없다. 그러면서 사회 평론 같은 글을 쓰려니 스스로에게 묻지 않을 수 없었다. 내가 사회에 대해 아는 게 뭐가 있긴 있나? 깊은 밑바닥에서 돈과 권력이 어떻게 움직이는지 모르고, 많은 사람들을 이끌어본 적도 없고, 제 집을 살 타이밍조차 놓친, 책이나 좋아하는 샌님 아닌가. 글쟁이가 세상 돌아가는 이치에 대해 남다른 통찰이 있을 거라는 생각은 다분히 조선 시대스러운 것 아닐까?

칼럼 원고가 쌓이면서 그런 우려는 점차 사라졌다. 내 식견이 그사이 풍부해졌다기보다는, 다른 '지식인'들의 처지도 나와 다를 바 없다고 여기게 되어서다. 깐깐하게 따져보면 그네들 역시 자기 전문 분야의 지식을 일종의 문학적 비유로 활용해 상식적인 주장을 펼치는 경우가 많은 듯하다. 가끔은 그들이 한 분야에 깊이 몸담고 있기에 오히려 그 견해를 경계해야 할 때도 있다.

예컨대 과학자의 발언을 살펴보자. 해외의, 작고한 학자를 예로 들어보자. 칼 세이건은 위대한 천문학자다. 그러나 지구가 명

왕성 궤도쯤에서 보면 창백한 푸른 점에 불과하므로 인류가 더 겸손해져야 하고 서로 도와야 한다는 말의 설득력은, 과학이 아니라 감흥에서 나오는 것이다. 그리고 인간이 어떻게 살아야 하는가는 지구의 크기와는 상관없는 문제다.

인류를 위해 우주를 탐사하자는 제안은 얼마나 무겁게 받아들여야 할까? 결국 돈 문제이며, 칼 세이건의 『코스모스』 말미에도 돈 얘기가 나온다. 세이건이 '스타워즈' 계획을 강력히 반대했고, 유인 탐사가 아닌 무인 탐사를 지지했음을 안다. 하지만 우주개발 예산 확대를 부르짖는 천문학자는 업계 이해 관계자이지, 공평무사한 재정 전문가는 아니다.

'그래, 한 분야가 아닌 세계 전체에 대한 전문가는 어디에도 없다, 상식선에서 말하면 된다, 너무 몸 사릴 것 없다'고 여긴 것도 잠시. 얼마 뒤에는 정반대의 문제로 고민하게 됐다. 언론에서 코멘트를 해달라는 요청을 받기 시작한 것이다. "저출산에 대해 쓰신 칼럼을 읽었습니다. 저희가 저출산 관련 기획을 하는데 한 말씀 해주실 수 있을까요?" 하는 식이다.

돌이켜보면 기자 시절 내가 비슷한 부탁을 여러 사람에게 수없이 했더랬다. 기자들 스스로 한국 언론 한심하다고 한탄하면서 절대 못 고치는, 오랜 관행이다. 전문가 코멘트를 따서 기사 말미에 해법이랍시고 뻔한 소리 늘어놓는 거. 새로워 보인다 싶은 사회현상에 여러 전문가 멘트를 더덕더덕 이어 붙여서 분석 기사를 뚝딱 만들어내는 거.

그런 요청을 질색하는 학자도 있고 이름 알릴 기회다 싶어 반기는 이도 있다. 후자의 명단은 기자와 방송작가 사이에 자연스럽게 퍼진다. 사회학, 심리학 같은 분야의 교수들이 가장 환영받는다. 학위는 없지만 문화평론가, 사회평론가, 시민 단체 간부나 활동가 같은 직함으로 활동하는 사람도 있다. 비꼬는 이들로부터는 '온갖 문제 전문가'라고 불리기도 한다.

그 끄트머리에서, 나는 관심 있던 문제를 다룬 다큐멘터리 제작에 참여해 내레이터 역할을 맡기도 했고, 책 홍보에 도움이 될까 싶어 TV 토론 프로그램에 출연하기도 했다. 라디오 고정 코너에서 한동안 사회현상에 대해 이러쿵저러쿵 떠들기도 했다. 아니다 싶어 거절한 요청도 있었다. 특히 내가 질겁한 건 '청년 세대의 생각을 들려달라'는 유의 요구들이었다(그런 건 40대인 제가 아니라 청년들에게 직접 물어주세요).

일관성은 없었다. 어, 어, 하다가 청탁을 거절 못 하고 쓴 기고문도 있고, 상대가 절박하게 매달리는 통에 무슨 말을 하는 건지 나도 모르겠는 '분석'을 웅얼웅얼 읊은 적도 있다. 전문가가 아니라고 밝히면서 참고하라고 관련 서적을 추천해줬더니 그 책 내용을 내 입을 통해 멘트로 내고 싶어 한 매체도 있었다.

칼럼을 쓰는 것과 논평가가 되는 것은 완전히 다른 일임을 한참 나중에 깨달았다. 적어도 칼럼을 쓸 때는 내가 주제를 골라서,

할 수 있는 얘기를 한다. 알지 못하는 주제에 대해, 혹은 내심 그저 잠시의 소음에 불과하다고 보는 현상에 대해 억지로 말을 꾸며내야 할 필요는 없다. 써놓고 보면 당연한 차이점인데, 이런 것도 혼자 깨달으려면 시간이 걸린다.

『오르부아르』를 쓴 피에르 르메트르와 대담을 할 때 궁금해서 물어봤다. '사회파 소설가'로 불리기 시작하면 정치나 사회 현안에 대해 논평을 요구당하지 않나? 프랑스에서는 안 그런가? 나는 매번 당혹스러운데 당신은 어떤가? 르메트르는 자신 역시 마찬가지라며, 그래서 원칙을 정했다고 했다. 자기 책에 대해 말하는 자리에서 그런 질문을 받으면 답하고, 그게 아니면 거부한다고. 유용한 팁이었다. 나는 요즘 그냥 낮에 전화기를 꺼두는 편이다.

과거에는 소설가들이 이런 요청을 더 많이 받았단다. 한 선배 문인이 한국문학의 위상이 추락했다고 아쉬워하며 그런 이야기를 들려주었다. 두어 세대 전에는 소설가가 오피니언 리더 대접을 받았는데, 이제는 아니라면서. 어느 정도는 자연스러운 현상이다. 세상이 복잡해졌고, 상식으로 논평할 수 있는 일이 줄었다. 한국에서는 권위주의 정부 시절 문학이 반독재 투쟁의 전위 역할을 하며 사회적 위상이 과하게 높았던 측면도 있다.

근본적인 차원에서는 여전히 헷갈린다. 고색창연한 생각인지 모르지만 문학 종사자에게는 어떤 앙가주망 같은 게 있지 않나, 펀드매니저하고는 다르지 않나, 하는 마음이 있다. 에밀 졸라는 드레퓌스 사건을 넘길 수 없었고, 조지 오웰은 스탈린에 대해 그랬다. 소설가는 지식인인가? 사회 현안을 살피고 목소리를 내야 할 책무가 있나?

자기 SNS 계정에 정치 관련 발언을 꾸준히 올리는 소설가나 시인도 있다. 견해가 같은 이들이 뭉쳐 성명을 내기도 한다. 검찰 개혁 관련 문학인 성명서에는 1,200명이 넘는 작가가 이름을 올렸다(언론에서 "조국 지지 성명"이라 일컬은 그 성명서 발표 현장에는 "조국을 지지한다!"라고 적힌 현수막도 걸려 있었다).

문인 단체도 정치 및 사회 이슈에 대해 성명서를 은근히 자주 낸다. 가령 2020년 10월에는 주요 문학 단체 다섯 곳이 종전 선언을 촉구하는 공동 선언문을 발표했다. 내용과 타이밍에 대해서는 여기서 왈가왈부하지 않겠다. 그 단체들이 북한 인권이나 집단 수용소에 대해서는 오래도록 침묵해온 사실에 대해서도 따지지 않으려다. 그 영향력에 관해서만 적어본다.

각 문학 단체 회장, 이사장, 사무총장이 한자리에 모여 성명서를 발표했는데, 그걸 기사로 쓴 매체는 열 곳 정도였다. 그중 인터넷 매체가 아닌 종이 신문은 두 곳뿐이었다. 그것도 1단짜리 단신. 나훈아가 콘서트 중 던진 몇 마디의 반의반만큼도 반향이 없었다. 이쯤 되면 소설가의 사회적 발언에 관한 고민 자체가 허망해지는데…….

소설가가 사회적 발언을 해도 되나? 그렇다고 생각한다. 소설가는 사회적 발언을 해야 하나? 어떤 책무가 있다손 치더라도 한 개인이 모든 이슈에 의견을 가질 순 없을 터다. 소설가의 사회적 발언에는 문학으로만 얻을 수 있는 특별한 통찰이 담기나? 그러면 뿌듯하겠지만, 아닌 것 같다.

소설가의 사회적 발언은 어떤 방식이 효과적일까? 나는 문학인은 모두 글을 쓰는 단독자이며, 단독자로서 글을 쓸 때 세상에 가장 큰 영향력을 발휘할 수 있다고 믿는다. 사회에 대해 하고픈 말이 있으면 같은 의견인 동료를 모아 결의나 세를 보여주는 것보다, 그 주제로 정교하고 치밀하게 글을 쓰는 게 낫다.

계간 『대산문화』 2020년 가을호에는 한수산 작가의 에세이 「군함도가 울고 있다 —우리의 역사 왜곡3: 언제까지 '죽창가'를 불러야 하나」가 실렸다. 군함도 강제 징용이라는 비극을 기억하고 알리는 데 있어서 한국 측의 역사 왜곡도 있음을 아프게 지적하는 내용이었다. 27년의 치열한 취재를 통해 소설 『군함도』를 펴낸 작가만이 쓸 수 있는 용기 있는 글이었다. 그런 글을 더 많이 보고 싶다.

덧붙임:

지금은 일간지 두 곳에 칼럼 세 편을 연재한다. 시사 칼럼 두 편과 독서 칼럼 한 편이다. 이 연재 작업에 대해서는 복잡한 마음이다.

신문 칼럼 시장은 상당히 경쟁이 치열하다. 이만큼 능력주의를 따르는 영역도 드물다. 글이 별로다, 글발이 떨어졌다 싶으면 가차 없이 필진을 바꾼다. 어느 신문이나 자기네 칼럼니스트가 경쟁지 지면에 칼럼을 연재하는 것을 탐탁지 않게 여긴다. 프로 스포츠 시장과 비슷하다. 그러니까 몇 년 동안 꾸준히 두 중앙 일간지에 동시에 시사 칼럼을 연재한다는 건, 글쟁이로서는 꽤 뿌듯한 자랑거리다. 많지는 않지만 내 칼럼의 고정 독자도 조금 있는 것 같다.

하지만 그 글들을 쓸 시간에 소설 원고에 집중해야 하지 않나 싶기도 하다. 내 마음속에서는 늘 소설 원고가 가장 중요하고 다음이 논픽션, 그다음은 단행본으로 펴낼 수 있는 에세이다. 그다음이 신문 칼럼으로, 추천사나 서평보다 조금 더 신경을 쓰는 일거리다. 일간지 칼럼을 쓰는 데 보통 하루는 꼬박 걸리는데 과연 그 정도 가치가 있는 일일까, 내가 일의 우선순위 조정을 잘 못하는 것 아닐까 싶은 마음도 든다. 생전에 칼럼을 엄청나게 써댔던 소설가 조지 오웰을 꿈에서라도 만난다면, 칼럼에 그렇게 시간을 쓴 게 후회되지는 않느냐고 꼭 물어보고 싶다.

독서 칼럼에 대해서만큼은 그런 회의가 없다. 700쪽이 넘는 벽돌 책만 다루는 칼럼인데, 원고를 쓰기 위해 매달 벽돌 책을 한 권씩 읽어야 한다. 칼럼 분량이 매우 짧아서 고료도 용돈 수준이다. 그래도 이 연재는 수십 년 뒤까지 계속하고 싶다.

소설가들은 어떻게 친해지나요

"소설가들은 서로 다 잘 아시나요?"

"소설가들은 어떻게 친해지나요?"

사석에서 은근히 자주 받는 질문이다. 문학 담당 기자나 출판사 직원처럼 알 만한 건 다 알 듯한 업계 관계자들도 불쑥 이런 질문을 던진다. 갑자기 목소리를 낮추며, 기밀 사항이라도 물어보듯.

그러고 보면 에세이라든가 수상 소감 같은 데서 무척이나 친한 것처럼 다른 소설가의 이름을 언급하는 작가들도 적지 않다. 유명한 소설가가 다른 사람의 글에서 "다정한 누나"라든가 "○○형"이라는 호칭으로 등장하면 그런 친분이 부럽다는 마음도 들고, 그들이 어울리는 사교 모임의 정체가 궁금해지기도 할 테다. 특히 '문학계'라고 하는 업계에 동경심이 약간 있다면. 그래서 묻는 거겠지······?

먼저 하고 싶은 이야기는, 소설가들은 전부 개인주의자라는 사실이다. 적어도 내가 만난 소설가들은 다 그랬다. 아마 내가 만나지 못한 소설가들도 그럴 것이다. 기본적으로 글 쓰는 일이라는 게 혼자 하는 작업이고, 소설은 더 그렇다. 그 많은 소설 중 둘 이상의 저자가 협업해서 쓴 작품은 한 줌에 불과하다.

그런데 아무리 개인주의자라도 생활인으로서 이런저런 활동이 있고 네트워크가 있다. 특히 문예창작이라는 전공이 있다 보니 데뷔 전부터 서로 알고 지낸 대학 선후배나 사제지간이 꽤 있고, 문학적인 분위기의 집안에서 소설가 두 사람이 나오는 경우도 있다. 출판 편집자나 잡지 편집위원인 소설가도 여럿인데, 그런 이들은 일하면서 다른 소설가들과 자주 마주하게 된다.

소설가들을 한데 모으는 자리도 있다. 전에는 출판사에서 만드는 술자리도 많았다는데 지금은 거의 사라진 추세다. 그래도 몇몇 문학상 시상식과 연말 송년회는 여전히 제법 성대하다. 단행본을 출간하는 소설가가 조촐하게 편집부 직원들과 저녁을 먹기도 하는데, 그때 "친한 동료 작가님 있으시면 불러도 돼요"라는 말을 듣기도 한다. 출판사에서 자기들도 관심 있고 막 책을 낸 작가와도 잘 어울릴 것 같은 또래 소설가를 초청하기도 한다.

데뷔 시기가 비슷하거나 나이가 엇비슷하면 '젊은 작가 좌담' 같은 자리에 함께 초청받기도 한다. 남들은 어떤 고민이 있는지 어떤 해결책이 있는지 거기에 나가서 들어보면, 고민은 대개 비슷하고 해결책은 다들 없다. 동년배 한 무리가 고민이 비슷하고 해결책이 없으면 끈끈해진다. 무슨 말을 하는 건지 잘 모르겠는 대담을 마치고, 저녁 자리에서 누가 작품 판권을 영화사에 판 경험담을 풀면 모두 귀가 쫑긋해진다.

문학 행사들도 있다. 하루짜리 낭독회, 토론회도 있고 며칠씩 열리는 문학포럼이나 작가축제도 있다. 스탠딩 파티 형식의 행사가 열리는 만찬장 구석에서, 본 행사는 언제 시작하는 거냐고 투덜거리면서 가까워진다. 심지어 외국 작가와도 친해진다.

"음…… (더듬더듬) 네덜란드에서도 문학 행사는 이렇게 지루한가요?"

"오우, 문학 행사인데 당연하죠. 그런데 이렇게 길게 하진 않아요."

해외 도서전에 같이 참가하는 소설가들과는 친해질 수밖에 없다. 공항 로비에서 함께 멍하니 앉아 있다가 같이 비행기에 오르고, 타지에서 저녁에 함께 맥주를 마시고, 푸석푸석한 얼굴로 호텔 조식 뷔페에서 커피도 함께 마시고, 그렇게 며칠씩 밥을 함께 먹으며 "한국 소설의 특징은 뭐라고 생각하십니까?" 같은 질문에 함께 난감해하다 보면, 그렇게 된다.

그래 봐야 1년에 얼굴 한 번 안 보는 사이 아닌가, 단톡방을 운영하는 것도 아니지 않나, 하고 물으신다면 그렇긴 한데, 소설가에게는 독자와도, 편집자와도 나눌 수 없는 대화 주제가 있다.

"저 이번 책 쓰다가 아주 죽는 줄 알았다니까요. 안 써져서."

이런 말은 다른 소설가 앞에서밖에 못 한다. 독자 앞에서 하면 허세 부리는 것 같고, 편집자 앞에서 하면 응석 부리는 것 같다.

"전 지난번에 하도 안 써져서 절에 들어가서 썼는데."

"절에선 잘돼요?"

"막 엄청나게 써지진 않죠. 그래도 일단 각오는 하게 되니까요."

"그런데 ○○○ 작가는 왜 그렇게 평론가들이 띄워주는 거예요? 누구 읽어본 사람 있어요?"

"평론가들이 그 작가를 띄워줘요?"

"아닌가?"

다음 날 머리 긁적이며 전날 대화를 복기하면 건질 게 없다는 사실을 깨닫게 되지만, 기분은 퀴퀴한 방을 모처럼 환기시킨 것처럼 한결 가볍다.

그런 자리에서 유독 마음이 잘 맞는 동료를 만나게 되는 경우도 있다. 처지도 비슷하고, 고민도 비슷하고, 문학관도 비슷하다. 이야기를 나누면 나눌수록 공통점이 많아 신기하고 놀랍다. 그런 사람이 서너 명이 모이면, 우리끼리 뭐라도 해보자는 마음이

치솟게 된다. 혼자서는 돌파할 수 없는 이 벽을 힘을 모아 뚫고 나갈 수 있지 않을까, 거창한 사조(思潮)까지는 못 되더라도 동인(同人)은 하나 만들어볼 수 있지 않을까…….

누구는 앤솔로지 출간 제안서를 만들어 아는 편집자들에게 보내기도 하고, 누구는 크라우드 펀딩으로 돈을 모아 독립 잡지를 만들자는 아이디어를 내기도 한다. 말이 통할 것 같은 출판사와 함께 기획을 해보자는 사람도 있다. 그런데 이런 일들이 매끄럽게 척척 잘되느냐 하면 꼭 그렇진 않다. 원래 세상에 매끄럽게 척척 잘되는 일은 없다. 그리고 처지와 고민과 문학관과 목표가 비슷한 소설가들이라도, 그게 비슷할 뿐이지 똑같지는 않다. 그런 모임과 활동이 무의미하다는 것은 아니고, 너무 큰 기대를 걸 일은 아니라는 얘기다.

불현듯이, 그리고 새삼스레 깨닫게 된다. 아, 글 쓰는 일이라는 건 정말 혼자 하는 작업이구나. 소설은 더 그렇구나. 엘러리 퀸 같은 작가 팀이 있었고(엘러리 퀸은 공동 집필한 프레더릭 더네이와 맨프리드 리가 사용한 필명이다), 그들이 『Y의 비극』 같은 멋진 작품을 쓴 것도 사실이지만, 심지어 그들은 출판 기획자이자 편집자로서도 훌륭한 성과를 남겼지만, 그건 정말 예외적인 사례.

덧붙임:

그럼에도 불구하고 나는 요즘 문학 동인을 하나 만들려고 몇몇 작가들에게 메일을 보내고 있다. 무리 지어 다니는 건 내 체질과 맞지 않지만, 함께해야 힘이 실리는 일도 있는 것 같다. 결성하려고 하는 동인의 이름은 '월급사실주의'다. 운동권문학, 민중문학과 거리를 두는, 우리 시대에 맞는 리얼리즘 노동문학 소설을 쓸 작가들을 모은다. 먼저 소설가 열 명이 앤솔로지를 내는 일부터 시작하려는데 지금까지 나를 포함해 일곱 명이 모였다.

동인의 취지와 목표, 대강의 규칙을 설명하는 메일을 공들여 써서 친분이 있는 소설가들에게 보냈다. 내가 쓴 다섯 통의 메일을 다 합하면 거의 단편소설 한 편 분량이었다. 어느 분은 "유료 뉴스레터로 만드셔도 되겠던데요" 하고 농담을 했다.

'이분은 꼭 같이하고 싶다, 이분이라면 동참해주지 않을까' 하는 소설가 중에 거절 의사를 밝힌 분도 있었다. 아쉽긴 하지만 어쩔 수 없다. 그런가 하면 '이분이 관심 있어 할까' 스스로도 고개를 갸웃하며 보낸 메일에 흔쾌히 참여 의사를 밝힌 작가님도 있었다. 모를 일이다. 동인의 첫 소설집이 일종의 문학적 선언이 될 텐데, 책을 내고 나면 함께하겠다는 뜻을 밝히는 분들이 더 계시지 않을까 기대한다.

세계 모든 작가들의
습성이란

　지난 장에서 소설가들의 우정에 대해 훈훈한 말을 썼는데, 이
번에는 정반대인 주제를 꺼내볼까 한다. 소설가들의 직업병인
피해의식과 거기에서 비롯되는 시기심, 분노, 우울증 그리고 자
기 파괴에 대한 이야기다. 특정인을 겨냥하는 것이 아니며, 사실
나 자신이 이 모든 사항에 다 해당한다.

　나만 이런 생각을 하는 건 아닌 듯하다. 은희경의 『태연한 인
생』(창비 2012)을 읽다가 아래 대목에서 무릎을 치며 웃었다.

　작가들에게는 자신이 충분히 평가받지 못하고 있다고 오해하
　는 공통점이 있었다. 이름을 얻은 작가들도 다르지 않았다. 책

이 많이 팔리는 작가는 그 때문에 편견이 생겨서 문학성을 인정받지 못한다는 피해의식에 사로잡혀 있었고 반대인 경우는 문단의 상업주의 탓에 형편없는 작품이 대중의 인기를 업고 후하게 평가되고 있다고 불만이었다.

이 뒤로 전자에 해당하는 소설가들이 망해가는 단계에 대한 등장인물의 냉소적인 분석이 이어지는데, 관심 있는 분들은 직접 읽어보시기 바란다. 소설가들의 실제 모습을 아는 분이라면 무릎을 여러 번 치게 될 거다.

어느 신문사의 문학 담당 기자를 만난 자리에서 아래와 같은 이야기를 나누기도 했다. 이번에도 고개를 끄덕일 분들이 꽤 있으실 거라 생각한다.

"한국 소설가들의 공통점 중 하나가, 다들 자기가 문단의 아웃사이더이고 비주류라고 해요. 문단이 자기 싫어한다고. 밖에서 보기에는 문단 한가운데 있는 분도 그런 말씀을 하시더라고요."

기실 '나 인정 못 받아서 억울하다'고 호소하는 것은 한국뿐 아니라 세계 모든 작가의 습성이다. 레이먼드 카버랑 존 치버가 낮부터 술 마시면서 늘어놓은 소리가 뭐였을 거 같은가. 그들은 '비열한 소설'들에 대해 떠들고, 실험소설들을 함께 욕했다. 카버의 제자 한 사람은 "잡놈들보다 오래 살아남아야 한다"는 가르침을 받았다고 회고한다. 캐롤 스클레니카의 두툼한 평전 『레

이먼드 카버: 어느 작가의 생』에 나오는 얘기다.

그런가 하면 베스트셀러 소설가 제니퍼 와이너는 작가들의 에세이 모음집 『밥벌이로써의 글쓰기』에서 분통을 터뜨린다. 책이 200만 부 넘게 팔리고 작품이 영화화되어 캐머런 디아즈가 주연을 맡기도 했지만 "작가로 사는 내내 평론가나 문인 사회로부터 내 작품은 시시하고 의미 없다는 말을 들어왔다"는 것이다. 세계에서 가장 돈을 많이 버는 소설가 제임스 패터슨도 "오, 그 공항 가판대 작가가 책장이 절로 넘어가는 베스트셀러를 또 냈다지" 같은 빈정거림에 몹시 섭섭한 모양이다. 『뉴욕 타임스 북 리뷰』에서 펴낸 인터뷰집 『작가의 책』에 보면 나온다. 스티븐 킹도 여기저기서 자격지심을 자주 드러냈다.

이런 피해의식은 작가 지망생부터 대문호까지 예외가 없는데, 그게 심해지면 정신건강을 갉아먹는다. SNS를 하면서 다른 소설가를 '저격'하는 소설가들을 보게 됐다. 문단문학이고 장르문학이고 가릴 것 없다. 그런 SNS 글은 그냥 푸념일 수도 있지만, 다른 소설가가 가볍게나마 조리돌림 당하기를 바라는 악의가 느껴지는 경우도 있다. 사실 그 글을 쓴 본인도 자기 의도를 잘 모를 것이다.

그런데 소설 쓰는 사람들의 동네가 좁기도 하고, 말 많은 사람들이 많기도 하여, 그게 당사자 귀에도 들어간다. A가 '서로 페친, 트친도 아니고 이름도 안 썼으니 검색 못 하겠지' 하고 소설가 B에 대해 쓴 푸념에 대해 C가 '누가 누구 저격했네' 식으로 까발리며 해설을 올리기도 하고, D가 B에게 "이건 작가님도 알아두시는 게 좋겠어요" 하고 화면 캡처를 보내기도 한다. 씩씩대는 B에게 A가 켕겼는지 미안해졌는지 "잘 지내시죠? 늘 응원해요" 하고 메시지를 보낸다. 이 사정을 모르는 편집자 E가 B에게 A의 새 책 추천사를 부탁한다.

한 번 더 강조하지만 이는 절대로 한국문학계 특유의 문제가 아니다. 카뮈도 프랑스 문단에서 왕따를 당했다. 실존주의에 대한 견해 차이로 사르트르와 틀어지고 알제리 독립을 반대하며 '마이 웨이'를 고수한 점도 한몫했지만, 노벨문학상 수상이 따돌림의 결정적 원인이었다. 20대에 『이방인』을 쓰고 40대에 노벨상을 받은, 젊고 잘생기고 인기 많은 소설가를 시기하지 않기가 어려웠으리라(이 얘기는 유기환의 『알베르 카뮈』에 나오는데 재미도 있고 의미도 있고 두껍지도 않은, 숨은 보석 같은 책이다. 카뮈의 팬이라면 꼭 읽어보시기 바란다).

시샘보다 위험한 것은 안으로 문드러지는 것이다. 촉망받던 소설가 F에 대한 일화는 내게 하나의 교훈으로 남아 있다. F가 요즘 뭐 하는지 궁금해서 누가 찾아갔더니, 몇 시간이고 이어진 술자리에서 그가 계속 다른 사람들 욕만 하더라는 것이다. 어느 평론가가 자기를 깎아내렸고, 어느 기자가 자기를 모함했고, 어느 편집자가 자기 원고를 묻으려 했다고. 슬프고도 두려운 목격담이었다.

이런 일들은 소설가들이 유달리 탐욕스러워서가 아니라, 그들이 인지부조화에 빠지기 쉬운 처지에 있어서 벌어지는 것 같다. 작품이 기대만큼 평가받지 못할 때(대부분 그러한데) 작가들은 스스로에게 묻게 된다. 내가 정말 글을 써도 되는 사람인가? 나한테 능력이 있나? '그렇다'고 답하지 못하는 사람은 우울증에 걸린다. '그렇다'고 대답하는 사람은 자기 작품이 평가받지 못하는 이유를 밖에서 찾게 된다. 거기서 몇 걸음 더 나아가면 망상과 음모론의 음험한 늪지대가 있다.

특히 전업 소설가들은 혼자 있는 시간이 너무 많다. 사람이 혼자 있으면 자꾸 전날이나 전전날 있었던 일에 대해, 또 자기 자신에 대해 곱씹게 된다. '그 편집자한테 내가 한 말이 무례하게 들리지 않았을까'와 '이 명단에 내 이름이 없는 이유가 뭘까'를 같이 고민하다가 어느 순간 그 두 생각이 비극적으로 만난다. 흔히들 고된 밥벌이를 가리켜 "춥고 배고픈 일"이라고 표현하는데, 외로움도 지나치면 추위나 허기만큼 해롭다. 그 또한 이 업을 택한 사람이 감당해야 할 몫이겠지만.

덧붙임:

이 글을 『채널예스』에 싣고 난 뒤 몇몇 편집자로부터 '아주 재미

있게 잘 읽었다'는 연락을 받았다. 가려운 데를 긁어준 기분이었나 보다. 작가들의 피해의식이 종종 편집자의 감정노동으로 이어지겠지. 본문에도 적었지만, 나 역시 그런 함정에서 절대 예외가 아닐 테니 긴장하며 살아야 한다고 다짐한다. 메타 인지 능력을 키우는 좋은 훈련법 없을까.

편집자들의 업무 환경이나 생각이 궁금해서 가끔 그들이 쓴 책을 펼쳐본다. 최근에는 이지은의 『편집자의 마음』을 재미있게 읽었다. 첫 직장에서 두 달 만에 쫓겨났다든가, 회사에서 폭언과 괴롭힘에 시달리는 일화들을 읽으며 가슴이 아팠다. 게다가 이 책, 『소설가라는 이상한 직업』의 편집자도 동명이인 이지은 편집자이기 때문에 다른 사람이라는 것을 알면서도 머릿속으로 자꾸 오버랩이 되었다.

그런데 두 이지은 편집자는 서로 친하고, 축구를 함께하는 사이라고 한다. 참고로 나는 1998년에 군대를 제대한 뒤로 축구공을 차본 일이 없다. 공과 관련된 모든 일에 서툴다. 구기 종목과 관련해서라면, 확실하게 피해의식이 있다.

133

작가님은
이 글을 못 읽으시겠지만

"작가님은 인터넷에서 자기 이름을 검색하세요? 서평을 찾아 읽으세요?"

가끔 받는 질문이다. 단순한 흥밋거리용 질문은 아닌 듯 보일 때도 있다. 주저하는 얼굴에 '내가 어떤 소설에 대해 글을 써서 인터넷에 올리면 그게 작가에게 전달이 될까' 하는 궁금함과 간절함이 비칠 때도 있다.

내 경우에는, 검색한다. 서평도 찾아 읽는다. 딱히 일정을 정해서 계획적으로 하는 것은 아니고, 일주일에 한 번 정도 주로 술을 마시고 해치운다. 어차피 내 책에 대한 서평이 엄청나게 많이 올라오는 것도 아니니까, 일주일에 한두 시간이면 다 찾아 읽을 수 있다. 그러다가 "작가님은 이 글 못 읽으시겠지만"이라는 문구를 보고 미소를 짓기도 한다.

다른 소설가들은 어떨까나. 다들 나 정도로는 에고서핑(인터넷으로 자신에 대한 정보를 검색하는 행위)을 하는 것 같다. 몇몇 또래 작가들과 술을 마실 때 한 신랄한 서평 블로거가 화제에 오른 일이 있었는데, 같은 테이블에 있는 이들 대부분이 그의 블로그를 알고 있었다. 아침마다 온갖 검색어를 동원해 자신을 우회적으로 거론하는 트위터 글이나 다른 게시물까지 다 찾아보려 애쓴다는 젊은 소설가도 한 사람 안다.

첫 단행본을 출간했을 때는 하루에도 몇 번씩, 모든 검색엔진과 모든 게시판에서 내 이름을 검색했다. 모든 인터넷 서점의 판매지수를 매일 확인하고 모든 서평을 다 읽었다. 간혹 내 책에 대해 이례적으로 좋거나 나쁜 평가를 한 사람이 있으면, 그 사람이 쓴 다른 서평도 다 찾아 읽었다. 내게만 그런 특별한 평을 남긴 건지 확인하려고.

그러다 에고서핑 횟수를 지금 수준으로 줄인 데에는 여러 가지 이유가 있다. 먼저 시간이 아까웠고, 내가 점점 더 병적으로 변한다는 느낌이 들었다. 남들의 평가를 확인하는 일에는 중독성이 있다. 심한 날에는 한 시간이고 두 시간이고 제 이름을 검색하게 된다. 전에 읽었던 서평을 보고 또 보고……. 그러다 이건 아니다 싶었다.

에고서핑을 할 때마다 기분이 오르락내리락하는 것도 싫었다. 정확하고 깊이 있는 비평, 애정 어린 서평을 읽고 감사한 때도 많다. 하지만 '어떻게 이렇게 생각할 수 있지?' 싶게 터무니없는, 때로는 악랄하게 느껴지는 글도 있다. 책을 읽지 않고 그저 작가를 조롱하기 위해 트윗이나 포스트를 올리는 사람도 있다. 얼마 전에는 끔찍한 인터넷 게시물 하나를 읽었다. 제목이 '작가 멘탈 터뜨리는 게 취미'인가 그랬다. 연재 중인 웹소설에 여러 계정으로 다양한 댓글을 올리다가 몇몇 계정에서 점점 비판의 강도를 높여, 마침내 작품에 우호적인 평가를 하던 계정이 항복하고 달아나는 상황을 연출하는 게 취미라는 고백이었다. 오로지 괴로워하는 작가 모습을 보기 위해서. 이 무슨 『댓글부대』 같은 상황인가.

나쁜 평가는 좋은 평가와 일대일로 상쇄되지 않는다. 우리는 그렇게 생겨먹었다. 인간이 그렇게 진화했다. 내게 우호적인 사람들보다 나를 공격하려는 사람들에 주의를 기울이는 게 안전에 훨씬 더 중요하니까. 그래서 인간은 부정 신호를 긍정 신호보다 더 크게 받아들이며, 비판을 극복하는 데에는 대략 그 네 배의 칭찬이 필요하다고 한다.

물론 그 비율에 개인차는 있다고 한다. 나는 비판을 극복하는 데 드는 에너지가 남보다 현저히 높은 것 같다. 그래서 에고서핑을 하고 나면 늘 뒷맛이 쓰다. 또 그런 내 모습을 지켜보는 누가 없어도 왠지 부끄럽다. 자기 평판을 필사적으로 확인하며 남들의 평가에 목을 매는 것은 아무래도 성숙한 인격이 몰두할 만한 일은 아니니까(그래, 알면서도 그런다).

한편으로는 이 역시 진화에서 비롯된 본능적인 욕구이기는 하다. 특히나 예술을 한다는 인간들은 자의식까지 비대하다. 자기 작품에 대한 타인의 평가에 무관심한 예술가가 있다면 거짓말이다. 판매량에는 무심할 수 있어도 다들 비평에는 예민하다. 인터넷이 없던 과거에도 그랬다. 필명으로 책을 낸 사람도 초연할 수 없다.

'커러 벨'이라는 필명으로 『제인 에어』를 발표한 샬럿 브론테는 초판에는 쓰지 않았던 작가 서문을 재판과 3판에 썼다. 재판 서문에는 "흠잡기 좋아하는 소수의 사람들"에 대한 작가의 비판이 길게 나온다. 3판 서문에는 당시 영국 문학계가 쑥덕거렸던 사안―『제인 에어』의 작가가 『폭풍의 언덕』도 쓴 것 아니냐―에 대한 반박이 적혀 있다.

인터넷이 없던 과거에도 혹평으로 괴로워하다 나락으로 떨어진 예술가들이 있었다. 그 혹평이 오늘날의 기준으로는 납득이 안 가는 것일 때조차. 문학만의 일이 아니다. 라흐마니노프는 교향곡 1번에 악평이 쏟아지자 지독한 우울증에 빠져 몇 년간 곡을 만들지 못했다. 아카데미 여우주연상을 두 번이나 받은 비비안 리는 평론가들의 비평에 너무 집착했고, 조울증이 점점 심해졌다.

그리고 인터넷 시대가 되었다. 이제 타인의 평가를 확인하는 일은 너무나도 쉽고, 그런 평가의 양이나 직설의 강도는 인터넷 이전 시대와는 비교가 안 된다. 표현을 고치고 질문 대상을 바꾼다면, 어쩌면 이 글 앞머리의 질문은 이 시대의 예술가들에게 매우 중요한 문제일지도 모른다. '인터넷에서 내 이름을 검색해야 하나? 거기에 얼마나 신경 써야 하나?'

나는 헷갈린다. 작가는 동시대 독자들의 반응을 살피고 함께 호흡해야 한다는 의견도 있다. 동시에 대중의 평가가 절대적으로 따라야 할 지침이 아니라는 의견도 옳게 들린다. 좋은 작품을 쓰면 누가 말해주지 않아도 그게 좋은 작품임을 내가 혼자서 알아차린다. 동시에 얼토당토않은 말이라도 악평을 들으면 마음이 흔들리고 스스로에 대해 의심이 생긴다.

지금으로서는 몇 가지 타산지석 사례만 알 뿐이다. 나는 라흐마니노프나 비비안 리가 빠졌던 함정을 피해 가고 싶다. 자신에 대한 비난 글을 모아놓고 공개 반박할 기회를 벼른다는 파울로 코엘료처럼 굴고 싶지도 않다. 에고서핑의 횟수를 줄이고, 나 자신을 더 믿으려 한다.

유리 거울이 발명되기 전에 살았던 사람들은 자기 생김새에 대해 얼마나 확신이 있었을까? 고작 흔들리는 물이나 금속 조각에 비친 불완전한 모습인데. 나는 자아상에 관한 한 우리가 여전히 고대인과 다를 바 없는 처지 아닐까 생각한다. 인터넷이 전에 없던 방식으로 우리의 모습을 비춰주기는 하지만, 정확한 거울은 분명 아니다.

덧붙임:

엑셀 마니아인 나는 에고서핑을 한 횟수도 엑셀에 기록한다. 2021년에 인터넷에 내 이름을 검색한 횟수는 15회다. 지난해에는 12회다.

퀀텀 점프!

얼마 전 『기사단장 죽이기』를 읽었다. 그러고 보니 이 책이 출간된 지 벌써 4년이 넘었구나. 무라카미 하루키의 책을 집어 드는 속도가 점점 느려진다. 25년쯤 전에는 하루키의 작품이라면 소설이고 수필이고 할 것 없이 보는 즉시 구매하거나 대출했다.

책 자체는 무척 재미있었다. 중심에 미스터리와 괴기 요소가 있고, 기묘한 사연을 지닌 매력적인 캐릭터들이 나온다. 문장은 언제나처럼 편안하고 생생하면서 맛깔나고, 곳곳에 고상한 취향이 배어 있다. 이런 세상에서 살고 싶다는 생각이 든다.

하지만 불만스러운 부분도 여전하다. 이번에도 마무리는 어정쩡하고, '도대체 무슨 이야기를 하고 싶었던 거야?' 하고 따지고

픈 마음이 든다. 이번에도 신비스러운 매력을 지닌 10대 소녀가 가만히 있는 중년 아저씨한테 접근한다. 편리하기도 해라.

근작 중에서는 『1Q84』보다 좋았고, 『색채가 없는 다자키 쓰쿠루와 그가 순례를 떠난 해』보다는 못했다는 게 전반적인 감상이다. 가끔은 이 작가가 말하려는 바를 손에 잡을 수 있을 것 같기도 하고, 가끔은 애초에 실체 없는 문장들이라는 생각도 한다.

사실 내게 하루키의 소설은 『댄스 댄스 댄스』이후 동어반복 같다는 느낌이고, 언젠가부터는 '이제 신작을 굳이 챙겨 읽지 않아도 되지 않을까' 여기는 지경에 이르렀다. 그래서 주변 사람들이 다 『기사단장 죽이기』를 읽(은 것 같)고 아내가 추천도 해줬지만, 출간 이후 4년이 지나도록 책을 펼치지 않았다.

한번 읽어볼까 하는 마음이 든 것은 뜻밖에도 아내가 아니라 아버지 때문이었다. 무슨 대화를 나누다 이야기가 하루키에까지 흘러갔을까. 그다지 살가운 부자 관계도 아니어서 더 기이한 기억인데, "하루키는 정말 대단한 작가 아니냐?"고 아버지가 말씀하셨다. '문호'라는 표현도 쓰셨던가?

그 질문에 나는 한동안 대답을 못 했다. 어⋯⋯ 아버지는 비소설을 열심히 읽으시는 분이고, 하루키의 책은 분명 내가 아버지보다 많이 읽었을 테고, 아니, 나는 한양출판이 『바람의 노래를 들어라』를 번역 출간한 1991년부터 하루키를 읽었는데. 그런데 어떻게 저렇게 단호하게, 의심 없이 하루키를 높이 평가하시는 거지? 그리고 나는 왜 반박할 수 없지?

그 후로 이 질문이 몇 번씩 불쑥 마음에 떠올랐고, 나는 마침내 인정하게 되었다. 무라카미 하루키는 우리 시대의 문호다. 의심할 바 없이 그렇다. 노벨문학상을 받건 못 받건 간에. 그리고 그런 대작가와 같은 시대를 살면서 그의 경로와 성취를 지켜본 것은 성장하려는 소설가로서 커다란 행운이다.

결국 작가는 작품으로, 그것도 그가 발표한 책 중에 가장 뛰어난 단행본으로 평가받는다. 하루키의 대표작은 『노르웨이의 숲』으로 기억되리라 전망한다. 이 소설은 이미 민음사 세계문학전집에 올라 있다. 코맥 매카시, 오르한 파묵, 가즈오 이시구로 같은 생존 작가들의 작품이 포함된 이 전집에서 『노르웨이의 숲』의 위치는 매우 단단하다.

한때 한국에서도 일본에서도 무라카미 하루키와 무라카미 류를 나란히 세우는 것이 유행이었다. "투 무라카미스"라고도 했다. 지금은 아무도 그런 말을 쓰지 않고, 하루키와 류를 비교하지도 않는다. 두 작가의 위상이 너무 달라졌다. 나는 그 분기점 또한 『노르웨이의 숲』이었다고 본다.

다재다능하다는 게 류의 불운 아니었을까 멋대로 짐작해본다. 그는 라디오 프로그램과 TV 토크쇼를 진행하고, 영화감독과 사진작가와 공연기획자로 활동했다. 온라인 잡지 편집장과 세계미식가협회 임원을 지냈고, 소니뮤직과 레이블을 만들어 일본에

쿠바 음악을 알렸다. 축구 해설을 했고, '류의 비디오 리포트'라는 동영상 채널도 운영했다. 그에 비하면 하루키가 시드니 올림픽을 취재한 일이나 위스키 에세이를 쓴 것은 외도라 할 것도 아니다.

하루키라고 방송국이나 음반사로부터 교양 프로그램의 고정 패널로 나와 달라거나 컴필레이션 앨범에 들어갈 곡을 추천해달라는 요청을 받지 않았을까? 37세의 촉망받는 소설가였던 그는 갑자기 일본을 떠나 그리스와 이탈리아, 영국에서 3년을 살았다. 그 이유가 당시를 기록한 에세이 『먼 북소리』(문학사상사 2004) 앞부분에 나온다.

> 워드 프로세서인지 뭔지의 광고에 나가라고 한다. 어느 여자대학에서 강연을 하라고 한다. 잡지에 싣기 위한 나만의 자신 있는 요리를 선보이라고 한다. 아무개 씨와 대담을 하라고 한다. 성차별이며 환경오염이며 죽은 음악가며 미니스커트의 부활이며 담배 끊는 법 등에 대해서 이야기하라고 한다. 무슨 무슨 대회의 심사위원이 되라고 한다.

37세의 하루키는 그 상황에 무력감을 느꼈다. 그는 40세가 되기 전에 장편소설을 두 편 더 쓰고 싶었다. 그는 말이 통하지 않는 땅에 가서 원고를 파고들었고, 그렇게 『노르웨이의 숲』과 『댄스 댄스 댄스』를 완성했다. 두 소설 모두 매우 두껍다. 각각 요즘 한국문학계의 대세인 경장편 네 편 분량을 거뜬히 넘을 것이다. 인정하자. 지금 한국 문단에는 이 정도 두께의 장편소설을 쓸 수 있는 작가 자체가 드물다.

『노르웨이의 숲』과 『댄스 댄스 댄스』는 내용도 묵직하다. '정면승부를 벌이겠다'는 작가의 결의가 느껴진다. 하루키 평생에 걸친 테마라 할 만한 그것—상실감이라 부르든 뭐라 부르든—이 가장 생생하게 담긴 작품들이다. 뭔가 삶에서 중요한 것을 알 수 없는 이유로 점점 놓치고 있다는 감각. 그것이 너무 자연스럽고 불가항력적이어서 비통하다고 말할 수조차 없다는 막막함. 그에 대한 섬세하면서도 날카로운 포착. 그래도 남은 것들을 최대한 지켜보려는 막연한 의지.

'류에게는 『노르웨이의 숲』이 없다'고 쓰자니, 그렇게 단정 지을 만큼 그의 작품을 많이 읽지 못했다. 모든 소설가가 두툼한 장편소설을 써야 한다는 말도, 고국을 떠나 유럽으로 가야 한다는 소리도 아니다. 하지만 하루키의 그런 결기는 감탄스럽고, 부럽다.

당장 나더러 그런 결행을 하라면 무서워서 못 한다. 3년 동안 칼럼도 쓰지 말고, 인터뷰도 하지 말고, 독자와의 만남도 열지 말고, TV 출연 요청도 다 거절하라고? 그러다 잊히는 거 아닐까? 3년 동안 매달리면 과연 목표로 삼은 소설을 쓸 수 있을까? 간신히 다 썼는데 그게 망하면 어떡해?

하루키의 경로와 성취를 지켜봤기에 하루키는 그때 어땠을까, 하루키라면 어떻게 할까, 그런 질문들을 스스로에게 던질 수 있다. 가야 할 방향이 어느 쪽인지를, 위험하고 위태롭긴 하지만 거기에 길이 있긴 있다는 사실을 그가 알려준다. '자신 있는 나만의 요리'에 대해 잡지에 에세이 100편을 실어봤자 문호가 되지는 못한다고. 선택을 해야 한다고.

하루키라고 예지 능력이 있진 않았을 테고, 밥벌이를 못하면 궁핍해진다는 자본주의 사회의 규칙을 모르지도 않았을 터. 그는 "먼 북소리"를 들으며 떠났다. 아득히 먼 데서 들려오는 가냘픈 소리였다고 그는 썼다. 그리고 돌아올 때는 완전히 다른 작가가 되어 있었다.

『노르웨이의 숲』 같은 작품을 가진 소설가에게는, 누구도 '재기발랄한 젊은 작가'라는 표현을 더는 쓰지 못한다. 책이 엄청난 베스트셀러가 되면서 온갖 폄하를 당하고 의심을 받았지만, 거기에는 절대로 깎아내릴 수 없는 무언가가 있었다. 아마 앞으로도 깎아내릴 수 없으리라.

37세에서 40세 사이에 하루키에게 일어난 일을 나는 혼자 '퀀텀 점프'라고 부른다. 물리학자들이 이 비유를 들으면 기겁하겠지만, 이미 경영학자들이 멋대로 그 양자 세계 현상을 경제 용어로 전용해서 쓰고 있으니까 뭐.

가끔 작가도 양자처럼 완전히 다른 수준으로 도약한다. 그때 그 안팎에서 어떤 일이 일어나는지 외부인은 잘 알 수 없다. 누가 그렇게 도약할지 예상하기도 어렵다. 기실 많은 이가 재기발랄한 젊은 작가 단계를 벗어나지 못한다.

하루키를 통해 작가의 커리어에 그런 단절과 도약이 있다는 사실을 깨닫고 보니 위대한 작가들이 위대한 작가가 된 과정이 달리 보였다. 가장 유명한 사례는 아마 도스토옙스키 아닐까. 시베리아 유배 생활을 마치고 그는 전과 다른 작가가 되어 돌아왔다. 체호프는 사할린을 다녀와서 다른 작가가 되었다.

『1Q84』에서 체호프의 사할린 여행 이야기가 나올 때 묘한 기분이 들었다. 『기사단장 죽이기』에는 이런 대사가 두 번 나온다. "에이허브 선장은 정어리를 뒤쫓아야 했는지도 몰라." 한 번은 주인공이 듣는 말이고, 다른 한 번은 주인공이 하는 말이다. 두 번 모두 강렬한 반어의 맥락에서 나오는 대사다. 아암, 정어리 따위를 쫓을 수야 없지.

고백하자면 나도 요즘 정어리가 아닌 흰고래를 쫓고 있다. 3년째 붙들고 있는 장편소설 원고의 분량이 200자 원고지 2,000매를 넘어섰다. 느낌으로는 대강 85퍼센트쯤 쓴 것 같다. 그렇다면 앞으로 350매 남짓 남았다는 얘긴데. 매몰 비용이 너무 커서 이제는 절대로 대충 마무리할 수 없다.

쓰느라 힘들었다. 이렇게 긴 글을 써본 적이 없다. 중간에 고비가 여러 번 있었다. 이야기를 너무 크게 벌인 것을 깨닫고 등장 인물 한 사람을 빼고 원고를 고치며 처음부터 다시 쓴 적이 있었다. 가슴이 쓰렸다. 나름 범죄물인데 반전을 어떻게 만들어야 할지 몰라 똥 눌 곳을 못 찾은 강아지처럼 집 안을 며칠씩 뱅뱅 맴돌았다.

플롯에 대한 고민은 주제에 대한 고민에 비하면 약과다. 뭔가 말하고 싶은 게 있는데 그게 뭔지 뚜렷이 짚을 수 없어서 헤맨 기간이 길었다. 지금은 안다―2021년 한국 사회의 기원에 대해 말하고 싶다. 지금은 제법 정연하게 그 이야기를 할 수 있다. 다행히.

그 뒤에도 내가 그런 얘기를 쓸 수 있는 사람인지 자신이 없어 번민한 밤들이 있었다. 그럴 때면 마귀 같은 것이 귀에 대고 속삭였다. '포기해. 포기하라고. 꼭 2,350매짜리 소설을 써야 하나? 3년이면 뚝딱뚝딱 600매짜리 소설 네 편을 쓸 수도 있었겠다. 2,350매짜리 소설이 600매짜리 소설보다 낫다는 근거는 뭔데?'

잘 팔릴 원고가 아닌 것 같아 괴로웠다. 요즘 세상에 2,350매짜리 한국 소설을 읽으려는 사람이 몇이나 될까? 원고가 1,700매를 넘어갈 즈음에는 '이제 단행본 한 권으로 출간하기는 어렵겠다'는 생각에 맥이 탁 풀렸다. 요즘 세상에 두 권짜리 한국 소설을 사보려는 사람은 몇이나 될까. 하지만 분권을 할지언정 분량을 줄일 생각은 없다.

얘기하는 김에 다 털어놓자면 영화 프로듀서들이 반길 것 같지 않다는 점도 진지한 고민거리였다. 액션이 드물고, 독백과 사변이 많고, 과거와 현재가 복잡하게 오간다. 2차 판권 수입이여, 안녕.

지금은 그런 고비들을 다 잘 넘긴 상태로, 마음이 평화롭다. 자신의 욕망을 정확히 깨달으면 자신이 누구인지도 알 수 있다. 자신이 누구인지 아는 사람은 덜 흔들린다. 음, 나는 2차 판권 수입을 위해서가 아니라 멋진 작품을 쓰기 위해 소설가가 된 거였지, 하고 받아들이는 것만으로 꽤 많은 문제가 해결되고, 심지어 자존감도 좀 고양된다.

이 원고가 어떤 평가를 받을지, 잘 팔릴지 아닐지, 내가 퀀텀 점프를 할 수 있을지는 잘 모르겠다. 실패할 수도 있고, 그러면 마음에 얼마간 타격을 입겠지. 하지만 커다란 시합에 출전하는 젊은 운동선수들과 달리, 소설가에게는 기회가 자주 오고 현역으로 활동할 수 있는 기간도 상당히 길다.

덧붙임:

3년째 붙들고 쓴 장편소설은 『재수사』다. 초고를 다 쓰고 분량을 확인해보니 200자 원고지로 3,085.6매였다. 그러니까 2,000

매를 넘겼을 때는 85퍼센트가 아니라 65퍼센트도 못 쓴 상태였던 셈이다. 도무지 끝이 날 것 같지 않았던 원고를 마치고 나니, 내가 소설가로서 벽을 하나 넘은 것 같다. 이제 이런 소설을 또 쓸 수 있다고 생각한다. 『재수사』는 길기는 하지만 스케일이 큰 작품은 아니다. 언젠가는 진짜 대작을 쓰고 싶다.

2부

소설가의 돈벌이

내 책은 얼마나 팔리는 걸까

『열광금지, 에바로드』를 내고 나서 한동안 이 질문을 많이 받았다. "그 책 얼마나 팔렸나요? 2쇄 찍었나요?" 여러 출판사의 편집자들이 그걸 궁금해했다. 그때 나는 등단 뒤 두 번째 장편소설을 낸 신인 작가였다. 한국문학 출판사들이 나를 두고 쟤는 어떤 앤가, 책을 내자고 해볼까, 간을 보던 시기였던 것 같다.

두께나 장정, 인쇄 방식에 따라 다르겠지만 일반적인 단행본은 3,000~6,000부 정도 팔리면 손익분기점을 넘긴다고 한다. 별 근거 없는 개인적인 느낌이지만 소설가의 경우 대략 판매량이 5,000부 언저리일 때 '문단의 주목을 받는 작가'에서 '한국문학의 기대주' 정도로 호칭이 바뀌는 것 같다. 그러다 1만 부가 팔리면 '한국 소설의 미래' 소리를 듣고, 3만 부쯤 팔리면 '베스트셀러 작가', '대세 작가'가 된다. 판매량 10만 부 즈음에 또 상전이(狀轉移)하는 구간이 있는 듯하다.

단행본 한 권 가격이 요즘 15,000원 안팎이다. 책이 한 권 팔릴 때 저자가 받는 돈, 즉 인세는 대부분 책값의 10퍼센트다. 그러니 한국문학의 기대주는 인세 외에 다른 수입이 없으면 기초생활 수급자 신세고, 한국 소설의 미래도 인세만으로는 먹고살 수 없다. 베스트셀러 작가가 되면 계산기 두들기며 겨우 해외여행을 할 수 있겠다. 대세 작가라도 집 사고 싶으면 강연과 방송에 열심히 나가야 하고.

유명한 냉면집이나 콩국수집은 여름이면 냉면과 콩국수를 단 하루에도 수천 그릇씩 판매한다니, 책을 파는 작가로서 참 민망하다. 그 가게들은 냉면토크, 콩국수콘서트 같은 행사도 안 여는데. 이게 출판계 현실이고 한국문학의 현주소다. 한국문학의 기대주가 평론가와 언론의 호평을 얻고 출판사와 서점의 마케팅 도움을 받고 정부 지원 사업과 면세 혜택에 힘입어 대한민국 전체에서 책을 팔아도, 근처 주민을 상대로 조용히 장사하는 동네 맛집의 순댓국이나 파스타보다 안 팔린다(이런 상황에 대해 조금 변명을 하자면, 신인 작가들이 글로 생계를 유지하지 못하는 것은 미국도 마찬가지다. 젊은 미국 작가들의 에세이와 인터뷰를 엮은 『밥벌이로써의 글쓰기』에는 한국 못지않게 착잡한 사연들이 많이 나온다).

이야기를 다시 앞으로 돌리면, 출판사 입장에서는 다음 책이 손익분기점을 넘을 작가를 알아보는 일이 중요하다. 1만, 2만 부가 팔리는 작가는 자기 인세로는 외식 즐기기도 빠듯한 주제에 출판계에서는 벌써 인기인이다. 출간 계약은 이미 여러 건 맺었을 가능성이 높다. 아직 계약을 맺지 않은, 원고를 금방 받을 수 있는 다음 기대주를 찾아야 한다. 그래서 눈에 띄는 신인에게 "지난번 책 얼마나 팔렸나요? 2쇄 찍었나요?" 하고 묻게 된다(여기서 팁 한 가지. 신인이고 2쇄를 찍었다면 주변에 자랑하고 소문을 내라. 그래야 다음 책을 낼 기회를 얻는다).

그런데 아이러니하게도 자기 책이 얼마나 팔렸는지 작가들이 잘 모른다. 우선 출판사마다 인세를 입금하는 방식이 제각각이다.

어떤 회사는 아무 통보나 설명 없이 불쑥 통장에 돈을 넣어준다. 3쇄를 찍게 됐을 때 2쇄 인세를, 4쇄를 찍을 때 3쇄 인세를 지급하는 방식이다. 입금액을 단행본 가격으로 나누고 10을 곱해서 해당 쇄를 얼마나 찍었는지 계산할 수 있다. 다만 그 출판사에서 책을 두 종 이상 냈을 경우에는 그 돈이 어떤 책에 대한 인세인지 알 수가 없다. 담당자가 직접 저자에게 안내하는 것이 그 회사 규칙일 텐데, 일이 많아 바쁜 듯하다. 액수도 크지 않은데 나도 일일이 물어보기 귀찮다. 그냥 뭔가 들어왔나 보네, 하고 만다. 그런 기간이 쌓이면 어떤 책이 몇 쇄를 찍었는지, 얼마나 팔렸는지 감도 못 잡게 된다.

언제 몇 쇄를 찍었느냐에 관계없이 일정 기간별로 출고한 부수에 따라 인세를 지급하는 곳도 있다. 이쪽이 좀 더 관리하기 편하냐 하면, 꼭 그렇지도 않다. 어떤 출판사는 그런 보고서를 매달 보내주고, 어떤 곳은 석 달마다, 어떤 곳은 반년에 한 번씩 보내온다. 그런데 약속이라도 한 듯 거기엔 기간별 출고량만 적혀 있고 누적 판매 부수는 없다. 종이책과 전자책 판매 내역을 분리해서 별도로 보내오기도 한다. 그러다 보니 이번에도 그냥 뭔가 들어왔나 보네, 하고 만다.

어떤 책을 여태까지 몇 부나 찍었는지 그 합계를 내게 정기적으로 알려오는 출판사는 딱 한 곳이다. 그런데 그 회사는 그걸 이메일이 아니라 등기우편으로 보내온다. 도장을 찍어야 해서 그런가 보다. 그냥 작가가 언제든 자기 책 누적 판매량을 조회할 수 있는 시스템을 만들어주면 참 편할 것 같은데 말이다. 어느 정도 규모가 있는 회사라면 다들 ERP 시스템을 사용할 텐데.

출판사에서 아무런 보고서도 안 보내고, 아무 돈도 안 들어오는 책도 있다. 문학 공모전 수상작 몇 편이 그렇다. 상금이 선인세라서, 몇만 부가 팔리기 전에는 내게 인세 들어올 일이 없다. 그러니 인세 보고서도 보내지 않는 것 같다. 이들 책이 몇 부 팔렸느냐고 누군가가 물으면 그냥 대충 답한다.

출판사가 아니라 서점이나 다른 기관을 통해서 내 책이 얼마나 팔렸는지 알 수 있을까? 영화라면 영화진흥위원회에서 운영하는 통합전산망을 통해 누적 관객 수를 실시간으로 알 수 있다. 영화관에서 발권 데이터를 제공하기 때문이다. 그러나 출판계에는 이런 통계가 없고, 책 판매량을 밝히는 서점도 거의 없다.

주요 인터넷 서점들은 대신 판매지수라는 숫자를 공개한다. 출판계 종사자들 중에는 이 지수를 통해서 해당 서점, 혹은 전체 시장에서의 책 판매량을 가늠할 수 있다고 주장하는 이들도 있다. 나는 그런 '공식'을 두 가지 들어봤는데, 내 책에 적용해보면 둘 다 들어맞는 것 같지 않다. 게다가 그 공식은 신간에만 적용되기에, 신간 외의 책 누적 판매량은 여전히 추측조차 어렵다.

이 글을 읽은 편집자들은 내게 아무 때고 언제든지 연락해서 판매량을 물어보라고 할 것 같다. 그런데 진짜 문제는 다음과 같다. 작가뿐 아니라 출판사도 책 판매량을 정확히 모른다는 것. 사실 한국에서 어느 책이 얼마나 팔렸는지 정확히 아는 사람은 아무도 없다. 이거 되게 놀라운 얘기인데 다음 장에…….

덧붙임:

이 글을 쓴 뒤로 나는 『채널예스』 칼럼에서 출판사들의 불투명한 인세 정산 문제를 두 차례 더 지적하기에 이른다. 나중에는 한 출판사로부터 공개 사과를 받아냈고, 그 일이 꽤 큰 이슈가 되었다.

이제 문학동네, 창비, 다산북스 같은 대형 출판사들은 저자가 자

기 책의 판매량과 인세를 조회할 수 있는 시스템을 운영한다.

4쇄는 5,000부?

아니면 2만 부?

　하여튼, 내 책이 얼마나 팔린 건지 내가 잘 알지 못하므로 판매량에 대한 질문을 받으면 즉답을 못 해 난감하다. 특히 언론에서 취재가 들어올 때 그렇다.

　"그 책 얼마나 팔렸죠? ○만 부 넘게 팔렸나요?"

　마감에 쫓기는 기자들은 답변 기다리는 걸 싫어한다. 정확하지 않아도 지난번에 마지막으로 확인했을 때의 판매 부수와 그 이후 증가분을 추정해 "예" 혹은 "아니오"로 그 자리에서 빨리 말해주는 편이 낫다. 답을 하고 나서 영 찜찜하면 출판사에 전화해 제대로 확인한다.

　이런 고충을 한 출판계 인사 앞에서 토로했더니 그는 웃으며 이렇게 대꾸했다.

"1만 부 팔렸으면 그냥 5만 부 팔렸다고 해도 돼요."

그 자리에서는 "하하하, 그렇군요. 제가 정말 순진했네요" 하며 웃고 말았는데, 계속 신경이 쓰였다. 저 말이 농담이야, 진담이야? 그래서 문제의 발언자와 아무 관련이 없는 다른 출판계 인사에게 물었다.

"1만 부 팔렸으면 5만 부가 팔렸다고 말해도 되나요?"

내 질문을 받은 인사는 "그건 좀 아니죠"라며 쓴웃음을 지었다. 그리고 이렇게 덧붙였다. "1만 부 팔렸는데 2만 부 팔렸다는 정도로는 얘기하죠. 홍보가 되니까."

이후 나는 어느 책이 몇만 부 팔렸다는 기사를 읽을 때마다 의심을 지우지 못한다. 내가 몸담은 업계가 야바위판까지는 아니더라도 다들 허풍은 조금씩 치는 모양이다.

심지어 출판사들도 그런 허풍에 속는다고 한다. 다른 출판사에서 낸 예전 책이 그다지 팔리지 않았는데도 상당히 인기가 있었던 것처럼 행세하는 저자들이 있다는 것이다. 출간 계약을 유리하게 하려고.

업계 전문가를 자처하는 이들은 얼마나 믿을 만할까. 한 전문가가 10만 부 이상 팔렸을 거라며 의미를 부여한 책을 낸 출판사의 대표를 만나 대화한 적이 있다.

"그 책 10만 부 넘게 팔렸다면서요? 정말 대단하네요."

내 말에 대표는 황당해했다.

"누가 그래요? 그거 만 부 나갔는데."

내 책 판매량이나 나의 수입에 대해 어느 출판 평론가가 한 말이 하도 틀려서 기가 막힌 적도 있다. 그 뒤로 그 출판 평론가의 말은 신뢰하지 못한다. 기초적인 데이터 파악이 이 지경인데 분석이고 대책이 과연 의미가 있나 싶다.

정확한 판매 부수를 얘기 않고 '몇 쇄 찍었다'고 눙치는 관행도 불만이다. 나만 해도 초판 1쇄를 1만 부 발행한 적이 있는가 하면, 1인 출판사에서 500부로 시작한 적도 있다. 증쇄할 때는 5,000부를 찍기도 하고 1,000부만 추가하기도 한다. '4쇄 찍었다'는 말은 몇만 부가 팔렸다는 뜻일 수도 있고, 아직 몇천 부 수준일 수도 있다. 출간 한 달 만에 몇 쇄를 찍었다는 말은 보통 독자 반응이 열렬했다는 선전 문구로 사용되지만, 다르게 보면 해당 출판사가 초기 수요를 제대로 예측하지 못했다는 의미도 된다.

그런데 '4쇄 찍었다'는 말을 '1만 부 찍었다'로 바꿔도, 본질적인 문제는 여전히 남는다. 그래서 몇 부가 팔렸는가? '1만 부를 찍었다'와 '1만 부를 팔았다'는 다른 말이다. 출판사에서 파악하는 수치는 출고량에서 반품량을 뺀 순출고량이다. 순출고량이 1만 부일 때 거기에는 그 시각 현재 도매상에 있는 책, 서점 창고에 있는 책, 매대에 진열돼 있는 책, 반품이나 폐기 예정인

책도 포함된다.

이러니 출판계가 편의점이나 분식집보다 못하다는 푸념이 나온다. 모든 편의점이 어떤 상품이 얼마나 팔렸는지, 재고가 얼마나 있는지, 어디에 있는지 실시간으로 파악한다. 포스(POS, Point of sales; 판매 시점 정보 관리)기를 갖춘 분식집도 그렇게 한다. 그런데 출판계에서는 그게 안 된다. 한국에서 어떤 책을 실제로 사서 집에 가져간 독자가 그 순간까지 총 몇 명인지 정확히 아는 사람은 아무도 없다. 그 책 저자와 출판사를 포함해서.

국내 2위 출판 도매업체였던 송인서적이 부도가 난 게 불과 2년 전이다. 주먹구구식으로 거래 내역을 관리한 송인서적은 자신들이 가져온 책이 서점에 있는지 창고에 있는지도 제대로 몰랐다. 송인서적과 거래한 출판사들도 판매와 유통 정보에 깜깜할 수밖에 없었다.

어느 책이 다른 책보다 더 많이 팔렸는지 아닌지를 베스트셀러 순위로 가늠하는 일조차 힘들다. 크고 작은 서점에서 팔린 전국적인 도서 판매량 순위를 집계하는 기관은 없다. 여러 대형 서점에서 각각 주간 판매 순위를 발표하지만 서점 규모도 다르고 잘 팔리는 책의 종류도 다르다. 심지어 순위 기준도 제각각이다. 어느 서점은 예약 판매를 순위에 포함시키고, 어느 서점은 지난 4주간의 누적 판매량을 순위에 반영한다.

정부는 도서 판매량과 재고를 투명하게 파악할 수 있는 출판

유통통합전산망을 2021년까지 만들겠다고 한다. 서로 이해관계가 갈리는 문제이기 때문에 출판사, 도매업체, 서점이 얼마나 참여할 것인지 마냥 낙관할 수만은 없고, 시스템을 어떻게 만들고 누가 운영할 것인지를 놓고 갈등도 있는 모양이다. 나는 이 시스템이 만들어진 뒤에 생길 일들이 궁금하다.

출판유통통합전산망은 어떤 결과를 가져올까. 어느 인플루언서의 소셜 미디어 구독자들이 실제로 얼마나 구매력이 있는지가 검증될까? 베스트셀러 상위권에는 못 올랐어도 오랜 기간 소리 없이 꾸준히 팔리는 좋은 책의 저자들이 기회를 더 얻게 될까? 언론과 평론가들이 상찬한 작가의 실제 판매량이 시원찮은 것으로 밝혀져 다 같이 민망해지는 건 아닐까?

독서 문화의 베스트셀러 쏠림 현상은 더 심해질까 약해질까? 소규모 출판 혹은 1인 출판 사업자들은 이 시스템을 통해 예측 분석이 가능해지면 모험을 더 많이 벌일까, 아니면 이 땅의 척박함을 확인하고 몸을 사릴까? 값싼 기획물은 늘어날까 줄어들까? 출판사는 사재기 유혹에 더 시달릴까 아닐까? 장기적인 영향과 별도로 단기적인 충격이 크지는 않을까?

이런 질문들에 빠지다 보면 생각이 엉뚱한 곳으로 흐른다. 책을 쓰고 파는 일은, 예컨대 자동차 타이어를 만들고 판매하는 행위와 근본적으로 다른 걸까? 어떤 시스템을 합리화한다는 것이 의미하는 바는 뭘까? 합리성은 효율성으로, 효율성은 획일성으로 반드시 이어지는 걸까? 이 문제에 관심이 있는 분께는 사회학자 로라 J. 밀러의 『서점 vs 서점』을 추천한다. 미국 도서 판매업의 역사를 다루면서 문제의식을 현대의 소비문화 전반으로까지 확장하는 책이다.

덧붙임:

2021년 한국출판문화산업진흥원은 출판유통통합전산망을, 대한출판문화협회는 도서판매정보공유시스템을 만들었다. 두 시스템 모두 도서 판매량을 전체 공개하는 것이 아니라 해당 출판사와 저자에게만 제공하기 때문에, 위 글에서 내가 궁금히 여겼던 효과는 발생하지 않았다. 현 상태에서 도서 판매량을 전체 공개하면 순작용보다 부작용이 더 클 것 같다.

출판유통통합전산망과 도서판매정보공유시스템 공히 아직까지는 시스템 자체에 부족한 점이 많고, 이 문제를 둘러싼 출판계 내부 갈등도 심하다. 그래도 방향은 이 길이 맞다. 서둘지 않고 꾸준히 개선해나가면 좋겠다. 각종 공연 입장권 판매량을 집계하는 공연예술통합전산망도 정착에 시간이 꽤 걸렸다.

소설가와 강연

연작소설집 『산 자들』에 「음악의 가격」이라는 단편을 실었다. 이 작품의 주인공은 '지푸라기 개'라는 예명을 쓰는 인디 뮤지션이다. 그는 지방 도서관에서 열리는 강연회에 노래를 부르러 갔다가 대기실에서 '장강명'이라는 이름의 소설가를 만난다.

지푸라기 개는 장강명에게 자신의 주 수입이 이런 행사와 레슨, 아르바이트라고 설명한다. 음악 시장이 스트리밍 서비스 중심으로 개편되면서 음원 수입으로 생계를 유지할 수가 없게 됐기 때문이다. 한편 소설 캐릭터 장강명도 이 작품 속에서 곤혹스러워하는 중이다. 두 시간짜리 강연료가 2주 동안 끙끙대며 쓰는 중인 단편소설 고료보다 더 높기 때문이다. 도대체 왜 노래를 만들고 글을 써야 하는가?

　이 작품을 발표하고 나자 몇몇 젊은 작가들이 큰 비밀이라도 털어놓는 표정으로 "저도 주 수입이 글이 아니라 강연이에요" 하고 고백했다. 에…… 뭐 새삼스럽게……. 이미 기획사에 소속된 소설가도 있고, 유명 작가의 강연 매니지먼트 업무를 맡은 출판사도 있고, 강연 자회사를 차린 출판사도 있다. 나는 사업자 등록을 하고 강연업에 본격적으로 뛰어들라는 조언을 듣기도 했다. 운전 잘하는 똘똘한 동생 하나만 있으면 된다나.

　문학 출판 시장이 날로 옹색해지는 반면 강연 시장은 성장하는 가운데 빚어진 풍경이다. 지자체나 도서관 행사가 몰리는 봄가을에는 일주일이 멀다 하고 KTX를 탄다. 강연 수입도 중요한 이유이고, 출판사에서 홍보가 된다며 해주기를 은근히 바라는 행사도 있고, 지인의 부탁을 거절 못 해 응하는 경우도 있다. 기차 안에서 강연 원고를 중얼중얼 읊다가 '내가 지금 소설은 안 쓰고 뭐 하는 짓이람' 하고 가벼운 자괴감에 잠긴다.

　사실 소설가가 강연에 나서는 건 한국만의 일도 아니고, 역사도 퍽 오래됐다. 찰스 디킨스도 유료 강연을 그렇게 많이 다녔다고 하니까. 디킨스의 강연은 인기가 높아서 암표가 팔릴 정도였다고 한다. 메러디스 매런이 엮은 『잘 쓰려고 하지 마라』는 지금 한창 활동하는 미국 문인 20명의 에세이 모음집인데, 강연과 북투어에 대한 푸념이 중간에 툭툭 튀어나온다. 『퍼펙트 스톰』을 쓴 서배스천 영거는 자신처럼 사람들 앞에서 벌벌 떠는 사람이 어쩌다 대중 강연을 하게 됐는지 모르겠다고 의아해한다.

나도 서배스천 영거처럼 쭈뼛쭈뼛 강연업계에 들어왔다. 그래도 청중에게 입장료를 받는 유료 강연만큼은 아직 거부감이 들어 피한다. 유료 강연이 뭐가 문제냐, 판매자와 구매자가 합의한 거래 아니냐고 묻는다면 뭐라 할 말은 없다. 그냥 나의 결벽인가 보다. 악몽까지 꿨다. 유료 강연을 막 마친 내게 어떤 젊은이가 와서 "작가님 만나고 싶어서 입장권을 사려고 아르바이트를 했어요"라고 말하는 꿈이었다. 이게 왜 악몽인지는 아내도 이해하지 못한다.

유료 강연 행사를 여는 서점이나 북클럽에서는 입장료의 필요성을 역설한다. 입장료를 미리 받지 않으면 '노쇼'가 그렇게 많이 발생한단다. 또 차나 음료수를 제공하니까 그리 비싼 가격도 아니란다. 다 일리 있는 얘기고 책 홍보에도 도움이 될 테니 행사에는 참여하지만 강연료는 전액 기부한다.『산 자들』을 내고서는 유료 강연을 두 번 했는데, 그때의 강연료는 노동 인권 단체 '직장갑질 119'에 보냈다.

아이러니하게도 그런 유료 강연이 분위기가 가장 좋고 화기애애하다. 기꺼이 입장료를 내고 멀리서 온 애독자들이 모인 자리니까, 당연하다면 당연하다. 다들 내가 하는 말을 주의 깊게 듣고 궁금한 것을 적극적으로 질문해주신다. 그런 강연을 마치고 집에 갈 때면 감사하기도 하고 황송하기도 하고 행복하기도 하다.

할 말이 한 보따리인 강연료 협상 이야기는 다음으로 미루고, 이번에는 강연장 풍경만 전해볼까? 유료 강연의 정반대 지점에 대학 채플이나 기업체 강연이 있다. 청중 수는 많지만 연사가 하는 말에 아무 관심도 없고, 다들 무료하게 시간이 지나기만을 기다린다. 그게 마음 아프냐 하면 그렇지는 않다. 내가 학생이거나 회사원이었을 때 그런 강연을 어떤 태도로 들었는지 떠올려보면 불평할 자격도 없다. 그래서 "피곤하신 분은 눈 감고 쉬셔도 괜찮습니다"라고 선언하고 준비한 자료를 읽는다. 숙면에 방해가 되지 않게, 조심조심.

지방의 작은 도서관 강연은 아기자기하게 재미있다. 나의 독자라기보다는 그 도서관의 단골 어르신들이 많이 오시는데, 강연도 열심히 듣고 질문도 화끈하게 하신다. "작가님은 문학이 뭐라고 생각하십니까?" 같은. 대학 국문학과나 문예창작학과에서의 특강도 보람 있다. 학생들의 절박한 궁금증을 조금이라도 풀어준 것 같을 때 가슴이 뿌듯하다.

하지만 무료 공개 강연에서는 무례한 청중이 있을 가능성도 각오해야 한다. 질의응답 시간에 마이크를 잡고 일장 연설을 하는 정도면 귀엽다. 유명 소설가 A가 어느 대형 서점에서 강연했을 때 한 사람이 손을 들어 발언 기회를 얻더니 "난 당신 작품이 정말 싫습니다"라고 말했다. A로부터 직접 들은 얘기다. 나는 소설가 B의 강연회에서 한 참석자가 한국 문단의 모든 잘못을 B에게 따지는 모습을 봤다. 내게는 다른 곳에서 "동아일보에 다닌 걸 사과할 생각 없습니까?"라고 질문한 분이 계셨다. 그런 말을 하러 강연장에 찾아오는 사람들이 있다.

분위기가 훈훈했건 흉흉했건 강연을 마치면 녹초가 된다. 나는 서배스천 영거보다 더한 새가슴이라 강연을 마치고도 몇 시간이나 심장이 쿵쾅거려 밤에 잠을 못 이룬다. 어느 날 쾡한 몰골로 돌아온 나를 보고 아내가 전국을 누비는 약장수 같다며 짠하다고 했다. 그런데 그 말을 듣고 강연이 좋아졌다. 그런 길 위의 삶을 오래도록 남몰래 존경하고 또 동경했기에. 약장수, 각설이, 풍물패, 서커스단, 엿장수, 두부장수, 칼갈이, 거기에 소설가도 추가요.

덧붙임:

청중이 많은 강연은 여전히 힘들다. 열 명에서 스무 명 정도 되는 독자들 앞에서 강연하는 게 딱 좋다. 물론 청중이 너무 적으면 그건 그것대로 당황스럽지만······.

아내는 '그믐'을 운영하며 오프라인 행사 '그믐밤'도 함께 진행한다. 매달 음력 29일, 동네 책방에 열 명에서 스무 명 정도의 애서가들이 모여 책 얘기를 하는 행사다. 참가비는 받지 않지만 그 동네 책방에서 간단한 음료를 사거나 책을 구매하도록 유도한다.

첫 행사는 송송책방에서 SF 만화 『다리 위 차차』로 했다. '그믐밤'

이 잘되어 음력 29일마다 전국 동네 책방에 사람들이 모이는 즐

거운 공상도 해본다.

강연료는 얼마로…?

얼마 전 한 젊은 작가로부터 문자메시지를 받았다. 강연을 요청받았다, 사례비를 어느 정도 드리면 되겠느냐고 묻더라, 뭐라고 답해야 하느냐는 내용이었다. 나는 예산이 얼마나 책정되어 있는지 되물어보라고 조언했는데 그는 그래도 되는 건지, 너무 뻔뻔하게 보이는 건 아닐지 고민하는 눈치였다.

젊은 작가는 결국 내 조언을 따르지 않은 것 같았다. 하지만 그가 느꼈을 부담은 십분 이해했다. 한편으로는 얼마 정도 드리면 되느냐고 먼저 묻는 업체라면 상당히 괜찮은 곳이라고도 생각했다. 강연을 의뢰하는 단체 대다수가 강연료에 대해 먼저 말하지 않는다.

171

작가들뿐 아니라 내성적인 사람이라면 누구나 돈 얘기는 먼저 꺼내기 어렵다. 속물처럼 보일 것 같고, 조금 전까지 함께 대화하면서 쌓은 좋은 취지와 분위기를 망치는 것 같고. 섭외 경험이 많지 않은 분들이라면 의뢰인도 마찬가지일 테다. 강연 시장은 워낙 깜깜하고 강사들은 다 '등급'이 달라서, 적절한 보상 수준이 얼마인지 알기 힘들다. 그런 고충을 토로하는 지방자치단체나 도서관, 학교 관계자들도 많이 계신다.

그래도 나는 이런 환경에서는 의뢰인이 먼저 가격 문제를 이야기하고, 가능하면 숫자도 먼저 제시하는 게 맞는다고 생각한다. 윤리까지는 아니더라도, 예의라고 생각한다. '얼마 주실 건가요?'라는 질문을 해야 하는 사람은 얼마간 움츠러들 수밖에 없다. 그게 꼭 위선과 엄숙주의 문화 탓은 아니다. 그 질문을 던지는 프리랜서는 자기의 시간이, 곧 자기 자신이 흥정 대상임을 고백한다. 의뢰인은 그런 처지에 몰리지 않는다.

서글프게도 그런 손톱만 한 우위를 악용하는 이들이 있다. 강연료를 묻는 순간 연락이 끊기는 섭외자들이 꽤 많다. 공짜 강연을 바랐을 확률이 매우 높다. 강연장에 와서야 그 강연이 재능기부 행사였음을 알게 됐다는 작가나 번역가도 있다. 끝까지 강연료를 묻지 못했는데 나중에 입금된 금액을 보고 너무 소액이라 속앓이를 했다는 이는 부지기수.

악의는 없는 것 같은데 너무 순박해서 강사에게 강연료를 지불해야 한다는 사실을 모르는 분들도 꽤 있다. 특산 요리를 대접할 테니 와서 자고 가라는 지방의 독립 서점, 저자와 꼭 토론하고 싶다는 어르신, 자신들이 길을 잃었기에 멘토가 필요하다는 대학생 동아리……. 그러나 작가의 시간은 공공재가 아니며, 모든 작가가 다 독자를 직접 만나고 싶어 하는 것도 아니다.

쭈뼛쭈뼛 강연업계에 처음 발을 디뎠을 때 나는 모르는 번호로 걸려 오는 전화를 받기가 두려웠다. 갑작스럽게 예, 아니오를 답해야 하는 상황이 종종 발생했기 때문이다. 그런 때 대답을 잘못해서 "어, 어" 하다가 내키지 않는 강연 행사를 치르기 일쑤였다. 아래와 같은 전화를 자주 받았다.

"장강명 작가님이시죠? 저희는 ○○○한 단체인데 강연 요청 드려도 될까요? 다음 달 첫 번째 토요일에 시간이 되시는지요?"

메일이 아니라 굳이 전화를 택해서 날짜부터 먼저 묻고 들어오는 이들은 노련한 협상의 달인일까, 아닐까. 하여튼 이때 강연 초보의 대응법은 아래와 같다.

① 다음 달 첫 번째 토요일에 일정이 없을 때

"어, 별 일정 없는데요."

"감사합니다. 그러면 그날 강연해주시는 걸로 알겠습니다."

② 다음 달 첫 번째 토요일에 일정이 있거나 느낌이 안 좋아서 거절하고 싶을 때

"죄송한데 제가 그날은 일정이 있네요."

"아, 그러시군요. 혹시 그러면 다다음 달 첫째 토요일은 어떠신가요? 다다다음 달은요?"

③ 보수에 따라 할 수도 있고 안 할 수도 있는데 강연료를 묻기 민망해서 상대가 먼저 돈 얘기를 꺼내주지 않을까 막연히 바랄 때

"어디시라고요? 어떤 강연을 원하시는 건가요? 거기 위치는……."

"주제는 자유고, 지하철 1호선 타고 오시면 금방이에요."

④ 상대가 끝까지 강연료 얘기는 안 할 것 같지만 내 입으로 묻기는 여전히 쑥스러울 때

"제가 지금 메모할 상황이 아닌데 메일로 내용을 정리해서 보내주실 수 있을까요?"(놀랍게도 여기서 메일을 보내지 않고 소식이 끊기는 곳이 절반쯤 된다. 인터넷이 안 되나? 반면 이제껏 초청한 강사 명단과 강연장 약도, 사진까지 첨부해 상세히 메일을 보내는 이도 있다. 그런데 거기에도 강연료 얘기가 없으면 난감.)

이게 초기의 일화들이고, 나중에는 그냥 내가 먼저 "강연료는 얼마인가요?" 하고 직설 화법으로 물었다. 그렇다고 문제가 다 사라졌느냐 하면 그렇지는 않았다. 상대가 제시하는 조건이 만족스럽지 않을 때 정중히 거절하는 일은 여전히 힘들었다. "저도 글 쓰는 시간이 필요하고, 써야 할 원고가 밀려 있고, 성격이 내성적이라서 한번 외출을 하고 들어오면 그날은 아무것도 못 하

고, 정말 죄송합니다. 아쉽습니다. 다음에 여유가 생길 때……."
죄 지은 사람처럼 몇 분씩 변명을 하다 보면 마음이 닳는다. 몇
달 뒤 "작가님, 이제는 여유가 나실까요?" 하는 연락을 다시 받
기도 한다.

　물론 취지에 공감해 강연료에 관계없이 기꺼운 마음으로 참여
한 자리도 있다. 그런데 그랬다가 후회한 적도 많다. '가난한 소
설가에게 우리가 좋은 기회를 줬다'고 믿고 생색을 내는 상대 앞
에서 얼굴이 굳어지면 내가 소인배인 건가. 참석자들에게 냉대
받고 나의 역할은 얼굴 마담이었음을 뒤늦게 깨닫는 순간엔 미
소가 잘 안 지어지는데, 어떻게 해야 하나. 아, 그리고 지역 독서
모임 중에는 다음 기초의원 선거 출마 준비자의 사적 네트워크
같아 뵈는 곳도 있다. 작가들은 주의하시길.

　이런저런 사연을 길게 적었으나 요즘은 이 문제를 그다지 고
민하지 않는다. 그냥 매니지먼트 업체와 계약을 맺었다. 편하고
깔끔하다. 강연 중개 시장도 형성되는 것 같고, 쉽고 자연스럽게
양측 요구를 확인하고 의논할 수 있는 플랫폼이 만들어진다는
소식도 들린다. 이렇게 발전하나 보다.

덧붙임:

그런데 기초의원 선거 출마자가 자기 동네에서 독서 모임을 꾸

리는 것은 괜찮은 선거 전략 같다. 그렇게 지지자들과 정책 공부를 같이하고, 어떤 공동체를 만들고 싶은지 이야기도 나누면 사회적으로도 좋은 일 아닐까? 산악회보다 공익에 더 기여할 것 같은데.

입금 잊지 말아주세요

『나는 지방대 시간강사다』를 쓴 김민섭 작가는 그 책을 쓰고 나서 몸담고 있던 대학에서 나왔다. 그리고 대리운전을 시작했는데 그 일을 하며 깜짝 놀랐다고 한다. 밤에 일한 대가가 모두 오전 10시까지 입금됐던 것이다. 기고를 하거나 특강을 하고 나면 으레 돈은 한두 달 뒤에 들어오는 것으로 여기고 있던 그는 몹시 허탈해했다. 김 작가의 책『대리사회』에 나오는 이야기다.

이 일화를 읽으며 쓸쓸하게 웃었다. 맞다. 나도 강연이나 기고의 대가를 다음 날까지 받은 적은 손으로 꼽을 정도다. 신문은 외부 필자들에게 정산하는 날이 정해져 있는 모양이고, 잡지는 보통 책이 발행된 다음에 저자들에게 고료를 보낸다. 원고 마감

일로부터 계산하면 보름에서 길게는 두 달 정도 뒤가 된다. 강연료나 방송 출연료는 더 늦게 들어오기도 한다. 특히 이벤트 업체가 대행한 강연 행사나 외주 제작사가 제작하는 프로그램에 참여했을 때.

그래도 거기까지는 괜찮다. 용납이 안 되는 건, 아예 입금이 안 되는 경우다. 그런 일이 드물지 않다. 처음에는 고료 체불이나 인세 누락은 다 남의 이야기인 줄 알았다. 출판사에서 들어오는 인세 내역을 꼼꼼히 관리한다는 동료 소설가의 고백을 듣고도 속으로는 '뭐 그렇게까지 할 필요 있을까, 그럴 시간 있으면 글을 더 쓰겠다'고 생각했었다. 출판계 재정이 영세하고 시스템이 전근대적인 건 사실이니까, 믿을 만한 상대하고만 일을 하자고 여겼다. 1인 출판사나 동네 서점과 협업이 필요할 때는 '돈을 못 받아도 개의치 않을 일만 하자'는 원칙을 정했다. 처음부터 마음을 비우는 것이다.

그러니까 지금부터 이 자리에서 흉을 볼 출판사, 언론사는 모두 '엥? 그 회사가?'라고 할 정도로 이름이 알려지고 규모가 있는, 번듯한 기업들이다. "저희가 고료(강연료) 지급을 제때 못 할 것 같은데 조금만 기다려주세요"라든가 "계약금 입금이 누락된 것을 저희가 뒤늦게 발견했습니다"라고 상대가 사정을 알려 온 사례는 뺐다.

A출판사에서는 행사비가 안 들어왔다. 석 달이 지나 내가 그 사실을 알리자, 담당 편집자가 미안하다며 바로 돈을 입금해주었다.

B출판사에서는 2차 저작권료가 안 들어왔다. 판권을 사 간 쪽과 만날 때가 되어 '이 사람들은 돈도 안 보내고 뭘 더 상의하자는 건가' 싶어 출판사에 물어봤더니, 전산 착오가 있었다는 답장이 왔다.

C언론사에서는 칼럼 고료가 안 들어왔다. 역시 석 달이 지났을 때 담당자에게 메일을 보냈다. 상대는 몹시 미안해하며 알아보겠다고 회신했다.

D언론사와는 강연 행사를 했는데, 구두로 약속한 금액과 나중에 계약서에 적힌 액수가 달랐다. 화가 나서 담당자에게 항의했더니 실무자가 착각했다는 답변과 함께 새 계약서를 보내왔다.

이게 모두 2017년 한 해 동안 벌어진 일들이다. 내가 입금 내역을 챙긴 게 2017년부터다. 그 전에 얼마나 많은 돈을 '떼어먹혔는지'는 나도 모르겠다. 인세에 대해서는 챙기지 않는다. 책이 몇 권이나 팔렸는지 출판사 장부를 보여달라고 할 수도 없고, 전자책 발행이나 웹 플랫폼 연재 등 방식이 복잡해서 따지다 보면 머리에서 김이 날 지경이기 때문이다. 그래서 고료와 강연료, 출연료만 살피고 있는데도 이 정도다.

'모든 출판사와 언론사가 이런 것은 아니며 극히 일부의 사례'라고 말하고 싶은데, 1년에 네 번이면 좀 많은 거 아닌가? 물론 그 회사들이 고의로 나를 속였다고는 믿지 않는다. 담당자들이 바쁘고, 내부 시스템이 정교하지 않은 탓이리라. 그러나 이들이 자기들이 받아야 할 돈이나 원고에 대해서도 이렇게 허술하게 대응하지는 않을 것 같다.

그나마 나는 협상력이 있는 필자에 속한다. 받을 돈을 못 받으면 바로 연락해서 따질 수 있다. 감사하게도, 다음 원고 청탁이나 행사 섭외에 대해 그다지 걱정해야 할 형편도 아니다. 그런 위치에 있지 못한 저자들도 많다. 체불 임금을 요구하면서 눈치를 봐야 하는 기막힌 처지다.

'이거 진짜 황당하지 않냐'고 말하고 싶은데, 그런 말을 하면 순진한 사람 취급을 받게 되는 바닥인 것 같다. '작가 고료 체불'로 구글에 검색을 하니 1,000건이 넘는 문서가 나온다. 방송 작가, 웹툰 작가의 상황은 더 심각한 듯하다. 방송계에서는 결과물이 방영되지 않았다는 이유로 스태프들이 임금을 받지 못하는 일이 비일비재하다니 어안이 벙벙하다. 식당에서 음식 잘 먹고 나서는 맛없다고 계산 안 하는 꼴 아닌가.

어째 쓰다 보니 '작가의 사생활'을 시시콜콜 털어놓는 글이 아니라 시사 칼럼처럼 되어버렸다. 그런데 사생활이 이런 식으로 공동체의 과제와 만날 수도 있다. 이상한 대통령과 비선 실세 몰아냈다고 끝이 아니다. 진짜 적폐와의 싸움은 이제부터다. 좋은 나라에서는 노동의 대가가 제때 정확히 입금된다.

덧붙임:

슬프게도 강연료나 고료 입금이 늦어지거나, 담당자의 '착각'으로 금액이 적게 입금되거나, 인세 지급이 누락되는 일을 꾸준히 겪고 있다. 지난해도 겪었다. 한데 담당자의 '착각'으로 돈을 더 받는 경험은 한 번도 하지 못했다.

추천사 쓰기

    이번 글은 아주 명확하고 실제적인 목적을 지니고 쓴다. 앞으로 책 추천사를 써달라는 요청을 받으면, 웬만하면 이 글을 보여주며 사양할 생각이다. 추천사라는 말만 들어도 겁이 나는 건 나만 그런가, 아니면 다른 작가들도 나와 같은 심정일까?

    책 추천사는 짧게는 한 문단에서 길게는 대여섯 문단 정도를 쓴다. 그러면 주로 책 뒤표지에 그 글이 인쇄되고, 그 아래 "장강명 소설가"라고 추천인의 이름이 박힌다. 추천사는 보도자료에 실려 각 언론사의 출판 담당 기자에게도 보내지고, 인터넷 서점이나 포털 사이트의 책 소개에도 오른다. 출판사는 추천사 중 한 문장을 따로 뽑아내 인쇄한 띠지를 책에 두르기도 하고, 요즘은 추천사를 카드 뉴스 형태로 소셜 미디어에 올리기도 한다.

5년 차 소설가였을 때 처음으로 남의 책 추천사를 써달라는 요청을 받았다. 서로 알고, 작풍도 닮았다고 여기던 또래 소설가의 책이었다. 그래서 추천사를 쓴다기보다, 비슷한 처지의 젊은 작가들끼리 일종의 품앗이를 하는 기분이었다.

추천사를 쓸 책의 교정지 사본이 한 묶음 날아왔다. 책이 나오기 전이니까 그렇게 읽는 수밖에 없는 건데, 그 당연한 사실을 미처 몰랐던 터라 좀 신기했다. 원고를 정독하고 정성껏 추천사를 써 보냈다. 얼마 뒤 출판사로부터 추천사 고료를 입금하겠다며 계좌번호를 알려달라는 얘기를 듣고 깜짝 놀랐다.

나도 그때 처음 알았고, 이후에 이 이야기를 듣고 놀라는 사람도 많이 봤는데, 책 추천사를 쓰면 돈을 받는다. 보통 30~50만 원 정도인데, 유명 인사는 100만 원 넘게 받는 경우도 있다고 한다. 추천사로 돈을 이만큼 번다며 뿌듯해하는 작가도 봤다.

처음에는 나도 추천사 고료를 받고 그저 좋기만 했다. 아무 대가 없이 쓰는 글인 줄 알았는데 공돈이 생긴 것 같아서. 모르는 작가의 책에 추천사를 쓰게 됐을 때는 '내가 이제 이 정도 인정을 받나 보다' 하는 생각에 감개무량하기도 했다.

그러나 그런 기분은 오래가지 않았다. 이건 서평을 쓰는 것과는 완전히 다른 문제였다. 난생처음 이름을 들어보는 외국 작가의 신간을 읽고 추천사를 써달라, 추천사 고료는 얼마다, 라는 메일을 받으면 찜찜한 기분이 들었다. 결벽증인 걸까.

독자들은 내가 그 작가의 작품을 좋아해서, 정말 다른 사람에게 추천하기 위해 추천사를 쓴 줄 알 것 아닌가. 그렇다면 이건 나를 믿고 책을 선택하는 이들을 속이는 행위 아닌가. 추천사를 쓰겠다고 하고 원고를 받아 살펴보니 수준 미달이면 어떡해야 하나. 마케팅 수단도, 예산도 부족한 출판사들의 고충은 십분 이해하지만…….

그래서 얼마 뒤부터는 모르는 작가, 외국 작가에 대해서는 추천사를 쓰지 않기로 했다. 친분 있는 작가나 출판사, 편집자의 부탁이라서 거절하기 곤란할 때는 복잡한 조건을 달았다. 첫째, 고료는 받지 않겠습니다. 둘째, 저는 읽어보고 솔직하게 감상을 보낼게요. 추천사로 쓰고 싶으면 쓰셔도 좋고, 마음에 들지 않으면 버리셔도 됩니다. 저는 괜찮습니다.

그렇게 책 몇 권에 추천사를 실었다. 개중에는 정말 훌륭한 책도 있었지만, 그 정도까지는 아닌 물건도 있었다. 때로는 그만 덮어버리고 싶은 글을 한숨을 쉬며 끝까지 꾸역꾸역 서너 시간가량 들여 읽어야 했다. 한 화면에 잘 맞춰지지 않는 크기의 PDF 파일, 그것도 교정이 안 된 원고를 작은 노트북 화면으로 읽는 것은 기분 좋은 독서보다는 육체노동에 가깝다. 딱히 할 말도 없는데 억지로 좋은 얘기를 지어내야 하는 것은 감정노동이다.

그나마 출판사나 편집자의 청탁은 격식이라도 갖춰 온다. 지인이 첫 책을 낸다며 추천사를 부탁하면 참 난감하다. 상대는 한껏 가슴이 부풀어 자기 글을 객관적으로 보지 못하는 상태다. 조급한 나머지 무리수를 두는 사람도 있다. 책이 나오기 몇 달 전부터 추천사를 써주겠다는 약속을 받아 간다. 나중에 뒤표지에 추천사가 한가득 담긴 책을 보고서야 나뿐 아니라 여러 인사에게 그런 식으로 글을 받아냈다는 사실을 알게 된다. 물론 내 입장에서는 이용당한 것 같아 기분이 안 좋다.

껑껑대며 추천사를 써줬더니 마음에 안 든다며 어느 부분을 고쳐달라거나 노골적으로 불만을 표시하는 초보 작가도 있다. 애프터서비스를 요구하는 이도 있다. 내 SNS 계정으로 자기 책을 홍보해달라는 것이다. 힘드는 일도 아닌데 그 정도쯤 못 도와주나 싶은 모양이다.

기분 좋게 추천사를 실은 적도 몇 번 있긴 하다. 내가 내 뜻대로 써서 어딘가에 올린 감상문을 보고 출판사가 연락해 온 경우다. 글 일부를 SNS에 활용하거나 2쇄부터 띠지에 넣고 싶다고 했다. 그런 때에는 기쁜 마음으로 동의한다. 그런 상황을 제외하고는 앞으로 추천사 요청은 어지간하면 거절하려 한다.

덧붙임:

이 글을 쓴 게 2018년인데, 그 뒤로 나는 책 추천사를 수십 건 더 작성했다. 어지간하면 추천사 요청을 거절하겠다던 다짐이 몹시 민망하게 되었다. 친구나 지인이 부탁하면 정말 거절하기 어렵다. 또 추천사 요청이 들어온 원고가 마침 관심 있던 주제라서 정말 읽어보고 싶은 경우도 몇 번 있었다. 요즘에는 추천사에 대해서는 그냥 흐지부지한 태도다. 바쁘면 거절하고, 내키면 응하고, 어쩔 수 없이 써야 할 때는 쓰고. 숙제나 세금, 날씨에 대한 마음가짐과 비슷하다. 내가 싫다고 어찌할 수 있는 문제가 아닌 것 같다.

조지 오웰은 「어느 서평가의 고백」이라는 글에서, 직업적으로 서평을 써야만 하는 상황에 대해 아주 넌더리를 냈다. "쓰레기를 칭찬하는 것", "칭찬을 하든 욕을 하든 본질적으로 사기", "서평 절대 다수는 대상 책들을 부적절하게 기술하거나 독자들을 오도한다", "상당한 양을 쓰다 보면 책 대부분을 과찬할 수밖에 없게 된다" 등등의 말이 나온다. 서평 쓰는 일이 스탈린보다 더 싫었던 것 같다. 나는 저 정도까지는 아니다.

요즘엔 별걸 다 해야 돼요

유명 작가 A씨는 지쳐 보였다. 그는 전날 밤늦게까지 방송 프로그램에서 혹사당하고 제대로 쉬지 못한 채 다음 날 일찍 요조와 내가 진행하는 독서 팟캐스트에 출연하러 스튜디오에 온 참이었다. 녹음을 마치고는 얼른 다음 행사장으로 가야 했다. A씨 옆에서 출판사 마케터들이 부산하게 카메라 위치를 조정하고 있었다. 우리가 팟캐스트를 녹음하는 모습을 촬영해 홍보용 동영상으로 만들기 위해서였다.

A씨는 멍하니 마케터들을 바라보다가, 내게 이번 책을 내고 나서 만든 새로운 굿즈에 대해 이야기했다. 그는 그 굿즈 제작에도 참여했는데, 그가 참여했다는 사실이 마케팅에 중요했다. 그

187

는 설명을 마치며 이렇게 덧붙였다.

"요즘엔 별걸 다 해야 돼요."

얼마 전부터 출판계 관계자들을 만날 때 자주 듣는 소리다. 작가도, 편집자도, 마케터도, 서점 직원도 한숨을 쉬며 말한다. 요즘엔 정말, 별걸 다 해야 돼요. 나도 예외는 아니다. 데뷔하고 매년 책을 한 권 이상씩 냈는데 해마다 전에 못 해본 마케팅 행사에 참여하게 된다.

북콘서트, 북토크라는 말을 처음 들은 게 2014년 즈음이다. 처음 그 단어를 들었을 때는 '책으로 어떻게 콘서트를 연다는 거지? 다 같이 모여서 책을 읽는 건가?' 하면서 궁금해했다. 요즘은 독립 출판물 저자들도 북토크를 한다. 몇 년 사이 형식이 진화해서 이제는 독자와 저녁 식사를 하는 행사도 있고, 독자와 함께 맥주를 마시기도 한다. 맥주 마시는 행사에 나갈 때는 건배사를 준비해 가야 한다.

다음에는 굿즈 열풍이 불었다. 굿즈를 샀더니 책이 따라왔다며 예쁜 굿즈를 찬양하는 이들을 보면 서운한 마음도 들지만, 내 입장에서 편하긴 하다. 딱히 내가 더 해야 할 일은 없으니까. 그에 비하면 예약 구매 독자를 위한 저자 친필 사인본을 만드는 일은 중노동이다. 한번 "500부 정도 괜찮으실까요?" 하는 출판사 요청에 아무 생각 없이 "그러죠, 뭐" 했다가 후회한 적이 있다. 글씨가 느린 편이다. 한 권을 사인하는 데 1분씩 걸린다면 500부에는 8시간 20분이 걸린다. 파본이 생길 수 있기에 실제로는 몇 부 더 작업해야 한다.

북토크, 굿즈에 이어 지금은 동영상 홍보 시대다. 처음에는 북 트레일러라고 하더니, 요즘은 그냥 뭉뚱그려 '유튜브 콘텐츠'라고 하는 것 같다. 최근에 연작소설 『산 자들』을 내면서 그런 콘텐츠를 두 편 만들었다. 둘 다 영화사들이 만드는 홍보 영상을 흉내 냈다.

하나는 TMI 영상이다. 출판사에서 소셜 미디어를 통해 독자로부터 받은 사소한 질문을 봉투에 넣어 왔고, 내가 카메라 앞에서 그걸 하나씩 열어 보면서 재빨리 답하는 거다. "아이폰 쓰세요, 갤럭시 쓰세요?" 같은 거. 또 하나는 자문자답 인터뷰다. 내가 서로 다른 옷을 입고 질문하는 영상과 답변하는 영상을 따로 촬영한 뒤 합쳐서 마치 내가 나를 인터뷰하는 것처럼 만들었다.

공들여 준비해 왔을 편집자와 마케터에게 미안하기도 하고, 기왕 찍는 거 웃으며 찍자는 생각으로 나도 아이디어를 보탰다. 마침 입고 간 옷이 매릴린 맨슨 티셔츠였으므로 질문자를 '맨슨 장'이라는, 깐족대는 성격에 미스터 맨슨을 좋아하는 캐릭터로 꾸몄는데 연기를 하다 보니 어쩐지 몰입이 됐다. 그래서 내가 나 보고 "대한민국 최고의 소설가!"라고 말하는 황당한 상황이 연출됐다. 너무 오버했나 싶어서 머쓱해져 있는데 편집자와 마케터는 재미있다며 좋아한다. 그래, 그러면 그냥 가지 뭐…… 어차피 망가지는 게 포인트인데.

영상을 본 이들이 저 자식 건방지네, 잘난 척하네 하며 펼칠 뒷담화는 신경 쓰이지 않는다. 들어서 억울한 반응은 오히려 이런 쪽이다. "작가님은 독자와의 소통을 위해 늘 겁내지 않고 새로운 시도를 하시는 거 같아요." 아닙니다. 아니에요. 저는 아주 오래된 방식인 글자로 독자와 소통하고 싶은데 요즘 책이 하도 안 팔려서, 매번 책을 낼 때마다 출판사에서 "이런 거 한번 해보면 어떨까요" 하며 아이디어를 가져오십니다.

출판사들도 겁내지 않고 새로운 도전을 한다기보다는, 겁에 질려서 지푸라기라도 잡는 심정인 듯하다. "이게 효과가 얼마나 있을까요?" 하고 물어보면 다들 "글쎄요, 저희도 처음 하는 거라서 잘……"이라며 낯빛이 어두워진다. 새로운 도전에 의욕이 있는 젊은 직원들조차 이런 방식은 아닌 거 같다고 불만을 토로한다. "지금 유튜브로 잘나가는 분들은 다 유튜브가 뜰지 안 뜰지도 모를 때 시작했던 분들이잖아요. 이렇게 따라가기만 해서 뭐가 되겠어요." 일리 있는 얘기다.

그러나 "요즘엔 별걸 다 해야 돼요"라는 푸념 아래에는 그보다 훨씬 더 근본적인 불안이 깔려 있다. 나도, 편집자도, 마케터도, 서점 관계자도 그렇다. 우리가 점점 책이 아닌 다른 무언가를 팔고 있는 것 같다는 존재론적 위기감. 애써 아닌 척해도 콘텐츠와 책은 다르고, 크리에이터와 작가도 엄연히 다르다. 책은 글자로 돼 있고, 작가는 글자로 작업한다. 책의 본질이 굿즈나 토크에 담길 리도 없다. 우린 다 책이 좋아서 이 일을 시작했는데, 지금 뭘 하고 있는 거지?

사치스러운 투정임을 안다. 이런 마케팅 지원을 받을 수 있는 작가는 소수이고, 나는 행운아다. 다른 사람들 앞에선 "요즘엔 별걸 다 해야 돼요" 하고 웃기만 한다. 그리고 집에 돌아와 혼자 바버라 애버크롬비의 『작가의 시작』을 읽는다. 지친 작가들을 위한 위로와 조언이 가득한 책이다.

따뜻한 격려를 이어가는 이 책에 뜬금없게도 '매춘'이라는 단어가 몇 번 나온다. 자기 책을 팔러 나서야 하는 작가의 처지를 빗댄 것. 맘씨 좋고 터프한 이모할머니가 '얼굴이 왜 그렇게 X구멍이 됐어? 밖에서 욕봤어?' 하며 머리를 쥐어박고는 바로 안아주는 것 같다. 애버크롬비 여사가 왜 작가들의 멘토라 불리는지 궁금하시거나, 위로와 격려가 필요한 작가와 작가 지망생은 이 책 한번 읽어보세요.

덧붙임:

『재수사』를 출간할 때도 출판사에서 초판 사인본을 만들어달라고 요청했다. 역제안을 던졌다. 내가 엽편소설을 쓸 테니 그걸 엽서 형태로 만들어서 초판에만 끼우자고. 초판을 사는 독자들에게 사인본 대신 굿즈를 제공하자고. 사인을 천 번 넘게 하는 것보다 엽편 한 편을 쓰는 일이 내게는 훨씬 더 쉽기 때문이다. 사인은 내게 남지 않지만, 엽편은 짧더라도 내게 작품으로서 남는다. 출판사에서는 아주 좋다고 했다. 이러다 앞으로 다른 책(어쩌면 바로 이 『소설가라는 이상한 직업』에도 해당될지 모르겠는데)을 출간할 때도 모두 콩트를 한 편씩 써야 할지도 모르겠지만…….

계약은 어려워

 2011년부터 소설가로 활동하며 서명한 계약서들을 서류철 하나에 보관하고 있다. 출간 계약서가 있고, 영화사들과 맺은 판권 판매 계약서도 있다. 연재를 하거나 강연을 할 때, 방송에 출연할 때도 계약서를 작성하는 경우가 있다 보니 이게 꽤 두툼해졌다. 곧 두 번째 서류철을 준비해야 한다.

 이 서류철만 대강 훑어봐도 최근 10년 사이에 내가 몸담은 업계가 확 달라졌음을 느낀다. 서류철 뒤로 갈수록 계약서가 점점 두꺼워진다. 내용도 점점 어려워진다. 저술과 출판이 그만큼 더 차갑고 정교한 비즈니스가 되어간다는 얘기다. 아직도 다른 업계에 비하면 한참 멀었는지 모르겠지만.

몇 년 전만 해도 원로 작가 중에는 출판사와 기본적인 서류도 제대로 작성하지 않는 분이 계셨다고 한다. 우리 사이에 무슨 계약서야, 하면서. 지금 생각하면 도무지 믿어지지 않는데, 2010년대 중반에 그 얘기를 들을 때는 '출판사랑 작가가 오래 같이 일하면 그럴 수도 있구나' 하고 말았다. 어느 출판사 사무실에서 "뭐 이렇게 사인할 게 많나요?" 투덜거리다 들은 얘기였다.

그렇게 머리 긁적이며 작성한 11년 치 출간 계약서들에서, 특히 날이 갈수록 더 어려워지면서 두툼해진 조항은 2차 저작권 관련 부분이다. 그것은 소설 집필이 점점 '원천 콘텐츠 창작 활동'으로 변해갔다는 증거이기도 하다.

2010년대 전반까지만 해도 2차 저작권에 대해 다들 별생각이 없었던 것 같다. 어느 장편소설 출간 계약서에는 2차 저작권에 대한 조항이 아예 없었다. 계약서 자체가 참 단출했다. 두 장짜리였다. 이 서류에는 '저작권'이라는 단어가 딱 한 번 등장한다. 계약에 명시돼 있지 않거나 해석에 이견이 있으면 저작권법과 민법과 사회 통념에 맞게 처리하자고.

2010년대 초에 맺은 다른 장편소설 계약서의 2차 저작권 관련 조항은 이랬다. "본서의 번역, 요약본, 시디롬 타이틀, 연극, 영화, 전자매체 등으로 변용 사용할 경우와 전집이나 선집에 수록, 출판할 경우 저작권자와 발행인은 사전에 협의하여야 한다. 그 밖의 2차적 이용에 관한 권한과 책임은 추후 협의한다."

어느 영화사가 소설 판권을 사겠다고 연락해 오면 그때 가서 나와 출판사가 수익을 어떻게 나눌지 논의하게 돼 있었다. 그건 그렇고 "시디롬 타이틀"이라니, 대체 몇 년 만에 듣는 말이냐. 연극과 영화는 명시해놓고 TV 드라마는 빼먹은 이유는 뭐였을까.

어느 장편소설 공모전 수상작은 주최 측이 5년간 저작권 및 2차적 저작권을 보유하는 것으로 되어 있었다. 애초에 공고문에 그렇게 적혀 있었으니 내용에 불만은 없다. 그런데 "주최 측이 저작권을 보유한다"는 표현은 문제다. 주최 측도 저자 이름을 자기들이 마음대로 표기할 수 있다는 의미로 넣은 문구는 당연히 아닐 거다. 나는 저작권이 저작재산권과 저작인격권으로 구성되며, 후자는 양도할 수 없다는 사실을 최근에야 알았다. 그들도 몰랐던 것 같다.

내 경우 2010년대 중반에 맺은 출간 계약서부터 작가와 출판사가 2차 저작권 수입을 일정 비율로 나눈다는 조항이 들어갔다. 작가 몫을 높게 책정한 출판사는 자신들이 작가의 이익을 그만큼 우선시한다고 말했다. 비율을 다르게 설정한 출판사에서는 그들이 소설 판권을 더 열심히 세일즈하고, 영화사와 협상할 때 더 유리한 조건을 받아낸다고 설명했다. 다른 소설가들로부터 이런저런 조언을 듣기도 했는데 무슨 말이 옳은지는 알 수 없었다.

부산국제영화제에서 출판사가 영상 산업 관계자들 앞에서 신간 소설을 소개하는 프로그램이 생긴 것도 2010년대 들어서다. 처음에는 출판사 직원들이 프레젠테이션을 했는데, 나중에는 몇몇 작가들이 직접 나서기도 했다. 나는 중국에서 중국 영화 관계자들을 상대로 무대에 서봤다(엉망진창으로 했다).

최근에 서명한 계약서들에는 2010년대 초반에는 생각지도 못했던 파생 상품이나 수익이 적혀 있다. 웹드라마, e-러닝, 캐릭터 상품, 작품 제목이나 부제를 상표 등록해서 거둘 수 있는 수입 등등. 팔아본 적도 없고 팔릴지도 모르겠지만 그런 항목들이 있다. "그 외에 새로운 매체로 인해 발생할 수 있는 수익"이라는 항목까지 있다.

2차 저작물의 형태도 복잡해졌다. 메모리스틱에 담아 굿즈처럼 제공하는 오디오북과 스트리밍 서비스로 수시로 들을 수 있는 오디오북은 종이 만화와 웹툰처럼 완전히 다른 매체로 봐야 할까? 한 사람이 낭독해서 만든 음성 파일과 여러 성우가 라디오 드라마처럼 연기하고 음향 효과와 사운드트랙을 추가한 오디오 콘텐츠에 같은 요율을 적용해도 될까?

권리의 형태 역시 복잡한 것으로 드러났다. 이제는 영화화 계약서에서 속편을 만들 때는 원작자에게 얼마를 지급하고 리메이크를 제작할 때는 수익 몇 퍼센트를 분배할지도 얘기한다. 출판사는 영화사가 각본집이나 영상 화보집을 만들 때 다른 출판사보다 먼저 협상할 수 있는 권리를 챙긴다.

한 걸음 물러나서 보면 이 모든 일이 현대의 삶에 대한 은유 같다. 주변 환경은 정신없이 변하고, 따라잡지 않으면 손해를 본다고, 아니 도태되어 멸종된다고 하니까 어, 어, 하면서 따라간다. '이게 바람직한 방향인가' 겨우 묻게 됐을 때 나는 이미 그 변화의 일부다. 발전은 대개 나의 통제력 상실을 의미한다. 의학이 발달할수록 자기 건강 상태를 확신할 수 없게 되듯이, 내 권리라고 하는데 나는 거의 아는 게 없다. 결국에는, 뭐가 뭔지 잘 모르겠다.

그리고 어쩔 수 없이 협상 경험이 많고 변호사와 더 가까운 이들에게 유리해지는 구조가 되어간다. 당연히 작가 개인보다 출판사가, 출판사보다 콘텐츠 대기업이 그런 자원이 더 풍부하다. 믿어지지 않겠지만 단행본 출판사 상위 25개 사의 연간 매출액을 다 합쳐야 CJ E&M 미디어 부문의 한 분기 매출액과 겨우 비슷해진다. 출판계 안에서도 '지식의 부익부 빈익빈' 현상이 심해지는 추세다. 모르는 곳은 너무 모른다.

최근에는 자기 판권을 전문 매니지먼트 회사에 맡기는 작가들이 생겼다. 한국저작권위원회의 저작권 상담 센터나 예술인복지재단의 법률 상담 카페에서는 창작자들에게 무료로 저작권 관련 상담을 해주는데, 이런 공공 서비스가 훨씬 더 확대되면 좋겠다. 우리 사이에 무슨 계약서야, 라고 말할 수 있는 사람은 이제 아무도 남지 않았다. 작가건 아니건.

덧붙임:

2021년 말 한국문화예술위원회 문학지원부 워크숍에 초청받아, 작가들에게 저작권 교육과 상담을 해야 한다는 내용의 강연을 했다. 얼마 뒤 한국문화예술위원회가 한국저작권위원회와 업무 협약을 체결하고 문학 분야 저작권 교육과 상담 프로그램을 추진하기로 했다. 내 강연 때문인지 아닌지는 모르겠지만, 뿌듯했다.

표지
정하기

2020년에 출간한 에세이 『책, 이게 뭐라고』는 마지막의 마지막 순간에 겨우 책 표지를 정했다. 어느 정도로 마지막 순간이었냐면 홍보 동영상을 촬영하는 사무실에서, 촬영 직전까지. 그러니까 촬영 10분 전에도 내 등 뒤에 놓을 책 표지 일러스트가 어떻게 될지 모르는 상태였다.

표지 시안은 여섯 장이었다. 그 후보들을 테이블 위에 놓고 나와 편집자 둘, 마케터, 영상을 촬영하는 PD까지 다섯 사람이 둘러앉았다. 다들 입을 열기 조심스러워하는, 제법 심각한 분위기였다. 사람들이 내 눈치를 살피는 게 분명했다. '어떤 시안이 좋다'고 자기 의견을 냈다가 그 말을 의식한 내가 자유롭게 내 생각을 말하지 못하는 상황을 걱정해주셨던 것 같다.

조언을 들려달라고 요청하자 '1번 시안은 이런 장단점이 있고, 2번 시안은 이런 장단점이 있다'는 식의 말들이 오갔다. 그동안 결정은 내 몫이라는 사실을 깨닫게 됐다. 그런데 나로 말하자면 디자인 감각과 색채 감각 양쪽 모두 부족하기로 유명한 사람이다. 외출하고 돌아온 나를 보고 아내가 "옷을 그렇게 입고 나갔단 말이야?" 하며 종종 놀란다(딴에는 고심해서 차려입고 나갈수록 그렇다. 행사에 갈 때는 꼭 아내가 의상을 골라준다).

전업 작가로 살아온 지도 7년이 넘었고, 그간 낸 단독 단행본도 열 권이 넘으니까, 그렇게 책 표지를 정하는 상황이 내게 낯설지는 않을 거라고 짐작할지도 모르겠다. 그런데 그렇게까지 최후의 순간에, 그렇게 여러 시안을 놓고, 전적으로 내 의사에 따라 표지를 정한 적은 처음이었다. 출판사는 이 '최후의 회의' 전에 다른 시안 여덟 장을 놓고 공유 문서를 만들어 편집부, 영업부, 마케팅부 의견도 취합했고 거기에 나도 참석하게 해주었다. 그 역시 처음 하는 경험이었다.

보통 원고 교정 작업을 마친 후 표지를 정하게 된다. 몇몇 편집자는 아예 다른 시안 없이 이걸로 결정하려 한다며 이미지 파일을 보내줬다. 그렇게 표지를 정한 책이 세 권이다. 결정된 표지 이미지와 탈락한 시안을 함께 알려준 이도 있었다. 상당수 편집자는 표지 시안들을 메일로 보내며 편집부에서는 A안이 제일 반응이 좋다는 의견을 전해준다. 나는 몇 년 전까지는 대체로 편집부가 정해주는 대로 따라갔는데 요즘은 소심하게 의견을 낸다. "제목 크기를 조금만 더 키워주세요" 같은.

이럴 때는 편집자 출신이거나 출판사에서 근무한 경력이 있는 저자들이 부럽다. 일단 어떤 표지가 좋은 표지인지 잘 모르겠다. 디자인 감각도 색채 감각도 모자란 40대 아저씨인 내 눈에 좋아 보이는 표지와, 서점에서 눈에 잘 띄고 독자들의 호기심도 자극하는 표지는 분명히 다를 텐데.

그리고 내가 어디까지 요구할 수 있는지를 잘 모르겠다. 전에 나는 표지에 대해 목소리 내기를 가급적 꺼렸다. 까다로운 작가, '진상 저자'가 되는 게 아닐까 두려웠기 때문이다. 그런데 첫눈에 마음에 들지 않은 표지가 시간이 지난다고 좋게 보이지는 않았다. 볼 때마다 '이건 아닌데' 싶고, 나중에는 화가 나기까지 하는 표지도 있다. 심해지면 그 책 자체가 싫어진다. 내가 별난 예외는 아닌 듯하다. 심지어 언론 인터뷰 중에 "이 책 표지 마음에 안 들어요" 하고 불만을 터뜨리는 작가도 있을 정도니.

그렇다면 저자인 나로서는 내 눈에 좋아 보이는 표지를 고집해야 하는 걸까? 하지만 책은 나 혼자 만드는 것이 아니지 않은가. 편집자와 디자이너, 마케터와 영업 담당자의 노력이 거기에 한데 있지 않은가. 출판사가 출간 비용을 대지 않았는가. 그 책을 잘 팔아 번 수입을 우리가 나눠 가져야 하지 않는가. 그렇다면 표지를 정하는 권리, 표지에 대한 최종 책임은 누구에게 있는 걸까? 저자? 편집자? 디자이너? 출판사 대표?

이 칼럼을 쓰면서 친한 편집자들에게 물어보았다. 이 문제에 대해서는 편집자들도 견해가 다양하고, 출판사마다 태도도 다른 것 같다. 어떤 편집자에게는 '책 표지는 작가의 얼굴이니 작가가 정해야 한다'는 소신이 있다. 어떤 출판사는 작가 의견보다 마케팅 방향을 중시하는 스타일로 알려져 있다. 기성세대 편집자들은 젊은 편집자들보다 에디터십을 고집하는 경향이 크다고 한다. 요령 좋은 편집자들은 자기 마음에 드는 시안 몇 장을 고른 다음 그중에서 작가가 선택하게 한단다.

작가도 천차만별이다. 표지 회의에 참석해 자기 취향을 뚜렷하게 밝히는 작가도 있고, 참고 이미지를 수십 장 들고 와서 이런 느낌으로 해달라고 요청하는 이도 있다. 추상적이고 막연하게 '이건 아니고 저것도 아니고' 하는 식으로 우물거리는 것보다는 정확하게 요구하는 편이 낫다고 한다. 내가 아는 사례 중에는 아예 출판사에 자신이 아는 디자이너를 소개하며 이 사람과 작업해달라고 말한 작가도 있다. 그런데 그 결과물이 대단히 좋았다.

편집자와 디자이너에게 최악의 작가는 막판에 가서 다 아니라면서 시안들을 모두 폐기하게 만드는 사람이란다. 어찌나 찔리던지. 나도 그런 적이 있기 때문이다(그래도 그때 시안들이 심하긴 했다. 아내도 고개를 저었었다). 다음부터는 내가 생각하는 책의 정체성, 내가 바라는 표지 디자인 분위기를 편집부와 초기부터 공유하겠다고 다짐해본다.

다시 『책, 이게 뭐라고』 표지 이야기로 돌아가면, 그때는 행복한 고민에 빠졌다. 후보들이 다 마음에 들었다. 나, 편집자, 마케터, PD가 모두 만족해하는 시안이 두 개였고, 솔직히 둘 중 어느게 뽑혀도 상관없었다. 투표를 했는데 놀랍게도 만장일치로 한 시안에 의견이 모아졌다. 내가 한 손을 올리고 입을 벌려 웃고 있는 캐리커처. 흰 바탕에 선명한 청색으로 그린.

당시의 표지 트렌드와는 좀 달랐다. 그래도 나는 그 캐리커처 이미지가 무척 마음에 들었다. 거기에는 내 의견도 좀 반영되어 있다. 시안 상태일 때 캐리커처를 보고는, 편집자를 통해 디자이너에게 내 의견을 전달했었다. 제 눈을 더 처지게 그려주실 수 없을까요, 제가 이렇게 똘똘하게 생기질 않았거든요, 라고. 결과물을 보고 다들 거울 보는 기분이겠다고 말했다. 과분한 칭찬이었다. 캐리커처가 실물보다 훨씬 낫기 때문이다.

덧붙임:

해외 서점을 둘러볼 때마다 한국 책 표지가 외서 표지보다 압도적으로 예쁘다는 걸 깨닫는다. 나만 그렇게 느끼는 건 아닌 모양

이다. 심지어 외국 번역가들도 그렇게 말한다. 무슨 특별한 이유

가 있을까? 외국 출판사보다 한국 출판사가 형편이 더 나은 건

아닐 텐데. 외국 독자보다 한국 독자가 표지 디자인에 더 신경을

쓰나? 내용보다 외양에 더 쉽게 굴복하나?

제목 정하기

『책, 이게 뭐라고』 출간을 앞두고는 표지뿐 아니라 제목을 정할 때도 고심이 많았다. 출판사에서는 다음 두 가지를 두고 마지막까지 고민했다. '책, 이게 뭐라고'와 '읽고 쓰는 인간'. 편집부와 마케팅팀은 전자를, 영업팀은 후자를 선호했다.

양측이 격하게 대립했던 것은 아니고, A도 괜찮지만 B가 더 낫지 않아? 정도의 분위기였다. '책, 이게 뭐라고'에 대해서는 내용과 잘 어울린다, 더 흥미롭게 들린다는 호평이 있는 반면 너무 가볍지 않으냐, 검색할 때 같은 이름의 (내가 진행했던) 팟캐스트와 겹쳐서 나오지 않겠느냐는 우려가 있었다. '읽고 쓰는 인간'에 대해서는 저자와 어울리는 제목이다, 인문서 느낌이 나서 타깃 독자층을 넓힐 수 있다는 평가도 있었지만 너무 무겁다는 반박도 나왔다.

내 마음은 한동안 왔다 갔다 했다. 결국 결정한 '책, 이게 뭐라고'는 원고를 쓸 때 가제이기도 했다. 그것이 최선의 선택이었다는 확신이 지금은 든다. '읽고 쓰는 인간'이라는 말도 아까웠는데, 출판사에서 책 표지의 저자 이름 옆에 그 문구를 넣어주었다.

책 제목을 정하느라 막판까지 진통을 겪은 게 그때가 처음은 아니다. 『당선, 합격, 계급』에 비하면 훨씬 수월하게 정한 편이다. 그 책 원고를 쓸 때 가제는 '문학상을 타고 싶다고?'였다. 편집부에서 떠올린 제목 중에는 '좁은 문'도 있었는데, 이 얘기는 민음사 편집자들이기도 한 서효인 시인과 박혜진 평론가가 함께 쓴 독서 에세이 『읽을 것들은 이토록 쌓여가고』에 나온다. 그렇게 함께 꽤나 애를 먹다가 어느 날 '당선, 합격, 계급'이라는 말이 떠올랐는데, 바로 이거다 싶었다. 편집자도 환영했다. 그때까지 혼자 메모장에 적었던 제목 안이 서른 개쯤 됐다.

서른 개라는 안의 양은 객관적으로 많은 걸까 적은 걸까? 잘 모르겠다. 어느 지인 편집자는 그가 작업한 장편소설을 위해 제목 후보를 100개나 만든 적도 있다고 털어놨다. 그걸 회사 동료들에게 보여주며 의견을 묻고, 종이로 출력해 사무실 입구에 붙여서 약식 투표를 벌이기도 했단다.

흥미롭게도 표지 디자인에 대해서는 작가의 의견을 존중한다는 젊은 국내 문학 편집자들도 제목에 대해서는 퍽 엄격한 태도를 보인다. 그만큼 책에서 제목이 중요하다는 뜻이렷다. 작가가 정한 가제가 편집자의 요구로 바뀐 경우도 드물지 않다. 당사자들이 언론에 공개한 최근 사례만 봐도 다음과 같다.

『82년생 김지영』은 조남주 작가가 원고를 출판사에 보낼 때는 제목이 '19820401 김지영'이었다. 편집자가 이 작품은 한 여성의 이야기가 아니라 80년대 여성들의 이야기임을 부각시키고자 제목 수정을 제안했다고 한다. 김혜진 작가의 『9번의 일』도 원래 작가가 정한 제목은 '철탑을 오르는 사람'이었는데 편집부가 반대했다고 한다. 최지월 작가의 『상실의 시간들』은 한겨레문학상에 당선될 때는 '만가'였다. 최 작가는 출간 이후 인터뷰에서 "아직도 '만가'가 더 어울리는 제목 같다"고 말하기도 했다.

내 경우 『댓글부대』의 원래 제목은 '2세대 댓글부대'였다. 그런데 담당 편집자가 '2세대'라는 단어를 빼야 한다고 강력히 주장했다. 『우리의 소원은 전쟁』은 집필 초반까지 가제가 '헌법 14조'였다. 편집부에서 고개를 갸웃하기에 며칠 동안 궁리해서 지금의 제목을 생각해냈다. 두 책 모두 현재의 제목이 마음에 든다.

반면 『표백』 『한국이 싫어서』 『그믐, 또는 당신이 세계를 기억하는 방식』 『산 자들』 등은 처음 생각한 제목이 그대로 최종 제목이 되었다. 몇몇 작품은 캐릭터나 줄거리를 정하기 전에 제목부터 정했다.

사실 내게는 집필 초기 단계에서부터 제목이 무척 중요하다. 글을 쓸 때 주제를 중요하게 여기는 편이어서 그런 것 같다. 내가 말하려는 바가 무엇인지 먼저 정리하고 소설을 쓴다. 그런 마음이 자연스럽게 프로젝트 이름(가제)에 반영되는 것이다. 소설을 쓰는 기간에는 다른 일을 할 때도 원고를 잊지 않기 위해 그 가제를 반복해서 중얼거린다. 머리를 감으면서 "산 자들 산 자들 산 자들……"이라고 혼잣말을 하는 식이다. 그러니 원고 완성 전이라도 제목은 꼭 있어야 한다.

이런 방식이자 습관 덕분에 내 책들 제목은 거의 모두 꽤 직설적이다. 신문기자 경험도 분명 영향을 미치는 것 같고. 신문 기사 제목들 참 직설적이지 않은가. 신문사에서 기사 제목은 편집기자가 달지만, 취재기자도 편집기자의 노하우에 영향을 받는다. 내가 내 책에 짧고 힘 있는 제목을 붙이기를 선호하는 것도 내 신문기자 경험과 무관치 않은 듯하다.

내 방식이자 습관에 큰 불만은 없지만, 한편으로는 뭔가 알 듯 모를 듯하고, 은근한 향취를 풍기는 제목을 단 소설들이 부럽기도 하다. 최근의 한국 소설로는 『바깥은 여름』『오직 두 사람』, 과거의 해외 소설로는 『노르웨이의 숲』이나 『굿바이, 콜럼버스』 등. 짧고 시적이면서 파워풀한 제목은 더 좋다. 『아버지들의 죄』 같은.

반면 『느림』이라든가 『만남』 같은 소설은 그게 아무리 밀란 쿤

데라의 선택이라도 그 제목이 부럽지 않다. 좀 흐리멍덩하게 들리지 않나? 『불멸』이나 『정체성』은 그보다는 나은 것 같다.

『허즈번드 시크릿』이나 『오베라는 남자』 같은 책들도 내용은 참 좋았지만 제목은 내게 썩 밋밋하게 느껴진다. 남편의 비밀을 다룬 소설 제목이 '남편의 비밀'이고, 오베라는 남자가 주인공인 소설 제목이 '오베라는 남자'라니. 그런데 아내는 두 책 모두 제목이 마음에 든다고 한다. 부부 사이에도 제목 취향은 이렇게나 다르다.

몇 가지 편견을 더 풀어놓자면, 나는 한국 작가가, 특히 문학 작가가, 자기 책 제목을 영어 단어로 정하는 게 어째 어색하다. 『뤼미에르 피플』을 낸 사람이 떳떳이 할 소리는 아니지만…….
문장형 제목도 그리 좋아하지 않는데 이건 정말 논리적인 이유를 댈 수 없는 개인 취향의 문제인 것 같다. 그럼에도 『포스트맨은 벨을 두 번 울린다』는 내 인생 책이고…….

어떤 제목이 좋은 제목인지에 대해서는 여러 사람이 공통적으로 하는 설명이 있다. 첫눈에 눈길을 끌되 소설 내용을 다 알 듯한 느낌은 피해야 하고, 다 읽은 뒤에는 '아하, 이런 뜻이구나' 하고 무릎을 치게 만들어야 한다는 것, 부르기 좋고 검색하기 쉬워야 한다는 것 등등.

내가 하나 더 보탠다면 본문과의 어울림을 들겠다. 소설 내용이 강건하고 씩씩하다면 문체도 제목도 그런 느낌인 게 좋다. 반대의 경우도 마찬가지고. 이런 일치와 조화의 추구를 '스타일'이라고 불러도 될까? 그렇다면 제목을 정하느라 끙끙 앓으면서 소설가들은 의식적으로 또 무의식적으로 자신의 스타일을 쌓아 올리는 셈이다. 나도 스타일이 있는 작가가 되고 싶다.

덧붙임:

이 책 제목을 정하는 일은 쉽지 않았다. 내가 에디터리 대표에게 보낸 제목 후보는 '소설가라는 이상한 직업', '작가라는 이상한 직업', '헌신할 수 있는 직업', '글 쓰는 직업의 기쁨과 슬픔', '작가의 사생활'이었다.

에디터리 대표는 메모장에 이런 문구들을 적으며 제목을 구상했다고 한다. '오늘도 힘내요 작가님', '작가생활기', '전업작가생활기', '작가일상생활', '소설가 장강명 씨의 일일', '소설가와 회색 수면양말', '냉장고 옆 테이블, 노트북과 엑셀', '소설가 환상주의보', '작가 일상 탐구일지', '작가 생활 관찰록', '작가 생활 채집록', '전업 작가 생활론', '외로운 직업', '거짓말을 그럴싸하게 잘하는 직업', '유일하게 뜨거울 수 있는 직업', '소설가와 생활', '소설가 생활', '제 직업이 소설가라서 곤란한가요? 심각한 건 아닙니다', '소설가 목격담', '소설가, 직업의 발견', '소설가, 일의 발견', '작가, 그게 뭐라고'…….

결국 최종 제목은 이 책 독자들이라면 다들 알고 계실 '소설가라는 이상한 직업'으로 정해졌다. 소설가가 아니라 에세이 작가를 꿈꾸는 잠재 독자층도 고려해야 하는 것 아닐까, 무라카미 하루키의 『직업으로서의 소설가』와 너무 비슷해 보이는 것 아닐까 하는 고민도 있기는 했다. 하지만 결국 나나 에디터리 대표나 이 제목 말고 다른 제목은 안 되겠다는 생각을 하게 되었다.

　사회부 기자로 일하다 보면 방송작가의 전화를 종종 받게 된다. 예를 들어 '해외 이민을 떠나려고 적금을 붓고 있는 청년 A씨' 같은 사례를 기사에 쓰면, 같은 아이템으로 취재 중이라는 방송작가의 목소리를 듣게 되는 것이다.

　기자 입장에서 반가운 전화는 아니다. 특히나 상대의 첫 마디가 아래와 같다면 말이다.

　"여기 방송국인데요, ○월 ○일자에 쓴 기사의 A씨 휴대폰 번호 좀 알려주세요."

　우선 기자들끼리는 서로 취재원이나 사례에 해당하는 사람의 연락처를 물어보는 게 실례다(적어도 10년 전까지는). 방송작가들은 기자들이랑 문화가 다른 걸까? 게다가 A씨의 연락처를 넘겨주려면 A씨의 허락을 먼저 받아야 하는 것 아닐까? 그런데 애초에 내가 애써 취재한 사례의 주인을 얼굴도 모르는 남에게 굳이 알려줘야 할 이유는 뭐람? 게다가 상대의 태도가 이렇게 다짜고짜라면.

물론 친절하고 예의 바르게 자기를 소개한 방송작가도 있었지만, 저런 식으로 말하는 사람도 한둘이 아니었다. 당연히 기분이 안 좋고 속이 꼬인 상태로 "어느 방송국의 무슨 프로그램인데요? A씨 연락처가 왜 필요하신 건데요?" 하고 되묻게 된다. 머릿속에서는 이미 '안 됩니다'라는 대답이 준비되어 있다.

이런 일들을 겪으면서 나는 나를 소개해야 할 때 상대가 궁금해할 만한 것을 먼저 한 번에 말하는 습관을 익혔다. "선생님, 지금 혹시 통화 괜찮으신가요? 동아일보 사회부의 장강명 기자라고 합니다. ○○○한 일로 전화를 드렸습니다." 회사 이름-부서-내 이름-용건 순서다. 상대가 궁금해할 사항의 순서이기도 하다.

그게 프로페셔널한 자기소개라고 믿었고, 지금도 그렇게 생각한다. 그런데 그런 자기소개를 반복하는 동안 그 문구가 서서히 나의 자기규정이 되어간 것 아닌가 하는 생각도 든다. '나=어느 회사, 어떤 부서에서 일하는 신문기자'라고.

그래서 문인들의 모임에 나가 소설가, 시인, 문학평론가의 자기소개를 처음 들었을 때 신선하고 놀라웠다. 다들 "소설 쓰는 ○○○입니다", "시 쓰는 ○○○입니다"라는 식으로 자기를 소개했다. 처음에는 그런 소개가 낯설어서 어리둥절했지만 조금 시간이 지나자 멋있게 들렸다.

나는 그 전까지 문학계라는 곳이 무척 폐쇄적이고 권위적이라는 선입견이 있었다. 문인들이 '몇 년도에 등단한 누구'라는 식으로 자기소개를 하고는 서로 누가 더 선배인지 따지지 않을까, 멋대로 공상하기도 했다. 그런데 다른 군더더기 없이 '나=어떤 분야의 글을 쓰는 사람입니다'라니, 근사하지 않은가. 곧 나도 "소설 쓰는 장강명입니다"라고 스스로를 설명하게 되었다. 그렇게 말하는 사이에 자기규정도 서서히 바뀌었으려나?

이동진 평론가의 독서 에세이 『밤은 책이다』에는 그가 트레이드마크인 빨간 뿔테 안경을 사게 된 계기가 나온다. 신문사를 그만두고 울적하게 지내다가 동네 안경점에 가서 빨간 테 안경을 처음으로 걸치게 되는 이야기다. 그는 "변화의 순간은 일종의 의식(儀式)을 필요로 할 때가 많은데, 내게 그 의식은 빨간 테 안경을 사는 일이었다"고 썼다.

나는 명함을 팠다. 사표를 내고 나서 한두 달쯤 뒤였다. 직함을 적어야 할 공간에는 "소설 씁니다"라고 박았다. '직함이 없는 인간'이라는 자격지심을 그렇게 극복하려 했고, 실제로도 큰 도움이 되었다. '나 소설가요!' 하고 외치고 다니는 기분이었다. 지금도 장강명이라는 이름 옆에 "소설 씁니다"라고 적힌 그 노란색 명함을 들고 다닌다. 개도 한 마리 그려져 있다.

　작가라면 보다 공적으로 자신을 소개해야 할 경우가 있다. 책을 낼 때마다 앞날개에 그걸 적어야 한다. 어떤 작가들은 작가 소개 문구를 쓰는 걸 굉장히 버거워하며 자기가 해야 할 일이 아니라고 반발하기도 한다. 특히 첫 책을 낼 때 부담스럽다. 어깨에 힘은 들어갔는데 경력은 별것 없고, 자랑은 하고 싶은데 눈치가 보이고……. 그러다가 '바람이 많이 불던 날 섬에서 태어났습니다. 눈감는 날까지 쓰고 싶다고 생각합니다' 뭐 그런 문구를 적게 되나 보다. 나는 색소폰을 불고 마라톤을 몇 번 완주했다, 이런 이야기까지 적었다. 물론 지금 보면 부끄럽다.

　내가 여태까지 본 중에 가장 높이 평가하는 책 앞날개의 작가 소개는 임성순 작가의 에세이 『잉여롭게 쓸데없게』(행북 2019)에 있다. 이렇게 시작한다.

　　책을 보면 알게 되겠지만, 내가 책을 구매하는 데 저자 약력이 영향을 준 적은 별로 없었다. 따라서 왜 이곳에 저자 약력을 적는지 잘 모르겠다. 아마 스마트폰으로 저자가 어떤 인간인지 검색할 수 없었던 과거의 유산일 수도 있겠다.

　그 자체로도 재치 만점인 데다가 임성순이 어떤 사람인지, 『잉여롭게 쓸데없게』라는 책이 어떤 내용일지 대강 감이 잡히면서 동시에 궁금증이 일게 만든다. 자신의 과거 작품들과 수상 경력은 그냥 "장편소설을 주로 쓰고 언젠가 상을 받은 적도 있다"고 한 줄로 요약했다. 패기 있고 멋있다.

막 집어 든 『관계의 과학』의 저자 소개 문구도 대단히 훌륭하다. 김범준 교수는 자기소개를 책 뒷날개까지 이어지도록 길게 썼다. 이런 식이다. "논문 출판을 걱정했던 연구로는 「혈액형과 성격의 상관관계에 관한 연구」 「윷놀이에서 업는 것과 잡는 것 중, 어떤 것이 더 유리한지 살펴본 연구」 등이 있다. 다행히 지금까지는 마무리한 연구 결과를 모두 학술지에 출판할 수 있었다." 저자에 대한 신뢰와 글에 대한 호기심이 생기면서, 통계물리학이라는 어려운 학문에 대한 부담은 줄어드는, 일석이조의 소개다.

내가 드러내고 싶은 나의 모습과 출판사에서 원하는 문구가 다른 경우도 있다. 특히 장르소설을 내거나 앤솔로지에 참여할 때 그렇다. 나는 책날개에 있는 문장도 책의 일부라고 생각하고, 본문 내용과 어울리게 쓰고 싶어 한다. 그러나 편집자들은 그보다는 무슨 문학상을 받았고, 무슨 문학상도 받았고 하는 내용을 넣으려 한다. 그 심정도 이해는 간다. 그 편이 손톱만큼이라도 책 판매에 더 유리하리라 여길 것이다.

대중은 편집자들보다 더 완강하다. 참을성도 부족하다. 사실 기억력도 그리 좋지 않다. 그러니 불특정 다수를 상대로 무언가를 팔아야 할 때는 이해하기 쉽고 짧고 독특한 소개 문구가 있으면 실체와 관계없이 덕을 본다. '기자 출신 소설가' 같은. 소설가뿐 아니라 연예인, 기업인, 정치인 모두 그렇다. 다들 처음에는 그런 카피를 간절히 바란다. "작가로서의 브랜드를 쌓으라"고 조언하는 이들도 있다. 광고 카피 같은 작가 소개 문구를 활용해 작가로서의 브랜드를 쌓으라고 조언하는 이들도 있다.

그러나 자칫하면 그런 문구가 자신에 대한 규정이 되어버릴 수도 있기에 조심해야 한다. '발랄한 상상력' 같은 딱지를 누가 붙인다면, 글쎄, 나는 싫을 것 같다. 운신의 폭이 좁아지지 않을까. '발칙한 상상력'은 더 나쁘다. 그 상상력의 수준이 감당할 수 있는 범위에 있음을 거꾸로 암시한다. 발랄이고 발칙이고 간에 30대 중반이 넘어가면 어색해지는 수식어다. 오래도록 소설을 쓰고 싶은 야심 있는 젊은 작가라면 그런 문제를 고민해보는 것도 좋겠다.

'도회적 감성'이라든가 '사회파'라든가 '장애인 소설가' 같은 소개는 어떨까(그리고 '기자 출신 소설가'는?). 그것은 정체성일까, 속박일까. 나는 한때 '월급사실주의자'라고 내 소개를 하고 다닌 적이 있다. 내가 지어냈고, 지금도 좋아하는 말이다. 내가 당대 현실에 밀착한 글을 쓰며, 내 경력도 그렇고, 무엇보다 내가 갑자기 튀어나온 별종이 아니라 한국문학에 그런 새 물결이 오고 있는데 나는 그 일선에 있다는 은근한 자부심을 담았다. 그런데 기대와 다르게 나 혼자 쓰는 용어가 되어버렸다.

　작가에게 가장 바람직한 상황은 아마 작품이 곧 자기소개가 되는 경우이리라. 무슨무슨 소설을 쓴 사람으로 소개되는 것. 소설가에게 그보다 더한 성공이 있을까. 거기서 더 나아가면 작가와 작품이 동의어가 되기도 한다. "난 요즘 하루키를 읽고 있어"라는 말은 어색하지 않다. 나도 내 소개가 될 수 있는 소설, 피와 살이 있는 인간 장강명과 동의어가 될 수 있는 책을 쓰고 싶다.

덧붙임:

기자일 때는 전화도 늘 "장강명입니다"라고 말하며 받았다. 그게 사람을 넓게, 많이 만나야 하는 직업 종사자의 비즈니스 매너라고 생각했다. 요즘은 그냥 "여보세요" 하며 받는다. 10년 넘게 들인 습관을 바꾸려니, 처음에는 무척 어색했다.

소설가의 사진

　최민석 작가의 에세이 『꽈배기의 맛』을 읽다가 깔깔거리며 웃었다. "도대체 왜 한국 소설가들은 프로필 사진을 찍을 때 옆으로 얼굴을 돌려 찍는 걸까, 다들 담합이라도 한 걸까"라는 대목에서다.

　최 작가의 말이 옳다. 정말 한국 소설들은 프로필 사진도 그렇고 인터뷰 사진도 그렇고, 측면 사진이 압도적으로 많다. 90도까지는 아니고, 45도 정도로 얼굴이 돌아간 옆모습이 대세다. 고개는 살짝 들고 있고, 시선은 먼 곳을 향해 있다. 소설가들은 사진 속에서 약간 슬픈 거 같기도 하고 아닌 거 같기도 한 아련한 표정을 짓고 있다.

최근에 신간이 나와 언론 인터뷰를 하면서 그런 사진들을 또 여러 장 찍었다. 사진기자들은 이런 식으로 주문했다.

"(카메라 오른쪽 위쯤에서 주먹을 쥐면서) 이쪽 한번 봐주세요. 눈은 먼 데 보시고요."

"(머리 약간 위에 있는 가상의 선상에서 팔을 좌우로 펼치고) 여기서부터 여기까지 자연스럽게 고개를 돌려주세요. 네, 좋습니다."

그렇게 포즈를 잡다가 셔터를 누르는 사진기자에게 물었다. 사진기자들은 소설가가 오른쪽 위 어딘가를 바라보는 모습을 왜 그렇게 좋아하느냐고.

"글쎄요. 찍히는 분의 직업이랑 상관이 있긴 해요. 특히 소설가들을 이렇게 찍는 거 같네요. 기업 CEO한테 취하라는 자세는 아니거든요."

"뭔가 현실에서 벗어나 피안을 바라본다, 잡을 수 없는 것을 꿈꾼다, 그런 느낌을 주려는 걸까요?"

"음…… 그런 거 같네요."

이런 추측이 옳다면 그 옆모습은 우리 시대가 문학과 예술에 대해 품고 있는 신화가 반영된 것이다. 문학계 종사자들은 세속적인 일보다는 영원이라든가 구원이라든가 아름다움처럼 멀리 떨어진 것들에 관심을 가지고 있다, 또는 가져야 한다는.

그렇다면 내가 그나마 다른 소설가보다 정면 사진으로 노출되는 사례가 많은 이유도 설명이 된다. 나는 추상적인 관념보다는 현실의 실체를 붙잡으려 하는 사람이고, 인터뷰 중에 직설적으로 내 생각들을 쏟아내기도 한다. 그러다 보니 편집자도 내가 인터뷰어를 응시하는 이미지를 택하는 게 아닐까. '이 사람 좀 특이하네' 하면서.

사진기자와 나의 대화를 듣던 취재기자는 다른 이야기를 들려주었다. 인터뷰 기사가 나간 뒤에 사진을 바꿔달라고 요청하는 신인 소설가가 많단다. 특히 신춘문예 당선자들이 그런다고.

이건 따로 설명을 듣지 않아도 사정이 이해가 간다. 당선 소식을 듣기까지, 첫 책이 나오기까지 얼마나 오랜 시간 참으며 기다렸겠는가. 이제 비로소 세상에 대고 '나 소설가요, 나도 글 썼소'라고 말하며 축하를 받고 싶은데 하필 그 사진이 마음에 안 들면 얼마나 곤혹스럽겠나.

전직 신문기자로서 변명을 하자면, 보도사진들은 패션지 화보와는 목표 자체가 달라서 모델을 우아하고 멋지게 포장하는 일에는 상대적으로 소홀하다. 또 포토 저널리스트들은 대상을 왜곡할까 봐 보정을 꺼리고, 기실 사진을 세밀히 다듬을 시간 여유도 없다. 거기에 편집자는 밝고 역동적인 이미지를 선호하다 보니 인물이 이를 드러내고 얼굴을 구기며 웃는 사진을 택한다.

신인에 대한 고정관념도 한몫하는 것 같다. 젊으니까 패기를 표현해야지, 발랄한 모습을 보여야지, 하는 생각으로 무리한 자세를 요청하는 경우가 잦다. 팔을 벌리고 펄쩍 뛰는 포즈 같은 거. 당사자는 뭐가 뭔지 잘 모르는 상태로 기자가 시키는 대로 했다가, 나중에 신문에 실린 사진을 보고는 얼굴이 붉어지는 거다.

나로 말하자면 멍한 옆모습도 불만 없고, 오른팔 들고 점프하라는 주문도 기꺼이 감수한다. 어차피 잘생긴 외모도 아니고. 오늘은 테이블에 양반다리를 하고 올라앉아 장난기 어린 표정으로 사진을 찍었다. 사진작가는 "웃는 모습이 너무 좋아요"라고 말했는데, 아마 나중에 보면 또 웃느라 눈이 안 보이는 얼굴일 거다.

나는 오히려 포토샵으로 지나치게 손을 댄 프로필 사진이 민망해서 고민이다. 팟캐스트 팀장이 전문 스튜디오로 데려가서 찍어준 사진인데…… 매우 젊고, 잘생기게 나왔다. 아무리 봐도 내가 아닌 다른 사람이다. 지인들은 동명이인이냐며 놀린다.

그래도 언론사나 출판사에서 프로필 사진을 보내달라고 하면 이 사진을 보내는데, 젊고 잘생겨 보이려고 그러는 건 아니다. 저작권이 문제 되지 않는 고화질 이미지 파일이 이것밖에 없기 때문이다. 사진의 저작권은 모델이 아니라 사진작가에게 있다.

한국 작가 중에는 아예 얼굴을 드러내지 않고 신비주의를 고집하는 이도 있고, 인터뷰나 강연에서는 얼굴을 드러내지만 사진을 찍을 때는 인형 탈을 쓰는 사람도 있다. 표정 연출이나 보정이나 저작권에 대해 고민할 필요가 없을 그들이 부럽기도 한데, 난 이미 늦었다. 작가 지망생들은 미리 고민해보시기를.

덧붙임:

이제는 저작권이 문제 되지 않는 다른 고화질 이미지 파일이 생겨서, 과도하게 보정한 그 프로필 사진은 쓰지 않을 수 있게 됐다. 정말 다행이다. 나는 내가 모르는 분야에 대해서는 전문가가 하자는 대로 따르는 편인데, 저 과도한 보정 사진을 떠올릴 때마다 그런 태도가 꼭 정답은 아니라는 생각이 든다. 그렇다고 '나한테 어울리는 건 내가 제일 잘 알아'라고 고집부리는 게 바람직한 것 같지도 않고.

2020년대 한국 소설가와 영화 판권

대학 국문학과나 문예창작학과 강의실에서 만난 소설가 지망생들은 겁에 질려 보였다. 졸업을 앞둔 학생일수록 그랬다. 작가의 삶이 팍팍하다는 말을 하도 많이 들어서 그런 듯했다. 왜 하필 한국에서 태어나 한국어로 소설을 쓰고 있단 말인가, 이 나라 사람들은 책도 안 읽고, 21세기에는 더 그렇고, 이 언어는 번역하기 정말 까다롭지 않은가, 하고 한탄하는 젊은 작가도 여럿 봤다.

소설가 지망생들에게 "소설가 되지 마세요"라고 말하는 작가들도 있다. 그런 조언에는 글 쓰는 삶을 꿈꾸는 이라면 진지하게 고민해봐야 할 현실이 담겨 있다. 그러나 그런 말만 들으면 힘이 빠지는 것도 사실이다. 요즘 학생들이 그런 상황을 모르는 것 같지도 않았다. 오히려 '매년 책을 내고 그게 1만 부씩 팔려도 연수입이 1,500만 원밖에 안 된다는 소린데 그건 도저히 못 하겠다'고 지레 좌절하는 듯했다.

한국 소설가들의 생활은 팍팍한 게 맞다. 졸업 후 바로 전업 작가가 되겠다는 계획은 한사코 말린다. 다만 공포에 짓눌려 꿈을 포기하거나 세상을 원망하는 예비 작가가 있다면, 사람들이 잘 모르는 다른 일면도 보여주고 싶다. 2020년대 한국 소설가는 최소한 한 가지 점에서는 다른 나라 소설가나 20세기의 선배들보다 처지가 낫다. 21세기 한국이 세계적인 영화·드라마 강국인 덕분이다. 빛과 그늘이 있는 사안일 텐데, 밝은 부분만 먼저 적어본다.

미국영화협회 통계에 따르면, 2018년 기준 한국 영화 시장은 세계 5위 규모다. 인도보다 더 크다. 한국은 자국 영화 점유율이 50퍼센트가 넘는 몇 안 되는 나라이기도 하다. 2010년 이후 자국 영화 점유율 순위에서 한국은 늘 세계 4위 아니면 5위다. 한국보다 자국 영화를 더 사랑하는 나라는 할리우드가 있는 미국, 발리우드가 있는 인도, 외화 수입을 제한하는 중국, 극장판 애니메이션이 강세인 일본뿐이다.

드라마는 어떤가. 방송사가 많아지면서 제작 편수가 급증했고, 몇몇 작품의 인기는 '탈(脫)한국'했다. 「별에서 온 그대」 「태양의 후예」 세계 시청자 수가 한국 인구보다 훨씬 많을 거다.

2017년에 한국 드라마 수출액은 2억 달러를 넘었고,「미스터 션 샤인」은 한드 제작비 400억 원 시대를 열었다.

이 말인즉슨 한국의 영화와 드라마 제작자들이 지금 눈이 벌게져서 원작 콘텐츠를 찾고 있다는 얘기다. 한국 소설로는 모자라 해외 소설(『솔로몬의 위증』『화차』『백야행』『이번 주 아내가 바람을 핍니다』『당신, 거기 있어줄래요?』)까지 살핀다. 기사 검색으로 영상 판권이 팔렸다는 한국 소설을 대강 훑어봤다. 웹소설은 제외하고 최근 5년 사이에 발간된 종이책만 옮긴다.

『고시원 기담』(전건우),『마당이 있는 집』(김진영),『여름, 어디선가 시체가』(박연선),『균』(소재원),『밀주』(이정연),『청계산장의 재판』(박은우),『현장검증』(이종관),『의자왕 살해사건』(김홍정),『평양을 세일합니다』(박종성, 윤갑희),『돌이킬 수 있는』(문목하) ……. 장르소설 작가의 책만 팔리는 거 아니냐는 핀잔이 있을까 봐『개와 늑대의 시간』(김경욱),『보건교사 안은영』(정세랑),『뜨거운 피』(김언수),『딸에 대하여』(김혜진)도 보탠다.

출간 5년이 안 되었는데 이미 영상화가 된 소설도 있다.『82년생 김지영』(조남주),『미스 함무라비』(문유석),『조선 마술사』(이원태, 김탁환),『달리는 조사관』(송시우),『너무 한낮의 연애』(김금희),『날씨가 좋으면 찾아가겠어요』(이도우) 등등. 재작년에 나온 정진영 작가의『침묵주의보』는 출간 2년 만에 황정민 배우 주연으로 올해 하반기 JTBC에서 방영될 예정이다. 드라마 가제는

'허쉬'라고 한다.

위에 열거한 것 이상으로 많은 소설들의 판권이 팔렸으리라 짐작한다. 최근 판권 계약을 맺었다고 들은 동료 소설가의 작품 관련 기사는 아무리 검색해도 안 보인다. 출판사가 보도자료를 내거나 작가가 인터뷰에서 말하지 않으면 기자들이 알 길이 없으니. 나는 영화와 드라마 판권 계약을 여섯 건 맺었는데, 기사로는 세 건만 찾을 수 있다.

판권 판매를 굳이 알리지 않는 이유는 도중에 '엎어지는' 프로젝트가 많아서다. 감독과 배우를 섭외하고 투자를 받기까지 넘어야 할 산이 수도 없다. 사실 원작자는 기획이 중간에 좌초해도 손해 보지 않는다. 계약할 때 돈을 받으니까(러닝개런티 비중을 높게 잡았다면 아쉽긴 하겠다). 게다가 요즘은 대부분 제작사가 일정 기간 내 작품을 만들지 못하면 원작자가 판권을 회수하는 조항을 둔다. 그렇게 돌려받은 판권을 다른 곳에 되팔 수 있다.

판권 수익은 적지 않다. 영화나 드라마 계약을 한 소설 상당수가, 인세 수입보다 판권 수익이 훨씬 높을 것이다. 2018년 개봉한 한국 영화 가운데 저예산 영화를 제외하고 순제작비 30억 원 이상인 상업 영화 40편의 제작비 평균이 103.4억 원이었다. 당신이 그런 영화를 만들려는 프로듀서라면, 성패에 가장 중요한 요소인 원작 확보에 돈을 얼마나 쓰겠는가? 다른 제작사가 같은 작품을 노리고 있다면? 해마다 한국 영화와 드라마 제작비는 높아지고, 원작료의 '시세'도 우상향하는 중이다.

책으로 먹고살고 싶은 사람에게는 웃어야 할지 울어야 할지 모르겠는 현실이지만 그래도 독일, 이탈리아, 스페인 작가들이 들으면 부러워하지 않을까? '한국 소설가들은 판권 잘 팔려서 좋겠다, 나도 영화 강국에서 살고 싶다' 하고. 이들 국가에서 자국 영화 점유율은 20퍼센트 안팎이다.

이건 득(得)이 아니라 독(毒)이다, 라고 하실 분도 계실 것 같다. 소설가가 판권 판매를 의식하면서 영화 프로듀서가 좋아할 내용을 쓰게 되지 않겠는가 하고. 옳은 지적이다. 그런데 영상 시장이 싹 사라지더라도 그 문제는 여전히 남는다. 인세 하나만 바라보는 작가도 대중 영합이라는 유혹은 여전히 받는다는 말이다. 한국 사람들이 그렇게 영화나 드라마를 열심히 보니 책을 안 읽는 거라는 비판은 어떨까. 그보다는 지나치게 긴 노동과 학업 시간이 독서율을 떨어뜨리는 주범 아닐까.

2018년에 서울국제작가축제에 참여했다. 파주출판문화단지의 한 레스토랑에서 다른 참가 작가들을 처음 만나 서먹하게 자기소개를 했다. 내가 전업 소설가라고 하자 해외 작가들이 모두 눈을 크게 떴다. 뭐! 풀타임 라이터! 베스트셀러 작가시군요! 우와, 대단하다! 그렇지 않다고 손사래를 치는데도 다들 사연을 들려달라며 성화였다. 그때는 생각 못 했는데, 내 전업 작가 생활은 분명히 한국 영상 산업의 덕을 보고 있다.

덧붙임:

이 글은 2020년에 썼다. 2021년과 2022년에 영화나 드라마로 만들어진 한국 소설은 다음과 같다. 정소현 작가의 단편 「너를 닮은 사람」, 구상희 작가의 『마녀식당으로 오세요』, 김영하 작가의 단편 「아이를 찾습니다」, 김혜정의 『판타스틱 걸』(KBS 드라마 「안녕? 나야!」의 원작), 김해원 작가의 장편 동화 『오월의 달리기』(KBS 드라마 「오월의 청춘」의 원작), 강미강 작가의 『옷소매 붉은 끝동』, 정은궐 작가의 『홍천기』, 김언수 작가의 『뜨거운 피』, 정한아 작가의 『친밀한 이방인』(쿠팡플레이 오리지널 드라마 「안나」의 원작). 「오징어 게임」이 세계적인 흥행 성공을 거두면서 한국 영상물에 대한 해외 제작사들의 관심이 높아졌고, 덩달아 한국 소설의 영상 판권 시장도 전보다 훨씬 더 커졌다.

출판 계약을 해지하며

A출판사와의 출판 계약을 해지했다. 해당 도서는 당분간 절판 상태로 둘 생각이다. A출판사는 계약금과 인세 지급을 누락했고, 오디오북을 무단 발행했으며, 판매 내역도 제대로 보고하지 않았다. A출판사 블로그에 잘못들을 정리한 사과문이 올라와 있다. 오디오북 무단 발행 피해자는 나 한 사람이 아니었고, 심지어 인세 지급 누락과 판매 내역 보고 불성실은 그 출판사와 계약한 저자 전원이 겪은 일이었다. 한 번도 아니었다.

A사는 대형 출판사는 아니지만, 아주 이름 없는 곳도 아니다. 다양한 기획을 벌이고 빠른 속도로 책을 펴내며 독자와 업계 관계자의 눈길을 모았고, 적극적인 SNS 홍보로 열성 팬들을 확보

했다. 언론사, 서점, 웹소설 플랫폼과 협업 사업도 활발히 펼쳤다. 그런 출판사로부터 겪은 일로 인해 '출판계는 전부 썩었다'고 말할 수는 없어도, 그 출판사가 커다란 상자 제일 밑바닥에 딱 한 알 있는 썩은 사과였던 것은 아니다.

프리랜서 저자로 활동하다 보면 이러저러하게 불합리하고 부조리한 일들을 겪는다. 나는 그럴 때 공론화하기보다는 조용히 문제를 해결하는 편이다. 지면을 통해 사회 비판을 할 때도 가능하면 한 개인이나 기업을 겨냥해 분풀이하지 않고 그런 잘못을 낳는 시스템을 보려 한다. 어쨌든 노력은 그렇게 한다.

사실 내가 겪은 출판계 부조리 절대 다수는 업계 환경이 영세해서 빚어진 일이었다. 딴에는 상대편 관점에서 사안을 바라보려 애썼고, 당사자에게 문제를 알려서 밀린 고료든 인세든 판권 수입이든 받으면 그걸로 넘어가곤 했다. 그런 누락들이 계획된 일이었다고 믿지는 않는다. 그렇게 믿고 싶지 않다.

그런데 A출판사는 실수가 너무 잦았다. 뒤늦게 자사 블로그에 올린 사과문에서 밝히지 않은 다른 실수도 많았다. 그런 실수를 지적했을 때 반응도 지나치게 태연했다. '몰라서 그랬는데 이달 말에 드릴게요' 하는 식이었다. 외부에는 성공한 출판 기획자로 알려진 편집장이 그런 태도를 보인다는 게 기가 막혔다.

2년 가까이 비슷한 잘못들이 반복되면서 나는 서서히 인내심을 잃어갔다. 나중에는 A출판사에 대해 거의 아무것도 믿지 못하게 되었다. 으르고 얼러 겨우 받아낸 판매 내역이 아무 양식도 없이 '몇 부 팔려서 얼마 입금했다'고 적은 한 줄짜리였을 때 특히. 계약금이 왜 안 들어오냐는 메일에 대한 답장을 끝내 못 받으면 누구라도 그렇게 될 것이다. 그만하면 오래 참았고, 기회도 여러 번 줬다고 생각한다.

피해 보상은 요구하지 않았고, 소송도 제기하지 않았다. 사과문을 받아낸 것으로 일을 마무리 짓고 싶었다. 서점과 100종 출간 이벤트가 예정되어 있다고 해서 사과문 게시 시기도 늦춰주었다. 언론 인터뷰 요청도 다 사양했다. 하지만 내 배려랄지 아량이랄지는 거기까지였다. 앞으로 좋은 책 많이 만드시라는 덕담은 건네지 못했다.

출판 계약 해지는 그때가 두 번째였다. 1인 출판사인 B출판사와도 계약을 해지한 바 있다. B출판사도 A출판사처럼 장르소설 전문 출판사였다. 내가 책을 출간하기 직전 B출판사 대표는 계약 상태에 있는 저자들에게 메일을 보냈다. 자신이 인터넷에서 저격을 당할 예정이라며, 혹시 신경 쓰인다면 계약을 해지하라고 했다. 정말로 저격 게시물이 올라오자 계약을 해지한 작가도 있었고, 그 내용에 동의하지 않아 나처럼 그냥 책을 낸 작가도 있었다. 그러거나 말거나 B출판사의 평판은 바닥으로 떨어졌고 나중에는 정상적인 영업 행위를 하지 못했다. 장르소설 팬덤과 SNS에 기댄 곳이라 더욱 그랬다. 결국 출판권을 회수할 수밖에 없었고, 얼마 뒤 B출판사는 폐업했다. 그래도 나는 B출판사 대표에게 한마디 항의나 원망도 토로하지 않았다(속으로만 그랬다).

출판사가 논란에 휩싸이면 작가들이 피해를 입는다는 사실을 바로 이 B출판사를 통해 이미 깨달은 후였기에, A출판사의 거듭되는 잘못에 어떻게 반응해야 하나 많이 망설였다. 특히 그 출판사에서 책을 낼 예정인 작가들에 대해 들었을 때 마음이 흔들렸다. 하지만 언제까지고 덮어둘 수는 없는 문제 아닌가, 누군가 경종을 울려야 하지 않나, 하는 생각도 들었다. 솔직히 이번에 참았다 해도 A출판사가 늦건 이르건 다른 실수를 했을 테고, 결국 나는 언젠가 똑같이 행동하게 되었으리라 본다.

A출판사 사태가 터진 뒤 다른 작가들로부터 나서줘서 고맙다는 메시지를 여럿 받았다. 개인적으로도 속 시원한 점이 한 가지 있다. 나는 그 전에도 출판사의 불투명한 판매 보고나 입금 누락 관련해 글을 몇 번 썼는데, 그때마다 출판계 반응이 떨떠름하다는 얘기를 전해 들었다. 요즘 그런 출판사가 어디 있냐, 어쩌다 한번 벌어진 일을 왜 그렇게 과장하느냐.

A출판사 사태를 놓고서도 작가들과 출판사 관계자들의 반응은 온도 차가 확연했다. 적지 않은 중견 출판인들이 A출판사에 온정적인 이야기를 했다는 걸 전해 듣고 놀랐다. 멍석 깐 김에 작가 입장에서 출판계에 대해 쓴소리를 좀 길게 늘어놓겠다. 대다수 출판사가 악당이라는 얘기는 절대 아니다. 하지만 불성실

한 회사들도 분명 있다.

편집자들과 작가들이 만나면 대체로 분위기가 훈훈하다. 다 책 좋아하는 사람들이고, 가라앉는 배에 함께 올라타 있다는 일종의 동지 의식도 있다. 특히 국내 문학 편집자 중에는 작가를 꿈꾸는 이들이 꽤 된다. 그래서 많은 편집자나 편집자 출신 출판인이 작가들이 자신과 생각이 비슷한 줄 안다. 작가들끼리 있을 때 출판사에 대한 불신을 얼마나 토로하는지 모르는 것이다.

2020년 한국문화예술위원회가 발표한 「문학 분야 불공정 관행 개선을 위한 실태조사」에 따르면 판매 보고를 제대로 받지 못했다는 사람이 전체 응답 문인 중 52.9퍼센트였다. 그리고 판매 보고를 받지 못해도 그냥 가만히 있는다는 사람이 64.1퍼센트였다. 이유는 다양했다. 출판사에 밉보일까 봐, 다음에 책을 못 내게 될까 봐, 눈치 보이고 쑥스러워서, 불편해지기 싫어서, 담당자가 수시로 바뀌어서, 대범하지 못하다는 인상을 줄까 봐…….

뒷골목에서 무명작가들한테만 일어나는 일일 거라고? 책을 낸 경험이 있는 대학교수와 방송인이 모인 자리에 나간 적이 있다. 그 자리의 모든 사람이 베스트셀러 저자였다. 그런데 그들조차 왜 판매 내역을 제대로 알 수 없냐며 불만스러워했다. 참석자 중 한 사람은 나중에 내게 자신은 거래하던 출판사에게 크게 속아 자기 출판사를 차렸다고 얘기해줬다.

A출판사에서 인세를 한 달 가까이 못 받은 작가는 무려 수십

명, 그중 상당수는 SF 작가의 권익을 지키기 위해 설립된 한국과학소설작가연대 소속에 전·현직 운영진도 있었다. 소셜 미디어에서 사회 부조리에 대해 목소리를 높이는 이도 여럿이었다. 그런데 A사에 왜 인세 안 주냐고 따진 사람은 그중에 아무도 없었다. 적어도 나 이전에는 없었다. 자기 일이 되면, 돈 얘기가 되면, 참 입 밖으로 꺼내기 어렵다. 신인 작가는 더 그렇다.

가끔 출판인 가운데 인세 정산의 어려움을 호소하는 이들이 있다. 종수가 많고 판매처에서 보고하는 시기와 양식이 제각각이고 어쩌고. 작가들은 앞에서는 "그렇군요" 하고 이해해주는 척하지만 속으로는 그 사람 얼굴에 X 자를 그린다. 단골로 다니는 식당 주인이 주방 위생 관리가 참 어렵다, 바퀴벌레는 원래 박멸하기 힘들다고 하소연한다 치자. 그 식당에 다시 가고 싶겠는가?

출판 유통의 복잡함 운운하는 소리도 마찬가지다. 출판계에서 잔뼈가 굵었다는 자칭 전문가들이 '밖에 있는 사람들은 이 일 잘 몰라요' 하는 뉘앙스로 그런 얘기를 한다. 나는 오히려 그들이 바깥 경험이 없어서 그런 말을 하는 것 아닌가 싶다. 출판 유통이 복잡하기는 하지만, 외부인이 보기에 눈이 휘둥그레질 정도는 아니다. 예를 들어 농수산물 유통 구조에 비하면 오히려 퍽 단순한 편이다. 책만큼 운반, 보관, 집계가 쉬운 상품도 드물다.

어떤 사람들은 작은 출판사들의 영세성을 강조한다. 듣다 보면 나도 가슴 저리다. 그런데 질문을 바꿔서 되물어보자. 작은 식당은 직원 월급 체불해도 되는가? 작은 공장에서는 사람 다쳐도 되나? 크기와 관계없이 지켜야 할 최소한이 있다. 우리는 그걸 기본이라고 부른다. 그들도 모르는 실시간 판매량을 내놓으라고 떼쓰는 게 아니다. 계약서에서 약속한 대로 판매 내역(순출고 내역)을 보고하고 입금 시기를 지키란 말이다(바로 이런 것이 잘 지켜지지 않는다는 이유로 작은 출판사와 작업하지 않으려는 작가들이 상당수다. 사장과 회계 담당자가 가족인 출판사도 기피 대상이다).

출판인이 인세 정산이 그렇게 괴롭다면 출판을 그만두는 수밖에 없다. 정산은 '원고를 받아 책으로 만들어 파는 일'에 반드시 따라붙는 작업이다. 다시 말해 출판업의 본질을 구성하는 요소다. 가끔 젊은 기자 후배 중에 취재하는 건 참 좋은데 기사 쓰는 건 싫다는 이들이 있다. 그런 경우도 마찬가지다. 기사 쓰는 게 괴롭다면 기자를 그만둬야 한다. 업의 본질과 다투면서 어떻게 그 일을 계속할 수 있겠나.

그러면 어떻게 해야 하는가. 몇몇 젊은 작가들이 한때 작가 연대나 작가 노조를 부르짖었다. 나는 부정적이다. 연대나 노조라는 명사가 낭만적으로 들리기는 하지만, 결국은 문인 단체의 다른 이름일 뿐이다. 여태껏 한국에 문인 단체가 부족해서 이 부조리가 해결되지 않은 게 아니다.

특히 돈과 관련된 일이라면 가입 기준이 중요할 텐데, 작가와 예비 작가 사이에 경계선을 긋는 게 거의 불가능하다. 여러 플랫폼이 생기고 데뷔 방식이 다양해지면서 작가와 예비 작가 사이의 회색 지대는 점점 넓어지고 있다. 가입 기준을 높이면 그 자체로 차별과 배제의 도구가 된다. 기준을 낮추면 구성원들의 처지가 너무 다양해져 의견을 모으기 어렵다. 그렇게 밖으로 영향력을 잃고 안으로 감투 놀이가 유행하면 산악회나 다름없는 조직이 된다.

게다가 사람이 운영하는 단체는 인정에 휘둘리게 된다. 신경숙의 표절을 창비가 궤변으로 옹호하며 표절 기준을 무너뜨리려 한 것에 대해 한국작가회의는 끝내 아무 논평도 내지 않았다. A출판사가 SF 작가들에게 인세를 제때 주지 않은 데 대해 한국과학소설작가연대는 내가 글을 쓰는 이 시각까지 아무런 입장을 내지 않았다(두 단체 모두 미얀마 군부 쿠데타에 대해서는 성명서를 발표했다).

그러니 별로 낭만적으로 들리지는 않아도 시스템이 답이다. 출판유통통합전산망에 대해서 내가 기대했던 것만큼 준비가 잘된 상태는 아님을 이번에 알게 됐다. 출판사들과 서점들이 퍽 우려 섞인 시선으로 그 추진 작업을 지켜보고 있음도. 얘기를 듣다 보니 나도 걱정스럽다. 제발 여러 이해관계자들의 의견이 충실히 반영돼 잘 설계되길 진심으로 빈다.

그런데 솔직히 지금 다른 방안이 뭐가 있나 모르겠다. 어떤 다른 아이디어가 있을까 하고 오랜 논의를 뒤져봤지만, 다 추상적인 말뿐이었다. '출판유통통합전산망은 해답이 되지 못한다'는 분들께 묻고 싶다. 그러면 무엇을 해야 하나? 이 난맥상을 한 번에 해결해줄 묘수가 나올 때까지 이대로 손 놓고 기다려야 하나?

A사가 사과문을 낼 즈음 출판계 대표 단체 중 하나인 대한출판문화협회가 도서 도매업체인 송인서적을 빨리 파산시켜달라고 법원에 탄원서를 보냈다. 작가들은 인세를 제때 못 받고, 출판사들은 회생 가능성이 없어 보이는 업계 2위 도매업체를 차라리 그냥 망하게 해달라고 했다. 이것이 2021년 한국 출판계 풍경이었다. 출판 산업 가치 사슬 곳곳에 이토록 가득한 불신을 근본적으로 해결할 수 있는 방법이 뭐가 있을까.

'제품 판매량은 사기업의 정보인데 이걸 왜 일반에 공개해야하느냐'는 이들이 있다. 대강 세 가지로 반박할 수 있다. 첫째, 저자 포함 필요한 사람들만 열람할 수 있는 시스템을 만들 수 있다. 교육, 의료, 세금, 범죄 관련 공공 시스템이 모두 이렇게 운용된다. 기술적으로 어려운 점은 없어 보인다.

둘째, 사기업이 밝히기 꺼리는 자료를 모아 일반에 공개하는 정보 시스템이 이미 많다. 그동안 내가 쭉 예로 들어온 영화관입장권통합전산망도 있고, 한국석유공사에서 주유소 정보를 취합해 운영하는 오피넷도 있다. 신문은 한국ABC협회가 유료 발행부수를 조사해서 발표한다. 국산 차, 수입 차를 막론하고 모든 승용차 모델의 월별 판매량도 전부 공개된다. 몇 년 전부터는 직원 3인 이상 국내 기업 42만여 곳의 월별 평균 급여와 퇴사율도 인터넷으로 쉽게 알 수 있다. 국민연금공단이 납부액 정보를 제공하는 덕분이다.

셋째, 출판사와 서점은 그동안 정책 지원을 요구할 때마다 자신들의 공공성을 강조해왔다. 책에는 부가가치세가 붙지 않는다. 책은 다른 상품과 달리 유통업체가 마음대로 가격을 할인해서 팔 수 없다. 대기업은 함부로 서점을 내거나 인수할 수 없다. 관련 법률들을 개정하자는 목소리가 나오면 출판사와 서점은 자기들이 그냥 사기업이 아니라고 맞선다. 그런데 공익을 위해 유통 정보를 취합하자고 할 때는 왜 말이 다른가.

작은 출판사나 서점을 다그쳐서 억지로 출판유통통합전산망에 가입시키자는 말이 절대 아니다. 시스템에 가입하는 것이 어렵지 않게, 오히려 더 이익이 되도록 잘 이끌 수 없을까. 큰 혜택이 없어 보이는 제로페이를 정부와 지자체가 열심히 홍보하고 가입을 독려한 결과 1년 5개월 만에 가맹점이 50만 곳을 돌파했다. 전국 서점은 2,000곳 정도다. 서점이 가입하면 출판사도 들어온다.

끝으로 일부 출판 기획자들의 아마추어리즘을 지적하고 싶다. '일부'라고 썼지만 상당수라고 해도 크게 빗나간 문장이 아닐지 모른다.

나는 출판 기획자 C씨를 멀리서 흠모했다. 그가 펴낸 책 중에 좋아하는 작품이 많았다. 그런데 그와 단행본 작업을 하다 기함했다. 교정지에 단 한 자도 고쳐진 흔적이 없었다. 같은 프로젝트에 참여한 다른 작가의 원고도 그랬다. 교정 교열을 전혀 하지 않았고, 그걸 그대로 책으로 찍어 내겠다는 얘기였다. 처음에는 뭔가 착오가 생긴 줄 알았다.

경력 20년 가까운 C씨의 답변은 이랬다.

"저자분들의 원고를 어디까지 손을 댈 수 있는지에 대한 고민이 있는지라, 아주 기본적인 맞춤법 표기 원칙만 따랐습니다."

나는 독자에 대한 의무 방기라고 느꼈지만, 다른 작가들은 그대로 책을 내자고 했다. 발간 시기가 늦춰지는 걸 걱정하는 신인들이 있었다.

당시만 해도 뭘 잘 모르던 때라 그냥 그러자고 했다. 나중에 이 이야기를 전해들은 고참 편집자들이 다들 경악했다. 누군가는 말했다.

"위에서는 플랫폼 업체가 직접 책을 펴내고, 아래에서는 작가들이 1인 출판사를 차리는 시대에 출판업의 전문성을 정면으로 부정하는 소리 아닙니까. 이러니까 작가들이 출판사가 왜 필요하냐고 묻는 거죠."

대형 출판사와 떨어져 일하는 출판 기획자 중에는 스스로를 문학 권력에 맞서는 운동가라 여기는 사람도 있다. 그런 믿음이 소위 '문단 작가'에게는 고개를 숙이면 안 된다는 태도로까지 이어지는 것 같다.

출판 기획은 고되지만 재미도 있다. 제품이 모두 다르고, 일의 시작과 끝이 명확해 보람이 크다. 창작자들과 교류하며 세상에 없던 것을 만들어내고, 그 과정에서 폼도 좀 잡을 수 있다. 다른 문화 기획에 비해 자본이 적게 들고, 자신의 취향을 좇을 뿐인데 문화 다양성에 기여한다는 명분까지 챙긴다.

하지만 그것은 문화 운동이기 이전에 엄연히 비즈니스다. 나는 출판 기획자들에게 먼저 프로페셔널이 되고 나서 문화 운동가가 되라고 말하고 싶다. 거대한 걸 요구하는 게 아니다. 기본을 제대로 지켜달라는 거다. 입금, 교정, 예의 같은 것을.

덧붙임 1:

『채널예스』 2021년 6월호에 실은 글이다. 『채널예스』에 내가 기고한 글 중 가장 화제가 됐다. 글을 쓸 당시 창비라는 출판사 이름은 그대로 노출하면서 A, B 출판사는 왜 영문 이니셜로 실명을 덮어야 하는지를 두고 고민했다. 이번에도 같은 고민을 했는데, 그냥 이대로 두련다.

한국과학소설작가연대는 끝끝내 A출판사에 대해서는 침묵을 지켰다. 이후에 노태우 국가장 철회 촉구, 박근혜 사면 반대, 러시아 전쟁 반대 및 우크라이나 시민 지지 성명서를 냈다.

소셜 미디어 이용자 몇몇은 A출판사가 사과한 사안에 대해 한국 과학소설작가연대가 할 수 있는 일이 없지 않느냐고 주장하기도 했다. 내 생각은 다르다. A출판사는 피해 작가가 몇 명인지, 피해 액수가 어느 정도인지, 내용과 규모도 제대로 밝히지 않았다. 사과문에서는 "장강명 작가 및 저자들", "계약을 맺은 모든 저자들", "오디오북을 무단 발행한 모든 저자들"이라는 식으로 모호하게만 적었다. 내가 아닌 다른 작가들도 제대로 사과를 받았다고 할 수 있을까? 나 외에 다른 피해 작가들에게도 후속 조치를 취했다고 하지만, 확인할 수 없는 A출판사의 주장일 따름이다.

내가 한국과학소설작가연대 운영진이었다면 A출판사의 사과문과 별도로 피해 현황을 파악해 오디오북 무단 발행이나 인세 지연 지급, 판매 내역 미보고 등에 대한 사과와 복구가 제대로 이뤄졌는지 검증하자고 주장했을 것이다. A출판사 외의 다른 피해 사례도 수집했을 것이다.

덧붙임 2:

참 우여곡절이 많은 칼럼이다.

나와 십년지기인 에디터리 편집자가 2020년 창비의 자회사인 미디어창비로 이직했다. 그때 만나 차를 마시며 '소설가의 직업

생활에 대한 원고를 틈틈이 써서 에세이 단행본을 함께 만들자'고 이야기를 나눴다. 에디터리 편집자는 2년을 기다려주었고, 우리는 중간중간 원고에 대해 의견을 나눴다. 그런 의미에서 이 책은 절반쯤 에디터리 편집자의 기획물이다.

초고를 마친 뒤에는 원고 저자 교정을 세 차례 했다. 저자 교정을 할 때 에디터리 편집자로부터 '신경숙의 표절을 창비가 궤변으로 옹호하며 표절 기준을 무너뜨리려 한'이라는 문구를 뺄 수 없겠느냐는 요청을 받았고 거절했다. 거기까지는 교정 작업에서 편집부와 저자 사이에 오갈 수 있는 대화였다고 본다.

저자 교정을 마치면 작가는 별로 할 일이 없고, 편집부에서 표지를 만들거나 마케팅 계획을 세울 때 의견을 내는 정도다. 그 단계에서 위 문구에 대해서만 다시 구체적으로 수정 요청을 받았다. '궤변으로'라는 표현을 '나름의 논리로'로 바꾸고, 문단에 '(물론 신경숙 표절에 대해 창비와 나의 입장은 다르다)'라는 문장을 덧붙여 달라는 것이었다. 이것은 교정 작업에서 편집부와 저자 사이에 오가는 정상적인 대화 내용도, 방식도 아니다.

솔직히 그 문구가 문제가 되리라고는 상상도 하지 못했다. 이미 『채널예스』에 실려서 전문이 인터넷에 올라가 있는 원고 아닌가. 신경숙 작가가 표절을 했고, 당시 창비가 그 표절을 궤변으로 옹호했다는 사실을 전 국민이 알지 않는가. 창비도 꽤나 곤욕을 치렀지 않은가.

그런데 이제 와서 ⓐ 신경숙 작가의 표절 여부는 객관적으로 입증되지 않았고 장강명의 주관적인 주장일 뿐이며 ⓑ 창비는 신경숙 작가가 표절을 저질렀다고 보지 않으며 ⓒ 그러한 창비의 관점에도 일리가 있다는 소리를 내 책에, 내가 하는 말인 것처럼 써 달라고?

앞으로 출판사가 요구하면 '지구가 둥글다는 사실은 객관적으로 입증되지 않았고 나의 주관적인 주장일 뿐이며 지구평면설에도 나름의 논리가 있음을 밝힌다' 따위의 문장을 덧붙이는 데에도 동의해야 할까.

에디터리 편집자에게 전화를 걸어 그 요구가 개인 의견인지, 아니면 지시를 받은 건지 물었다. 에디터리 편집자는 지시를 받았다고 했고, 나는 누가 지시한 거냐고, 그 상사의 전화번호를 알려 달라고 했다. 지시 내용이 "전화해서 인정에 호소하라" 등이었음은 나중에 들었다.

그렇게 미디어창비의 간부에게 전화를 걸었다. 전화 연결이 되었을 때 내가 가장 먼저 물어본 것은, "당신도 지시를 받으신 건가요, 아닌가요"였다. 그는 아니라고 했고, 그래서 나는 상대만 설득하면 된다고 믿었다.

내가 신경숙 작가의 표절과 창비의 대응을 다시금 논란거리로 만들고 싶은 의도는 없다고 설명했다. 그 문구가 실린 채로 책이 나온들 거기에 주목할 사람이 몇이나 있을까. 한 번 더 강조하지만 이미 몇 달 전에 인터넷에 올라간 칼럼이다. 수정 요구는 받아들일 수 없으며, 그 문장을 그대로 실을 수 없다면 내가 다른 출판사를 찾을 테니 그냥 계약을 해지하자고 했다.

창비는 펴내는 모든 책에 대해 경영진이 찬성하지 않는 문구가 있으면 늘 이런 식으로 수정을 하거나 저자의 목소리로 '출판사는 저와 입장이 다릅니다'라고 덧붙이게 하느냐고도 따졌다. 신경숙 작가의 표절 건에 대해 정 출판사의 의견을 밝히고 싶다면 페이지 아래나 책 끝에 주석으로, 출판사의 목소리로, '저자의 의견은 출판사와 다름을 알려드립니다'라고 적으라고 했다.

미디어창비의 간부는 내 말이 옳다며 해당 문구를 고치지 않겠다고 대답했다. 나는 그걸로 일이 해결된 줄 알았다. 에디터리 편집자는 책 홍보를 준비했다. 미디어창비는 담당 마케터가 있지만, 모회사인 창비 마케팅팀 소속 팀장이 미디어창비 마케팅 팀장을 겸하며 책을 함께 홍보한다.

그리고 거의 한 달이 지나 에디터리 편집자의 연락을 받았다. 에디터리 편집자는 울먹이고 있었다. 마케팅팀 부장으로부터 "창비 이름으로 된 플랫폼에서 장강명 책 홍보하지 마라"는 지시가 있었다는 걸, 담당 편집자는 모르는 사이 이런 회의가 있었다는 걸 알게 되었다고 했다. 피가 거꾸로 솟는 기분이라고 했다.

나는 에디터리 편집자만큼 분노하거나 배신감에 휩싸이지는 않았다. 나의 감정적 반응은 허탈함과 가소로움이었다. 조직에 오만정이 떨어진 에디터리 편집자는 회사를 그만두겠다고 했고, 나는 계약해지를 요구하는 메일을 창비로 보냈다. 선택의 여지도 없었다. 작가와 편집자를 속이려 든 출판사와 어떻게 작업을 할 수 있나. 그렇게 해서 미디어창비가 아닌 유유히 출판사에서 책을 내게 되었다.

신경숙 작가의 팬은 아니지만 그가 거둔 문학적 성취는 인정한다. 평소 필사하는 습관이 있다고 하니 착각으로, 실수로, 미시마 유키오의 문장을 자기 것인 줄 알고 작품에 옮겼을 수도 있다고 본다. 그 행위 자체에 대해서는 그렇게 넘어갈 수 있다. 신 작가의 사과가 썩 개운하지는 않았지만, 솔직히 그를 둘러싼 비난이 과도하다는 생각도 했다.

문제는 당시 창비의 해명이었다. 창비는 '충분한 문자적 유사성이 발견된다는 사실에 합의했으나 동시에 그런 유사성을 의도적 베껴쓰기로 단정할 수는 없다고 판단했다'고 주장했다. 요사스러운 용어들을 덜어내고 일상 언어로 다시 쓰자면 이런 얘기다. '문장은 정말이지 비슷한데 신 작가가 베끼는 모습을 네가 보지는 못했잖아, 천문학적인 확률로 우연히 이렇게 된 걸 수도 있지. 그러니까 표절이라고 할 순 없어.'

이런 주장을 받아들이면 앞으로 어느 누구의 표절에 대해서도 표절이라고 말할 수 없게 된다. 누구든 바로 그 천문학적인 확률을 주장하면 되니까. 글쓴이의 의도를 알 수 있는 사람은 본인 외에는 아무도 없으므로, 사실상 표절이라는 개념 자체가 무너진다.

표절 여부를 가릴 때 우리는 의도가 아니라 결과물로 판단한다. 작가가 아닌 사람들은 두 글의 집필 과정이 아니라 닮은 정도만을 알 수 있을 뿐이다. 도저히 우연이라고 보기 어려울 정도로 두 글이 유사할 때 우리는 나중에 쓰인 글을 표절이라고 판정한다. 음주운전 여부를 가릴 때에도 그렇다. 혈중 알코올 농도로 판단한다. 운전자가 "물인 줄 알고 마셨는데 그게 소주였나 보네요"라고 말한다고 해도, 설령 그것이 진실이라도, 음주운전은 음주운전이다. 그런 때 "수치적으로 취기가 있다는 사실에는 합의할 수 있으나 의도적으로 술을 마시고 운전했다고 단정할 수 없다"고 해서는 안 된다.

이것이 경기의 규칙이고, 창비는 그 규칙을 무너뜨리려 했다. 프로스포츠 선수가 반칙을 했는데 구단이 나서서 "그건 반칙이 아니다"라고 나선 격이다. 업계에 영향력이 큰 구단이 그 영향력을 나쁘게 행사하려 든 만큼 더 크게 비판받아야 한다.

나는 신 작가의 표절 논란이 일었던 2015년에도 같은 의견이었다. 페이스북에 "이게 표절이 아니라면 한국 소설은 앞으로 짜깁기로 말라죽게 될 것입니다. 젊은 소설가들이 창비에 항의해야 합니다"라고 썼다. 계간 『문학동네』 좌담회에 가서도 똑같이 말했다. 당시 한국 소설가들 중에 창비를 비판하는 사람은 거의 없었고, 그 광경은 씁쓸했다.

정부 지원과 한국문학

밤에 혼자 글을 쓰며 데뷔를 꿈꿀 때, 소설가가 된다면 이런 일들을 하거나 겪고 싶다고 바랐다. 독자와의 만남, 문예창작학과에서 강의, 문학상 응모작 심사, 영화 판권 팔기……. 개중에는 좀 이상한 로망도 있었다. '창작의 고통으로 정신 피폐해지기'라든가 '정부의 탄압받기' 등이다.

이후 몇 년 동안 놀라운 행운이 이어진 덕분에, 나는 그 일들을 결국 다 경험하게 됐다. 그리고 상당수 소망이 실제로 이뤄지면 그다지 소망스럽지 않다는 사실도 깨달았다. 문학상 심사위원은 극한 직업이었다. 길지 않은 기간에 장편소설 원고를 수십 편 읽어야 했는데 눈이 빠지는 줄 알았다. 우울증도 다시는 앓고 싶지 않다.

정부의 탄압은, 음……, 솔직히 말하면 내가 정부의 탄압을 받았다는 사실은 뒤늦게 알았다. 박근혜가 탄핵된 뒤 문화예술계 블랙리스트 진상조사위원회가 열심히 조사해 발표해준 덕분이다. 그 위원회가 출범하도록 힘을 보태고 그 안에서 민간 위원으로 활동하며 노력하신 선후배 예술인들께 감사드린다.

나는 한국출판문화산업진흥원과 한국문화예술교육진흥원의 몇몇 지원 사업에서 배제된 것으로 밝혀졌다. 『한국이 싫어서』와 『댓글부대』가 누군가의 심기를 건드렸나 보지. 처음부터 '얘는 빼라'는 지시가 있었던 경우도 있었고, 나중에 심사 표를 조작해 적격 판정을 부적격으로 바꾼 사례도 있었다. 정말 쪼잔하고 유치하다. 치사하고 기괴한 정권이었다.

그런데 이 사실을 알게 됐을 때 엄청난 분노가 치솟았느냐 하면 그렇지는 않았다. '정부로부터 탄압을 받았다'며 떠들고 다니지도 않았다. 일단 내가 알지도 못하는 채로 입은 불이익이었고, 또 그런 피해에 '블랙리스트'나 '정부의 탄압' 같은 말을 써도 될지 처음에는 자신이 없었다.

이전까지 내게 블랙리스트라는 단어가 의미하는 바는 출간 금지였다. 그리고 어느 작가가 정부로부터 탄압받았다는 말을 들으면 끌려가서 두들겨 맞거나 고문을 당하는 일을 연상했다. 『순이 삼촌』의 현기영 작가처럼. 나는 마광수, 장정일 작가도 대한

민국 정부로부터 탄압받았다고 생각한다. 두 분 모두 징역을 살았다.

그에 비하면 알지도 못했던 지원 사업에서 배제되어 입은 손실은 솔직히 하찮다. 정부가 이런저런 지원을 해주면 고맙지만 그런 도움을 받는 게 작가로서 나의 당연한 권리라고 여기지도 않았다. 그런 정부 지원에 정치적 개입이 이뤄져서는 절대 안 된다는 당위와 별개로 말이다.

그래서 나 역시 화가 났음에도 "영혼을 말살하는 행위"(더불어민주당 대변인)라든가 "문학의 존재 근거를 흔드는 것"(한국작가회의 대변인) 같은 말을 들으면 좀 머쓱했다. 그대로 넘기면 결코 안 되는 불의이고, 그런 표현이 나온 앞뒤 맥락도 있지만, 그래도 머쓱했다. 내 영혼은 아직 멀쩡하다.

그 무렵부터 문학계나 문인 단체의 수사(修辭)에 신경을 쓰게 됐다. 정부 지원 사업 관련 문제에 대해 문학계의 언어는 너무 당당하거나, 반대로 너무 비굴했다. 정부는 당연히 우리를 도와줘야 한다, 아니면 우리는 굶어 죽는다는 식이었다. 그런 때 지원의 이유로 문학의 중요성이 강조될수록 보는 기분은 착잡해졌다.

예를 들어 2021년 4월 문학계 다섯 개 단체가 낸 공동 성명서가 그렇다. 정부의 추경 예산 편성에서 문학계 지원이 적다고 비판한 내용이다. 그 성명서의 한 문장은 다음과 같다. "문학에 대한 이와 같은 홀대는 그동안 한국 정신문화의 기저를 지탱해온 문학 생태계의 궤멸로 이어질 수 있다."

이 성명서가 나온 배경을 이해한다. 한국문학의 한 구성원으로서, 한국 정부가 많은 문인들을 도와주면 좋겠다고 이기적으로 바란다. 하지만 시 쓰고 소설 짓는 자들에게 설사 벌금을 매기더라도 한국문학이 궤멸하지는 않는다. 그게 문학의 힘에 대한 나의 믿음이다.

아직 정치·사회 영역에서 한국문학의 영향력이라는 게 남아 있으니까, 정부도 이런 식의 요구를 모른 척할 수는 없을 것이다. 바로 그런 식으로 언젠가부터 문학계에 대한 정부 지원이 이루어진 것 같다. 우는 아이 떡 하나 더 주자는 식으로. 이제는 한국문학과 지원금이 거의 한 덩어리가 되어 분리되기 어려워 보이기까지 한다.

늘 이랬던 것은 아니다. 30여 년 전 정부가 문예지의 사업 계획서를 받아 작품을 발표할 예정인 작가에게 지원금을 주려 했을 때, 문학 출판사들 및 작가들의 반응은 지금과 사뭇 달랐다. 1990년 8월 9일자 『시사저널』에 실린 어느 작가의 말을 그대로 옮긴다. "문예지들이 분발해서 지원을 받지 않는 것이 떳떳하다. 작가가 왜 국민의 세금을 받아야 하는가."

산업으로서의 문학 출판이 쪼그라들면서 이런 기개도 사라졌다. 그러는 사이 예술 지원 사업과 예술인 복지 사업이 섞이면서 문제는 더 복잡해졌다. 요즘 정부의 문학 지원 사업들을 보면 고심의 흔적이 읽힌다. 문인들을 지원하고 싶은데 그냥 현금을 쥐여줄 순 없으니, 납세자들에게 혜택이 가는 방향으로 이것저것 일을 시키는 모양새다. 안타깝게도 그러다 어느 쪽도 만족 못 하는 경우가 왕왕 생긴다.

근본적으로는 철학의 문제다. 나는 적극적 복지에 순서가 있을 수 있다고 생각한다. 더 배고픈 사람을 먼저 도와야 하고, 노약자와 장애인이 건강한 젊은이보다 우선이다. 그런데 배고픈 예술인과 배고픈 비예술인도 구분해야 하는가. 어떤 사람이 배가 고프면 직업에 관계없이 지원해야 하지 않을까.

창작 지원에 찬성한다. 거기에 더해 많은 예술인이 프리랜서로 일하니 고용보험 같은 사회 안전망의 사각지대에 있다는 특수성을 더 살펴주면 좋겠다. 반면 자기 부담금 없는 예술인 연금 같은 아이디어에 대해서는 주저하는 마음이 든다. 그것이 도덕적으로 옳은가? 누구나 웹소설 플랫폼에 글을 올려 작가 호칭을 얻을 수 있는 시대에 예술인의 자격을 어떻게 정할 것인가? 국가가 그 기준을 정하는 게 바람직한가?

위에는 이런 고차원의 딜레마가 있고, 아래에서는 여러 집단의 이해관계가 얽힌다. 그러다 보니 문화 지원 정책이 실행된 결과물을 보면 비판할 지점들이 늘 여러 각도에서 보일 수밖에 없다. 사업을 추진하는 공무원들도 참 답답할 것이다. 나는 최근에 국립한국문학관에 대해 그런 감정을 느꼈다.

고백하자면 나는 국립한국문학관 건립에 거의 내내 비판적인 입장이었다. 미술 작품이나 역사 유물은 원본이 중요하며 그 원본을 여러 사람이 동시에, 그리고 상대적으로 짧은 시간에 볼 수 있다. 반면 시를 제외한 문학 작품은 대개 혼자 개인적인 장소에서 오랜 시간을 들여 감상한다. 그 감상에 원본이 필요하지는 않다.

그래서 문학관의 존재 이유에 대해 미술관이나 박물관만큼 목소리를 높이기 어렵다. 문학에 도움이 되는 것은 문학관보다 도서관 아닌가 하는 생각도 한다. 전국에 문학관이 100곳 넘게 있는데 다 잘 운영되는 건 아니다. 한국현대문학관도 있고 한국근대문학관도 있는데 국립한국문학관이 또 있어야 하나 싶기도 했고.

게다가 사업 추진 방식이 내 눈에는 이상하게 보였다. 어느 기업이 공장을 짓는다 치면 먼저 거기에 무엇이 들어가야 할지 따지고 다음에 그 내용물에 어울리는 부지를 정해서 예산을 추산한다. 국립한국문학관 건립은 정확히 그 반대의 순서로 진행됐다. 먼저 600억 원이라는 숫자가 발표되고 그다음 부지 선정에 들어갔다.

그러자 전국 24개 지자체가 신청해서 경쟁 과열로 공모를 중단하는 해프닝도 벌어졌다. 문학진흥정책위원회는 용산가족공원을 최적 후보지로 발표했지만 서울시가 반대했다. 우여곡절을 거쳐 결국 은평구로 결정이 났다. 그렇게 부지를 정한 뒤에야 문학관 내용을 무엇으로 채울지 본격적으로 고민하기 시작했다.

나는 연구 용역 보고서 「국립한국문학관 건립 기본계획」을 구해 읽고서야 비로소 자세를 달리하게 됐다. 적어도 보고서 작성자들이나 그들에게 조언한 문학계·출판계 전문가들은 나와 문제의식이 같았다. 다들 알고 있구나. 그런데, 그래서, 보고서 내용은 때로 자기모순적으로 보였다.

그 보고서는 국립한국문학관이 시민의 생활 속으로 들어가야 한다고 몇 번이나 강조했다. 유리 상자 속 희귀본을 관람하는 공간이 되어서는 안 된다고 역설했다. 그런 대목을 읽으면 계속 자문하게 된다. 그러니까 은평구가 아니라 용산구에 지어야 했던 것 아닐까? 애초에 필요했던 건 커다란 문학관이 아니라 작은 도서관 사업 확대 아니었을까?

나는 그 보고서의 한국문학에 대한 진단에 동의했다. 보고서는 한국문학 위기를 선언하며, 그 이유를 "문학의 기반은 대중인 일반 독자층인데 현재 한국문학이 독자들로부터 유리된 채 고립되어가고 있는 실정"이기 때문이라고 밝혔다. 그런데, 그러므로, 국립한국문학관이 한국문학과 독자를 가깝게 만드는 역할을 해야 한다는 주장에는 반만 동의했다.

과연 어떤 기관이나 건물이 그런 역할을 할 수 있을까. 그건 결국 작품만이 해낼 수 있는 일 아닐까. 한국문학의 위기는 작가들이, 독자와의 만남이나 유튜브를 통해서가 아니라, 작품으로 돌파해야 한다. 이 역시 문학의 힘에 대한 나의 믿음이다. 최근 몇 년 사이 페미니즘 소설이 뜨거운 호응을 얻은 것도 작품이 독자들의 삶에 다가간 덕분이었다고 본다.

이쯤에서 '산업재해로 숨지는 사람이 매일 2.5명씩 나오는 나라에서 왜 문학상 수상작 중에 중대 재해가 소재인 작품은 찾기 힘들까' 하고 물어볼 수도 있겠다. 답은 간단하다. 너도 안 썼고 나도 안 썼기 때문이다.

덧붙임:

저렇게 쓴소리를 써놓기는 했지만 물론 국립한국문학관이 잘되길 바란다. 문을 열면 나도 몇 번 찾아갈 것 같다. 물리적인 장소의 의미를 넘어 재미있는 프로그램들을 기획하는 기관이 되면 좋겠다.

개인적으로는 2020년대 상황을 이야기하는 리얼리즘 노동문학에 내 자리가 있지 않나 하는 생각을 한다. 앞으로 노동문학만 쓰겠다는 이야기는 아니지만. 2020년대의 한국 노동자들은 자기 착취와 상호 착취에 시달리고 있고, 과거 민중문학의 틀로 이를 포착하기는 어렵다고 본다.

우리가 사라지면

"한겨레문학상으로 이미 등단했는데 왜 또 공모전에 여러 번 도전한 거예요? 상금 때문이었어요?"

2015년 12월, 조선일보미술관에서 인터뷰 중이었다. 생각해보면 그날까지 그런 질문을 제대로 받지 않았던 게 이상했다. 그때까지 했던 인터뷰는 수상이라든가 신간 발간에 초점이 맞춰져 있었기에 인터뷰어가 굳이 다른 상이나 책 이야기를 꺼낼 필요가 없었던 것 같다. 아니면 혹시 무례한 질문이라 여겨서 삼갔던 걸까?

나로서도 그 질문을 그날 그 자리에서 받아 다행이었다. 나는 문화부에서 일해본 적이 없고, 데뷔하고 한동안은 문학 담당 기자들을 만나기가 부담스러웠다. 그들이 평론가와 비슷한 존재들로서, 그 앞에서 내가 하는 한 마디 한 마디가 다 평가의 대상이 될 것 같다는 오해를 품고 있었다.

위의 인터뷰는 『조선일보』 주말 섹션에 실렸고, 기자는 나와 전부터 아는 사이였다. 회사가 달라도 같은 입사 연도에, 수습기자로 처음 간 경찰서에서 만나 친하게 지낸 '입사 동기'였다.

나는 그 기자에게 신문사를 그만두고 1년 동안 수입이 30만 원이었다는 이야기를 했다. 그러자 그는 결국 상금 때문이었느냐고 물었다. 글쎄, 꼭 그렇지만은 않았다.

"어떻게 하면 살아남을 수 있을까 생각했죠. 한국 소설 독자들은 어떤 책을 읽을까. 재미있는 작품을 쓰면 되나. 그런데 가만히 살펴보니까 사람들이 재미있는 작품을 읽는 게 아니더라고요. 우리나라 독자들은 유명한 작가가 쓴 작품을 읽어요. 일단 유명해져야 합니다. 상을 여러 개 받아서 유명해지자 싶더라고요."

인터뷰의 이 부분이 소소하게 화제를 모았다. '말을 왜 이렇게 재수 없게 하냐'는 반응도 있었다. 나는 본 대로 말했을 따름이다. 2015년에는 지금보다 훨씬 더 들어맞는 관찰 결과였다. 그즈음 작가나 편집자나 문학 담당 기자는 자기들끼리 모이면 쑥덕거렸다. 왜 베스트셀러 순위에 있는 소설가들의 이름은 20년째 그대로인가?

'한국 독자들은 유명한 작가가 쓴 작품을 읽는다'는 말은 한국

257

독자들의 지성을 비웃는 소리가 아니다. 사실 책을 아예 안 읽는 사람과 열심히 읽는 사람으로 독서 인구가 양극화되면서 후자 그룹의 수준은 점점 더 높아지는 것 같다. 그렇다면 왜 이런 현상이 벌어지는 걸까.

2015년부터 2017년까지 나는 소설가, 소설가 지망생, 평론가, 출판사 대표, 편집자, 문학 담당 기자를 취재하며 그 질문의 답을 찾으려 애썼다. 논픽션 『당선, 합격, 계급』을 쓰며 나는 한국 독자들이 적절한 추천을 받지 못한다고 결론 내렸다. 중요한 고리들이 빠져 있거나 부서져 있어서, 독서 생태계가 제대로 굴러가지 않는다고. 그래서 그냥 유명한 작가의 책을 집어 들게 된다고.

교양 인문서와 영미 스릴러를 꽤 읽지만 소위 순수문학은 그다지 탐독하지 않고, 한국 소설은 드물게 시도하는 50대 독서가가 있다 치자. 당대 한국문학에 관심이 생겨 한 권을 찾아 읽으려 할 때 그는 신문의 서평 기사나 문학상 수상작, 혹은 베스트셀러 순위에 의존하게 된다. 그런데 이런 영역의 추천은 그의 취향과는 맞지 않을 가능성이 높다.

몇 번 실패를 반복하다 보면 그는 취향에 맞지 않는 책을 추천받았다는 생각보다는 '요즘 한국 소설 정말 시시하다'는 섣부른 결론을 내리기 쉽다. 불평을 터뜨리고 싶은데 자신의 생각이 소수 의견일 것 같아 조심스럽다. 문학 담당 기자나 문학상 심사위원의 권위에 혼자 도전하기도 부담스럽다. 그렇게 쌓인 불만은 특정 사건을 계기로 폭발하곤 한다.

신문 서평이나 독자 투표의 문제점은 『당선, 합격, 계급』에서, '올해의 책' 같은 목록의 빈틈은 『책, 이게 뭐라고』에서 다뤘다. 현재 한국 독서 생태계에서 그나마 작동하는 영역의 서평 쓰기나 책 추천은 지적 허영이나 과시에서 자유롭지 못하고 그래서 대중문학, 아동문학, 자기계발서, 실용서는 불리해진다는 게 내 생각이다. 신인의 글, 트렌디하지 않은 책, 비평 '거리'가 많지 않은 작품도.

그 책임을 문학 출판사와 평론가와 문예창작학과에 물어야 할까? 장르소설 팬덤에서 그런 목소리가 종종 나온다. 문단은 왜 이곳을 외면하나! 왜 학교에서 장르를 가르치지 않나! 나는 그런 주장에 별로 동의하지 않는데, 문단을 작품성을 심판하는 법원이나 문학성의 원천이 아니라 작은 취향 공동체로 보기 때문이다. 그곳은 나름대로 치열하다.

2016년부터 2020년 사이에 한국문학의 세대교체는 결국 일어났다. 하지만 '한국 독자들은 유명한 작가의 책을 읽는다'는 말은 여전히 유효하다고 나는 본다. 유명한 작가 명단이 바뀌었을 뿐. 그리고 그런 물갈이로 인해 한국문학의 영토가 얼마나 확장됐는가라는 질문을 받으면, 오래 고민해야 할 것 같다.

10년쯤 전에 사람들은 왜 한국 소설에는 시간강사나 백수, 출판사 직원밖에 안 나오냐고 툴툴거렸다. 지금은 왜 죄다 젠더, 퀴어 얘기냐고 따진다. 이런 항의는 일리가 있지만 거칠고 공격적이어서 대화를 이어가기 어렵다. 문단은 이런 투박한 불만을 대체로 무시한다. 문단과 일반 독자는 이제 거의 소통하지 않는 듯하고, 이 대목이 한국 독서 생태계의 부서진 고리 중 하나다.

한 인터뷰에서 나는 문단을 수도권에 비유한 적이 있다. 경계는 뚜렷치 않지만 그것은 실재하며, 자원을 독점한다. 그런데 수도권 주민들이 사악하고 욕심이 많아서 수도권 집중 현상이 벌어지는 걸까? 국토 균형 발전을 위해 수도권을 허물어야 할까? 문단 밖 다른 독서 공동체에서도 자신들이 좋아하는 책을 활발히 추천하고 비평하는 풍경이 정답 아닐까. 그리고 그 공동체들이 서로 자극과 영향을 주고받으며 교집합과 합집합을 만들어가는 것이…….

그렇지. 황당하고 나이브한 생각이지. 저도 압니다. 책 읽는 사람 수는 적고, 전문 서평은 책깨나 읽는 독서가에게도 쉬운 일은 아니다. 하지만 짧은 감상이라도 의미 있는 내용이 모이고 쌓이면, 그 기록들이 서로 대화를 나누고 맥락을 일으키게 된다면, 비평 공간으로서 역할할 수 있지 않을까. 그런 플랫폼 정도는 만들 수 있지 않을까.

그런 막연한 궁리를 하는 중에 『댓글부대』로 오늘의작가상을 받게 됐다. 이미 제주4.3평화문학상을 수상한 작품이었으니 한 책으로 상금을 두 번 받는 셈이었다. 그 돈으로 나는 한국 소설

서평집을 만들어야겠다고 생각했다. 대중적인 재미가 있는데 언론 보도나 문예지의 평론 대상이 되지 못해 사람들에게 덜 알려진 책들을 소개하는.

서평집을 전자책으로 만들면 제작비와 유통비를 절감할 수 있지 않을까? 책값을 0원으로 책정하면 주요 서점의 전자책 판매 순위에서 금방 1위를 차지하게 되지 않을까? 그렇게 서평가 50명을 섭외해 '최근 10년 사이에 나온 한국 소설 중 대중적인 재미가 있는데 잘 알려지지 않은 단행본'을 추천하고 서평을 써달라고 부탁했다.

뿌듯한 작업이었다. 무료 전자책 서평집 『한국 소설이 좋아서』가 나오자 주요 서점들이 일제히 기획전을 열어주었다. 한 달 동안 이 전자책을 내려받은 사람이 1만 명이 넘었다. 이두온 작가의 스릴러 『시스터』가 일본에서 번역 출간되는 과정에서 이 서평집이 미약하게나마 기여했다는 사실을 뒤늦게 알고는 무척 기뻤다.

다음에 또 한 책으로 상금을 두 번 받으면 '한국 소설이 좋아서 2'를 제작해야지. 3, 4, 5……도 언젠가 만들어야지. 2017년에는 한 독서 벤처기업에서 『한국 소설이 좋아서』를 인상적으로 봤다며 협업을 제안해, 회사 사무실에 찾아가 구상하던 무료 비평집 프로젝트를 발표했다. 젊은 기업인들은 고개를 끄덕였으나 실제로 이뤄진 것은 없었다.

부족한 점도 많은 기획이었다. 나와의 친분에 휘둘리지 않도록 외부 편집부에 필진 구성을 맡겼는데, 나중에 보니 청탁을 받고 나서야 조건에 맞는 책을 찾아 읽고 서평을 쓴 이들이 더러 있었다. 글은 잘 쓸지 몰라도 한국문학 애독자는 아니었던 것이다. 어떤 필자는 소셜 미디어에서 "좋은 한국 소설을 소개해달라"며 네티즌 추천을 받았다. 네티즌 추천은 그냥 내가 직접 받으면 되는데.

무엇보다 이 서평집에서 권한 책들을 독자들이 실제로 많이 찾아 읽은 것 같지는 않다는 생각에 아쉬웠다. 몇 년이 지나고 나서 한 독자가 『한국 소설이 좋아서』에 나온 책들을 읽는 독서 모임을 열었다는 사실을 알게 됐다. 감사하고 미안했다. 서평 모음집을 그런 독서 운동으로 보다 쉽게 연결하는 방안을 궁리하게 됐다.

한편 2016년부터 2020년까지 나는 다음과 같은 모습들을 목격한다. 긴 기사나 게시물에 "누가 요약 좀"이라는 댓글이 달린다. 포털 사이트들은 언론사의 극렬한 반대에도 불구하고 인공지능을 이용한 기사 요약 서비스를 제공한다. 유튜브가 미디어 세상을 정복하고, 더 짧은 동영상 위주인 틱톡이 뜬다. 사람들의 문해력이 날로 떨어진다는 탄식이 이곳저곳에서 나온다.

아아. 그러니까 이건 더 이상 독서 생태계 문제가 아니로군. 이제 사람들이 긴 글을 읽지 않는군. 아니, 읽지 못하는군. 체계적인 지식과 지혜는 긴 글에만 담을 수 있다고 믿는 사람으로서, 문명의 종말에 다가가는 듯한 기분이었다. 그래, 나는 여태까지 책을 읽는 사람들이 우리 문명을 지켜왔다고 믿는다.

2021년까지 한 책으로 문학상을 두 번 받는 일은 다시 벌어지지 않았다. 그런데 한 책으로 영화 판권을 두 번 팔게 됐다. 어느 영화사가 구매한 판권을 다른 제작사가 웃돈을 주고 가져갔다. 그 과정에서 내 몫이 또 생겼다. 그런 일이 가능한지 미처 몰랐다. 어쨌든 그렇게 생긴 돈으로 드디어 '한국 소설이 좋아서 2'를 만들기로 했다. 이번에는 장편소설을 대상으로 할 계획이다.

이 책을 구상하던 중 스타트업 기업을 운영하는 대학 동기를 만났다. 맥주를 마시며 서로의 업계에 대해 이야기했고, 나는 독서 생태계에 대해 푸념을 늘어놓았다. 어떤 플랫폼에 대한 막연한 아이디어도 두서없이 떠들었다. 한참 내 말을 듣던 친구가 말했다.

"그런 건 금방 만들 수 있을 거 같은데? 결제 기능 같은 게 필요 없다면 그 정도는 어렵지 않아. 돈도 별로 안 들어."

잉? 그날 술자리에는 아내도 있었다. 아내는 나보다 한국 소설을 더 열심히 읽는다. 아니나 다를까, 아내가 그 기획에 지대한 관심을 보이며 해보자고 했다. 얼마 뒤 친구는 개발자 두 명과 함께 왔다. 나는 화면 설계서라는 걸 처음 그려보았다. 그래픽 툴을 사용할 줄 몰라 그냥 A4지에 볼펜으로 쓱쓱 그렸다.

"하루에 두 명쯤 방문하는 사이트가 되면 어떻게 하지?"

내가 물었다.

"괜찮아. 내가 혼자서라도 운영할래."

아내가 그렇게 멋진 답을 내놓았고……, 나는 아이작 아시모프의 대하 SF『파운데이션』시리즈에 나오는 심리역사학자들을 떠올렸다. 그들은 은하제국의 쇠퇴와 멸망을 예견하고 암흑기를 줄이기 위해 지식 공동체를 건설한다.

그렇게 '한국 소설이 좋아서 2'와 독서 플랫폼을 아내와 대학 동기, 개발자 청년들과 함께 준비하고 있다. 내년 5월이나 6월쯤 공개할 수 있을까? 사이트 이름은 '그믐'이라고 지었다. 아직도 책을 읽는 독자들, 바로 우리들이 문명의 그믐달 같은 존재라고 생각한다. 우리가 사라지면 암흑이 찾아온다.

덧붙임:

이 글이 『채널예스』 연재의 마지막회 원고였다. 그러니까 당시에는 '그믐'을 2022년 5월이나 6월에 공개할 수 있을 것으로 예상했던 거다. 실제로는 작업이 계속 늦어져 정식 오픈은 2022년 가을에 겨우 할 수 있었다. 이 덧붙이는 글을 쓰고 있는 2023년 1월에는 덜컹거리는 상태로 운영 중인데 회원은 4,000명가량 된다. '그믐'이 잘될지 어떨지는 여전히 모르겠다. 그믐을 자기

인생의 과업이라고 말하며 업무에 몰두하는 아내의 모습을 보면서, 그것만으로도 잘한 선택이었다고 생각한다.

나와 인터뷰를 한 조선일보 기자는 이 칼럼을 잘 봤다면서, 그런데 당시 인터뷰 장소는 조선일보미술관이 아니라 삼청동 갤러리였다고 문자메시지를 보내왔다. 내 캘린더 앱에는 인터뷰 장소가 조선일보미술관이었다고 적혀 있다. 누구 기억이 맞는 걸까.

3부

글쓰기

중독

청소의
도(道)와
선(禪)

회사를 그만두고 나서 "앞으로 집안일은 내가 할게"라고 말했을 때 HJ의 대답은 짧았다.

"그래."

내가 뭔가를 하겠다고 할 때, 그녀의 대답은 언제나 짧다. "그래"라든가 "안 돼" 둘 중 하나다. 내가 밤 11시쯤에 기분이 싱숭생숭하다며 짜파게티를 끓여 먹겠다고 하면 "그래", 그 시간에 밖에 나가서 담배를 한 대 피우고 오겠다고 하면 "안 돼". 그녀는 좀처럼 조언이나 설득을 하지 않는다.

그녀는 이런 식으로 생각한다.

① 나랑 상관없는 일이잖아. 마음대로 해.

② 나랑 약간 상관이 있어서 신경은 쓰이지만, 내가 충고한다고 들어 먹지도 않겠지. 마음대로 해.

③ 절대 하지 마. 했다간 죽는다. 금지하는 이유 따위는 굳이 설명해주지 않겠다.

나는 그녀가 직장에서 대단히 유능한 상사일 거라고 생각한다. 상사는 이런 사람이 좋다. 그리고 사실 아내도 이런 사람이 좋다(남자들이란 죄다 집에서는 무능력한 부하 직원 내지는 사고뭉치 강아지다. 세상의 부부는 모두 이 사실을 직시하고, 인정해야 한다. 아내는 유능한 상사 내지는 견주가 되어야 한다. 유능한 상사와 견주는 부하 직원과 애완견을 꾸짖고 구슬려 다스린다. 그러면서 한편으로는 상대에 대해 늘 어느 정도 체념하고 있다).

내가 '소설을 쓰겠다'고 했을 때 HJ의 반응은 ①번이었다. 그녀는 이렇게 생각했다고 한다. 그래, 도박이나 주식을 하는 것보다는 훨씬 낫지. 낚시나 골프보다도 낫네. 돈도 안 들고, 주말에도 어디 싸돌아다니지 않고 집에 붙어 있을 테니.

내가 '회사를 그만두고 전업 작가가 되겠다'고 했을 때 HJ의 반응은 ②번이었다. 그녀는 "너무 오래하지만 마. 어느 정도 해봐서 안 되면 포기해"라고 단서를 달았다. 우리는 내가 15개월 동안 전업 작가 생활을 한 뒤 성과가 없으면 접기로 합의를 보왔다.

내가 '전업 작가로 지내는 동안 집안일을 도맡아 하겠다'고 말했을 때 HJ의 반응은 ①번에 가까운 ②번이었다. 걸림돌은 청소였다. 그녀는 속으로 생각했다. 설거지와 빨래, 장보기는 그럭저럭 할 수 있을 테지. 그런데 과연 이 인간이 청소를 할 수 있을까?

그 전까지 우리 부부는 집 청소를 청소 도우미에게 전적으로 의존하고 있었다. 2주에 한 번씩 청소 도우미를 부른다. 집이 깨끗해진다. 그리고 나머지 13일 동안은 청소를 하지 않는다. 아주머니들은 말은 안 하지만 '이렇게 작은 집에서 왜 청소 도우미를 부르지?'라는 표정이었다. 그래서 우리 부부에게 이것저것 물어보는 아주머니가 많았다. 여기는 전세가 얼마예요? 두 분은 뭐 하세요?

작은 집이므로 프로페셔널한 청소 도우미가 세 시간가량 먼지를 쓸고 닦으면 더 하려고 해도 청소할 곳이 없었다. 아주머니들은 원래 정해진 시간보다 더 일찍 일을 마칠 수 있어서 좋아했다. 우리 부부는 월 10만 원으로 청소 고민을 없앨 수 있기에 만족했다. 그게 그때까지 우리 부부가 세상을 헤쳐나가는 방식이었다. 차는 사지 않음. 아이는 낳지 않음. 밥은 전부 사 먹음. 청소는 아웃소싱. 누군가 시킨 일을 하고, 품삯을 받아 생활.

전업으로 소설을 쓰는 일과 집 청소의 공통점은 이러하다. 일단 머리로는 완벽하게 이해하는 일을 몸이 받아들이는 게 핵심이다. 성공하면 나중에는 몸이 머리를 이끌게 된다. 육체의 문제이고, 습관의 문제다. 그런데 몸은 어떤 일에는 끝까지 저항한다. 정신력으로 뛰어넘을 수 없는 지점이 있다. 그런 관점에서 두 가지 사업 모두 전략 전술이 대단히 중요하다.

제일 처음 써야 하는 전략은 '닥치는 대로 해보기'다. 몇 가지 가설을 세워서 시험하고, 개량한다. 상향적인 접근도 필요하다. 단편적인 요령을 개발하고, 그 요령들을 조합해 새로운 전술과 전략을 도입한다. 이 모든 '카이젠(改善·개선)'은 현장을 중심에 놓고 행해져야 한다.

전업 작가 초기에 나는 '산출량 중시 방식'을 채택했다. 매일 일정량의 원고를 쓰기로 정해놓고, 그 양을 채우기 전에는 잠자리에 들지 않는 방법이었다. 처음 몇 달은 효과가 있는 듯했으나, 이내 잠드는 시간이 점점 늦어지는 부작용이 생겨났다. 이후에 과감히 '양은 중요하지 않다'고 결론을 내리고, 무라카미 하루키의 에세이에서 읽은 '챈들러 방식'을 도입했다. 한번 책상에 앉으면 글을 쓰는 것 외에는 아무 일도 하지 않고 두 시간을 보내는 방법이다. 그렇게 네 번 책상에 앉으면 하루에 여덟 시간 글을 쓰게 된다. 이것은 효과가 상당했고 생활 리듬이 다시 정상으로 돌아왔으나 너무 힘들었다. 살이 쭉쭉 빠지는 느낌이었다. 나는 글을 쓸 때 음악은 들을 수 있게 하는 '챈들러-II 방식'을 도입했다. 그러다가 잠시 책상에 엎드려 눈을 붙이는 것도 허용하는 '챈들러-Ⅲ 방식'으로 개량했다. 나중에는 '챈들러-XIV 방식' 정도로까지 발전했다. 요즘은 '스톱워치 방식'을 쓴다. 1년에 2,200시간 이상 글을 쓰는 걸 목표로 하고, 글 쓰는 시간을 스톱워치로 재는 방식이다. 나와 잘 맞는다.

처음 집 청소를 할 때는 방마다 청소하는 요일을 정해놓고 매일 30분씩 그곳을 쓸고 닦는 방식을 택했다. 월요일은 거실, 화요일은 침실, 수요일은 화장실, 하는 식으로 말이다. 그러다가 집을 둘로 나눠서 월수금은 북반구, 화목토는 남반구 식으로 변경했다. 거실과 방바닥 같은 주요 장소는 매일 청소하고 부속 장소는 일주일에 한 번으로 변주하기도 했다. 바닥을 어떻게 최대한 오랫동안 깨끗한 상태로 유지할 것인가? 청소 한 차례에 걸리는 시간을 세 시간 이내로 하면서 누적 청소 시간을 최소화하는 방법은 무엇인가? 걸레 빠는 횟수는 어떻게 조절할 것인가? 고려해야 할 변수는 많다.

커다란 혁신도 있었는데, 화장실을 건식으로 바꾸었다. 변기 앞에 발판을 깔고, 소변은 앉아서 보고, 바닥은 늘 보송보송하도록 관리한다. 물청소 대신 발판을 들어내고 빗자루와 쓰레받기로 바닥을 쓴 다음 한 번 쥐어짠 걸레로 닦는다. 거실이나 다른 방을 청소할 때와 같다. 이렇게 하자 화장실은 훨씬 깨끗해졌고 청소도 쉬워졌다.

요즘은 청소를 이렇게 한다.

① 화, 목, 토, 일에는 거실과 방바닥을 쓸기만 한다. 빗자루와 쓰레받기로만 한다. 진공청소기는 거추장스러울 뿐이다. 매번 인간이 하루에 흘리는 머리카락과 털의 양이 어마어마하다는 데 놀란다.

② 월요일에는 거실과 방, 화장실 바닥을 제대로 청소한다. 집 안을 둘로 분할해서 북반구를 쓸고→남반구와 화장실 바닥을 쓸고→북반구를 닦고→걸레를 물로 빨고→남반구와 화장실을 닦고→걸레를 빨랫비누로 빤다. 세 시간쯤 걸린다. 걸레는 반으로 자른 수건을 두 번 접어서, 한 번 청소할 때 네 면을 활용한다.

③ 금요일에는 화장실을 빼고 거실과 방을 제대로 청소한다. 청소 순서는 ②번과 같다.

④ 수요일에는 변기와 세면대를 청소한다. 비데가 있는 안방 변기가 청소하기 좀 더 까다롭기 때문에 제일 먼저 청소한다. 안방 화장실 변기→안방 화장실 세면대→거실 화장실 변기→거실 화장실 세면대의 순서. 락스로 거품을 낸 수세미로 꼼꼼히 대상을 문지른 뒤 걸레로 거품을 닦아내고, 걸레를 물로 헹구고, 다시 닦아낸다. 이때는 일회용 비닐장갑을 사용한다. 고무장갑은 불편한 데다 찜찜한 느낌이 들고, 맨손으로 하면 피부에 락스가 닿아 살 타는 냄새가 난다.

⑤ 책장이나 책상, 식탁은 딱히 요일을 정해놓지 않고 심심할 때마다 휴지나 HJ가 화장을 지울 때 쓰고 아깝다고 모아둔 화장 솜으로 닦는다.

내 소설 쓰기 방식에는 여전히 업그레이드가 필요하다 여긴다. 그러나 청소 방식은 거의 완성형에 이른 것 같다. 최근에 시도한 실험들은 모두 결과가 신통치 않았다. 무엇보다 현재 방식에 딱히 불편함이 없다. 몸에 딱 맞는 옷을 찾은 기분이다. 어느 정도나 편하냐면, 청소가 스트레스가 되지 않으며 청소할 때 기분이 상쾌하기까지 하다. 숙취라든가 하는 이유로 글에 집중이 안 되는 날에는 아침 일찍부터 청소를 하면서 마음을 추스른다. 얼마 전에는 글을 잘 썼다고 스스로에게 주는 상으로 청소를 하기도 했다.

전업 작가 생활 22개월여 만에 청소가 거의 운전이나 산책처럼 편한 경지에 이르렀다. 팔다리가 자동적으로 걸레질을 할 때 머리로는 다른 생각을 한다. 보통은 휴대전화기를 와인 잔에 넣어서 들고 다니며(이렇게 하면 스피커 소리가 커진다) 영어 회화 교재를 들으며 청소를 한다. 가끔은 음악을 들으며 할 때도 있다.

HJ는 말한다. 내가 소설가가 되었다는 사실보다, 내가 도우미 아주머니들보다 청소를 더 잘한다는 사실이 더 안 믿긴다고. 나는 처음 몇 달은 청소를 한 날마다 퇴근한 HJ에게 "집 깨끗하지? 바닥 반질반질하지?"라고 자랑하고 뻐겼다. 이제는 그러지 않는다. 귀찮기 때문이다. HJ도 '언제나 깨끗한 우리 집'을 당연하고 자연스러운 상태로 여긴다.

내가 어느 레지던스 프로그램의 지원을 받아 집을 한 달간 비운 적이 있었다. 그때 HJ의 고민은 남편이 낯선 장소에 잘 적응할 것인가, 가서 글을 잘 쓸 것인가가 아니었다. HJ는 말했다. 그러면 집은 누가 청소해? 다시 아주머니 불러야 하나? 나는 레지던스 프로그램 중간에 하루 집으로 올라와서 대청소를 하고 돌아갔다. 그때 집 상태는 정말 가관이었다.

하루키가 쓴 얘기로 기억한다. 사람들이 여성성이라고 믿는 것들 중 상당 부분은 집안일에서 비롯된 것이라고. 집안일을 하게 되면 여성성을 상당히 이해하게 된다고.

나는 전혀 그렇게 생각하지 않는다. 내게는 특히 청소야말로 매우 폭력적인 작업으로 느껴지며, 이 일을 하면 할수록 나의 남성성이 강화되는 것 같다. 청소는 예술보다는 공학에, 이해나 교감보다는 정복과 통치에 가깝다.

나는 방바닥의 상태에 주의를 기울이지만, 방바닥과 소통하지는 않는다. 나는 방바닥이 원하는 바가 뭔지 알지만(먼지로 몸을 덮어 유적이 되고자 한다), 그 욕망을 허락하지 않는다. 나는 자연을 밀어내고 인공의 세계를 유지한다. 나의 질서를 강요한다. 먼지가 쌓인다. 쓸어버린다. 얼룩이 진다. 제거한다.

이는 소설로 내가 이루고자 하는 바와 매우 닮았다. 소설이 없는 자연의 세계는 어떤 모습인가? 허무한 세계다. 사건의 입자들이 브라운운동을 하듯이 떠다니다가 부딪쳐 불을 내기도 하고 떨어져 바닥에 쌓이기도 하는 혼돈. 나는 그것이 세계의 본모습이라고 생각한다. 어떤 맥락도 의미도 없다. 제정신인 인간이 살아가기 힘든 곳이다.

나는 정보들을 고르고 이어 붙여서 맥락을 일으킨다. 상징을 부여하고, 이야기를 세운다. 이것은 세계의 본모습과 상관없는, 가공의 질서다. 나는 그 질서를 독자들에게 강요한다. 내게 있어 소설 쓰기는 어떤 사건을 이용할 것인가, 어떤 도구를 쓸 것인가, 그 도구로 사건 입자들을 어떻게 자르고 잇고 뒤틀고 뭉칠 것인가의 문제다. 기본적으로 엔지니어의 일이다. 재료와 도구가 허용하는 안에서 내 마음대로 의미를 발명한다. 그렇게 의미의 집을 지은 뒤 거기에 불안한 정신을 누이는 것이 내가 소설을 쓰는 이유다.

가끔 내 소설에 대해 너무 깔끔하다거나, 인물에 대한 애정이 안 느껴진다거나, 진짜 같지 않다는 평을 받는다. 내 생각에 그런 평가는 어떤 면에서 정확하다. 그리고 그다지 기분이 나쁘지 않다. 열심히 청소한 집에 대해 누군가가 '먼지 한 톨도 없어서 인간미가 안 느껴진다. 사람 사는 집 같지 않고 화보 같다'고 평하는 것과 똑같은 상황이다. 의미 있는 세계와 깨끗한 집은 원래 부자연스럽다. 플롯이라든가 윤이 나는 마루 장판 같은 것은 비정상적이다. 사람의 노력 없이는 저절로 생겨나지 않는다.

의미를 벗어난 것, 미지와 혼돈에 대해 내가 쓸 수 있을까? 내가 가진 도구가 허용하는 범위 안에서 쓸 수 있을 것 같다. 즉 미지에 대해 미지라고, 혼돈에 대해 혼돈이라고 쓰는 것이다. 냉장고와 소파 아래를 산뜻하게 청소 구역에서 분리하는 마음가짐으로.

어떤 사람들은 마치 좀 더 혼란스럽지만 더 인간적이고 궁극적으로 진실을 지향하는 글쓰기가 따로 존재하는 것처럼 말한다. 나는 회의적이다. 애초에 언어라는 것이, 세계에 가짜 의미를 부여하기 위해 만든 도구이기 때문이다. 빗자루와 쓰레받기와 걸레가 청소를 위한 도구인 것처럼.

글과 글쓰기로는 결코 세계의 실체에 이를 수 없다. 굳이 그 언저리에 가고 싶다면 소설이 아니라 시를 써야 할 것이고, 더 나아가 마침내는 언어를 포기하고 명상에 잠겨야 하지 않을까. 나는 그러는 대신 소설을 쓰고 청소를 한다. 나는 그냥 내 주변 세계를 내가 원하는 모습으로 바꾼다.

덧붙임:

요즘 우리 부부는 다시 청소 도우미를 부른다. 로봇 청소기도 두 대나 샀다.

전업 작가의 일상

지금 이 순간 '작가의 일상'을 주제로 에세이를 써야 한다는 사실이 퍽 의미심장하게 느껴진다. 최근 한동안 작가의 일상에 대해 고민이 많았기 때문이다. 보름쯤 전에 그 일상을 위해 꽤 비싼 비용을 지불하기도 했다. 그리고 며칠 원하는 대로 살았다. '그래, 그토록 원하던 작가의 일상을 제대로 누려본 소감이 어때?'라는 질문에 답안지를 써내야 하는 기분이다. 아직 잘 모르겠는데…….

한편으로 이 에세이는 꽤 부끄러운 고백이 될 것 같다. 나는 전업 작가가 되기 전까지만 해도 다른 사람과 만남을 피하고 집에 틀어박히려는 작가들의 내향성에 대해 '그게 바로 문약(文弱)'

이라며 비웃었다. 작가가 사람들을 만나야지, 세상 한가운데 있어야지, 그래야 작품에 현실이 반영되지, 하고 믿었다. 지금은 생각이 완전히 달라졌다.

내가 원하는 작가의 이상적인 일상은 이거다. 아침에 일어나서 소설 원고를 쓰기 시작, 배고플 때 식사하고, 낮잠을 조금 잔 뒤 또 원고를 쓰고, 다시 배가 고파지면 두 번째 끼니를 먹고, 또 원고를 쓰고, 자는 것. 그 사이사이에 운동을 하고, 집 청소를 하는 것. 한마디로 교도소 독방에 갇힌 죄수 같은 생활이다.

적어도 내 경우는 몹시 심심한 상태가 되어야만 글에 속도가 붙는다. 소설 쓰기는 대개 장기 프로젝트이고 마감이 명확하지 않다. 또 세상에는 소설을 쓰는 것보다 흥미로운 일이 많다. 그러다 보니 마음을 다잡지 않으면 한눈을 팔기도 쉽고, 그날 써야 할 원고를 차일피일 미루게 되기도 쉽다. 그래서 낮 시간에는 휴대전화기를 무음 혹은 비행기 모드로 돌려놓고, 꼭 찾아야 할 정보가 아니면 인터넷도 접속하지 않는다. 자료 검색을 한답시고 웹 서핑을 하다 하루를 홀랑 다 까먹은 경험이 여러 번 있다.

원고에 푹 빠져 밥을 먹을 때에도, 걸어 다닐 때에도 이야기를 구상하고 인물들의 대사를 중얼중얼 읊게 되는 바람직한 상태를 몇 번 겪어보기는 했다. 평생을 그런 상태로 살고 싶다는 게 내 소망이다. 소설 쓰기의 러닝 하이, 즉 '라이팅 하이(writing high)'라고 불러볼까? 조르주 심농이나 스티븐 킹, 히가시노 게이고 같은 다작 작가들은 그런 라이팅 하이 상태에 쉽게 돌입하는 사람들이 아닌가 한다.

나는 그런 경지에 가려면 이삼일은 원고에 몰두해야 한다. 나만 그런 건지 모르겠는데, 쓰기에 몰입하기까지 시간이 꽤 걸린다. 그럭저럭 불만 없는 속도를 내는 데에도 최소한 한두 시간은 걸린다. 그러니까 그때까지 스스로를 책상 앞에 묶어둘 수 있어야 한다. 내가 어느 때 어떤 과정으로 집중력을 발휘할 수 있는 사람인지 파악하는 데에도 짧지 않은 기간이 걸렸다.

유난 떤다 싶겠지만, 사실 짧은 외출 한 번으로도 의식이 얼마간 흐트러진다. 햄버거를 먹거나 편의점 도시락을 사러 가까운 거리에 가는 정도라면 모자를 눌러쓰고 트레이닝복 차림으로 나간다. 그럼에도 한번 집 밖에 나가면 가벼운 흥분 상태에 빠진다. 서울 길거리는 포털 사이트 첫 화면과 비슷하다. '여기 좀 봐주세요!'라고 호소하는 수많은 미남 미녀의 사진들이 걸려 있고 '이건 도저히 못 지나치겠지? 궁금하지?'라고 외치는 간판도 있다.

단 몇 미터를 걸어도 그사이에 무언의 메시지를 수십 가지는 받는다. 어떤 상품이 폭탄 세일 중이고 어떤 가게가 문을 닫았고 무엇이 유행이고 지금 시대정신은 이것이고……. 작품에 당대를 담으려는 소설가라면 그런 변화들을 놓치지 말아야 하는 걸까? 모르겠다. 유의미한 정보와 무의미한 소음을 구분할 수 있으면 좋으련만, 그 방법은 나만 모르는 게 아니라 아무도 모르는 것 같다.

내가 아는 분명한 사실은 간단하다. 그런 자극들이 일으키는 일회적, 단속적(斷續的) 흥분 상태가 소설 쓰기에 도움이 되지 않는다는 것. 긴 글을 쓰려면 긴 호흡으로 생각해야 한다는 것. 시대에 뒤떨어진다 해도 일단은 주변에 정신적 차폐막을 세우는 수밖에 없다. 일일이 반응하다가는 SNS 게시물은 몰라도, 책은 쓰지 못한다.

하지만 사람을 만날 때는 막을 걷어야 한다. 다른 사람 앞에서 반응을 하지 않는 것은 무례한 일이다. 누군가를 오프라인으로 만나는 일은 '내 마음을 얼마간 열고 당신의 말에 귀를 기울이겠다'는 약속이다. 그래서 뭔가 아쉬운 부탁을 해야 하는 사람은 이메일이나 전화 통화에 만족하지 못하고, 상대에게 꼭 만나서 얘기하자고 한다. 상대의 부탁을 거절하고 싶은 사람은 문자메시지나 메일로 용건을 보내달라고 답하는 것이고.

그런 이유로 가능하면 소설을 위한 취재를 할 때가 아니면 사람을 만나고 싶지 않다. 사람들을 만나자면 면도도 해야 하고, 머리카락도 제대로 말려야 하고, 옷도 신경 써서 입어야 한다. 만날 시간을 정하고 장소를 검색해야 하고, 만나기 전후로 연락할 일들이 생긴다. 무엇보다 내 마음의 일부를 상대를 위해 내줘야 한다. 그의 고민과 요구에 관심을 가져야 한다. 처음부터 끝까지 상대의 요구를 들어줄 생각이 없는 경우라도. 그래서 직접 만나는 일은 가능하면 피하고 싶다.

다니던 회사에 사표를 낸 것이 2013년 8월이었다. 나는 2013년 하반기와 2014년을 거의 집에 틀어박혀 보냈다. 2015년에도 꽤 여러 날을 집에서 보냈다. 그때 생산성이 어마어마했다. 이전까지는 장편소설을 한 편 마치는 데 3년 가까이 걸렸다. 그런데 하루 종일 집에서 글만 쓰니 원고지 1,000매 분량의 초고를 두세 달 만에 쓸 수 있었다. 그때 『열광금지, 에바로드』 『호모 도미난스』 『한국이 싫어서』 『댓글부대』 『그믐, 또는 당신이 세계를 기억하는 방식』 등을 썼다. 발표하지 않은 다른 장편도 하나 썼다. 라이팅 하이 상태로 지낸 행복한 기간이었다.

2016년부터 3년 동안은 바삐 쏘다녔다. 대학에서 강의도 몇 학기 하고, 외부 강연도 자주 하고, 독서 팟캐스트 진행도 하고, TV와 라디오 시사 프로그램에도 고정 출연했다. 전업 작가라고 말할 수 없는 상태였다. 주업이 작가이기는 했는지도 모르겠다. 이 기간에는 『5년 만에 신혼여행』 『우리의 소원은 전쟁』 『당선, 합격, 계급』 등을 썼다.

외부 일정 하나하나가 당초 예상보다 시간을 훨씬 잡아먹는다는 사실을 뒤늦게 깨달았다. 대학 강의든 강연이든 TV나 라디오 출연이든, 실제로 단상이나 스튜디오에서 보내는 시간보다 준비

시간이 몇 배 더 길다. 강사 대상 교육 프로그램, 대본 회의, 사전 인터뷰, 회식에 참여해야 한다. 요약 원고, 강의 계획서, 포스터에 쓸 해상도 높은 사진, 이런저런 증빙 서류도 보내야 한다.

여러 사람이 모여서 공동 작업을 하면 이해관계가 충돌하고 그걸 조율하기 위해 의사소통에 걸리는 시간이 고통스러울 정도로 길어진다. 거창하게 표현했지만 별것 아니다. "김 교수님이 금요일 오후에 시간이 안 나신다는데 목요일 오후는 혹시 어떠세요?" "목요일 오후는 제가 안 되는데요. 혹시 목요일 오전은 어떻습니까?" 같은 대화에 반나절을 쓴다는 얘기다.

그걸 다 감안해도 써내는 원고량이 너무 줄었다. 새벽이나 밤, 또는 모처럼 일정이 없는 날에 노트북 앞에서 '왜 이리 속도가 안 나지? 왜 이렇게 안 써지지?' 하고 머리를 싸매는 일이 잦아졌다. 그러면서 비로소 나의 집중력 메커니즘이 어떤 식으로 작동하는지 서서히 깨닫게 되었다.

현실을 부정하고 자신을 과대평가하며, 때로는 기적을 빌고 때로는 스스로를 학대하며 한동안을 보냈다. 그러나 아닌 건 아닌 거였고, 나는 몇 년 전부터 답을 알고 있었다.

제일 먼저 대학 강의를 그만뒀다. TV 프로그램은 시청률이 저조해 방영이 연장되지 않았다. 외부 강연 요청에 정중하게 거절하는 양식을 만들었다. 마지막까지 놓지 못했던 게 독서 팟캐스트와 라디오 프로그램이었는데, 결국 물러나고 싶다는 뜻을 전했다. 내 캘린더 앱에서 외부 일정 표시들이 그렇게 획획 사라졌다.

독서 팟캐스트가 특히 아쉽다. 팀원들과 정도 깊이 들었고, 다른 저자들과의 만남도 반가웠고, 방송 진행을 어떻게 해야 하는지도 배웠고, 보람도 있었고, 나름 인기도 높았는데. 사람들이 책을 읽지 않는 시대에 저자들이 자기 홍보 채널을 가져야 한다는데 내가 금 같은 기회를 걷어차는 게 아닌지, 두려웠고 끝까지 미련이 남았다.

그 후 며칠간은 아무 일 없이 집에 혼자 있었다. 아내는 회사에 다니고 우리 부부는 아이가 없기 때문에, 나는 낮 시간 내내 혼자 집에 있을 수 있었다. 그토록 원하던 이상적인 작가의 일상을 드디어 얻은 것이다. 그렇게 모든 조건이 완벽했지만, 라이팅 하이는 찾아오지 않았다. 어쩌면 "찾아오지 않았다"라는 말은 잘못된 표현인지도 모른다. 몰입이라는 건 상태이기도 하고 행위이기도 하다. 내가 먼저 온 정신을 기울여 행동해야 겨우 그 상태가 찾아온다. 나는 그때까지 행동하지 못한 것이다.

아마 2013, 2014년만큼 절박하지 않아서겠지, 하며 책상 앞에 멍하니 앉아만 있었다. 글을 쓰기가 싫어서 책을 엄청나게 읽었다. 하루에 세 권을 읽은 날도 있었다. 아내에게 "나 뺨 좀 때려줘, 정신 차리게"라고 부탁하면 웃으며 뺨을 쳐주긴 했는데, 그다지 강도가 세진 않았다. 아직 나를 많이 사랑하나 보다.

가만히 앉아 있으면 끊임없이 귀와 콧구멍이 간지럽다. 도저히 못 참겠어서 코를 한번 파고 나면 꼭 손을 씻어야 할 것 같다. 각성 효과를 일으키려고 커피와 차를 쉬지 않고 마신다. 그래서 소변이 자주 마렵고, 화장실에 자주 간다. 망상에 휩싸인다. 그때 이랬어야 했어, 아니야 저랬어야 했어, 올해 한 방 터뜨리지 않으면 안 돼, 그 인간이 왜 그렇게 잘나가는 거지, 세상이 미쳐 돌아가고 있어, 조르주 심농은 어떻게 그렇게 다작을 한 거야, 난 망했어.

정신을 집중하기 위해 주문을 외운다. 처음에는 "훌륭한 소설가가 되자"라고 중얼거렸다. 그러다가 '훌륭한 소설가'가 성에 차지 않아 "위대한 소설가가 되자"라고 바꿨다. 위대한 소설가는 어떤 시련에도 굴하지 않고 걸작을 써내니까. 다시 망상에 휩싸인다. '위대한 소설가'의 미래 모습을 자꾸 상상하게 된다. 엄청난 작품으로 모든 독자를 놀라게 하고, 악플러와 경쟁자에게 본때를 보여주고, 저명한 해외문학상을 받아서 기자회견을 열고…….

그때나 지금이나, 라이팅 하이는 쉽게 오지 않는다. 그러기는커녕, 점점 멀어지는 기분이다. 나는 어제 주문을 아래처럼 바꿨다. 효과가 있을지는 아직 모르겠다.

작품만 생각하자.

작품만 생각하자.

덧붙임:

한창 슬럼프를 겪을 때 쓴 글이다. 당시에는 내가 슬럼프를 겪고 있는 줄 몰랐다. 첫 슬럼프였고, 아직 절정까지 이르지 않은 상태였다. 얼마 뒤 이 슬럼프는 우울증으로 이어지게 된다. 지금은 둘 다 극복했다.

지나고 나서 생각해보면 '좋은' 슬럼프였고, 겪어야 할 침체기였다. 내 마음가짐이 느슨해진 것도 사실이었지만, 당시 라이팅 하이가 오지 않았던 것은 내가 벅찬 글을 막 시작한 참이어서였다. 쉽게 쓸 수 있는 소설만 썼다면 슬럼프에 빠지지 않았을 거다.

내 글쓰기 실력에 자신을 잃으면서 점점 기분이 가라앉았고, 좌절감에 사로잡히게 됐다. 나는 그저 그런 수준의 작가인가 보다, 내가 원하는 정도의 빼어난 작품을 쓸 기재(奇才)는 아닌가 보다. 그런 생각을 하는 시간이 길어졌다. 깊은 터널 한가운데 있는 기분이었다. 작가가 아니더라도 더 나은 미래를 향해 진지하게 자신을 갈고 닦는 사람에게는 피할 수 없는 단계라고 여긴다. 에…… 적고 보니 무슨 열혈물의 노력파 주인공 같아서 민망하네.

2013년 하반기와 2014년의 고독과 집중력, 몰입감은 여전히 그립다. 이런 표현이 어떨지 모르겠지만 무척 로맨틱한 시기이기도 했다. 나와 내가 아닌 것의 구분이 명확했고, 내가 아닌 것에 나는 가담하지 않았다. 나라는 사람이 아주 잘 벼린 칼날이 된 듯했다. 현대인에게 좀처럼 주어지지 않는 감정이고 기회였다.

  작가로 데뷔해 활동한 기간에 비하면 꽤 많은 편집자를 경험
한 편이다. 비교적 다작을 했고, 또 여러 출판사에서 책을 냈기
때문이다. 지금 세어보니 단독 단행본 작업을 같이한 편집자만
열 명이 넘는다.

  무슨 계획이나 전략이 있어서 많은 편집자와 작업한 것은 아
니다. 하다 보니 그렇게 됐다. 공모전 형식의 문학상을 네 개 받
으면서 그 상을 주최하는 출판사에서 책을 한 권씩 내게 됐고,
편집자 네 사람을 만났다. 작가 생활 초기에는 여러 출판사에 투
고도 했고, 그렇게 알게 된 편집자도 있다. 내 글이 좋다며 자기
출판사에서 책을 내보지 않겠느냐는 편집자도 있었고, 나는 감

사한 마음으로 그와 계약을 맺었다. 출판계는 이직이 무척 잦다. 어느 편집자와 작업하고 싶어서 그가 속한 출판사와 계약을 했더니, 원고를 넘길 때쯤 그가 퇴사하여 다른 편집자가 내 원고를 담당하게 된 일도 있다. 그렇게 여러 편집자와 인연을 맺었다.

그중에는 나와 착착 호흡이 맞는 이도 있었고, 좋은 사람인 것 같은데 나와는 손발이 잘 안 맞는 경우도 있었고, 두 번 다시 같이 일하고 싶지 않은 사람도 있었다. 그렇다고 내가 그들에 대해 유능한 편집자다 아니다 말할 수는 없을 것 같다. 작가에게는 편집자의 한 단면만 보이기 때문이다. 소설가는 책 한 권으로 편집자 한 사람을 만날 뿐이지만, 그 편집자는 다른 저자를 수십 명 관리하는 중이다.

『잡스(JOBS)』 편집부에서 내가 경험한 에디터에 대한 글을 써달라고 원고 청탁서를 보내오면서, 자신들은 에디터를 '기존에 있는 무언가를 잘 선별해 새롭게 창조하는 사람'으로 본다고 설명했다. 출판 노동자 중에는 트렌드를 잘 파악해 단행본을 기획하는 부서의 편집자들, 특히 경영이나 인문, 자기계발 분야의 편집자들이 이 정의에 보다 잘 들어맞는 것 같다. 한국 소설가와 국내 문학 편집자의 관계는 좀 더 특수하다.

국내 문학 편집자는 에디터보다는 프로듀서라고 이해하는 편이 낫지 않을까 싶기도 하다. 한편으로는 국내 문학 편집자의 그런 프로듀싱 업무 역시 『잡스(JOBS)』 편집부가 재정의해서 보여주고자 하는 큰 틀의 '에디터십'에 포함될 수 있겠다는 생각도 든다. 나는 내 관점에서 한국 소설가와 문학 편집자의 관계, 그리고 내가 바라는 이상적인 편집자에 대해 적어보련다. 『잡스(JOBS)』 편집부가 에디터십을 발휘해 자신들의 기획 안에서 이 원고를 잘 배치하고 멋진 제목을 붙여 적절한 맥락과 의미를 창조해주리라 믿으면서.

단행본 저술업자로서 나는 담당 편집자와 만나 출간 계약을 할 때 대개 그 자리에서 대강의 원고 구상을 설명하는데, 솔직히 이 단계는 그리 중요하지 않다. 구상이 그대로 작품으로 이어지지는 않기 때문이다. 나는 나대로 쓸 수 있을지 없을지 자신 없는 아이디어는 가급적 말하고 싶지 않다. 이는 문학의 특성 탓이기도 하다. 작품을 다 쓰기 전까지, 작가는 결말은커녕 자기가 무엇을 쓰고 있는지조차 정확히 모르는 경우가 흔하다. 소설이 아니라 인문서나 교양서, 자기계발서 같은 경우에는 저자와 편집자가 초기 단계부터 훨씬 더 긴밀히 논의한다고 들었다.

요즘은 이런 식으로 이해한다. 글은 내가 쓰고, 책은 편집자와 함께 만든다고.

초고를 쓰는 것은 온전히 나의 몫이다. 편집자와 간혹 연락을 주고받긴 하지만 내용은 "제가 이쯤에서 이렇게 헤매고 있습니다" 하면 저쪽에서 "기운 내세요"(가끔은 "혹시 언제까지 마감 가능하신가요?") 하는 정도다.

초고를 보내고 나서 본격적으로 편집자와 논의를 시작한다. 먼저 원고를 쓰면서 의도한 나의 목표가 있다. 나는 편집자가 그 비전을 제대로 이해해주기를 바란다. 그 목표는 어떤 독자층을 만나고 싶은지에 대한 것일 수도 있고, 글의 어떤 부분이 어느 정도로 재미있거나 불편하거나 무겁거나 가볍거나 현실적이거나 비현실적일지에 대한 것일 수도 있다.

　한편 저자인 내가 알아차리지 못한 원고의 결점과 잠재력이 있다. 어떤 부분을 고치고 보완해야 할지, 어떤 부분을 더 강화해야 할지, 어떤 외피를 둘러야 할지, A그룹 독자들과 어떤 맥락으로 만나야 할지, B그룹 독자들과는 어떤 맥락으로 만나야 할지 등등에 대해 나는 편집자가 적극적으로 조언하고 참신한 아이디어를 제시해줬으면 좋겠다.

　즉 내가 원하는 바는 이러하다. 편집자가 큰 틀에서 나와 같은 산을 바라보면서, 정상으로 오르는 길을 함께 찾고 고민하는 것.

　그런데 가끔은 아예 나와 다른 산을 바라보는 편집자가 있다. 이 역시 문학의 특성상 어쩔 수 없다. 그가 생각하는 좋은 소설과 내가 생각하는 좋은 소설이 다른 경우다. 사람마다 문학관이 다르고, 때로 이는 도저히 설득할 수 없는 문제가 된다. 이 경우에는 같이 작업하지 않는 것이 옳다. 누구의 잘못도 아니다. 나만 해도 몇 번을 읽어도 『위대한 개츠비』가 왜 좋은지 모르겠는데, 그렇다면 내가 『위대한 개츠비』의 편집자가 되어서는 안 된다.

스콧 피츠제럴드에게 도움이 안 될 거다.

불행히도 한국 문단문학계에는 이렇게 서로 뜻이 안 맞는 소설가와 편집자가 함께 일해야 하는 상황이 왕왕 빚어진다. 편집자가 소설가를 고를 수 있는 구조가 아니기 때문이다. 에디터십이 강한 해외 출판계에서는 편집자가 작가 에이전시로부터 원고를 받아 검토하고 출간 계약을 맺는다. 편집자가 직접 발탁한 작가이므로 둘의 문학적 취향은 상당히 겹칠 수밖에 없다.

반면 한국 문단문학은 주로 공모전으로 신인 작가를 선발하는데 이때 선발 주체는 원로 및 중진 소설가나 평론가로 이루어진 심사위원들이다. 그들이 문학상 수상자와 수상작을 결정하고, 정작 그 원고로 책을 만드는 일은 작품 심사 과정에는 전혀 참여하지 않은 편집자가 한다. 가끔은 편집자가 도무지 이해할 수 없는 수상작을 납득 못 한 속마음을 숨긴 채 작가와 작업해야 하는 일도 벌어진다. 작가에게도 편집자에게도 불행한 관계다.

그런 경험을 한 작가들은 편집자라는 직업 전반을 불신한다. (나를 뽑아준) 소설가들과 평론가들은 문학에 대한 이해가 높은데, 편집자들은 수준이 떨어진다고 오해하게 되는 것이다. 게다가 한국 출판계는 전반적으로 저자를 떠받드는 분위기라, 작가들이 나이를 먹을수록 편집자들과 수평적인 소통을 하기 어렵게 된다. 젊은 편집자도 건방지다, 버릇없다는 야단을 한두 번 맞고 나면 소설가에게 의견을 내는 일 자체를 포기하게 된다. 에디터십은 언감생심이다.

나는 운이 좋았다. 실력 있고 사려 깊은 편집자들을 작가 생활 초기에 만나면서 그들로부터 어떤 도움을 받을 수 있는지 일찍 깨쳤다. 여러 편집자의 이름이 떠오르지만 한 사람만 들자면 민음사의 박혜진 차장에게 특히 감사하다. 박 편집자와는 장편소설 『한국이 싫어서』, 논픽션 『당선, 합격, 계급』, 연작소설 『산 자들』을 함께 만들었다.

박 편집자와 일하며 내가 얻는 것, 배우는 점은 열 손가락으로 다 꼽기 어렵다. 그중 으뜸은 내가 지금 어디에 있는지, 어느 곳을 향해야 하는지 알려준다는 점이다. '당신은 한국문학에서 이런 계보에 속해 있으며, 이번에 올라야 할 산은 이 산입니다' 하고 말해주는 것 같다. 최근에 『산 자들』을 쓸 때는 내게 "이 소설이 우리 시대의 『난장이가 쏘아올린 작은 공』이나 『원미동 사람들』 같은 작품이 됐으면 좋겠어요"라고 했고, 나는 단단히 기합이 걸렸다.

막연히 '멋진 소설을 쓰고 싶다, 베스트셀러 작가도 되고 싶다'는 마음만 품고 있던 나는 박 편집자와 작업하면서 점점 내 역할이 무엇인지 알게 됐다. 그것은 달리 말해 내가 어떤 소설가인지 발견하는 일이기도 했다. 그녀가 한국문학의 현재를 깊이 이해하고 한국 소설의 미래를 긴 시간 고민해온 내공으로 소설가 장강명의 개성과 장점을 잘 파악했기 때문이다. 동시에 우리가 같은 방향을 보고 있기에 가능한 일이었다.

그런 면에서 지금의 장강명이라는 소설가는 어찌 보면 박혜진 편집자가 프로듀싱한 작품이다. 그녀는 나 외에도 다른 많은 소설가들에게 영감을 주는 것으로 안다. 대표적으로 조남주 작가가 있다. 이 작가의 투고 원고를 발굴해 『82년생 김지영』으로 펴낸 이가 박 편집자다. 나는 조남주 작가도 나와 같은 방향을 보고 있는 소설가가 아닐까 속으로 생각한다. 5만 부 이상 팔리고 신동엽문학상을 받은 『딸에 대하여』 역시 박 편집자가 김혜진 작가에게 경장편을 제안해 시작된 소설이라고 들었다.

다른 두 분께 실례가 되는 말일지 모르겠으나 어떤 차원에서는 나는 물론 조남주, 김혜진 작가도 민음사 한국문학 편집부가 프로듀싱한 작품으로 볼 수 있다. 이 세 사람은 민음사의 경장편 시리즈로 터닝 포인트를 맞았다. '데뷔는 했고 가능성은 보이지만 자리를 완전히 잡지는 못한 젊은 작가들에게 부담스럽지 않은 분량으로 단행본을 낼 기회를 준다'는 취지로 민음사 한국문학 편집부가 기획한 시리즈였다.

박혜진 편집자 외에도 신뢰하는 편집자가 몇 명 더 있다. 그들의 생각을 내가 무조건 따른다는 말은 아니다. 나 역시 내 생각을 그들이 무조건 따라주기를 바라지 않는다. 스티븐 킹은 『유혹하는 글쓰기』 머리말에서 자기 편집자에게 감사를 표하면서 "편집자는 언제나 옳다"고 썼다. 그 말을 그대로 옳는 소설가도 여럿 봤다. 나는 동의하지 않는다. 소설가가 그런 말을 하면 편집자는 부담을 느낀다. 파트너로서, 나는 내가 원하는 바를 정확하게 편집자에게 전달하고자 한다. 파트너로서 편집자의 의견을 귀기울여 들으려 한다.

그런데 파트너니까 의견이 서로 갈릴 수도 있다. 사실 의견이 달라야 발전한다. 매번 두 사람의 견해가 같으면 애초에 의논할 필요 자체가 없다. 그러니 아직 만들어지지 않은 책에 대해 나는 내 의견을, 편집자는 편집자의 의견을 활발히 내고, 서로 왜 그렇게 생각하는지 묻고 답하고 조율할 수 있어야 한다. 이것이 내가 생각하는 소설가와 편집자의 이상적인 관계다.

'왜 이 표지 시안들을 골랐느냐'고 물으면 어떤 편집자는 디자인의 의도나 세세한 디테일, 본문과의 적합성에 대해 상세히 설명해준다. 박혜진 편집자가 그렇다. 그런 설명을 들으며 나는 표지에 대해서도, 내 글에 대해서도, 그리고 우리가 만들어갈 책에 대해서도 배운다. 그런 설명은 책 홍보에도 실질적으로 도움이 된다. 나중에 인터뷰를 할 때 표지에 대해 묻는 기자도 있기 때문이다.

반면 같은 질문을 몇 번을 던져도 답을 피하다가 '글쎄요, 디자이너가 알아서 어련히 잘 고르지 않았을까요'라는 식으로 반응하는 편집자도 있었다. 그를 탓하고 싶지는 않다. 다른 업무 때문에 바빴을지도 모른다. 특히 규모가 작은 출판사에서는 편집자가 해야 할 일이 너무나 많다. 그래도 내가 그와 다시 작업할 것 같지는 않다. 딱히 꽁해져서가 아니라, 나와 잘 맞는 좋은 편집자를 이미 여러 명 알기 때문이다. 타인과 신뢰 관계를 쌓는 일은 도전이고 모험이고 도박이다. 지금은 내가 그런 모험을 새로 벌이기보다는 이미 쌓아놓은 신뢰를 바탕으로 결실을 맺을 때라고 생각한다.

우리가 함께 만든 책은 성공할 수도 있고 실패할 수도 있다. 변덕스러운 시장 반응을 놓고 나중에 누가 옳았는지 따지는 게 의미 있을까? 우리는 성공하면 함께 성공하고 실패하면 함께 실패한다. 다만 그렇게 성공하거나 실패하기 전에 활발히 두 머리를 짜내어 후회 없이 좋은 책을 만들 수 있기를 원한다. 한쪽에서는 이런 관계를 맺는 힘을 에디터십이라고 부를 수 있을 텐데, 다른 쪽에서는 파트너십이라고 표현해도 괜찮겠다는 생각이 든다.

덧붙임:

가장 유명한 소설가와 편집자의 관계는 아마 레이먼드 카버와 고든 리시의 사례일 것이다. 그들 사이의 파트너십은 좋은 쪽으로든 나쁜 쪽으로든 너무 알려져서 스캔들이라고 불러도 무방할 정도다.

미국 문학 출판계에서 편집자의 권한은 매우 큰 데다(한국의 문학 출판 편집자와 비교하면 더욱), 카버와 일하게 됐을 때 리시는 이미 유명하고 영향력 있는 문학계 인사였다. '캡틴 픽션'이라는 별명이 있을 정도였다. 리시 본인도 작가였으며, 편집자로서 극히 유능했다. 좋은 작가와 작품을 잘 알아봤다. 하지만 성격은 그다지 좋은 편이 아니었다. 오만하고 자기중심적이었으며, 작가의 글을 자신이 고치는 걸 아무렇지 않게 여겼다. 리시가 블라디미르 나보코프의 작품을 편집할 당시 교정지를 받아 본 나보코프는 이렇게 말했다고 한다. "이 고든 리시라는 자는 누구고, 이자가 무슨 짓을 하고 있는 거요?"

반면 리시를 만났을 때 카버는 "상업적으로 보자면 활동을 멈춘 작가"(평전 『레이먼드 카버: 어느 작가의 생』에 나오는 표현)였다. 가난에 시달렸고, 알코올중독이 심해 일상생활도 유지하기 어려운 형편이었다. 감히 리시에게 맞설 수 있는 처지가 아니었다. 리시는 카버의 작품을 엄청나게 뜯어고쳤다. 미니멀리즘을 추구한 리시는 카버의 어떤 작품에서는 분량의 70퍼센트 이상을 삭제했고, 어떤 작품에서는 뒷부분을 몽땅 들어내 결말을 지어버렸다. 인물의 성격이나 문체의 분위기, 작품 주제까지 바꿨다. 그런데 그렇게 해서 나온 책이 아이러니하게도 큰 성공을 거뒀다.

카버는 리시와의 협업에 오락가락하는 태도를 보였다. 편지를 보내 격렬히 항의하다가 갑자기 만족한다며 말을 바꿨다. 원래도 심지가 굳은 성격은 아니었던 것 같고, 리시가 못마땅하면서도 그를 놓치기 싫었던 듯하다. 결국 소설집 『사랑을 말할 때 우리가 이야기하는 것』은 카버 사후 리시가 손대지 않은 처음 원고 형태로 다시 출간되기에 이른다. 그렇게 재출간된 책의 제목은 『풋내기들』이다. 두 권 모두 국내에 번역되었기에 비교하면서 읽을 수 있다. 아이러니하게도 내 눈에는 리시가 편집한 결과물이 카버의 원본보다 나았다.

문학 편집자의 권한이 어디까지인가를 논할 때 고든 리시의 사례가 자주 언급된다. 나더러 '캡틴 픽션'과 작업하겠느냐고 하면 1초도 고민하지 않고 거절하겠다. 내 것이라고 할 수 없는 책은 내고 싶지 않다.

『소설가라는 이상한 직업』의 편집자 에디터리 대표도 내가 매우 신뢰하는 편집자다. 나 말고도 에디터리 대표를 좋아하는 작가가 많다.

문학은 나에게

　모름지기 원고 청탁서의 주제 항목은 이렇게 제시해주는 게 좋다. "문학은 나에게 무엇이었고, 무엇이며, 무엇일 것인가?" 그냥 '문학은 무엇인가'라는 주제를 받았다면 엄두가 안 나 원고 청탁을 거절했을 것 같다. 아니면 선문답 흉내를 내며 대충 얼버무렸을지도 모른다. 문학은 2013년 여름 밤섬의 개똥지빠귀 배설물이다! 왜냐하면 개똥지빠귀는 겨울 철새니까! 그리고 밤섬 엄청 멋져요! 이렇게.

　하지만 원고 청탁서 주제 항목에 상냥하게도 "나에게"가 들어가 있다. 그렇지. 문학이 뭔지 딱 부러지게 규정할 수는 없는 거지. 문학은 나에게, 너에게, 서로 다른 의미일 수 있지. 저도 모르게 힘이 들어갔던 어깨 근육이 스르르 풀린다. 게다가 "무엇이었고, 무엇이며, 무엇일 것인가?"라니. 그렇지. 심지어 나에게도 문학의 의미는 변할 수 있지. 이제 나는 한결 차분하게 문학이 나에게 무엇이었고 무엇이 아니었는지, 지금은 무엇이고 무엇이 아닌지 생각해본다.

아주 어릴 때 문학은 나에게 '자유'였다. 동화와 소설은 부모나 학교의 허락을 받을 필요 없는, 그러면서도 안전한 모험이었다. 다른 청소년들에게도 문학이 그런 역할을 하지 않나, 소위 '영 어덜트 소설'이 대체로 판타지나 SF의 탈을 둘러쓴 현실 탈출물인 이유도 그래서이지 않나 생각한다.

20대 초반 서툴게 소설을 쓸 때 나를 가장 강렬하게 사로잡은 것도 그 자유의 감각이었다. 소설가가 자기가 쓰는 소설 속에서 누리는 만큼의 자유를 누리는 사람이 세상에 또 있을까? 소설가는 수백, 수천, 아니 원한다면 수십억 명의 인물과 세계를 마음대로 쥐락펴락할 수 있다. 어느 왕이, 어느 대통령이 그 근처의 자유라도 누려본 적이 있을까.

스물이 넘어 서서히 내 삶에 책임을 지게 되고, 해방과 독립이 마냥 달콤한 방학 같은 게 아님을 깨달았다. 나는 여전히 문학에 매료돼 있었는데, 이제는 자유가 아니라 '의미' 때문이었다. 그 시절 나는 세상만사가 공허하게 느껴졌다. 큰 것은 큰 것대로 속이 텅 빈 듯했고, 작은 것은 작은 것대로 한심해 보였다. 신앙을 떠났으나 여전히 의미는 필요했다. 의미가 없으면 살 이유도 없을 테니.

글자들의 세계는 의미의 세계였고, 그 안에 들어가 있으면 정돈된 방에서 쉬는 것처럼 편안했다. 비문학 서적에 부쩍 관심이 많아진 것도 이 시기였다. 글을 쓰는 이유도 바뀌었다. 이제 소설 쓰기는 자유로워지고 싶어서라기보다 작은 것이라도 의미를 붙들고 싶어서였다. 아무리 글을 써도 '궁극의 의미'에 이르지 못할 것임은 알고 있었지만 그런 위안이라도 없으면 무너질 것 같았다. 시시포스가 된 것 같은 비장한 기분이 들기도 했다.

그래서 문학이 뭔가, 내가 하고 있는 일이 뭔가, 라는 질문을 스스로에게 몇 번 던지기도 했는데 지금까지 제일 정직한 답은 '잘 모르겠다'이다. 가끔은 뭔가 알 것 같기도 한데, 역시 잘 모르겠다. 레이먼드 카버 평전을 읽다 보니 카버가 노트에 이렇게 썼다더라. "내가 뭘 원하는지는 모르겠다. 하지만 난 그걸 지금 원한다." 다른 노트에는 이렇게도 썼단다. "이 모든 게 무엇을 위한 것이었는지는 모르겠지만, 헛된 시도는 아니었다." 내 기분이 딱 그렇다.

'잘 모르겠다'는 말이 아주 막막한 것만은 아니다. 이 문장은 어떤 출발점이 되기도 한다. 난 문학은 뭐뭐다, 라는 정의를 다 조금씩 의심한다. 다 들어보아도 조금씩 다 아닌 것 같다. 문학의 역할이 무엇이고 문학의 목적이 무엇이라는 사람 모두에게 반례를 찾아서 '그렇다면 이건 문학이 아니란 말이냐? 이 작품이 나쁘단 말이냐?' 하고 반박할 수 있을 것 같다.

나는 문학이 현실을 반영해야 한다든가, 약자의 목소리를 담아야 한다든가, 아름다워야 한다든가 하는 말들도 다 조금씩 잘못됐다고 생각한다. 문학은 그런 말로 잡을 수 없으며, 어떤 규정도 내릴 수 없는 것이 예술의 근본 속성 중 하나다. 문학에는 목적이 없다는 말에도 반대한다. 문학에 목적이 있는지 없는지 나는 잘 모르겠다.

그러니 '너의 글은 문학적이지 않다'는 비판을 받아도 아무렇지 않다. 정 신경이 쓰이면 그런 비판을 하는 이에게 '문학이 뭔데요?' 하고 역으로 물어볼까나. 그가 제대로 답하지 못한다면 '문학이 뭔지도 모르면서 뭐가 문학적인지 아닌지는 어떻게 아시나요?' 하고 다시 물어야지. 그가 뭐라고 답을 한다면 '그건 당신의 문학이죠'라고 대꾸하고 그 정의에 들어맞지 않는 걸작들의 예를 들면 될 테고.

문학은 앞으로 내게 무엇이 될까. 놀랍게도 나는 어렴풋이 대답할 수 있다. 나는 앞으로 계속 소설을 쓸 거고, 내가 무엇을 어떻게 쓰고 싶은지 정확히는 몰라도 무엇을 어떤 식으로 쓰고 싶지 않은지는 대충 안다. 많이 팔리고 바로 잊힐 졸작을 쓸 것인가, 당대에는 인정받지 못해도 나중에 인정받는 걸작을 쓸 것인가. 괴로운 사고실험이지만 답은 명확하다. 그러니 문학은 내게 그저 돈벌이의 수단은 아니다(물론 문학으로 돈도 많이 벌었으면 좋겠다). 마찬가지로 문학이 내게 사회 변혁의 도구도 아니다. 세상을 바꿀 선전물을 쓸 것인지, 훌륭하지만 조용하고 모호한 작품을 쓸 것인지 선택하라면 이 역시 답은 정해져 있다(물론 내 글이 세상에 좋은 방향으로 영향을 끼칠 수 있기를 바란다).

농담처럼 노벨문학상 받고 싶다고 말하고 다니는 나지만, 노벨문학상 같은 건 받지 못해도 괜찮다. 좋은 작품만 쓸 수 있다면. 무엇이 좋은 작품인지 잘 설명할 수는 없지만 내가 쓰고자 하는 좋은 작품의 예는 구체적으로 들 수 있다. 문학은 앞으로 내게 그런 작품들, 그리고 그런 작가들과 관련 있는 '무언가'일 것이다. 그것은 상, 돈, 명성, 자유, 의미와는 좀 다르다.

이쯤 되면 '문학이 내게 무엇일 것인가'는 주어가 바뀐 질문이지 싶다. 내가 할 일과 그 일에 임할 태도는 정해져 있으므로, 지금 나에게 중요한 질문은 '내가 문학에(문학계에? 문학장에? 문학사에?) 어떤 작가일 것인가'다. 그러고 보면 문학이 뭔가의 도구가 아니라, 내가 문학의 도구인 것 같다.

덧붙임:

'좋은 문학이란 무엇인가'라는 질문도 '문학이란 무엇인가'만큼 어렵다. 다만 나는 좋은 문학이란 고통과 관련이 있을 거라는 희미한 추정을 한다. 인간이라는 종은 행복보다는 고통에 더 마음 깊이 묶이게 되는 존재가 아닐까. 그리고 글자로 그 고통을 전하는 기술이 문학이 아닐까. 위대한 문학 작품은 모두 행복이 아니라 고통을 다루었다. 문학이 위안을 줄 수는 있지만, 그 위안이라는 게 문학을 통해 타인의 고통을 체험한 뒤에야 얻을 수 있는 것이 아닌가 한다. 아직은 설익은 생각인데, 언젠가 이 주제로 보다 명확하게 글을 써보고 싶다.

재현의 구조, 재현하려는 구조

1.

소설적 재현에 대한 평소 고민을 담은 산문을 써달라는 요청을 받고 내가 생각한 단어는 '구조(構造)'였다. 구조에 대해서 두 가지 할 얘기가 떠올랐다.

하나는 무언가를 재현하려는 사람들은 자신이 원했건 원치 않았건 어떤 구조에 속해 있고, 그 구조가 그들의 작업에 영향을 미친다는 사실이다. 소설가와 소설도 예외가 아니다.

다른 하나는 내가 소설에서 재현하고자 했던 대상이 종종 개별 요소가 아니라 그 요소들이 속한 구조였다는 것이다(매번 그랬던 것은 아니다). 나는 이 작업이 개체를 재현하는 것과는 다소 다르다고 여긴다.

서로 직접적으로 연관이 있는 것 같지는 않지만, 그래도 이 자리에서는 그 두 얘기를 생각나는 대로 풀어보려 한다. 더 큰 주제에 무리하게 매달리기보다 이편이 쓰기도 쉽고 읽기에도 (그나마) 더 흥미롭지 않을까 싶다.

2.

신문사에 다닐 때 정치부에서 3년 가까이 일했다. 정치부 기자들은 자신들이 보고 들은 내용을 메모 형태로 기사 전송용 게시판에 올리곤 했다. 그러면 서로 다른 출입처에서 확보한 정보들을 공유할 수 있었다. 특히 청와대 출입 기자의 메모가 인기가 높았다.

2007년경의 일로 기억한다. 청와대 출입 기자단이 대통령 수석비서관 중 한 사람과 비공식 간담회를 가졌다. 사회정책수석 아니면 시민사회수석이었던 것 같다. 선배 기자가 간담회에서 들은 이야기를 생각나는 대로 정리해서 올렸는데 그중 한 대목이 눈길을 끌었다.

"지금 농촌 지역에는 어머니가 동남아시아 출신인 다문화 가정이 엄청나게 많다. 학교에 가보면 다문화 가정 자녀가 한 반에 몇 명씩 있다. 이 아이들이 자라 어른이 되면 심각한 사회 갈등 요소가 될 수 있을 것 같다. 20년쯤 뒤에 한국 사회가 인종차

별로부터 자유로우리라고 장담할 수 있는가. 지금부터 대비해야 한다. 각자 소속된 언론사에서 이 아이들에 대한 관심과 애정을 촉구하는 캠페인을 벌여달라고 부탁하고 싶다."

부끄럽지만, 그때까지 나는 생각해보지도 못한 이야기였다. 농촌 총각과 이주 여성이 결혼한 사례가 많다는 이야기를 몇 번 듣기는 했지만 그 자녀들의 미래에 대해서는 생각해보지 못했다. 그 가정이 대부분 빈곤하고 아이들이 어릴 때 언어 습득이 느리다는 사실도 미처 생각해보지 못했다.

변명하자면, 나만 그 문제에 무관심했던 건 아니다. 지금 검색해보니 2006년 11월에 다문화 가정 자녀에 대한 정부 통계가 전혀 없다고 지적하는 기사가 나온다. 한국 사회는 그때까지 다문화 가정 자녀가 얼마나 되는지조차 몰랐다는 것이다(그런데 그 기사는 다문화 가정 아이들을 '코시안'이라고 불렀다. 2006년까지만 해도 코리안 아버지와 아시안 어머니 사이에서 태어났다는 의미로 '코시안'이라는 단어를 정부 기관, 언론, 기업이 별 의식 없이 사용했다).

내가 다니던 회사는 얼마 뒤 다문화 가정에 대한 관심을 촉구하는 대대적인 시리즈 기사를 기획했다. 다른 언론사에서도 비슷한 기획 기사들이 나왔다. 그 대통령 수석 간담회가 계기가 된 건지는 모르겠지만. 이후 10년 사이 다문화 가정에 대한 인식은 크게 달라졌다. 그리고 코시안이라는 말은 서서히 사라졌다.

이 에피소드는 내게 무척 인상적인 기억으로 남았다. 나는 그때까지 언론 기사는 현실을 꽤 충실히 반영한다고 믿었다. 일종의 거울이라고, 다소 이지러진 상을 비출 수는 있어도 어쨌든 이쪽 편에 있는 것이 어딘가에 나타나게 된다고 여겼다. 지금은 그렇게 생각하지 않는다.

한국의 많은 언론사가 어째서 그때까지 다문화 가정 문제를 제대로 보지 못했을까? 외압이 있었나? 취재하기가 어려웠나? 아니면 기자들에게 인종차별적 편견이 있었을까? 나는 내가 몸담았던 시스템, 언론사의 정보 수집 구조 자체가 문제였다고 본다.

신문사도 방송사도 중요한 뉴스가 나온다고 여기는 기관과 부문을 추려 그리로 기자들을 보낸다. 기자들은 각자 맡은 출입처에서 취재원을 만나 새 소식을 듣고 기사 가치가 있다고 판단한 내용을 글로 쓴다. 내 경우 2007년에 국회를 출입하면서 여당과 중앙선관위를 담당하고 있었다. 출판·문학 담당 기자들의 주요 출입처는 유명 작가, 대형 출판사와 서점, 출판·문학 관련 정부 기관과 협회다.

지방에는 시·도마다 한두 명씩 주재 기자를 둔다. 그들 역시 맡은 지역에서 가장 영향력 있는 기관으로 출입한다. 시청이나 도청, 경찰청 등이다. 이런 출입처 시스템은 '권력이 있는 곳으로 정보가 모인다'는 믿음에 따른 것이며 평상시에는 꽤 잘 작동하는 편이다.

그러나 이 시스템은 다문화 가정 문제는 놓쳐버렸다. 농촌 지역의 초등학교를 출입처로 둔 기자는 없다. 또한 기자들은 대부분 도시 거주자이며, 대체로 사회·경제적 배경상 대학 동창회나 친척 모임에서 동남아 출신 여성과 결혼한 지인을 만날 가능성도 낮다.

정부의 정보 수집 체계는 언론사의 그것과는 다소 다르다. 적어도 경찰서 같은 기관은 언론사처럼 서울에 몰려 있지 않다. 경찰서의 정보 담당 형사들이 고학력 중산층이 관심 있어 할 정보들만 고르는 것도 아니다. 다문화 가정에 대한 정보가 경찰 조직을 통해 위로 올라간 것인지는 모르겠지만, 어쨌든 대통령 비서실은 정부 기관을 통해 농촌 지역 가정과 학교에서 벌어지는 일을 보고받을 수 있었다.

한국 소설을 생산하는 구조는 어떨까? 어떤 사람들이 한국 소설을 쓰려고 하며, 그들은 어떤 교육을 받는가? 그중에 어떤 이들이 작품을 발표할 기회를 얻는가? 어떤 작품이 평단의 주목을 받고, 다른 작가 지망생들의 전범(典範)이 되는가? 그렇게 발표된 작품, 주목받은 작품들은 당대 한국 사회의 현실을 성공적으로 재현하는가? 소재의 선택이나 서술 방식, 주제의식에 있어서 편향이나 왜곡은 없는가?

나는 좀 의심한다. 예를 들어 상당수 독자가 '한국 소설에는 유난히 대학 시간강사와 출판사 이야기가 많이 나온다'고 지적하는데, 이는 창작자들의 이력이나 활동 반경과 관계가 깊을 것이다. 또 나는 한국 소설에서 부유층에 대한 사실적인 묘사가 드물다고 느끼는데, 이는 한국 소설가의 소득 수준과 무관하지 않다고 본다.

한국 현대 소설을 읽다가 회사 생활을 그리는 대목에서 맥이 풀린 적이 몇 번 있다. 줄곧 치밀한 서술을 이어가다가 업무 내용이나 조직 내 인간관계를 다룰 때 갑자기 묘사가 성기고 거칠어지면 작품은 미학적으로 덜컹거린다. 이런 회사가 어디 있나 싶을 지경이면 몰입이 어렵다. 갈등 주체 중 한쪽의 사연이 생략되면 주제에 힘이 실리지 않으며, 윤리적으로도 위태롭다.

이런 독서 경험이 여러 소설가의 작품에서 반복되면 그것이 개별 작가의 문제가 아니라고 여기게 된다. 2000년대 초반 다문화 가정에 대한 기사가 드물었던 것이 개별 기자의 책임이 아니었던 것처럼.

혹시 한국문학 생산구조 자체가 어떤 영역을 재현하는 능력을 잃어가는 건 아닐까? 이런 가운데 '그들만의 문학'이라는 비판이 힘을 얻는 것 아닐까?

한국문학장의 관심사가 특정 영역에 치우쳐 있지는 않은가? 한국의 자영업자가 700만 명이고 대부분이 고사 직전이라는데 그런 현실은 한국 소설에서 충분히 재현되는가? 자영업자 문제가 성소수자 이슈만큼 한국문학장에서 관심을 모으고 있는가(이는 한국문학이 성소수자 이슈에 대한 관심을 줄여야 한다는 의미가 절대 아님을 밝혀둔다)? 한국문학은 남한 정부의 공권력 남용을 비판하는 자세로 북한 인권에 대해서도 언급하는가?

3.

여기서부터는 두 번째 얘기다.

어릴 때 과학 시간에 자석과 철 가루로 자기력선 관찰 실험을 했다. 간단한 실험이다. 자석 위에 흰 종이를 올려놓고 그 위에 철 가루를 뿌린다. 종이를 살살 흔들면 철 가루가 움직이다가 특정한 선 모양으로 늘어선다.

실험 전에도 학생들은 자석에 쇠를 끌어당기는 힘이 있다는 정도는 이미 알고 있다. 실험이 학생들에게 가르쳐주는 것은, 그 힘이 특정한 형태를 취한다는 것이다. 아이들은 그렇게 눈에 보이지 않지만 매우 구체적인, 그래서 그 모양을 서술할 수 있는 힘이 우리 주변에 있음을 익힌다.

이 실험에서 철 가루의 크기나 모양, 색깔은 자기력선의 형태에 영향을 미치지 않는다. 자기력선의 형태를 결정하는 것은 자석의 모양이다. 막대자석과 말굽자석의 자기력선은 비교적 단순한 형태다. 막대자석이나 말굽자석을 여러 개 이어 ㄷ 자나 ㅁ 자, S 자, W 자 모양이 되게 한 뒤 자기력선 형태를 관찰할 수도 있고, 고무 자석을 이용해 더 복잡한 형태의 자기장을 만들 수도 있다.

나는 때때로 우리네 신세 역시 얼마간 철 가루와 비슷하다고 생각한다. 우리는 사회 속에서 살아가야 하고, 그 사회에는 여러 자석이 있다.

2004년 이라크 아부그라이브 포로수용소에서 미군이 이라크 포로들을 고문하고 학대한 사실이 폭로됐다. 미군 헌병들이 포로들의 옷을 벗기고 인간 피라미드를 쌓거나 그들 목에 개줄을 묶어 끌고 다녔다. 포로들에게 자신들 앞에서 자위행위를 하라고 강요하기도 했다. 학대자들은 그 앞에서 낄낄 웃으며 기념사진을 찍었다.

미국 국방부는 그것이 일부 병사들의 일탈 행위라고 주장했고, 해당 병사들을 엄하게 처벌했다. 사이코패스 기질이 있는 몇몇이 미군 전체를 욕되게 했다는 식이었다. 그러나 필립 짐바르도의 『루시퍼 이펙트』는 아부그라이브에 대한 다른 진실을 들려준다.

아부그라이브 수용소는 수감 인원이 적정 인원의 두 배, 세 배에 이르러 거의 통제 불능 상태였다. 외부로부터는 수시로 테러 공격을 받았고, 넘쳐나는 수감자들은 무기를 만들거나 밀반입해 폭동을 일으켰다. 그런데도 미군은 수용소를 사실상 방치했다. 교도소장은 교도소를 거의 방문하지 않았고, 교도관 수는 턱없이 모자랐다. 지휘 체계는 엉망이었다.

'학대자' 중 한 병사는 공포에 질린 상태로 하루 열두 시간씩 40일 연속으로 근무했다. 새벽 4시에 근무를 마치면 다른 감방에 가서 잤다. 감방은 병사들의 숙소이기도 했던 것이다. 식사는 하루 두 끼, 때로는 한 끼만 먹었는데 대개 군용 인스턴트식이었다. 미군 특수부대나 정보기관 요원들이 종종 수용소를 찾아 수감자인 정보원을 혹독하게 심문했으며, 그 와중에 사망자도 나왔다.

과연 사이코패스 기질이 있는 몇몇 병사가 미군 규정을 어기고 일탈 행위를 저지른 것일까?

나는 아부그라이브 수용소에 강력한 '폭력의 자기장'이 있었다고 생각한다. 제대로 훈련받지 못한 젊은 헌병들은 극도의 육체적 심리적 스트레스를 겪으며 서서히 자기력선의 방향으로 늘어서게 됐다. 그 자기장의 원천인 자석은 말단 병사가 아니라 전쟁을 일으킨 미국 국방부였다.

내가 만약 아부그라이브 수용소를 소설로 재현한다면 나는 철가루가 아니라 자기력선을 묘사하는 방향을 택할 것 같다. 그래야 이 참혹한 인간성 상실을 일으킨 진짜 원인인 자석의 위치와 형태를 드러낼 수 있기 때문이다.

이런 방향을 택한다면 나는 아마 교도관들이 하루에 몇 시간을 일하고 자는지, 무엇을 먹는지, 어디서 묵는지를 꼼꼼히 묘사할 것이다. 또 수용소 이곳저곳과 그 명령 체계를 보여주려 애쓸 것이다. 자기력선이 어디에서 촘촘한지, 어디에서 드문드문한지, N극과 S극이 어디인지를 보여줘야 자석의 모양을 유추할 수 있다. 이런 시도는 문학과 저널리즘의 경계선 부근에 있는 분석 행위로 비칠지도 모르겠다.

이런 방향을 택한다면 수감자의 고통에만 전적으로 집중할 수는 없게 된다. 수감자의 고통에 내가 연민을 느끼지 못해서가 아니다. 고통을 받는 이의 내면 묘사가 자기력선의 형태를 보여주는 데에는 큰 도움이 안 되기 때문이다.

이런 방향을 택한다면 작품이 학대사를 얼마간 옹호하는 것처럼 보일지도 모른다. 그가 그런 행동을 벌인 데 대한 설명을 담게 되기 때문이다. 그러나 그것은 내가 학대 행위를 두둔하기 때문은 결코 아니다. 가해자와 피해자 사이에 기계적 균형 따위를 추구하는 것도, 중립적인 관찰자 시점을 유지하고 싶어서도 아니다.

아울러 이런 방향을 택한다면 나는 교도관이 극적으로 회개한다거나 무너진다거나 수감자와 연대한다거나 하는 결말을 주저하게 될 것 같다. 그것은 '감동'을 위한 손쉬운 타협처럼 느껴지고, 철 가루가 멋대로 움직여 자기력선을 벗어나는 것처럼 느껴질 것도 같다.

물론 인간은 철 가루가 아니며, 한국 사회도 아부그라이브가 아니다. 그러나 한국 사회에도 구성원에게 영향을 미치는 자석과 자기력선은 존재한다. 많이 존재한다.

나는 그 자석들의 위치와 모양을 포착하고 싶다. 그러다 보니 철 가루보다는 자기력선에 좀 더 관심이 간다. 앞에서도 썼지만 매번 그런 것은 아니고, 또 그 욕망이 내 소설 쓰기의 전부는 아니다. 다만 신자유주의라는 거대한 자석 하나와, 다른 개체보다 좀 더 가볍거나 철 성분이 많아 먼저 움직인 입자 몇몇이 이 복잡한 폭력의 벡터들을 다 만들어냈다고 그런다면 그건 제대로 된 재현이 아니라고 본다. 그런 묘사는 부정확할뿐더러 불성실하기까지 하다.

이런 태도에 대해 소설이라기보다 저널리즘에 가깝다거나, 기계적 균형을 맞추려는 듯해 불편하다거나, 피해자의 고통을 싸늘하게 바라본다는 등의 지적을 받기도 한다. '내가 다 보여주겠다'는 식으로 오만하게 비치기도 하는 모양이다. 나로서는 미숙함을 인정하고 언젠가는 철 가루와 자기력선과 자석을 모두 제대로 담는 멋진 작품을 쓰리라고 다짐하는 수밖에.

이상이 재현에 대해 내가 쓰고 싶었던 두 가지 이야기다. 구조를 말하는 글이 정작 자신은 전혀 구조적이지 못해 심히 멋쩍다.

덧붙임:

한 평론가가 이 글을 읽고 자기 블로그에 비꼬는 글을 썼다. 글 앞에서는 "장강명은 무슨 이야기를 하려는 건지 잘 모르겠다"고 써놓고 뒤에 가서는 자기 말을 뒤집었다. "무슨 말인지 잘 알겠다. '사회 현실파' 소설 왜 안 쓰냐는 얘기겠지. 본인은 쓰는데." 악의를 덜어내면 내용이 없는 공격이라 반박할 거리도 딱히 없다(내용 없음과 악의가 각각 글쓴이의 지성과 인성에 대해 뭔가 말해주기는 한다). 사회 현실, 특히 노동 문제나 북한 인권 문제를 다루는 작품이 한국문학에서 드물다, 혹은 드물어졌다는 지적은 꾸준히 나온다. 저 평론가는 그런 비판 자체가 듣기 싫었던 것 같다. 그리고 듣기 싫은 말을 안 들으려 하는 그런 태도들이 모여 '그들만의 리그'를 만든다.

'거대하고 흐릿한 적'과 작가들의 공부

세계작가대회 참가자 여러분, 안녕하세요. 저는 한국에서 소설을 쓰고 있는 장강명이라고 합니다. 이번 포럼에서 '분쟁' 또는 '분단'을 주제로 발표를 맡았습니다.

제가 여태까지 발표한 작품들이 사회 이슈를 소재로 한 것들이 많았거든요. 그래서 아마 주최 측이 저에게 이런 주제를 맡긴 것 같습니다. 그런데 제가 이런 포럼에 참여하거나 학술적인 글을 써본 경험이 별로 없어서, 뭘 어떻게 써야 할지 잘 모르겠더라고요.

한참 고민했는데, 그냥 제가 요즘 준비하고 있는 연작소설집에 대한 이야기를 하면 어떨까 합니다. 그 작품을 구상하면서 우

317

리 시대의 갈등과 분쟁에 대해 이런저런 생각이 들었습니다.

이 작품집의 가제는 '산 자들'입니다. 총 열 편의 단편소설로 구성하려고 하는데, 아마 내년이나 내후년 상반기에 책으로 낼 것 같습니다. 지금까지 여섯 편을 썼고, 네 편을 더 쓰면 됩니다.

이 작품집에서 제가 말하고자 하는 것은 한국의 비인간적인 경제 시스템입니다. 절벽 근처까지 몰린 사람들이 서로 싸우는데, 정작 싸움 당사자 중에 누가 나쁘다고 하기 어려운 경우가 많습니다. 악인이 아무도 없는데도 심각한 분쟁이 벌어지는 것처럼 보이기도 합니다.

첫 번째 작품은 「알바생 자르기」인데요, 어느 중소기업에서 비정규직 근로자를 해고하게 된 중간 간부의 이야기입니다.

이 회사의 사장은 잡무를 하고 있는 젊은 여성 비정규직 근로자가 무능하다고 여기고 주인공인 중간 간부에게 해고를 지시합니다. 중간 간부는 그런 지시에 복잡한 심정입니다. 비정규직 근로자의 처지가 아주 딱하거든요. 그런 한편 그 비정규직 근로자가 태도가 좋지 않고 그다지 하는 일이 없는 것도 사실입니다.

경제적으로 합리적인 선택은 그 비정규직 근로자를 해고하는 것입니다. 결국 주인공도 그 선택을 따르는데, 비정규직 근로자가 이에 강하게 저항합니다. 주인공은 그 저항에 대응하면서 점점 상대를 미워하게 됩니다.

두 번째 작품은 아직 쓰지 않았는데, 어느 중견 기업에서 더 이상 필요가 없어진 한 부서의 직원들을 구조 조정하는 이야기를 다루려 합니다. 그 기업은 여러 가지 보상을 제시하는데, 그 보상을 도저히 받아들일 수 없다고 반발하는 사람도 있고, 부족하지만 그나마라도 챙겨야 한다고 주장하는 사람도 있습니다. 다른 부서의 직원들은 그 정도 보상이면 나쁘지 않다고 여깁니다. 이들은 서로 갈등하고 반목하게 됩니다.

세 번째 작품은 「산 자들」로 대기업 이야기입니다.

생산성이 너무 악화돼 문을 닫게 된 공장이 있습니다. 회사는 큰 폭의 감원 계획을 발표하고 정리 해고 대상자를 선정합니다. 저는 이 단편에서 구조 조정을 추진하는 회사 대표의 입장도 설명해주려 합니다. 회사를 살리려면 그 수밖에 없습니다.

어쨌든 해고 대상자들은 이 계획에 반발하지요. 그래서 공장을 무력으로 점거합니다. 안 그래도 경영 상태가 좋지 않았던 기업은, 공장 점거 사태가 길어지자 정말 문을 닫게 될 지경이 됩니다.

공장 안에 있는 해고 대상자들의 저항이 너무 격렬한 나머지 정부에서는 이 문제에 개입하기를 꺼립니다. 그러자 공장 밖에 있던 직원들이 폭도들로부터 공장을 되찾자며 직접 무기를 들고 나섭니다. 공장에서 쇠파이프로 무장한 직원들이 서로 싸움을 벌이는 것이 이 단편의 마지막 장면입니다.

제가 이 작품집에 꼭 들어가야 한다고 여기고 취재하려는 분야에는 자영업이 있습니다. 한국은 다른 선진국에 비해 근로 소득자가 적고 자영업자가 굉장히 많습니다. 이들 자영업자 상당수는 규모가 작은 식당이나 소매점을 운영하고 있는데, 근로 소득자에 비해 여건이 불리합니다. 일단 피고용인이 아니라서 노동법에서 정한 여러 가지 보호 조치의 혜택을 받지 못합니다. 하루에 열두 시간씩, 일주일에 7일을 일해도 누가 야근 수당을 주지 않죠. 수입도 대개 간신히 생계를 유지하는 수준입니다.

저는 치킨집 아니면 빵집을 운영하는 자영업자를 취재해서 쓰려고 하고 있습니다. 한국의 치킨집 매장이 전 세계 맥도날드 매장보다 수가 많다고 하더라고요. 빵집도 이만큼은 아니지만 매장이 너무 많아 경쟁이 치열합니다. 모든 빵집 주인들이 이웃 가게들이 어떤 판촉 행사를 벌이는지, 가격을 올리거나 내리지는 않는지에 굉장히 민감하지요.

아직 본격적으로 대상을 정하지는 않고 빵집 주인 한두 분의 이야기만 들은 정도인데요, 그중 한 분은 바로 이웃 빵집 주인과 말도 하지 않는다고 하더라고요. 밤에 일을 마치고 돌아가는 길에 그 가게에 돌을 던져 창문을 깨고 싶은 충동도 몇 번 느꼈다고 합니다.

이 작품들을 준비하면서 저는 '거대하고 흐릿한 적'에 대해 자주 생각했습니다.

과거 제 선배들이 쓴 현실 참여형 소설에서는 우리가 저항해야 할 대상이 분명하고 단순하게 모습을 드러내곤 했습니다. 군사독재 정권의 하수인이나 협력자, 또는 탐욕스러운 자본가와 그 주변인이 그들이었습니다. 선악의 구분이 명확했고, 강자와 약자가 싸울 때 더 그러했습니다. 강하고 악한 적들에 대해서는 피상적으로 묘사해도 충분한 경우도 있었습니다. 그런 풍자도 절실히 필요하던 때였습니다.

그러나 최근 한 세대 사이 한국 사회는 어느 정도는 제도적으로 민주주의를 이뤘습니다. 그러면서 사람들을 억압하는 실체 역시 과거보다 잘 보이지 않게 되었습니다. 그 억압이 제도 속으로 들어갔고, 그만큼 학문적인 깊이를 갖춘 이론이나 합리주의의 탈을 쓰기도 한 것 같습니다.

이는 곧 사회 현실에 대해 말하고 싶은 작가라면 전보다 훨씬 더 지적으로 성실해져야 한다는 의미이지 않을까요?

저는 「산 자들」에서 독자들에게 어떤 정책 대안을 제시하려는 게 아닙니다. 다만 지금의 한국 사회가 얼마나 살기 힘든가, 얼마나 비인간적인가를 보여주고 싶습니다. 그런데 그 비참함을 정확히 보여주기 위해서도 공부가 필요하다는 것을 절실히 느낍니다. 총알이 빗발치는 현장에 들어가서 마구잡이로 카메라 셔터를 누른다고 훌륭한 전쟁 보도사진이 나오는 건 아니잖아요. 유능한 종군기자라면 그 전쟁에 대해서도, 또 자기 카메라에 대해서도, 때로는 전쟁 보도사진이 매체에 실리는 방식에 대해서도 잘 알아야 할 겁니다.

어느 정도 제도화되고 민주화된 사회일수록 분쟁 현장에서 당사자들의 갈등 관계가 매우 첨예하고 복잡해지는 것 같습니다. 규모가 크더라도 내용이 단순한 분쟁은 제도의 힘으로 비교적 쉽게 해결할 수 있겠죠. 남는 사건들에서는 어느 쪽이 선이고 어느 쪽이 악인지, 어느 편이 가해자이고 어느 편이 피해자인지 뚜렷이 잡히지 않습니다. 모두에게 사연이 있습니다.

이런 분쟁 현장에서 당사자들은 자신이 상대하는 사람을 적이나 악마로 보는 경향이 있습니다. 빵집 주인들에게 '왜 이렇게 당신의 삶이 고달파졌느냐'를 물으면, 십중팔구 이웃 빵집의 비상식적인 영업 행태에 대한 거센 토로를 들을 수 있을 겁니다. 때로는 작가가 오히려 그런 증언에서 거리를 둬야 작품이 핵심을 찌를 수 있습니다. 옆집 가게 주인을 타자화하는 대신 '왜 한 동네에 이렇게 빵집이 많은가, 왜 갑자기 중장년층이 너도나도 빵집을 열게 되었는가'를 궁금하게 여겨야 합니다. 그런데 한국 경제나 산업구조, 고용 시장에 대한 기초 지식이 없으면 그런 질문이 잘 떠오르지 않습니다.

쉽게 타협하지 않기 위해서도 공부가 필요합니다. 분쟁 당사자들의 배후를 더 파고드는 자세는 좋습니다. 그런데 거쳐야 할 단계를 생략하고 갑자기 '이게 다 자본주의와 세계화 탓'이라고 결론 짓는다면, 저는 이 역시 안이한 타협이며 지적 태만이라고 생각합니다. 거대하고 흐릿한 적을 거대하고 흐릿한 상태로 놔두는 일입니다.

이런 공부는 눈에 잘 띄지 않는 현장을 찾는 데에도 도움을 줄 거라 봅니다. 예를 들어 지금 한국의 많은 젊은이들은 자기 자신과 어마어마한 싸움을 벌이고 있습니다. 일자리를 얻기 위해 자기 착취를 하고 있다는 말입니다. 그 모습 역시 비참하기 이를 데 없습니다. 그런데 이런 현장은 다른 분쟁 현장과 양태가 매우 다릅니다. 도식적으로, 관성적으로 접근하면 그 양상을 정확히 포착하기 어렵습니다.

이렇게 말씀을 드리고 나니 저 자신은 공부를 열심히 하는 사람인 양 포장한 것 같아 부끄럽습니다. 실은 저도 무식한 데다 게으릅니다. 특히 요즘의 사회 이슈들은 너무 복잡해서 따라가기조차 버겁다는 절망감을 종종 맛봅니다. 아이돌 그룹에서 암호화폐까지, 우리 삶과 가치에 큰 영향을 주는 문제와 그에 따른 분쟁이 엄청나게 생겨나는데 제가 그것들을 제대로 이해하는 것 같지가 않습니다. 어떤 이슈에 대한 문학의 대응은 이미 제 다음 세대 작가 손으로 넘어간 일인가 싶기도 합니다.

덧붙임:

2018년에 세계작가대회 국제인문포럼을 앞두고 쓴 글이다. 여기 언급된 작품들은 2019년에 『산 자들』로 출간되었다. 정말 놀랍게도, 당초 구상한 대로 썼다. 어두컴컴한 책이었고, 들인 노력 대비 보상(판매량이든 평단의 반응이든)도 기대했던 바에 못 미쳤지만 시간이 지날수록 쓰길 잘했다는 생각이 들었다. 2년쯤 지나서는 '산 자들 2'도 써야겠다고 다짐하게 됐다. '산 자들 3', '산 자들 4'도 언젠가 쓰려 한다. 평생에 걸쳐 '산 자들' 연작 작업을 하는 것도 멋지겠다.

차이를 가능하게 하는 것들

전에 어디서 읽은 얘기인데요, 소설가는 소설을 쓴 다음에 바로 죽어버리는 게 독자를 위해 가장 좋다고 하더라고요. 독자 입장에서는 소설가의 설명만큼 독서를 망치는 일이 없다는 거예요.

저는 이 말에 꽤 일리가 있다고 생각하는데, 그렇다고 당장 죽고 싶지는 않거든요. 조금 멋쩍긴 합니다만, 독자의 독서를 방해하지 않기를 바라면서 제 단편소설 「모기」, 그리고 오늘 주제인 '차이'에 대해 말씀을 드려보겠습니다. 그냥 '저 사람은 저렇게 생각하는구나, 나는 내 마음대로 읽어야겠다'는 마음가짐으로 받아들여주셨으면 좋겠어요.

「모기」는 제가 2012년에 낸 연작소설집 『뤼미에르 피플』에 실려 있습니다. 서울 서대문구 신촌동에 있는 가상의 오피스텔 건물인 '뤼미에르 빌딩'의 8층에 사는 사람들 이야기이고요, 단편 열 편이 느슨하게 연결돼 있습니다. 「모기」는 이 소설집의 두 번째 수록작이고, 802호에서 벌어지는 일로 설정했습니다.

이 소설집에 수록된 작품들은 모두 약간 어둡고 환상적인 분위기입니다. 「모기」도 그렇죠. 다 읽어도 몸이 마비된 중년 남자가 여자아이의 상황을 상상하는 것인지, 여자아이라고 불리는 젊은 여성이 몸이 마비된 중년 남자를 상상하는 것인지 알 수 없게 썼습니다. 그리고 옆집에 사는 청각장애인과 우울한 임산부 이야기가 한 번씩 언급됩니다.

이 소설을 쓸 때 저는 서른일곱 살이었거든요. 당시 한국 사회의 공고한 시스템에 대해 관심이 많았습니다. 한국은 1960년대부터 2000년 즈음까지 굉장히 빠른 속도로 산업화와 민주화를 이뤘습니다. 격렬한 변화의 시기였고, 당시의 젊은이들에게는 그만큼 기회가 많았습니다. 그러나 그런 기회의 문은 2000년 이후로 현격히 좁아졌습니다.

한편으로는 이 자리에 계신 분들이 다들 경험하셨듯이 2000년 이후 어느 나라에서나 세계화가 빠른 속도로 진행됐습니다. 이 세계화는 여러 층위에서 동시에 이뤄진 단일화이기도 했습니다. 말하자면 정치와 경제는 각각 민주주의와 수정자본주의로, 생산과 소비는 기업적 합리성과 효율성을 추구하는 '맥도날드 방식'

으로, 문화는 '젊음, 풍요로움, 섹스'를 중시하는 미국 대중문화를 닮아가는 방향으로 발전했어요. 그러다 보니 적어도 선진국들 사이에서는 사람들의 삶의 양식이 점점 비슷해져가는 현상이 나타났습니다. 점점 더 비슷한 옷을 입고 비슷한 음식을 먹고 비슷한 음악을 들으며 비슷한 생각을 하게 된 것입니다.

이런 시대에 진정으로 개인이 남들과 다른 삶을 산다는 게 가능할까? 우리는 다들 비슷비슷하게 규격화된 경로를 거쳐, 비슷비슷한 허무와 불행에 이르게 되고야 마는 것 아닐까? 그런 문제의식이 저에게 있었습니다. 그런 생각으로 쓴 장편소설 『표백』으로 데뷔를 했습니다. 이제 우리는 자신만의 색을 지닐 수 없고, 모두 흰색이라는 정답으로 표백되어간다는 의미의 제목이에요.

「모기」에도 그런 문제의식이 반영되어 있습니다. 이 소설은 약간 우화적인데요, 나이와 성별 그리고 사회적 위치가 다른 두 남녀가 나옵니다. 두 사람은 자기 인생에 대해 비판적인 의식 없이 그냥 흘러가는 대로 살지요. 그러다 육체적으로나 정신적으로 꼼짝할 수 없는 상황에 빠집니다. 작품 말미에 두 사람의 처지는 큰 차이가 없어 보입니다.

그래서 어쩌라는 것이냐, 이렇게 살아도 저렇게 살아도 내용적으로 큰 차이 없는 삶을 살게 된다는 말이냐, 우리 시대에는 의미 있게 살기 어렵다는 이야기냐. 그렇게 물으신다면 반쯤은 '예'라고, 반쯤은 '아니오'라고 대답하겠습니다.

『표백』이나 「모기」나 그런 주제의식이 상당히 과장돼 있습니다. 『표백』에서는 그 주제의식을 제가 좀 더 극단적으로 밀어붙였습니다. 이 작품 속 등장인물들은 '그러므로 유일하게 의미 있는 행위는 자살뿐'이라는 결론을 내리고 연쇄 자살극을 벌입니다. 실제로 작가인 제가 그 결론을 믿지는 않죠. 그 증거로 저는 아직 자살하지 않았습니다.

가장 높고 큰 차원에서는, 우리 삶을 의미 있게 만들어줄 대안적 이데올로기, 대안적 삶의 양식을 이제부터 머리를 맞대고 논의해야 한다고 생각합니다. 지금 모습의 간접민주주의, 시장 만능주의, 맥도날드화, 팝 컬처가 궁극의 정답이라고 믿는 분은 아마 많지 않을 거예요. 우리는 더 나은 답을 모색해야 합니다. 어쩌면 그 탐색 과정 자체가 우리 삶을 다르게, 더 의미 있게 만들어주는 건지도 모릅니다.

그보다 낮고 작은 차원에서는, 우리는 늘 내적인 차이를 만들어낼 수 있는 존재입니다. 저는 제가 표백된 삶을 살고 있다고 생각하지 않습니다. 「모기」의 남자나 여자아이처럼 공허한 삶을 살고 있다고 여기지도 않고요. 부분적으로는 제가 소설을 쓰고 있기 때문입니다. 소설을 읽고 쓴다는 행위 자체가 문자 그대로 '다른 삶을 상상하는 일' 아니겠습니까?

「모기」에서 남자와 여자아이가 소설 제일 처음에, 또는 가장 마지막에 하는 일도 바로 그것입니다. 다른 삶을 상상하는 일. 그들은 옴짝달싹하지 못하는 상황에 빠지고 나서야 비로소 자기 인생을 반성하게 됩니다. '뭐가 잘못됐지?'라고 생각해보는 거죠. 그러나 그런 반성은 아주 초기 단계이기 때문에, 이들은 자기 잘못을 온전히 인정하려들지 않습니다. 한편으로는 그들이 맛보는 허무는 우리 시대의 속성이라, 전적으로 그들의 잘못이라고 몰아붙일 수도 없습니다.

이들은 침대에 누워, 또는 창밖을 내려다보면서 각각 소설을 씁니다. 그 소설들은 자기변명이라는 목적을 완전히 털어버리지는 못했습니다. 그러나 그런 와중에도 저자이자 독자인 두 등장인물의 현실을 역설적으로 강하게 드러냅니다. 두 사람은 서로의 소설을 쓰고 읽을수록 '도대체 뭐가 잘못됐지? 무엇을 해야 하지?'라고 자문하게 될 겁니다. 저는 이것이 소설의 힘이라고 생각합니다. 때로는 대리 만족과 일차원적 현실 도피를 제공하기 위해 만들어지는 대중소설도 이런 힘을 발휘한다고 봅니다.

덧붙임 1:

'소설가는 작품을 쓰고 바로 죽어버리는 게 좋다'는 말을 나는 움베르토 에코의 주장으로 기억하고 있다. 인터뷰나 독자와의 만남 행사에서 곤란한 질문을 받으면 써먹기 딱 좋을 명언인 것 같아 정확한 출처를 한참이나 찾았는데 8년째 못 찾고 있다. 참고로 에코는 여든네 살에 세상을 떠났다. 그리고 나는 되도록 건강하게 오래 살고 싶다.

덧붙임 2:

에디터리 대표가 출처를 찾아주었다. 에코가 쓴 『장미의 이름 작가노트』에 나오는 말이라고 한다. 정확한 표현은 "작품이 끝나면 작가는 죽어야 한다. 죽음으로써 그 작품의 해석을 가로막지 않아야 하는 것이다"라고. 감사합니다!

현대 추리소설을 쓰는 법

얼마 전부터 강력계 형사들을 만나 인터뷰를 하고 있다. 성격은 비뚤어졌지만 머리는 비상한 살인범과 그를 못 잡아 계속 추적하는 형사들의 이야기를 쓰려 한다. 처음에는 형사들마다 그런 사연이 여럿 있어서, 찾아가 듣기만 하면 될 줄 알았다. 그런데 웬걸, 아니란다.

"요즘 살인 사건 범인을 못 잡는 경우는 거의 없어요. 면식범은 주변 인물들 꼼꼼히 탐문하다 보면 덜미가 잡히고, 우발적인 범죄라면 사건이 벌어진 시간과 장소를 파악해서 주변 CCTV 살펴보면 돼요."

"우리나라 과학수사 기술이 세계적인 수준이에요. 그리고 도

시에는 CCTV가 굉장히 많잖아요. 전 국민 지문이 국가 데이터 베이스에 들어 있고, 휴대전화 위치 추적도 가능하죠. 절도 사건 보다 살인 사건 수사가 더 쉽다는 분도 있어요."

형사들은 이렇게 입을 모았다. 하긴 침 한 방울, 머리카락 한 올로 범인을 특정할 수 있는 시대다. 범인이 아무리 머리가 비상 해도 이런 촘촘한 과학수사와 감시 기술의 그물을 벗어나긴 힘 들다. 이 말은 곧 현대 수사에서 형사나 탐정의 추리가 들어설 자리가 그만큼 줄어들었다는 의미이기도 하다.

과학수사 발전을 저주하는 사람들은 딱 두 부류일 것이다. 범 인들, 그리고 당대를 배경으로 추리소설을 쓰려는 작가들. 어떤 이들은 아예 추리소설은 명맥이 끊겼고, 추리 기법이라는 형태 로 주류 문학에 흡수됐다고 분석한다. 어떤 이들은 '범죄소설'이 라는 대체 용어를 제안하며 추리소설의 범위를 추리 과정 너머 로 확장하려 한다.

당장 원고를 써야 하는 나는 어떻게 해야 하나? "다음 작품은 화끈한 범죄소설"이라며 주변에 큰소리를 쳐놨고 출판사에서 선인세도 받았는데. 어떻게 하면 현실을 반영하면서도 범인 추 적과 수수께끼 풀이의 짜릿함을 글에 녹일 수 있을까? 최근에 읽 은, 현대를 배경으로 한 범죄물을 떠올리다 보니 대략 세 가지 대안이 있지 않나 싶다.

첫째, 히가시노 게이고의 『탐정 클럽』처럼 작정하고 반쯤 판타지로 쓰는 방법. 이 단편집에서는 수수께끼의 '탐정 클럽'이 나타나 어려운 사건을 해결한다. 그런 설정 자체가 시치미 뚝 떼고 던지는 농담이나 다름없어서 문제 제기를 할 마음이 일지 않는다. 게다가 그런 만화적인 분위기가 복고풍 미스터리와 작가 특유의 얼렁뚱땅 전개에 썩 잘 어울린다.

둘째, B. A. 패리스의 『비하인드 도어』처럼 주인공이 수사기관의 도움을 받을 수 없는 상황을 만들고, 서술 트릭을 도입해 사건의 구조를 복잡하게 꾸미는 방법. 이 작품에서는 가정 폭력이라는 소재와 심리 스릴러라는 형식이 절묘하게 그런 소설적 전략과 결합했다.

셋째, 넬레 노이하우스의 『사랑받지 못한 여자』처럼 그냥 추리 요소를 축소한 채로 비교적 현실에 가까운 수사 과정을 보여주는 방법. 말하자면 '우리 주인공들은 수사만 할 테니 추리는 독자들이 알아서 하세요'라는 식인데, 놀라운 것은 그렇게 써도 추리소설의 재미가 상당 부분 그대로 남는다는 점이다.

지금 나는 두 번째와 세 번째 방법을 검토하고 있다. 큰 걱정은 안 한다. 한국 형사들이 수사를 하며 겪는 어려움과 고민이 탐정소설의 독특한 트릭 못지않게 흥미진진하다는 사실을 발견해서다. 거꾸로 보면 직관과 논리만 강조하고 현장과 행동을 우습게 보던 안락의자 탐정들이야말로 퍽 얄팍한 인물들 아니었나 싶기도 하다.

덧붙임:

나는 결국 세 번째 방식을 택했다. 주인공을 경찰로 두고, 수사기관 종사자들의 모습을 가능하면 현실적으로 담으려 했다. 그만큼 자극적인 요소를 줄이는 것은 감수했다. 그나마 과학수사 기법이 지금처럼 발달하지 않았을 때 일어났던 과거의 사건을 재수사한다는 설정이 도움이 되었다. 범인의 독백과 현재의 수사과정을 교차 서술하며 수수께끼 풀이의 재미도 조금 주려 했는데, 이 아이디어는 앞으로 다시 써먹지는 못할 것 같다.

추리 요소를 담느냐 아니냐와 별개로 '추리소설'이라는 용어는 좁고 부정확하다는 생각을 한다. 훨씬 넓고 깊이 있는 문학의 가능성을 이 이름이 제한하는 것 같다. '범죄소설'이 더 적절한 것 같다. 나는 SF를 '과학소설'이라고 번역하는 데에도 비슷한 불만이 있다.

넬레 노이하우스의 『사랑받지 못한 여자』는 타우누스 시리즈 1권이다(여담인데, 나는 이 시리즈를 왜 주인공 이름을 따서 '피아 시리즈'라고 부르지 않고 지명을 따서 '타우누스 시리즈'라고 부르는지 이유를 모르겠다). 타우누스 시리즈도 뒤로 갈수록 사실감은 떨어졌다. 독일에서 형사들이 어떻게 수사하는지는 모르겠지만, 이렇게 수사할 것 같지는 않다.

타자조차 되지 못한

앞으로 읽을 글의 주제가 '우리와 타자'라는 말을 듣는다면, 대부분의 독자는 다음과 같은 예상을 하게 된다.

① 따분하겠군.

② 결론은 '타자화(他者化)를 멈춰야 한다'는 것이겠지. 그들 역시 우리와 한 공동체에 있는 사람들로서 우리와 다르지 않은 존재임을 깨닫고 어쩌고…….

그런데 지금부터 내가 쓰려는 글은 ①은 몰라도 ②에는 해당하지 않는다. 나는 어떤 사람들을 적극적으로 타자로 부르자고 주장할 참이다. '그들'은 우리와 한 공동체를 이루고 있지 않으며, 우리 안에 있지 않다고 말할 생각이다.

그들은 북한 주민이다. 그들은 한국 사회에서 '타자조차 되지 못한' 존재다. 타자보다 더 안 좋은 처지의 사람들이 있다고? 그렇다. 북한 주민은 한국 사회에서 투명인간이다. 한국인은 북한이라는 나라가 없는 것처럼 행동하며, 북한 주민이 보이지 않는 것처럼 살아간다.

다시 말해, 바로 옆(서울국제문학포럼 행사장에서 북한까지 직선 거리는 40킬로미터가 안 된다)에서 벌어지는 세계 최악의 독재와 인권유린 행위에 대해 눈을 가리고 살아간다는 얘기다.

그렇다면 한국문학은?

눈앞에서 세계 최악의 독재와 인권유린이 벌어지고 있다면 그것을 증언하고 고발하고 다른 사람의 관심을 촉구하는 것이 문학의 사명 중 하나 아니겠는가? 그런데 북한 문인들이 그 일을 했다간 가족과 함께 즉시 정치범 수용소로 끌려갈 테니, 한국 작가들이 그 일을 대신 해야 하지 않을까? 반복하자면 바로 옆에 사는 데다가, 외국 작가들은 그럴 뜻이 있어도 한국어를 익히기 어려워 피해자들의 이야기를 제대로 이해하지 못하니 말이다. 하필이면 북한을 제외하고, 북한 사람들이 쓰는 언어를 국어로 쓰는 유일한 나라가 한국이다.

불행히도, 북한과 북한 주민 외면하기는 지금의 한국문학도 마찬가지다. 아니, 그 정도가 아니다. 지금 한국에서 북한이 보이지 않는 나라가 되고, 북한 주민이 투명인간이 된 데에는 한국문학의 책임도 있다. 그리고 그 밑바닥에는 '북한은 타자여서는 안 된다'는 오랜 도그마가 있다.

"한국 국민 대부분은 북한에 대해서 관심이 전혀 없습니다. 그들은 북한이란 나라가 없다는 듯 살고 있습니다. 특히 젊은 사람들은 더더욱 그렇습니다."

러시아 출신 한반도 전문가인 안드레이 란코프 국민대 교수의 말이다. 그는 "젊은 한국 사람들은 북한보다 태국이나 프랑스에 대해서 관심이 더 많다고 해도 과언이 아닐 것"이라고 주장하는데, 나 역시 동감이다.

2015년 말 프랑스 파리(서울에서 약 9,000킬로미터 떨어져 있다)에서 폭탄 테러가 일어났다. 당시 내 주변의 많은 한국 젊은이들이 자신의 SNS 계정에 "prayforparis"라는 해시태그를 달고 희생자를 추모했다. 페이스북 프로필 사진에 프랑스 국기를 덧씌운 사람도 많았다.

그러나 지금 이 순간 북한의 정치범 수용소에 10만 명 가까운 사람이 수감되어 있다는 사실을 아는 한국 젊은이는 극히 드물다. 그곳에서 공개 처형, 고문, 성폭행, 강제 노동, 강제 낙태가 매일 일어나고 있으며, 위생과 영양 상태도 안 좋아 한 해 사망자가 5,000명에 이를 것이라는 추정치가 있다.

"전 세계에서 북한 인권 문제에 가장 무관심한 사람들이 바로 한국 사람들입니다."

북한 인권 운동가들이 종종 하는 얘기다. 해외에서 활동하던 운동가들이 한국에 와서 가장 놀라는 지점이기도 하다. 한국에 온 외국인 북한 인권 운동가들과 그들을 바라보는 한국인들의 무관심을 대비해서 조명한 다큐멘터리 영화까지 나왔을 정도다.

"한국에 실망했다. 텅 빈 서울의 공청회장을 보며 한숨이 절로 나왔다. 런던, 워싱턴 공청회에서 청중이 눈물을 닦으며 증언을 경청했던 것과 비교된다."

유엔의 마이클 커비 북한인권조사위원장은 한국 언론과 인터뷰를 할 때마다 한국인들의 무관심을 질타한다. 그는 2013년에 8개월에 걸쳐 북한의 인권 실태를 조사했다. 유엔 주도로 북한 인권 실태를 체계적으로 파악한 것은 그때가 처음이었다. 그런데 보고서가 나오자 한국 언론보다 BBC, CNN, 『르 몽드』, 심지어 알자지라와 같은 해외 언론이 그 내용을 더 비중 있게 보도했다.

나는 가끔 강연을 통해, 혹은 주변 사람들에게 북한 이야기를 들려주다가 정치범 수용소가 어느 정도 크기인지 아느냐고 물어본다. 북한 문제에 관심이 있는 사람들조차 정치범 수용소를 큰 교도소 정도로 상상한다. "서울 면적의 90퍼센트나 되는 수용소도 있다"고 말하면 다들 경악한다.

몇 년 전 한국에서 1990년대 중반을 배경으로 한 TV 드라마 두 편이 크게 인기를 끌었다. 「응답하라 1997」과 「응답하라 1994」. 그 시기 한국은 경제 호황을 누렸기에 많은 이들이 그 시절을 풍요의 시기로 추억하고 있다.

정확히 같은 기간, 북한은 대기근으로 인한 '고난의 행군' 시기였다. 기근의 원인은 자연재해가 아니었다. 김정일이 1994년 김일성으로부터 권력을 물려받아 우상화 사업과 군대 우선시 정책을 편 것이 초래한 사태였다. 가장 신뢰할 수 있는 통계에 따르면 33만 명이 숨진 것으로 추정된다.

참고로 이 기간 북한을 탈출한 고위 정치인 황장엽은 사망자 수가 300만 명 이상이라고 주장한다. 내가 아는 탈북자 중에도 33만이라는 수치를 못 믿겠다는 이가 있다. 한창 때는 도심 거리에 아사자의 시신이 문자 그대로 쌓여 있었다는 것이다. 그는 "최소한 100만 명은 넘게 죽었을 것"이라고 말한다.

나는 33만 명이라는 사망자 추정치가 실제에 더 가까울 걸로 믿는다. 강연할 때도 그 수치를 말한다. 그러면서 "3년 동안 하루도 거르지 않고 매일 300명씩 굶어 죽으면 그 수에 이를 수 있다"고 설명한다. 이때 북한의 어린이들이 너무 배가 고픈 나머지 흙을 퍼먹었다고 얘기해준다. 북한 정권이 어떤 흙은 먹을 수 있다며 국민들에게 흙을 먹으라고 전파했다는 이야기도 들려준다. 청중은 다시 조용해진다.

이때 한국문학은 무엇을 했는가?

미국에서는 한국인의 피가 단 한 방울도 섞이지 않은 작가 애덤 존슨이 '고난의 행군'과 북한 인권 문제를 다룬 소설『고아원 원장의 아들』을 써서 2013년 퓰리처상을 받았다. 이 책은 한국어로 번역되었으나 한국에서 별로 팔리지는 않았다.

탈북자 출신의 문인들이 몇몇 작품을 쓰기도 했다. 공통점은 한국에서보다 외국에서 더 호응을 얻었다는 점이다. 탈북 작가 장진성의 수기『경애하는 지도자에게』를 영어로 옮긴 번역자는 작가에게 "왜 이제껏 어떤 한국인도 북한 현실을 문학 작품으로 쓰지 않았느냐"고 물었단다. 장진성은 이렇게 말한다.

"한국의 내로라하는 작가들은 북한 인권에 몰지각하다. 이른바 진보를 자처하는 이가 더욱 그렇다. 북한의 인권 상황을 수작(秀作)의 소설로 써내면 노벨상도 받을 것이다."

탈북 작가들은 한국 작가들과 함께 북한 인권을 주제로 한 소설집을 내기도 했다. 2015년에 나온『국경을 넘는 그림자』다. 이 책에는 탈북 작가 여섯 명과 한국 출신 작가 일곱 명이 참여했다. 탈북자 출신이 아닌 한국 소설가들이 북한 인권 문제를 작품으로 말한 드문 사례다.

사실 외국인 작가가 북한 현실에 대해 자세히 파악하기는 어렵다. 탈북 작가는 수도 많지 않고, 낯선 한국 사회에 적응하느라 작품 활동에 한계가 있다. 그리고 지금껏 언급한 작품 중 어느 것도 한국에서 독자나 평단의 반향을 일으키지 못했다.

한국 작가들이 북한 인권에 대해 성명서나 선언문 한 번 내지 않았다는 사실은 부끄러움을 넘어 놀랍기까지 하다. 탈북 문인으로 구성된 국제 펜(PEN) 망명북한작가센터는 독재자 김정은을 국제형사재판소(ICC)에 제소하기 위해 서명 운동을 벌이고 있다. 그리고 한국의 문학평론가 방민호가 2014년 '문학인 북한 인권 선언 초안'을 발표하고 선언에 참여할 다른 작가들을 모으고 있다. 내가 알기로는 이게 전부다.

방 평론가는 '문학인 북한 인권 선언 초안'을 발표하면서 "북한 인권 문제를 문학인들이 외면해서는 안 된다는 생각을 꾸준히 해왔고 개인이 시작한 것이기에 선언문이라고 할 수는 없어서 초안이라고 이름 붙였다"고 설명했다. 발표 자리에 함께 있었던 소설가 이호철은 "당장 눈앞에 있는 북한 인권 문제에 지금껏 아무 소리도 내지 않은 것은 문제다. 진작 시작했어야 하는 일이다"고 했다.

여기서 부연하자면, 한국의 문인 단체들은 성명서나 선언문을 꽤 자주 내는 편이다. 2016년 11월에는 5개 문학 단체가 박근혜 대통령 퇴진을 요구하는 공동 시국 선언문을 발표하기도 했다. 소설가들이 정부의 담뱃값 인상 추진에 반대해 규탄 대회를 열고 성명서를 낸 적도 있다. 담배는 창작의 벗이라는 이유에서다. 이 규탄 대회에 참여한 소설가는 100명이 넘었다. 방 평론가가 2014년 여름부터 북한 인권 선언에 참여할 작가로 모집한 목표 인원수는 100명이었으나 반년 동안 스무 명 남짓 모였을 뿐이다.

당시 한국의 한 일간지는 그런 한국 작가들의 모습을 이렇게 꼬집었다.

"북한을 방문했던 문인들이 많다. 이들은 사석에서 북의 비참한 현실을 개탄하면서도 공적으론 철저히 침묵한다. 문인들 사이에 북한 인권을 제기하면 왕따가 되는 것이 우리의 현실이다."

변명거리야 몇 가지 있다.

우선 북한이 극도로 폐쇄적인 사회다 보니 그 실상을 접하기가 쉽지 않다. 프랑스의 테러 현장은 생중계로 볼 수 있지만, 북한 정치범 수용소를 찍은 영상은 그렇지 않다. 한국인들은 대부분 선량하고 동정심이 많고 정의감이 강하다. 나는 북한의 생생한 내부가 좀 더 공개되면 한국 작가들도 더 이상 침묵하지 않을 거라고 확신한다.

한편 한국 사람들에게 북한 뉴스는 넌더리가 날 정도로 지겹다는 점도 이유의 하나겠다. 북한이라는 나라가 비정상적인 일들을 하도 자주 벌이다 보니 한국인들은 북한에 대해 '만성 짜증' 상태가 되어버렸다. 몇 달이 멀다 하고 핵무기를 실험하거나, 미사일을 발사하거나, 전쟁을 일으키겠다고 협박하거나, 국제조약을 어기니 한국인들은 아예 북한이라는 말만 들으면 귀를 막아버리고 싶게 되었다.

외국인들 눈에는 한국의 진보 세력이나 인권 운동 그룹이 북한 인권 문제에 목소리를 높이지 않는 점이 기이하게 보일 수도 있다. 1980년대까지 한국은 군사독재 국가였고, 이에 저항한 한국 내 민주화 운동 세력은 반미 사회주의 이론으로 무장한 경우가 흔했다. 당시 그들은 북한에 대해 상당히 우호적이었다.

어처구니없는 일이고 최근에는 바뀌고 있다지만 한국 내 진보 진영에는 지금까지도 이런 분위기가 얼마간 이어지고 있다. 한국에서는 2016년 11년 만에야 북한인권법이 국회를 통과했는데, 그때 진보 성향 국회의원 상당수가 기권했다. 선언적인 조항들 외에는 북한 인권 실태를 조사 및 기록하는 재단이나 기록 센터를 만들어야 한다는 정도가 고작인 법이었다. 미국과 일본에서는 훨씬 강도가 높은 북한인권법이 진즉에 만들어졌다.

한국의 진보 진영이 북한 독재 정권을 감싸고 싶어 한다고는 생각지 않는다. 그보다는 북한 인권 문제가 나올수록 국내 정치에서의 주도권 싸움에서 밀리게 되기에 굳이 얘기를 키우지 말자는 계산이 진짜 원인이지 않을까 싶다.

한국의 진보와 보수 진영은 서로 정책 대결을 펼친다기보다 상대의 도덕성을 깎아내리는 방식으로 수준 낮은 권력 다툼을 하고 있다. 그런데 어쩌다 보니 과거에 북한을 정서적으로 옹호했고 북한 인권 문제에 오래 침묵해온 것이 한국 진보 진영의 도덕적 약점이 되어버렸다. 그러다 보니 진보 진영은 이 이야기를 더 하지 않게 되었다. 그렇게 꺼리는 주제이니 내부에서 말을 꺼내기가 점점 더 어려워지는 침묵의 나선 효과도 생긴 것 같다. '북한 인권에 대해 얘기를 안 하다 보니 더 안 하게 됐다'는 서술의 주어 자리에 한국문학을 넣어도 문장이 성립할 걸로 본다.

그렇다 해도 그것은 잘못된 일이다. 인권, 평화, 약자 보호, 민주주의와 같은 가치를 추구하는 이들이 북한 인권 문제에 침묵하는 것만큼 앞뒤가 안 맞는 일은 없다.

마지막으로 거론하고 싶은 것이 바로 통일, 즉 '하나의 조국'에 대한 한국인들의 뿌리 깊은 강박 의식이다. 한국인들은 수십년 동안 '북한은 타자가 아니며 우리의 일부'라고 배워왔다(실제로 한국의 법이 그렇다. 한국 헌법에 따르면 북한은 존재하지 않는 나라다. 한국의 헌법 3조는 한국의 영토가 어디까지인지를 규정하고 있는데, 한반도 전체가 한국 영토라고 못을 박아놨다. 공식적으로 한국에서 북한의 지위는 불법 반국가 무장 단체다).

내가 학교를 다니던 시절에 통일은 거의 절대 명제에 가까웠다. '왜 통일을 해야 하는가'라는 질문을 진지하게 제기하는 것 자체가 금기시되었다.

왜 통일을 해야 하는가. 한 번은 물을 수 있었다. 그러면 '남과 북은 한 민족이기 때문'이라는 답이 돌아왔다. 거기에 대고 '한

민족이 여러 나라를 이루거나 여러 민족이 한 나라를 이루면 안 되는가, 유럽 국가들은 그러면 어떻게 해야 하는가'라고 되물을 수는 없었다. 극우 파시즘 성향이 강했던 군사독재 정권만 그런 교육을 실시했던 게 아니다. 그 대척점에 섰던 한국문학도 민족주의 성향이 강했고, 통일을 지상 과제로 설정하기는 마찬가지였다.

"조국은 하나다"
이것이 나의 슬로건이다
꿈속에서가 아니라 이제는 생시에
남 모르게가 아니라 이제는 공공연하게
"조국은 하나다"
권력의 눈앞에서
양키 점령군의 총구 앞에서
자본가 개들의 이빨 앞에서
"조국은 하나다"
이것이 나의 슬로건이다

한국의 저항 시인이자 민족 시인 김남주의 「조국은 하나다」라는 유명한 시의 첫째 연이다. 1988년에 출간된 동명의 시집(도서출판 남풍)에 실려 있다. 이 시는 화자가 "조국은 하나다"라는 슬로건의 깃발을 하늘에 걸겠다는 다짐으로 끝난다. 마지막 세 행은 이렇다. "자유를 사랑하고 민족의 해방을 꿈꾸는/ 식민지 모든 인민이 우러러볼 수 있도록/ 겨레의 슬로건 "조국은 하나다"를!"•

이것이 1980년대 한국을 지배했던 정서의 일부다. 지금껏 북한 문제에 대해 한국문학이 취해왔던 태도의 일부이기도 하다. 민족의 분단을 한반도에서 일어난 가장 슬프고 부조리한 일로 놓고, 그것을 극복하기 위한 문학적 모색을 하는 것이다. 이런 접근법은 이 땅에 분단이라는 결과를 가져온 이념전이나 강대국(특히 미국)에 몹시 비판적이다. 반면 북한 정권의 인권 탄압 문제는 잘 다루지 않는다.

지금도 이 시를 정면으로 반박하는 것은 한국에서 몹시 거북한 일이다. 많은 한국인에게, 이 시에 반대하는 일은 한국에서 독재 정권을 몰아낸 민주화 운동의 숭고함을 훼손하는 듯한 느낌이 들게 한다. 그러나 다른 한편으로는 이 시의 정서를 전적으로 지지하는 한국인도 많지 않을 것이다. 지금 살아 있는 한국인의 절대다수는 북한 땅을 한 번 밟은 적조차 없는 사람들이다. 게다가 세계화의 물결 속에 민족이라는 개념 자체가 낡은 것으로 여겨지고 있다.

• 『김남주 시전집』 염무웅, 임홍배 엮음 (창비 2014)

현재 한국 국민 중 "조국은 하나다"라는 문장이 자신의 슬로건이라고 여기는 이가 몇이나 될까. 한국이 미국 제국주의의 식민지이고, 남북한 통합이 구성원들의 삶을 대혼란이 아니라 해방으로 이끌 것이라고 믿는 사람은 몇이나 될까.

다음은 2016년 11월 한국의 문화체육관광부가 한국 성인 남녀 5,000명을 대상으로 실시한 '2016년 한국인의 의식 · 가치관 조사' 결과다. 스스로를 중산층이라고 여기는지, 결혼 상대를 고를 때 고려하는 요소가 무엇인지, 인공지능이 우리 삶에 미칠 영향을 어떻게 보는지 등을 묻는 광범위한 질문 중에 통일에 대한 것도 있었다. '통일을 언제 하면 좋을까?'라는 질문이었다.

전체 응답자의 절반 이상(50.8퍼센트)이 '서두를 필요가 없다'고, 32.3퍼센트는 '굳이 통일할 필요가 없다'고 답했다. 통일을 '가급적 빨리 해야 한다'는 답은 16.9퍼센트에 불과했다. 즉, 80퍼센트가 넘는 한국인에게 통일은 적어도 최우선적인 슬로건은 아니었다.

특히 '굳이 통일할 필요가 없다'는 의견은 10년 전 16.8퍼센트에서 거의 배로 증가한 것으로 나타났다. 연령별 조사 결과를 보면 20대와 30대에서는 열 명 중 네 명이 그렇게 생각한다.

말하자면 '조국은 하나인가, 북한은 우리의 일부인가'라는 질문에 대해 한국인들은 지금 이중적인 모습을 보이고 있다. 일본 문화를 설명할 때 사용하는 표현을 빌자면, 다테마에(建前 · 겉마

347

음)와 혼네(本音·속마음)가 다르다. 상당수 사람이 속으로는 북한을 같은 언어를 쓰는 외국 정도로 여기지만, 주변의 비난을 살까 봐 겉으로 그런 속내를 드러내지는 않는다.

내 눈에는 한국인들은 매우 빠르고 간단한 방법으로 그 분열을 극복하는 듯하다.

북한에 대해 말하지 않기.

북한에 대해 생각하지도 않기.

내 생각에는 이것이 북한이 투명한 존재가 되어버린 또 다른 이유다.

나의 할아버지는 분단을 겪었다. '나의 아버지가 분단을 겪었다'고 말할 수 있는지는 잘 모르겠다. 그가 다섯 살 때 북한과 한국이 갈라졌다. 나는 그로부터 27년이 지나 태어났다.

나는 서른 살이 넘어 처음으로 북한에 가보았다. 신문사 취재 기자 신분으로 2006년과 2007년에 각각 북한을 다녀왔다. 북한 땅에 들어선 지 5분도 안 되어 주변 모습에 압도되었다. 나뿐 아니라 주변 젊은 기자들 모두 입을 벌린 채 할 말을 찾지 못했다.

주변에 나무가 한 그루도 없었던 것이다. 눈에 보이는 땅은 콘크리트도, 수풀도, 나무도 없이 온통 뻘건 황무지였다. 한국에서는 한 번도 본 적 없는 풍경이었다. 극심한 식량난과 에너지난으로 인해 북한의 산림 파괴 정도가 심각하다는 말은 들었지만, 그 정도일 줄은 상상도 못 했다. 화성에 가면 이런 기분일까, 하는 생각이 들었다. 이국적인 장소가 아니라 외계 행성 같은 곳이었다.

2007년 금강산에 오를 때는 한 남성 안내원이 내 옆에 따라붙었다. 산을 오르며 그와 둘이서 몇 시간 동안 대화를 하게 되었다. 아마 그는 안내원을 가장한 북한 보위원이었을 것이다. 그리고 한국의 정치부 기자인 나를 감시한다기보다는 순수한 호기심에서 내게 이것저것 질문을 던졌던 것 같다.

그는 한국 정치 상황에 대해 어지간한 한국인은 비교도 되지 않을 정도로 해박했다. 여러 종류의 한국 신문을 매일 읽는 것이 틀림없었다. 그러나 끝내 국회와 야당의 역할을 이해하지 못했다. 왜 모든 것이 대통령의 뜻대로 굴러가지 않는지를 나는 그에게 끝까지 제대로 설명할 수 없었다.

조국은 하나인가?

북한도 나의 조국인가?

아니라고 생각한다. 북한은 내게 너무 낯선 땅이며, 그곳에 사는 사람들 역시 낯선 사람들이다.

나는 '분단 체제'는 경험했다. 나는 매우 강압적인 반공 교육을 받고 자랐다. 1990년대 초반까지도 한국의 고등학교에서 남학생은 총검술을, 여학생은 간호법을 배웠는데 엄연한 교과 과정이었다. 총검술 실력에 대한 평가가 성적에도 반영되었다. 20대 초반에는 30개월간 군대에 강제 복무했는데, 대다수 한국 성인 남성과 마찬가지로 그 불쾌했던 경험에 여전히 치를 떨고 있다. 당시 한국의 병영 문화는 지독했다. 수감 생활과 크게 다를 바 없었다.

한국의 군사독재 정부는 종종 반정부 인사에게 북한 간첩이라는 누명을 씌우고 고문으로 혐의를 시인하게 만든 뒤 감옥에 보내거나 처형했다. 많은 민주화 운동가들이 그런 식으로 고초를 겪었다. 정치 탄압의 가장 큰 핑계는 늘 북한이었다. 이 시기 한국의 진보 운동과 민족 문학은 이런 억압과 불의의 한 원인이었던 분단 체제의 문제를 깊이 고민하고, 그 체제를 극복하기 위해 치열하게 노력했다.

이제 한국의 고등학생들은 군사훈련을 받지 않으며, 한국 시민들은 불법 구금돼 고문을 당할지도 모른다는 두려움 없이 자유롭게 정부를 비판한다. 여기까지 오기 위해 싸워온 많은 분들께 진심으로 감사하다.

그런데 나는 '북한은 남이다'라는 나의 태도가 과거 한국의 진보 운동과 민족 문학이 해온 그 싸움을 계승할 수 있다고 생각한다.

이제 우리가 싸워야 할 대상은 한국과 북한이 서로 다른 두 나라라는 현실 그 자체가 아니라, 여전히 한반도에서 힘을 발휘하고 있는 분단 체제 아닐까?

분단 체제는 국가 안보를 빌미 삼아 국민의 사상과 행동을 폭력적으로 억압하는 시스템이다. 10만 명에 이르는 북한의 정치범 수용소 재소자들과 2,300만 명의 북한 주민 전체가 여전히 그 시스템 속에서 고통받고 있다. 오늘날 분단 체제 극복은 북한 주민들이 불법 구금돼 고문을 당할지도 모른다는 두려움 없이 자유롭게 정부를 비판할 자유를 누리게 되는 것이다. 북한이 민주화되는 것이다.

내게 북한 주민은 남이다. 그러나 바로 옆에 있는 남이다. 그들은 나의 이웃이다. 나는 민족이라는 개념을 탐탁지 않게 여기지만, 그럼에도 불구하고 북한에 대한 도덕적 의무감을 느낀다.

내 옆집에 사는 남자가 아내를 폭행하고 자식을 굶길 때, 내게는 도덕적 의무가 생긴다. '바로 옆에 있는 사람의 의무'다. 옆집 가족이 내 친척인지 아닌지와는 아무 관련이 없다. 아우슈비츠가 들어설 때 유럽인들에게는 모두 그런 도덕적 의무가 있었다. 그런 자연스럽고도 당연한 명령을 받기 위해 굳이 자신들이 유대 민족이라거나 게르만족이라고 가정할 필요는 없었다. 그저 인간이기만 하면 됐다.

나는 나를 비롯한 젊은 한국 작가들에게 새로운 도덕적 의무가 생겨나고 있다고 느낀다. 거대한 억압과 불의 바로 옆에서 글을 쓰는 사람에게는 그런 의무가 생긴다. 그리고 '하나의 조국, 하나의 민족' 같은 관념에서 멀어지는 것이 오히려 그 의무의 방향과 모습을 더 명확하게 인식하게 해주리라는 게 나의 제안이다.

덧붙임:

2017년 서울국제문학포럼에서 발표한 글이다. 서울 광화문 교보 빌딩에서 열린 행사였다. 무려 『허삼관 매혈기』와 『인생』을 쓴 바로 그 위화 작가 옆에서 읽었다. 위화 작가가 내 발표를 감명 깊게 들었다며 칭찬해주기까지 했다. 그리고 2023년 현재까지 한국 작가들은 북한 인권에 대해 성명서나 선언문은 내지 않았다.

2010년대 들어 장편소설로 데뷔한 국내 작가들 중 몇몇은 내가 보기에 뚜렷한 경향을 하나 공유한다. 세계를 닫힌 시스템으로 인식하고 거기서 이야기를 시작하는 것이다. 이들의 작품에서 종종 진짜 주인공은 특정 개인이 아니라 그 시스템이다. 임성순, 심재천, 정아은, 이혁진이 그렇고, 또 내가 그렇다.

그중에서도 그런 문제의식을 가장 노골적으로 드러낸 이가 임성순이다. 그는 이 주제로 소설 세 편을 연달아 썼고, 스스로 거기에 '회사 3부작'이라고 이름을 붙였다. 발간 순서대로『컨설턴트』『문근영은 위험해』『오히려 다정한 사람들이 살고 있다』다.

임성순은 이 문제의식을 소설로 형상화한 방식에서도 독보적이다. 심재천(토익), 정아은(이직, 사교육, 성형수술), 이혁진(조선업), 장강명(자살, 오타쿠, 이민)은 키워드를 하나씩 들고 한국 사회를 다뤘다. 그들의 작품은 각각의 키워드로 포착할 수 있는 만큼의 시스템을 보여주는 르포 소설이자 기획 소설이었다.

그러나 임성순은 부분이 아닌 총체를 붙잡으려 한다. 그는 이 목표를 위해 키워드가 아니라 상징과 비유를 동원하며, 그 과정에서 현장감을 얼마간 포기한다. 대신 위에 언급한 다른 작가들의 세계가 '한국'에 갇힐 때 임성순의 작품은 훌쩍 거기서 벗어난다.

『컨설턴트』부터 시작해보자. 너무나도 정교하게 일을 처리해 보통 사람들은 존재조차 모르는 살인 청부 회사와 그 회사에 고용된 사람들에 대한 이야기다. 비슷한 시기에 나온 김언수의 『설계자들』도 설정이 흡사해서, 이미 많은 독자들이 두 작품의 유사점을 지적했다.

그러나 두 소설은 다루는 대상이 결정적으로 다르다. 『설계자들』은 제목과 달리 살인을 설계하는 자들이 아니라 작업을 수행하는 행동 대장들에 대해 말한다. 『설계자들』에는 그래서 액션 묘사가 퍽 많다. 이 소설 속 행동 대장들은 부당한 지시를 받고 갈등한다.

『컨설턴트』야말로 설계자들에 대한 얘기다. 주인공은 비록 말단이기는 해도 자신이 '부당한 지시'의 일부라는 사실을 안다.

동시에 그는 부당한 지시가 어디서 시작되어 어떻게 자신에게까지 오게 되는지는 전혀 모른다.

이런 상황에서 주인공이 느끼는 감각은 크게 두 가지, 비현실감과 무력감이다. 주변 일상이 실감을 잃고 흐릿해질수록 그 아래 있는 구조가 뚜렷하게 보인다. 그는 자신의 일을 구조 조정에 비유하는데, 이때 구조 조정은 사실 구조를 더 튼튼하게 한다는 의미다. "진정한 구조는 결코 조정되지는 않는다. 사라지는 건 늘 그 구조의 구성원들뿐이다."(『컨설턴트』, 23쪽) 지시의 부당함에 괴로워하며 몸부림치다 콩고까지 가서 확인하는 사실은, 그래 봤자 시스템에서 도망칠 수 없다는 것이다. 심지어 콩고 내전조차 시스템의 일부다.

『컨설턴트』는 우리 세계가 곧 거대한 살인 청부 회사이며, 우리는 모두 그 회사 직원이라고 주장한다. 이런 진단은 터무니없는 헛소리로 들리기 십상이고(비현실감), 마지막에 여러 번 되풀이되는 "어쩔 수 없다"의 정서로 이어지기도 쉽다(무력감). 임성순은 그 두 가지 감각을 『문근영은 위험해』와 『오히려 다정한 사람들이 살고 있다』에서 각각 발전시킨다.

회사 3부작은 정-반-합의 구성은 아니다. 『문근영은 위험해』와 『오히려 다정한 사람들이 살고 있다』는 『컨설턴트』가 품은 문제의식의 두 자식들로, 서로 다른 방향으로 나아간다.

우리 운명을 결정짓는 것이 시스템이라면, 우리 자신의 선택이나 일상은 가짜라는 결론이 나온다. 『문근영은 위험해』는 이 생각을 극단으로 밀어붙인다. 스포일러가 될 수 있으니 결말은 밝히지 않겠다. 대신 이 소설의 특이한 형태에 대해서만 몇 자 적어볼까 한다.

이 소설은 왜 과하다 싶을 정도로 각주가 많은가? 왜 자기 자신을 계속 작품 안에서 언급하나? 어설픈 포스트모더니즘 흉내인가? 나는 그것은 이 작품이 시스템에 대한 소설이고, '데이터베이스 소설'이기 때문이라고 생각한다.

데이터베이스를 만들 수 있다는 것은 시스템의 특징이며, 데이터베이스는 시스템을 드러내고 그 힘을 활용하는 한 가지 접근 방식이다. 이미 『컨설턴트』에서 임성순은 이를 강조한 바 있다. "우리는 자신이 통계 외의, 예외적인 존재라 믿는 경향이 있다. 하지만 어떤 인간도 유일하지 않다. (…) 데이터베이스가 시스템 안에서 힘을 발하기 위해서는 정보의 누적량이 생명이다."(『컨설턴트』, 103~104쪽)

『오히려 다정한 사람들이 살고 있다』는 시스템이 주는 무력감의 문제에 집중한다. 신부인 박현석과 의사인 범준은 각자의 분야에서 성인에 가까울 정도로 선행을 실천한다. 그러나 그럴수록 그들은 구원에서 멀어지고 절망에 빠진다. 그들이 부딪히는 벽은 인간을 아득히 초월한, 뭔가 구조적인 것이다.

어떻게 할 것인가? 도저히 개인의 힘으로는 넘지 못할 구조 앞에서 박 신부와 범준은 절규한다. 도대체 신은 어디에 있나? 여기서 가장 안전하고 효과적인 소설적 전략은 작가가 신이 되어 작품 속에서 기적을 일으키거나, 죽어가는 주인공을 성인으로 만들어주는 것이다. 엔도 슈사쿠의 『침묵』이 그랬고, 그레이엄 그린의 『권력과 영광』이 그랬다. 이반과 알료샤 카라마조프는 토론을 마무리하지 못했고.

임성순은 그 길을 거부한다. 기적은 없다. 범준이 찾은 대답은 '새로운 시스템'이다. 범준은 살인자가 되어 회사와 함께 일한다. "이 잘못된 구조를 바로잡는 거죠. 그것만이 부질없는 죽음을 당했던 이 아이의 삶을 의미 있는 걸로 만들 수 있는 겁니다. (…) 저를 사탄이라고 불러도 좋고, 살인자라 불러도 좋습니다."(『오히려 다정한 사람들이 살고 있다』, 306~307쪽)

이 새로운 시스템은 새로운 전제와 새로운 윤리를 바탕으로 하기에 진짜로 힘이 있다. 새 시스템은 예수, 히포크라테스와 결별해 제러미 벤담과 피터 싱어를 약간 더 지나친 지점에서 출발한다. 물론 새 시스템도 비극을 낳고, 모순을 강요할 것임을 범준은 안다. 그러나 이전 시스템보다는 나을 거라고 믿는 듯하다. 이것이 임성순의 결론인지는 확실치 않다.

내일 임성순을 처음으로 만난다. 우리는 『악스트』 편집부 사무실 근처 중국집에서 만나 저녁을 먹고 같이 파주로 가서 '릿터 나이트'라는 행사에 참석할 예정이다.

357

나는 식사를 하며 그에게 회사 3부작에 대해서는 거의 묻지 않을 생각인데, 우선 나의 해석에 그가 황당하다는 표정을 지을까 봐 두렵다. 그리고 만약 그가 여전히 새로운 시스템을 고민 중이라면 거기에 영향을 미치고 싶지 않다. 다만 한 가지는 물으려 한다. '3부작'이라고 먼저 밝힌 걸 후회하지 않느냐는 질문이다. 사람들이 『컨설턴트』를 먼저 읽어야 『문근영은 위험해』와 『오히려 다정한 사람들이 살고 있다』를 읽을 수 있다고 오해하는 것 아닌가. 가장 뛰어난 작품인 『오히려 다정한 사람들이 살고 있다』가 그 바람에 큰 피해를 입었다고 여기진 않나.

나는 그에게 영화 시나리오 작업과 소설 쓰기를 병행하는 게 어떤지에 대해서도 물어볼 참이다. 칼럼이나 에세이는 일부러 피하는지도. 인터뷰를 보니 '커리어 관리'에 대한 견해도 흥미로워서, 그것도 물어보려 한다. 그가 심각한 스타일일지 유머가 넘치는 달변가일지 궁금하다. 작품만 보면 어느 쪽이라도 이상하지 않다. 물론 지금 쓰고 있는 소설과 다음에 나올 책에 대해서도 물어볼 것이다. 차기작은 SF라고 하던데.

아, 그리고 우리가 탕수육을 주문한다면 부먹인지 찍먹인지도 묻게 되겠다. 왠지 그는 섬세한 찍먹파일 것 같다. 난 혼자 먹는다면 부먹이지만 탕수육을 혼자 먹은 적은 없다. 그러고 보니 탕수육 먹은 지가 오래됐다.

덧붙임:

임성순 작가가 부먹파인지 찍먹파인지는 끝내 알 수 없었다. 중식당이 아니라 빵집에서 만났기 때문이다. 나는 그 앞 일정이었던 팟캐스트 녹음이 길어지는 바람에 저녁 식사 자리에 늦게 도착했고, 빵도 거의 먹지 못하고 바로 파주로 향해야 했다. '릿터 나이트' 내내 굉장히 배가 고팠다. 파주에 도착하자마자 행사를 치르느라 임 작가와 이야기를 나눌 시간도 없었다.

서울로 돌아오는 차 안에서 그나마 대화를 조금 했는데, 무슨 말을 했는지 도통 기억이 안 난다. 커리어 관리에 대한 내용은 아니었던 것 같은데. 딱 하나 지금도 떠오르는 화제는 『기동전사 건담 썬더볼트』다. 우리 이야기를 듣고 있던 편집자 K 씨가 '저 아저씨들 왜 저래' 하는 느낌으로 엄청나게 웃었던 것도 기억난다.

우리의 적의에 대한
당신의 응답

정세랑 작가를 좋아한다. 그가 낸 단행본은 다 읽었다. 그중에서도 가장 좋아하는 작품이 『피프티 피플』이다. 자신 있게 몇 번이고 말할 수 있다. 나는 이 작품이 너무 좋다. 사랑한다. 최고다. 그런데 내가 이 소설을 적절하게 평할 수 있는 사람인지는 잘 모르겠다.

일단 내가 꽂히는 부분이 다른 사람과 좀 다른 것 같다. 예를 들어 나는 51명의 이야기를 모아 한 권의 책을 이루는 구성에 대해 딱히 할 말이 없다. 그냥 '그렇구나' 하는 정도다. 고유명사에 대해서도, 꼼꼼한 취재에 대해서도 크게 하고픈 얘기가 없다. 그는 늘 이름들을 아꼈고, 자료 조사에 공을 들였다.

작가가 자기 입으로 설명한 창작 의도와 내 감상은 꽤 달랐다. 독서를 마치고 나서 인터뷰를 찾아 읽다가 머쓱해지기도 하고, 고개를 갸웃하기도 했다. 무엇보다 내 안에서도 크게 두 가지 의견이 충돌했다.

『피프티 피플』을 읽는 동안 나는 조금 무서웠다. 평소에 늘 상냥한 표정으로 따뜻한 말을 하던 사람이 갑자기 서늘한 분위기로 어두운 이야기를 하면 무섭지 않은가. 『피프티 피플』이 그리는 세상은 살풍경했다. 작가의 전작들 중에 그런 세계에서 벌어지는 이야기가 있었던가?

『덧니가 보고 싶어』와 『재인, 재욱, 재훈』에 악인이 나오기는 했다. 그러나 거기서는 악의가 제대로 나오지 않았던 것 같다. 『지구에서 한아뿐』에는 그야말로 악인도 악의도 없었다. 『이만큼 가까이』에서는 살해당하는 인물이 있지만 악인과 악의는 없고, 죽은 사람은 기억 속에 오래 남았다. 『보건교사 안은영』에는 악의가 나왔지만 모양새가 두루뭉술했고, 악인은 제대로 나오지 않았다. 서글픈 죽음들은 있었으나 현재 진행형이 아니거나 삽화처럼 나왔고, 충분한 애도가 뒤따랐다.

이전까지 정세랑의 글을 읽을 때는 이런 믿음이 있었다. '여기서 착한 사람은 쉽게 죽지 않는다. 죽더라도 적절하게 애도를 받는다. 사실은 나쁜 사람도 죽지 않을 것이다. 상냥한 하느님이 등장인물들을 하나하나 잘 보살필 것이다.' 그래서 그의 소설들은 다 조금씩 동화 같았다.

그런데 『피프티 피플』에서는 사람이 여럿 죽는다. 나쁜 사람이 착한 사람을 죽인다. 더 나쁘게는, 나쁜 사람 없이 죽임당하는 착한 사람들이 있다. 거대한 부조리로 죽는 사람도 있고 돌풍으로 죽는 사람도 있다. 심지어 어린아이도 죽는다. 크고 작은 악의가 등장해 힘을 발휘하며, 애도는 상대적으로 짧다.

나에게는 "우리가 던진 돌은 길게 보면 반드시 멀리 갔을 것이다"라는 대사가 작품의 주제로 다가오지 않았다. 아무도 죽지 않은 결말의 화재 사고가 해피엔딩으로 느껴지지도 않았다. 이야기는 이어질 것이고, 52번부터 69번까지의 인물이 다음 날 어이없는 인재(人災)로 목숨을 잃을 수도 있다. 70번 인물이 반쯤 고의로 그 사고를 일으킨 것일 수도 있다.

책장을 넘기다 보니 예의 그 상냥한 하느님의 부재가 계속 신경이 쓰였다. 이 책이 나온 것이 2016년 11월이고, 작가가 원고를 창비 블로그에 연재한 것이 2016년 상반기였음을 떠올리지 않을 수 없다. 그 하느님은 2016년 상반기까지 몇 년 동안 작가가 보고 겪은 세상의 폭력들 때문에 떠나버린 것 아닌가 생각하게 된다. 그리고 상냥한 하느님이 다시 돌아올지, 아니면 이것이 작품 세계의 어떤 변곡점인지 궁금해진다.

정세랑은 변했을까? 변했다 하더라도 상냥한 하느님은 슬퍼하는 천사가 되었지, 분노한 아수라가 되지는 않았다. 만약 저자가 누군지 모른 채 책을 읽었더라면, 혹시 이 책에 대해 '하느님이 없다'기보다 '천사가 있다'고 생각했을지도 모르겠다. 인간들을 깊이 사랑하지만 막상 해줄 수 있는 일이 많지는 않은, 그래서 사람들 사이를 다니며 작은 사연을 귀 기울여 듣고 그걸로 섬세한 글을 짓는. 그러다 간신히 한 인물의 입을 빌려 자기 소망을 살짝 밝히는.

정세랑 작가의 인터뷰를 읽으며 놀란 적이 있다. 이전 소설에서 늘 복수를 했다는 것이었다. 자신에게 나쁘게 굴었던 사람을 소설 속에 등장시켜서 죽이기도 했는데, 그동안 충분히 죽인 것 같다고, 이제는 복수가 아니라 연대에 대한 소설을 쓰고 싶다고.

그렇게 착한 복수가 어디 있어…… 하고 생각했다. 나야말로 거의 매번 복수심을 동력으로 소설을 썼다. 나는 등장인물 한둘의 죽음으로는 만족할 수 없었다. 하느님이 될 수 있을 때 나는 폭력이 가득한 세계에, 그 흉한 얼굴에 빛을 비추는 방식으로 직접 앙갚음하거나 아니면 대리인을 내세웠다. 때로 독자에게 복수하기도 했다.

세계는 적의로 가득 찬 곳이었고, 그게 적의에 맞서는 나의 방식이었다. 나를 해치려는 세계를 해치고 싶다. 그러면서 나는 세계를 이루는 적의의 일부가 된다. 그리고 그와 완전히 다른 응답을 『피프티 피플』에서 본다. 가냘플지 몰라도 누구를 해치려는 마음은 아닌 것들. 아니, 오히려 아무도 해치지 않겠다는 의지.

『보건교사 안은영』에서 김강선은 "나쁜 일들이 계속 생길 수밖에 없는 곳"이라면서 안은영에게 학교를 떠나라고 조언한다. 안은영은 부러지거나 휘거나 쓰러지지 않으려면 떠나야 한다는 사실을 알지만 그 조언을 따르지 않는다. 나는 정세랑이 그 에피소드에서, 적의로 가득한 세계에서 자신이 어떻게 소설을 쓸 건지 이미 고백했다고 생각한다.

덧붙임:

나는 『피프티 피플』을 좋아한 나머지 이 책을 소재로 신문 칼럼도 썼다. 소설의 등장인물인 70대 의사 이호와 유통 사업가 진선미처럼 늙고 싶다는 내용이었다.

작가와 리뷰어

그는 제주시 연동에 있는 프랜차이즈 만화 카페인 벌툰 제주 본점에서 멍하니 누워 있다가 전화를 받았다. 현대문학 ○○○ 편집자인데요, 혹시 어제 보내드린 원고 청탁 메일 확인하셨나요? 무슨 메일이요? 아무 메일도 못 받았는데요. 어…… 잠시만요. 아이고, 이게 스팸 메일함에 들어가 있었네요. 메일은 정말로 스팸 메일함에 들어 있었다. 그 상황에 대해 변명거리를 찾느라 허둥지둥하다 보니 어느새 청탁은 수락한 상태가 되었다.

리뷰 요청드릴 작품은 10월호에 게재될 서수진 작가님의 소설 「유진과 데이브」인데요. 한국 여성과 호주 남성의 연애부터 이별까지, 지극히 현실적인 문화 차이와 사랑, 갈등을 담은 내용

365

입니다. 내부에서 논의한 결과 선생님께서 리뷰를 가장 잘 써주실 분이라는 의견이 모아져 이렇게 연락드리게 되었습니다.

'내가? 내가 왜? 호주 유학 이민을 가서 성공하는 여성 이야기로 소설을 썼기 때문에? 거기에 주인공과 백인 남자가 잠깐 사귀다 헤어지는 에피소드가 있어서?' 아마 그런 이유일 테지만, 편집자가 천리안이 있어서 그의 가정사를 꿰뚫어 본 것은 아닌가 하는 생각도 들었다. 그에게는 눈이 파란, 한국어를 전혀 못하는 미국인 사촌동생이 두 명 있다. 그의 어린 두 조카는 스위스인이다. 조카들의 아버지는 한국어를 열심히 배우고 있다.

한편 그는 「유진과 데이브」에 처음부터 막연한 호감을 느꼈는데, 제목이 '유진과 데이브'여서다. 작가의 전작은 『코리안 티처』인데 코리안을 가르치는 티처들 이야기다. 멋 부리지 않은 직설적인 제목 너무 좋다(그는 작가에게 몇 가지 궁금한 사항을 묻는 메일을 보냈고, 곧바로 답장을 받았다. "사실 저는 제목을 잘 못 짓습니다"라고 작가는 주장했다. 입국 심사 과정을 다룬 단편 「웰컴 투 아메리카」의 원래 제목은 '입국 심사'였는데 편집부에서 제목이 너무 심심하다고 해서 바꿨다고 한다. '입국 심사' 좋은데……. 그는 알바생을 자르는 이야기에 '알바생 자르기', 대기 발령을 당하는 이야기에 '대기 발령'이라는 제목을 붙였다).

문장도 꾸밈없는 직구들이었다. 그래, 이렇게 짧고 건조하고 산문적인 문체 반갑다("저는 문장을 퇴고할 때 필요하지 않은 부사를 모두 빼는 데 중점을 둡니다. 단순하고 구체적으로 쓰는 것이 제가 좋아하는 문장이며 제가 쓸 수 있는 문장인 것 같습니다"). 한데 그 문장들은 꽤 날이 서 있기도 했다("꼭 필요한 사실만 전달하는 문장을 쓰고 싶습니다"). 꼭 필요한 단어만 골라 쓴 듯한 문장이 옴짝달싹 못하는 주인공의 상황을 전달하니 꽤나 갑갑하고 신경질적으로 느껴졌다. 게다가 징글징글할 정도로 세밀하고 집요했다.『코리안 티처』도 마찬가지다("『코리안 티처』를 읽고 한국어 강사분들이 '극사실주의니 각오하고 읽어라'는 리뷰를 많이 남겨주셨는데, 그게 가장 듣고 싶은 말이기도 했습니다").

유진과 데이브는 독자에게 표본실의 청개구리 같은 처지였고, 그러고 보니 염상섭이 떠오른다. 오, 이 리얼리즘. 아, 이 무력감. 자연주의라고 하는 거였던가("현실적인 이야기를 좋아합니다. 영화건 드라마건 소설이건 저는 현실적인 기반을 가진 작품을 좋아해요")? 그러고 보니 염상섭도 일본-조선, 미국-한국이라는 수평적이지 않은 두 문화의 충돌에, 특히 언어 충돌에 깊은 관심을 가졌다. 미 군정기를 배경으로 한 흔치 않은 작품인「양과자갑」같은 단편도 썼다. 그 충돌의 현장에서 헤매는 조선/한국인 주인공은 대개 고학력 비정규직 노동자 혹은 실업자였다.

리뷰어가 된 그는「유진과 데이브」를 매우 빨리 읽었다. 재미있었다. 프랜차이즈 만화 카페가 선호할 만한 재미는 아니었지만("재미있는 소설을 쓰고 싶어요. 다음 장이 궁금했으면 좋겠고, 책장이 빨리 넘어갔으면 좋겠고, 독자분들이 책의 세계에 빠져들었으면 좋겠습니다"). 작가는 독자에게 위로나 '사이다'를 선사할 마음이 전혀 없어 보였다. 유진은 온전히 지지하기 어려운, 꽤 답답한 캐릭터다("인물에 중립적이려고 노력합니다. 이건 문장을 쓸 때 부사를 빼는 것처럼 제가 아주 의식적으로 노력하는 것 중 하나인데, 어느 인물도 편들지 않으려고 하고, 공감하지 않으려고 하고, 거리를 두려고 합니다"). 유진을 둘러싼 상황도 답답하다("사회경제적 처지가 많은 것을 결정한다고 생각합니다. 개인적으로는 약자가 겪게 되는 소외와 배제, 자기부정이 가장 슬프게 다가옵니다"). 유진과 데이브가 의미 있게 교감하는 대목은 더 길어질 수 있을 테지만 작가는 그만하면 됐다고 선을 그었다. 작가는 그런 소통을 막는 흐릿하고 거대하고 비정한 원천 쪽에 더 관심이 많았다(자연주의가 생각난다). 그 원천은 의미 있는 비극을 허락하지 않는다. 대신 스트레스와 짜증의 형태로 세상에 모습을 드러낸다(우리 시대 자연주의의 특징일까?).

리뷰어는 「유진과 데이브」가 무척 강력한 소설이라고 생각했는데 그 힘은 융성하는 힘, 약동하는 힘이 아니라 타격하는 힘이라고 느꼈다. 그 타격은 적 군사기지를 향해 날아가는 미사일보다는 상대의 육신을 향해 날아가는 맨주먹 쪽이다. 너와 나의 뼈와 근육과 피부로 얼얼하게 느낄, 격한 감정과 결부되는, 타격을 입은 사람은 절대 가만있지 못하며 타격을 가한 작가는 반격을 기꺼이 감수하는("문학이 소외되고 배제된 것을 끌어낼 수 있다고 생각합니다. 문학 외에 무엇이 그런 역할을 할 수 있겠어요?"). 그렇다 해도 무술에 비유한다면 학이니 사마귀니 하는 동물 흉내를 내며 손짓 발짓을 현란하게 자랑하는 중국 권법류는 확실히 아닌. 기교 없이 효율적인 현대 실전 격투기("돌이켜보면 한국 문단이 원하는 단편이 뭔지 알아차리려고 애썼던 그 시기가 너무 불행했습니다. 지금도 한국 문단이 원하는 단편 경향을 생각하지 않으려 해요. 그저 내가 읽고 싶은 것, 내가 쓰고 싶은 것, 나의 최선을 써내자, 이렇게 생각하고 있습니다").

"가난한 이의 목을 조이는 것은 돈이 아니라, 일상생활에서 느껴지는 불안감, 사람들의 수군거림, 야릇한 미소, 비웃음이다." 이것은 도스토옙스키가 『가난한 사람들』에서 쓴 문장인데, 여기서 "가난한 이"의 자리에 문화 충돌 현장에서 헤매는 약소 문화 출신 고학력 비정규직 노동자를 넣어도 문장은 완벽히 성립한다. 「유진과 데이브」가 그런 노동자들의 목을 조르는 불안감, 수군거림, 야릇한 미소, 비웃음을 대단히 성공적으로 묘파하고 있음도 두말하면 잔소리이니 두말하지 않겠다("매우 고립되어 있다는 생각을 합니다. 동시에 한국인이라는 감각이 뾰족해지는 느낌이 듭니다. 팬데믹 상황이 겹치니 한국에서 가질 수 없는 독특한 시선이 생겨난다고, 고국에 돌아가지 못하는 스스로를 위안하고 있습니다").

그러니 성공 여부가 아니라 그 지향에 대해 말해보자. 방향을 설명하려면 출발점과 목표점의 위치를 짚어주면 된다. 이 묘파의 출발점은 당사자성인 것 같다. 『가난한 사람들』을 발표했을 때 도스토옙스키는 가난한 중년 사내가 아니라 장교로 군 복무를 마친 창창한 스물다섯 살 청년이었다. 「양과자갑」을 쓸 때 염상섭도 대학 시간강사가 아니라 성공한 소설가이자 사업가였다. 그에 비해 「유진과 데이브」의 유진과, 실제로 호주에 살고 있고 한국어학당 강사 경력이 있는 저자는 겹치는 데가 훨씬 많은 듯하다("실제 경험이 제게 글을 쓰게 하는 동력을 줍니다. '가짜'가 아니라 '진짜'라는 실감을 준다고 할까요? 소설을 읽을 때도 작가의 경험이 포함된 것 같은 현실적인 이야기에 끌리는 경향이 있습니다").

그런데 그 목표점은 어디인가. 그것은 대단히 멀리 있으며, 아직 손으로 붙잡을 수는 없다. "벌써 오랫동안 자신이 이를 악물고 버텨왔다는 걸 알았지만 뭘 어떻게 하면 좋을지 알 수 없었다"는 문장은 이 지점에서 우리의 정직한 고백이기도 하다. 소설가에게 과녁을 정확히 그려달라는 요구는 사실 온당치 않으며, 반대로 그런 요구 앞에서 적당히 미끄러져나갈 수 있는 소설적 기법도 있다. 그러나 부사를 용납하지 않고 인물을 함부로 구원하지 않는 직설적인 작가는 얕은 수를 쓰지 않는다. "우리에게는 우리뿐이잖아"라는 데이브의 하소연은 결연하지도, 낭만적이지도 않다. "정말 우리한테는 우리뿐인 거야? 그게 답이야?"라는 유진의 반문이 훨씬 더 단단하다.

"너 답은 찾았어?"라고 데이브에게 묻기 전 유진은 이별을 통보한다. 이별 통보 전 시드니를 경유하는 한국행 비행기 표를 예매하고 짐을 꾸린다. 마지막 장면에서 울음을 참는 유진은 결국 태즈메이니아를 떠날까 그러지 못할까. 리뷰어는 유진이 떠난다는 쪽에 한 표를 던지며, 그래서 이 결말이 파국이 아니라 변신 직전의 순간을 담았다고 받아들인다. 그녀가 비록 모나미술관은 가지 않았지만, 이미 "아무것도 빼앗기지 않을 거라고 다짐"했다고. 바로 앞 장면에서 유진은 무례하게 구는 레바논계 호주 여성에게 "전쟁 난민이에요?"라며 쏘아붙인다. 유진은 곧바로 자신의 윤리성을 점검하지만, 몇몇 독자는 그 순간 오히려 역설적으로 해방감을 느끼고 주인공의 변신을 예감하리라("처한 상황과 구체적 이력은 다르지만 성향이랄까 태도 같은 것들이 유진이나 『코리안 티처』의 주인공은 저와 매우 닮았고, 모두 저의 일부분을 도려내서 만든 인물입니다. 그래서 더욱 인물에 중립적이려고 노력했던 것 같아요").

『코리안 티처』 작가 후기의 두 번째 문장은 어떨까. "살아남기 위해 애쓰는 것, 벼랑 끝에서 떨어지지 않으려 고군분투하는 것, 버텨내는 것, 끝내 살아남는 것." 벼랑을 따라 이어진 먼 길을 떠나는 맨손 무술가가 덤덤하게 내뱉는 각오처럼 들리지는 않는가("아직 작가적 테마로 삼는 게 있다기보다 지금 제가 고민하고 집중하는 문제에 대해 쓰고 있습니다. 최근에는 '한국인', '외국', '이방인', 이런 주제들에 관심이 갑니다"). 마주치는 적들을 하나하나 효율적으로 쓰러뜨릴("다음 책은 이민자 1.5세대, 호주의 고등학생들에 대한 이야기가 될 거예요. 저는 한국에서 고등학생 시절을 보냈지만 여기서 자라나는 한국인-호주인 고등학생들의 삶을 최대한 현실적으로, 자기 경험으로 들릴 정도로 담아내고 싶습니다").

덧붙임:

이 글을 쓰고 나서 얼마 지나지 않아 스위스 국적 조카가 한 명 더 생겼다. 서수진 작가는 호주를 배경으로 10대 소녀들의 이야기를 그린 장편소설 『올리앤더』를 펴냈다.

주 작가의 독서량과 집필량이라면

한국에서 소설가로 살기는 녹록지 않아서, 내 또래 다른 소설가들은 어떻게 사는지 살피게 된다. 그가 나와 같은 관심사와 문제의식을 지니고 비슷한 자세로 글을 쓰면 라이벌 의식과 동지 의식을 함께 느끼게 된다. 후자를 좀 더 강하게 느낀다. '나 같은 인간이 나 혼자는 아니구나' 하는 안도감이랄까.

내게는 그런 동료가 주원규 작가다. 프로필만 봐도 그와 나의 공통점을 여럿 찾을 수 있는데, 다음과 같다. 1975년생 남자이고, 공대를 나왔고, 한겨레문학상으로 등단했다. 단편보다 장편소설을 더 많이 썼고, 에세이와 르포에도 관심이 있다. 두 사람 다 책 관련 팟캐스트를 진행했고, 여러 매체에 칼럼을 활발히 쓴다.

그도 나도 많이 읽고 많이 쓰는 편인데, 양쪽 모두 그가 몇 수 위다. 주 작가의 독서량이나 집필량에 대해 들으면 누구나 '그게 가능해?'라는 말을 내뱉게 된다. 그는 『공산당 선언』을 700번 이상 읽었다고 한다. 20대에는 어느 시립도서관의 책들을 작심하고 다 읽은 적이 있다는, 믿기지 않는 에피소드도 있다. 다른 사람이 그런 말을 했다면 허풍이라 여겼을 테지만, 내가 아는 주 작가는 허세와는 거리가 멀다. 몹시 과묵하고 내성적인 사내다.

나도 다작한다는 소리를 듣지만 주 작가에 비할 바는 못 된다. 주 작가는 2009년 등단 이후 한 해도 빠지지 않고 장편소설을 발표했으며, 2010년과 2012년에는 각각 소설 단행본만 세 권 냈다. 대기업 조선소 폐쇄와 연쇄살인 사건이라는 흥미진진한 소재를 결합한 『반인간선언』은 200자 원고지 850매 분량의 초고를 나흘 만에 썼다는 전설이 전해진다.

피상적인 공통점만 해도 이 정도인데, 작품을 들여다보면 깜짝 놀랄 정도다. 먼저 지적하고 싶은 것은 사회 시스템에 대한 분노와 좌절의 에너지다. 이 역시 그가 나보다 몇 배 더 강한 것 같다. 등단작 『열외인종 잔혹사』는 퇴역 군인, 인턴사원, 게임 중독자, 노숙자와 같은 '열외인종'이 코엑스몰에서 하루 동안 겪는 일을 그린다. 풍자나 야유를 넘어, 한국 사회를 향한 적개심에 가까운 반감이 곧 폭발할 것 같은 소설이다.

『광신자들』에서는 진짜 폭탄이 터지고, 인간 폭탄 같은 주인공들이 등장한다. 그런 감정 과잉과 거친 직설 화법에 호오가 갈릴 수는 있다. 그러나 맑고 여린 분위기가 점령한 듯한 한국 소설판에서 이런 작품을 써내는 작가가 드물다는 점은 분명하다.

다음으로 말하고 싶은 것은, 그런 공격적인 에너지를 옮기는 장르소설 문법이다. 나 역시 이 문법을 착실히 차용하고 있다. 주 작가와 나의 차이점은 그가 좀 더 스릴러에 집착한다는 점 아닐까 싶다. 위에 언급한 세 소설과 『반인간선언』의 속편인 『크리스마스 캐럴』은 모두 거칠고 빠른 액션물이다. 아마도 가장 매력적인 액션 주인공이 나오는 작품은 『기억의 문』일 테다. 이 소설은 500쪽이 넘는 야심작인데, 내가 추천사를 썼다.

그렇게 공격적인 감정과 폭력 묘사가 넘치는데도 주원규의 소설은 기묘하게 경건하고 종교적인 색채를 띤다. 그가 현직 목사라는 이야기를 했던가? 나는 그의 작품에 깔린 엄숙한 긴장이 늘 흥미진진하다. 주원규의 소설들이 독자를 더 많이 만나면 좋겠다.

덧붙임:

단편소설 내지는 중편소설이 될 것 같은 아이디어를 하나 떠올리고 어떻게 발전시킬지 한동안 궁리한 적이 있다. 마지막 장면에서 독자들을 놀라게 할 만한 반전의 재료였다. 그런데 그 끄트머

리의 앞부분을 구상하면 할수록 점점 더 『열외인종 잔혹사』를 닮

아가는 바람에 지금은 거의 포기 상태다.

주원규 작가는 여전히 왕성하게 작품을 발표하고 있는데, 나는 이

제 다작 작가라고 부르기에는 좀 애매하게 됐다. 주원규 작가와는

조만간 앤솔로지 작업을 같이하려 한다. 무척 기대하고 있다.

품위냐, 종잣돈이냐

독서 모임 커뮤니티 '트레바리'에서 클럽(이 커뮤니티에서는 독서 모임 단위를 '클럽'이라고 한다)에 참여하려고 읽은 책들이 있다. 후보로 두 클럽을 골랐는데 한 곳의 주제 책은 김승호의 『돈의 속성』이었고, 다른 곳의 책은 하재영의 『친애하는 나의 집에게』였다. 그래서 의도치 않게, 대조적인 내용과 분위기의 두 에세이집을 비교하며 읽게 되었다.

하재영 작가를 만난 일이 있다. 전작 『아무도 미워하지 않는 개의 죽음』도 인상적으로 읽었다. 무척 기품 있는 사람이라고 느꼈다. 나는 막연하게 그녀가 여유 있는 집안 출신일 거라 상상했는데, 틀린 짐작이었다. 어렸을 때 부유했던 것은 사실이지만 10대

때 아버지의 사업이 망했다고 한다. 이후 그녀의 품위는 소득이 아닌 투쟁의 결과물이었다.

내게 이 책은 '어떻게 품위를 지키며 살 것인가'라는 질문이었다. 삶의 가치 목록에서 품위를 상위에 두는 사람만이 그런 질문을 고심한다. 나 역시 기품 있는 인간이 되고 싶다. 문제는 품위와 소득이 충돌할 때다. 내게도 그런 시기가 있었다. 두 번째 직장에 입사하고 나서도 한동안 고시원에서 살았고, 30대 초반까지 층간 소음이 엄청난 원룸에서 살았다.

김승호 스노우폭스그룹 회장은 그런 상황에서 종잣돈 마련이라는 과제를 삶의 우선순위 목록 가장 상위에 두라고 한다. 종잣돈이라는 단어가 상스러운가. 미래, 혹은 희망이라고 바꿔 표현해도 괜찮다. 『돈의 속성』을 읽기 전에도 나는 대체로 그렇게 살았다. 희망 때문이기도 했고, 그악스러워져야 덜 괴로울 것 같아서이기도 했다.

가난할 때 품위를 지키기는 매우 어렵다. 단순히 품위가 비싼 재화여서만은 아니다. 품위를 지키려는 가난한 사람은 품위를 중시하지 않는 가난한 사람보다 여러 면에서 취약해진다. 그가 약자임을, 심리적으로나 사회적으로 좋은 먹잇감임을 주변 사람들은 예리하게 알아챈다. 그는 종종 조롱거리가 되고 화풀이 대상, 욕받이로 전락한다.

『친애하는 나의 집에게』82쪽의 일화를 아내도 나도 슬프게 읽었다. 하지만 어떤 동네에서는, 쌍욕을 퍼붓는 이웃에게 "조금만 진정하시죠, 선생님"이라고 조아린다 해서 해결되는 일은 없다. 책에서처럼 "선생님, 제발"이라며 자신을 더 낮춰야 할까. 경찰을 부르면 되나. 내 생각에는 근처에 있는 맥주병을 깨 들고 꺼지라고 말하는 게 현실적인, 그리고 한국적인 해법이다.

나의 품위는 대강 그런 선에서 정해졌다. 하재영 작가가 택한 길을 읽으며 나는 그녀가 부럽기도 했고 불편하기도 했으며 안쓰럽기도 했다. 그리고 그녀의 단단한 기품을 이해하게 되었다. 거기에는 시적인 비장미가 어려 있다. 오이디푸스가 왕위를 버리고 잔인한 운명을 마주할 때 우리는 그에게서 엄청난 품위를 느낀다. 이 책에 대한 내 느낌도 그러하다.

덧붙임:

맥주병을 깨본 적도, 깨진 맥주병을 손에 들어본 적도 없다. 맥주잔을 깨뜨린 적은 있다. 실수로.

나아질 수 있을까요?

김가을 작가님, 안녕하세요. 소설 쓰는 장강명입니다.

남들이 볼 수 있도록 공개적으로 쓰는 편지에는 묘한 구석이 있습니다. 글의 독자가 수신인 한 사람인지, 아니면 실제로는 모든 사람을 향해 쓰는 글이고 수신인 칸에 있는 이름은 일종의 장식일 뿐인지 헷갈리지요.

그런 이중적인 면이 어떤 때에는 낯간지럽게 느껴지기도 하고, 어떤 때는 조금 무섭게 다가오기도 합니다. 예를 들어 '공개서한'이라는 단어는 꽤 섬뜩하게 들리지 않습니까? '내용증명'이나 '계고장'에 가까운 어감이에요.

하지만 극히 드물게, 이런 형식이 편지 쓰는 이의 마음을 더 열어주기도 할 것 같습니다.『채널예스』편집부로부터「신간을 기다립니다」코너의 원고 청탁을 받고, 누구에게 어떤 편지를 써야 하나 고민하다 바로 그런 생각을 했습니다. 김가을 작가님께 보내면 되겠군.

메일함을 뒤적여 확인해보니 천년의상상 대표님으로부터『부스러졌지만 파괴되진 않았어』의 추천사를 부탁 받은 게 2022년 2월 8일이네요.

출판사나 지인으로부터 추천사 요청을 자주 받는 편입니다. 가끔은 슬쩍 살핀 원고의 문장이 어색하거나 주제가 시시해서 거절하고, 또 가끔은 그냥 바빠서 거절하기도 합니다. 내키지 않는 책을 추천해야 하는 상황은 퍽 괴롭습니다. 별로다 싶은 책은 최대한 피하려 합니다.

『부스러졌지만…』은 특이한 경우였습니다. PDF 파일로 초반 몇 쪽을 읽어본 뒤 '믿을 만한 글이다, 뒤가 궁금하다, 계속 읽고 싶다'는 마음이 들었지요. 출판사에는 추천사를 쓰겠다고 2월 9일에 답장을 드렸습니다.

원고를 다 읽는 데에는 4일이 걸렸습니다. 정말 대단한, 강력한 글이었습니다. 그런데 저는 2월 13일에 천년의상상 대표님께 이렇게 메일을 보냅니다.

"『부스러졌지만…』을 감명 깊게 잘 읽었습니다. 몇 시간 정도 고민해봤는데, 죄송하지만 저는 추천사를 정중히 사양하고 싶습니다."

　추천사 마감일은 2월 28일이었어요. 저 대신 이 책의 추천사를 잘 써주실 수 있을 듯한 다른 작가님 세 분을 소개하고, 그 분들의 이메일 주소를 붙였습니다. 추천사를 거절하는 이유에 대해서는 "제가 아버지 폭력을 비판해오던 사람도 아니고…… 이 좋은 원고에 주제넘게 나서지 않는 게 낫겠다는 생각이 듭니다"라고만 적었습니다.

　저는 부끄러웠습니다. 출판사의 간곡한 설득에 바보처럼 마음을 또 바꿔먹으며, "추천사를 쓰기는 쓰겠습니다" 하고 연락을 드리면서도 다시 덧붙였습니다. "그런데 많이 부끄럽네요. 과연 제가 이 원고 추천사를 써도 되는 사람인지……."

　우선 저는 『부스러졌지만…』에서 고발하는 아버지 폭력을 겪은 적이 없습니다. 제 아버지는 멋진 분입니다. 무뚝뚝하시지만 저를 진심으로 사랑하셨고, 그런 좋은 아버지 밑에서 자란 덕분에 지금의 제가 있다고 생각합니다. 작가님이 전하는 고통과 공포를 잘 알지 못하면서 뭔가 아는 사람처럼 말을 보태는 일이 민망했습니다.

　이 문제 전반에 대해 뭐라도 말할 자격이 있는지도 자신이 없었습니다. 아버지 폭력의 큰 원인은 가부장제입니다. 누가 제 앞에서 "장강명 너는 가부장제의 공범이야!"라고 말한다면 무척 불쾌하겠지요. 하지만 제가 가부장제 사회에서 대체로 수혜자였다는 사실은 틀림없습니다.

저는 '영혼이 정화되는 기분으로 읽었다'는 문장으로 시작하는 추천사를 써서 출판사로 보냈습니다. 책은 3월 21일에 출간되었고, 저는 작가님으로부터 3월 30일에 이메일을 받았습니다. 손편지를 촬영한 이미지 파일이 첨부되어 있었지요. 이메일에는 '댁 주소를 알지 못하고, 주소를 여쭤보는 것도 실례일지 몰라 이렇게 보냅니다'라고 적혀 있었습니다.

손편지 뒷부분에 두 가지 질문이 있었습니다. 계속해서 글을 쓸 수 있는 원동력에 대해서, 그리고 '(삶이, 혹은 세상이) 나아질 수 있을 것인가'에 대해서. 두 번째 질문에 대해서는 '그렇다는 대답을 어딘가에서는 듣고 싶습니다'라는 문장까지 있었습니다. 대답하지 않으면 안 될 것 같은 기분이 들게 하는 편지였죠.

첫 번째 질문에 대해 저는 '글 쓰는 건 그냥 많이 쓰다 보면 점점 쉬워진다, 그래서 힘도 덜 들고 원동력을 너무 고민할 필요는 없다'고 답장했습니다. 두 번째 질문에 대해서는, 답이 길어지더군요. 제 생각이 정리가 안 된 탓이었겠지요.

답이 길어지다 보니 또 자기검열을 하게 되더라고요(저는 자의식이 매우 강한 사람입니다). 멘토 놀이도 쑥스러웠고, 40대 후반의 남성 작가가 20대 신인 여성 작가에게 긴 메일을 보내는 모습도 상상하니 징그러웠습니다. 그래서 한참 쓰던 글을 몇 문단만

남기고 거의 다 지웠습니다. 남은 문장들은 결론…… 이라고 하기에는 모호한 이야기였습니다.

　몇 달이 지나 『채널예스』 편집부에서 살아 있는 한국 작가에게 '신간을 기다린다'는 내용으로 공개편지를 써 달라는 원고 청탁을 받았습니다. 공개편지라면 차라리 덜 쑥스럽겠군, 덜 징그럽겠군, 싶더군요. 해서 작가님의 허락을 먼저 구하고 뒤늦게 추가 답장을 씁니다.

　"제가 아버지 폭력으로부터 벗어난 뒤로도 세상이 너무 차갑고, 무섭고, 힘이 빠지고…… 다 그만하고 싶다는 생각이 들어요. 나아질 수 있을까요? 그렇다는 대답을 어딘가에서는 듣고 싶습니다."

　'나아질 수 있을까요'라는 구절에 주어는 없었습니다. 저는 '삶이 나아질 수 있을까요'라고 해석했는데, 어쩌면 '세상이 나아질 수 있을까요'라는 질문이었는지도 모르겠습니다. 아니면 혹시 '제가 나아질 수 있을까요'라는 말씀이었나요?

　세상이 나아질 수 있느냐고 물으셨다면, 저는 세상은 나아진다고 보는 사람입니다. 그러나 그 나아지는 속도가 끔찍하게 느리고, 가끔은 크게 퇴행도 합니다. 그래서 그 '큰 틀의 진보'는, 작은 개인에게 그렇게까지 마음 기댈 만한 일은 아닌 듯합니다.

삶이 나아질 수 있느냐고 물으신 거라면, 저도 잘 모릅니다. '그렇다'고 확신한다면 저부터가 세상을 두려워하지 않고, 생기 넘치게 잘 살겠지요. 이런저런 실패들에 넌더리를 내지 않고, 다 때려치우고 싶다는 마음에 불쑥불쑥 시달리지 않으면서요.

7개월 전 저는 '성실하게 살면 대체로 삶이 나아지는 것 같다'고 썼습니다. 한국 사회는 젊은이의 잠재력을 거의 알아보지 못하고, 주로 경력으로 타인을 판단한다, 그러다 보니 재능이 있건 없건 10년 정도 한 분야에서 전문성과 인맥을 쌓으면 그런 게 무형의 자산이 되어서 점점 몸뚱이 대신 일을 해주기 시작한다는 등의 이야기였습니다.

이제 보니 7개월 전 답장은 '삶이 나아질 수 있느냐'가 아니라 '직장 생활이 나아질 수 있느냐' 혹은 '내가 일을 잘할 수 있을까'에 대한 답처럼 읽히네요. 직장 생활과 일은 삶의 중요한 부분이기는 하지만 삶 전체는 아니지요.

그렇다면 삶은 뭐냐. '나아질 수 있느냐'는 문구의 주어 후보들을 '세상-삶-나' 이렇게 늘어놓았다가 문득 이런 생각이 들었습니다. '세상'과 '내'가 만나는 현상이 '삶'이로군. '식재료-조리-요리사'라든가 '여행지-여행-여행자'처럼요.

일류 요리사는 다루기 까다로운 식재료로 멋진 음식을 만들고, 훌륭한 여행자는 험한 오지에서 최고의 여행을 합니다. 오히려 그들은 그런 도전을 찾아다니고, 즐기는 것처럼 보이기도 합니다. 반면 서툰 요리사와 초보 여행가들일수록 흔한 식재료와 뻔한 관광지를 택하는 경향이 있습니다.

이 비유가 어디로 뻗어나갈지 충분히 예상 가능하지요? 그러니까 삶은 '나아지는 것'이 아니라 '낮게 만들어야 하는' 대상이다, 안전한 선택에 머물러서는 안 된다, 역경은 삶을 보다 고귀하게 만드는 지렛대가 된다……. 하지만 무섭습니다. 그렇게 40대 후반이라는 나이에도 불구하고 제가 '초짜 인생가'임을 확인하게 됩니다.

제가 7개월 전에 보낸 답장과 8개월 전에 썼던 추천사, 그리고 『부스러졌지만…』을 다시 읽으니 묘한 기분이 들어요. 제 답장보다 추천사가, 그리고 추천사보다 『부스러졌지만…』 책 자체가 더 정확한 답변 같기 때문입니다.

요리사에게 좋은 칼이 그러하듯이, 여행가에게 지도가 그러하듯이, 세상 앞에 선 저도 도구를, 힘을 원합니다. 제가 쓴 『부스러졌지만…』 추천사에는 '진짜 문학이 주는 뜨겁고 무서운 치유와 부활의 힘'이라는 표현이 있더군요. '이 투사이자 구원자에게 독서가 무기가 되었다'는 구절도 있었고요.

요리사가 칼 한 자루만 사용하지 않듯이, 여행가가 한 종류 지도만 고집하지 않듯이, 저도 한 가지 힘에만 의지해 세상을 살지는 않습니다. 예금 통장이 몇 개 있고, 도움이 되는 전화번호도 두세 개 있습니다. 지치면 맥주를 마시고, 머리가 복잡하면 산책

을 합니다. 하지만 제가 늘 곁에 두고 애용하는 무기는 따로 있
는데, 그것은 문학입니다.

문학이 힘이 되는 과정에 대해서는 개인적인 가설이 있습니다
만 딱딱하니 넘어가고, 누군가 "정말 문학이 힘이 돼?" 하고 궁
금해 한다면 저는 그냥 『부스러졌지만…』을 권하겠습니다. 문학
독서에는 엄청난 힘, 사람을 살리고 바꾸는 힘이 있고, 『부스러
졌지만…』은 제가 본 가운데 가장 생생한 증거입니다.

지금까지 적은 내용들을 당연히 작가님께서도 아시리라 생각
합니다. 그러면 왜 저에게 '나아질 수 있을까요'라고 물으셨을
까. 글쎄요, 저도 답을 알면서 계속 매달리는 질문들이 있습니다.
'뭘 어떻게 하면 인생이 시원하게 잘 풀릴까'라든가 '확 달라진
삶을 살 순 없을까'라든가. 답은 '내가 하기 나름'이라는 거죠.

나아질 수 있을까요? 나아질 수 있습니다. 세상이 변하지 않아
도 삶은 나아질 수 있습니다. 삶은 세상과 내가 만나는 사건이고
…… 문학은 힘이 되며…… 했던 이야기 반복이니 넘어가고……
작가님, 책을 한 권 더 쓰세요. 작가님은 쓰실 수 있고, 잘 쓰실 겁
니다. 『부스러졌지만…』이 이번에도 증거입니다.

'신간 발간 계획은 향후 3년은 있을 수가 없습니다'라고 말씀
하셨던가요? 저한테는 '새 책을 쓰기는 쓸 것입니다'라는 말씀
으로 들렸습니다. 40대 후반의 인간이 20대 청년과 다른 점이 바
로 시간감각인데, 3년 참 후딱 가더군요. 기다릴게요. 작가님이

원고 작업을 하며 얻을 힘과 별도로, 독자로서 작가님의 궤적을
따라가고 싶습니다.

저는 작가님이 언젠가 소설도 쓰시지 않을까 추측합니다. '나
는 소설을 통해 사람과 사람 사이를 연결하는 창문 하나를 선물
받은 것 같다. 그 창문을 여느냐 열지 않느냐는 내 의지에 달렸
지만, 그 창문 덕에 삶을 감당할 수 있는 힘이 조금씩 커졌다'(『부
스러졌지만…』125쪽) 같은 문장이 근거입니다. 그러하다면 조용
히, 멋대로, 응원을 보냅니다.

이상한 일이지요. 『채널예스』 편집부로부터 주문 받은 메시지,
즉 '신간을 기다리고 있으니 써주세요' 하는 부탁이 제가 애초에
건넸던 조언 비스름한 희미한 글 쪼가리보다 훨씬 더 나은 응답
인 것 같으니. 삶에 대해 제가 얼마 전부터 생각하는 바인데, 세
상과 사람이 만날 때 간혹 미스터리한 일이 일어나더군요.

나의 사생활과
한국문학

아내가 종종 내게 "몸에 힘 좀 주고 다녀"라고 말한다. 나더러 연체동물 같다고도 한다. 걸어 다닐 때도 힘없이 걷고, 자리에 앉으면 머리와 허리를 꼭 어딘가에 기대고, 웬만하면 누우려 한다. 손에 하도 힘을 안 줘서 들고 있던 물건(주로 챕스틱)을 놓치는 경우도 잦다. 말도 힘없이 한다. '조곤조곤 말한다'며 좋게 봐주시는 분도 있지만, 아내는 가끔 짜증을 낸다. 무슨 이야기를 하는 건지 하나도 안 들린다고, 목소리 좀 크게 내라면서.

반면 나와 달리 언제 봐도 열정이 넘치는 사람들이 있다. 눈이 크고, 잇몸을 드러내서 말하고 웃으며, 팔이며 다리를 시원하게 움직이고, 자세가 아주 꼿꼿한 캐릭터들. 다른 사람을 만나면 스스럼없이 먼저 두 팔을 벌리고 포옹 자세를 취하는 이들. 그런 사람들이 입을 벌려 말을 하면 힘찬 목소리가 상대의 귀를 향해 빠르고 바르게 나아가 귓구멍을 지나 고막에 꽂힌다.

그런 열정남녀들 옆에서 나는, 사람마다 어떤 에너지 준위를 타고나는 것 아닐까 상상한다. '나 같은 저(低)에너지 인간에게는 열정 없는 저에너지 생활이 딱 맞는다'고 자위한다. 혹시 겨울에 태어나서 그런 걸까, 어머니 배 속에서 열 달을 못 채우고 저체중으로 세상에 나온 게 원인은 아닐까, 아니면 내가 간이나 갑상선 기능이 남들보다 안 좋은 건 아닐까 멋대로 추측도 해본다.

나는 신체뿐 아니라 정신도 대체로 에너지가 없다. 귀찮은 걸 싫어한다. 짜증을 자주 내고 신경질도 곧잘 부리지만, 무언가에 대해 오래도록 격분하는 일은 좀체 없다. 에너지가 부족하니까. 무언가에 대해 열광하는 때는 더 드물다. 세상만사 대부분에 대해 심드렁한 태도다. 차분하다기보다는 둔하다고 해야 옳은 묘사일 텐데, 어쨌든 결과적으로 호들갑은 덜 떤다.

많은 사람들을 흥분시키는 분야인 축구나 정치를 예로 들면, 나는 태어나서 처음부터 끝까지 다 본 축구 경기가 별로 없다. 21세기 이후로는 대한민국 축구 국가 대표팀이 월드컵 첫 승을 거둔 2002년 한국 대 폴란드전과, 동아일보가 우승한 2011년 한국기자협회 축구대회 경기 정도가 전부다. 거리 응원을 해본 적은 단 한 번도 없다. 2002년 한국 축구팀이 폴란드를 꺾을 때에는 호프집에서 맥주를 마시며 관전했고, 이후에는 '그만하면 됐지' 하는 생각이 들어 더는 월드컵 경기를 보지 않았다. 야구나 다른 스포츠도 마찬가지다.

정치로 말하자면, 정치부 기자를 3년 가까이 했고, 신문에 정치 이슈를 소재로 칼럼도 쓰고, 여전히 정치 기사를 더러 찾아 읽는데, 그럼에도 불구하고 기본적으로 현실 정치에 시큰둥하다. 나는 어느 정당이나 정치인의 '빠'가 될 수 없는 인간이다. 서른 이후로는 특히 더 그렇다. 여의도 정치보다 정치철학 쪽에 훨씬 더 관심이 간다. 나의 시민의식 부족 때문이라기보다는, 그냥 타고난 에너지가 적은 탓이라고 여긴다.

이 책은 계획적으로 쓴 글이 아니다. 절반가량은 월간 『채널예스』에 '장강명의 소설가라는 이상한 직업'이라는 제목으로 연재한 원고 모음이다. 이 시리즈를 시작하기 전에 월간 『방송작가』에서 '작가의 사생활'이라는 제목으로 비슷한 내용의 칼럼을 연재했다(딴 얘기인데 『채널예스』와 『방송작가』는 내가 아주 좋아하는 잡지들이다. 어지간한 문예지보다 훨씬 더 재미있고 유용하다).

그 외에는 이런저런 문학포럼이나 작가축제, 출판사나 언론사의 원고 청탁을 받아 쓴 글들이다. 주로 소설가의 일상이나 한국 문학에 대한 글을 모았다. 쓴 순서로는 이 부류에 속하는 원고들이 가장 먼저다. 그리고 『방송작가』에 실린 칼럼들, 마지막이 『채널예스』 연재물이다. 『채널예스』에 원고를 연재하면서 이 글들을 모아 책으로 묶을 생각을 하게 됐다. 처음에는 가제를 '작가의 사생활'이라고 정했다.

그렇게 『채널예스』 마지막회 원고를 보내고 일 년이 다 되어 가는 지금 이 '작가의 말'을 쓴다. 교정을 하는 내내 약간 어리둥절했다. 교정지의 내용물이 낯설게 느껴졌다. 내가 이 글들을 이런 톤으로 썼나? 왜 이렇게 격렬해? 작가의 일상과 주변 환경에 대해 조곤조곤 적은 줄 알았는데. 그리고 무엇보다, 이 책에 '작가의 사생활'이라는 제목이 어울리나? 3분의 1정도는 한국문학계, 한국 출판계에 대해 거의 울분을 터뜨리는 분위기인걸.

나는 기본적으로 한국문학과 한국 출판이 어느 부분은 후지다고 보았고, 그런 의견을 숨기려는 마음이 없었다. 한국문학에는 후진 대목이 있다. 이른바 문단문학이나 장르문학 할 것 없이 그렇고, 상부구조도 그렇고 하부구조도 그렇다. 문단문학-장르문학이라는 구분 자체도 후지다. 한국 출판에 대해 말하자면 문학 전문 대형 출판사가 후안무치한 일을 저지르기도 하고, 독립 서점이나 작은 출판사라고 해서 다 어여쁘고 가상한 것도 아니다.

한국 작가의 사생활에 대해 쓴다고 믿었는데, 그런 생각들이 저절로 녹아 나왔나 보다. 문학, 한국문학, 한국 출판이 싫었던 건 아니다. 전혀 아니다. 나는 문학, 한국문학, 한국 출판을 깊이 사랑했다. 다만 이 분야는 내게 결코 정치나 축구 같지 않았다.

나는 이 주제에 대해 이야기할 때 조곤조곤 말할 수 없었다. 어느 순간에는 나도 모르게 격렬해졌고, 그 열기를 나 혼자 모르곤 했다. 나의 격렬한 반응이 다른 사람의 격렬한 반응을 불러오기도 했다. 그렇게 논란을 일으키고 논쟁의 중심에 선 적도 있다.

책이 나오기 직전이 되어서야 '작가의 사생활'이라는 제목은 어울리지 않는다고 최종 결론을 내리게 됐다. 사생활이라는 개념 자체에 원래 모호한 구석이 있다. 세상 어느 누구의 삶을 공적인 생활과 사적인 생활로 딱 분리할 수 있을까? 두 가지는 늘 얽혀 있다. 특히 작가처럼 공적인 활동조차 골방에서 혼자 하는 경우에는 더 그럴 것 같다(그런데 작가의 밥벌이는 공적인 활동일까, 사생활인가? 그 밥벌이가 글쓰기와 관련이 없는 경우에는?).

게다가 외부에서 지레짐작하는 것과 달리 한국문학과 한국 출판계도 퍽 역동적인 곳이어서, 이 책의 위치는 더 아리송해졌다. 내가 글감으로 삼은 사적인 에피소드와 한국문학의 공적인 이슈를 잇는 선이, 시간이 지나며 느슨해지거나 끊어졌다. 밑바닥의 근본적인 문제는 여전하지만, 현재의 양태가 몇 년 전 내 일화와는 잘 맞지 않게 된 경우가 많다.

이 책의 편집자인 에디터리 대표와 나는 처음에 글을 전반적으로 업데이트할 계획을 세웠다. 한데 그 작업은 쉽지도 않았고, 결과물도 신통치 않았다. 2022년 기준으로 이슈를 정리하는 동안 처음 글을 쓸 당시의 열기가, 격렬함이 빠져나갔다. 몇 번이나 데우고 식히기를 거듭한 요리처럼 뻣뻣하고 맹숭맹숭해졌다. 나는 사적인 감정을 담뿍 담아 이 원고들을 썼는데, 이제 와서 보니 주제만큼이나 그 감정들도 글의 핵심인 것 같다.

그래서 원래 썼던 문장을 그대로 놔두고, 각 원고 뒤에 '덧붙임'이라는 작은 간판을 달고 몇 문장을 추가했다. 덧붙이는 문단에도 사적인 감정이 수북하게 담겼다(어쩔 수 없었다. 이 정도로 내가 격하게 반응하는 분야는 문학 외에는 언론이 유일하다. 나는 이 두 영역에 대해 골똘히 생각할 때 문자 그대로 신열이 오른다). 책의 성격은 더 애매해져서 에세이인지 논설문인지 비망록인지 모르게 되었지만, 이편이 더 마음에 든다.

이 책에서 내가 몇 번 반복해서 펼치는 주장이 있다. 투명한 인세 정산과 독서 생태계 건설이다. 앞의 문제와 관련해서는 그사이 한국출판문화산업진흥원과 대한출판문화협회에서 각각 책 판매량을 집계하는 시스템을 만들었다. 저자들은 비로소 출판사에 의존하지 않고 자기 책이 얼마나 팔리는지를 파악할 수 있게 됐다. 내가 계약금과 인세를 못 받은 사연을 공개하며 논의에 불을 붙이기도 했다. 아직 가야 할 길이 많이 남았지만, 이게 출발점이라 믿는다.

독서 생태계 조성은 더 멀고 큰 목표인데, 일단 평범한 독자들이 책 얘기를 할 수 있도록 북돋우는 공간이 있어야 한다고 본다. 그 공간은 사람과의 관계가 아니라 대화의 주제에 무게중심을 둬야 하고, 오가는 책 얘기를 공개하고 잘 보관하고 쉽게 검색할 수 있는 데이터베이스로 만들어야 한다고 생각한다(아이고, 나 또 격렬해지네). 『채널예스』에 내가 원고를 연재할 즈음 그런 공간을 아내가 만들어보겠다며 개발자들을 모았고, 1년 넘게 준비해서 2022년 9월 29일 정식으로 그믐(www.gmeum.com) 웹사이트를 열었다. 아내도 공적인 활동과 사생활과 한국문학이 한데 섞이는 삶을 살게 됐다(이건 잘한 일인가, 큰 실수인가).

지난 몇 년간 내가 어려울 때마다 옆에서 도와준 김혜정 그믐 대표와 유유히 출판사의 에디터리 대표님께, 정말 감사합니다. 『채널예스』 엄지혜 편집장님께도요. 이 책 원고를 마무리하는 동안 '소설가의 방' 프로그램을 통해 집필 공간을 제공해준 서울프린스호텔과 한국문화예술위원회에도 감사드립니다. 그리고 다소 뚱딴지처럼 들릴지도 모르겠지만, 제 글을 읽어주시는 독자분들께도 큰절을 올리고 싶네요. 모두 정말 고맙습니다.

계속 열심히 쓰겠습니다. 더 잘 써보도록 노력하겠습니다.

어차피 다른 분야에 별로 관심이 없습니다.

장강명

소설가라는 이상한 직업

ⓒ 장강명 2023

초판1쇄 발행일 2023년 2월 15일

지은이 장강명
발행인 이지은
디자인 송윤형
제작 제이오

발행처 유유히
출판등록 제 2022-000201호 (2022년 12월 2일)
ISBN 979-11-981596-0-1 03810
이메일 uuhee@uuheebooks.com